"十二五"职业教育国家规划教材
经全国职业教育教材审定委员会审定

职业技术教育"十二五"课程改革规划教材
光电技术（信息）类

光有源无源器件制造

（第二版）

GUANG YOUYUAN WUYUAN QIJIAN ZHIZAO (DI ER BAN)

主　编　刘孟华　吴晓红　肖　彬

副主编　宋露露　黄　焰

华中科技大学出版社
http://www.hustp.com
中国·武汉

内 容 简 介

本教材以就业为导向，以工作过程为线索，以典型器件产品为载体，以各项工作任务为中心，整合相应的知识、技能，将理论知识、实践技能训练、职业素质培养结合在一起，突出对学生动手能力、职业能力的培养。

本教材基于工作过程和典型工作任务设置课程单元，分为6个学习情境，分别为光纤连接器的制造、光电耦合器制造、光衰减器的制造、机械式光开关的制造、有源光同轴器件的制造、光模块的制造，介绍了器件的工作原理、制作工艺、参数测试。

本教材通俗易懂、图文并茂，适合高职光电子技术、光通信技术专业的学生学习，以及对光器件制造感兴趣的相关技术人员使用。

图书在版编目(CIP)数据

光有源无源器件制造/刘孟华，吴晓红，肖彬主编. — 2版.—武汉：华中科技大学出版社，2013.3(2021.7重印)

ISBN 978-7-5609-7998-4

Ⅰ.光… Ⅱ.①刘… ②吴… ③肖… Ⅲ.光纤通信-光电器件-制造-职业教育-教材 Ⅳ.TN929.11

中国版本图书馆CIP数据核字(2012)第104569号

光有源无源器件制造(第二版) 刘孟华 吴晓红 肖 彬 主编

策划编辑：王红梅 刘万飞
责任编辑：熊 慧
封面设计：秦 茹
责任校对：李 琴
责任监印：周治超

出版发行：华中科技大学出版社(中国·武汉) 电话：(027)81321913
武汉市东湖新技术开发区华工科技园 邮编：430223

录 排：武汉市洪山区佳年华文印部
印 刷：武汉邮科印务有限公司
开 本：787mm×1092mm 1/16
印 张：18.25
字 数：443千字
版 次：2021年7月第2版第3次印刷
定 价：44.80元

本书若有印装质量问题，请向出版社营销中心调换
全国免费服务热线：400-6679-118 竭诚为您服务
版权所有 侵权必究

序

作为新兴的行业、产业，我国光电技术的发展一日千里，光电产业对我国经济社会的巨大作用日益凸显。我国光电与激光市场十几年来始终保持两位数的高速增长，2010年我国光电与激光产业的市场规模已经突破千亿。随着信息技术、激光加工技术、激光医疗与光子生物学、激光全息、光电传感、显示技术及太阳能利用等技术的快速发展，我国光电与激光产业市场规模将进一步扩大。

随着光电产业的不断产展，对光电技术人才的需求越来越大，高等职业院校光电技术方面的专业建设也越来越受到重视。作为其中的重要部分，光电专业教材建设目前虽然取得了一定的成果，但还无法满足产业发展对人才培养的需求，尤其是面向职业教育的专业教材更是屈指可数，很多学校都只能使用自编的校本教材。值此国家“十二五”规划实行之际，编写和出版职业院校使用的光电专业教材既迫在眉睫，又意义重大。

华中科技大学出版社充分依托武汉·中国光谷的区域优势，在相继开发分别面向全国211重点大学和普通本科大学光电专业教材的基础上，又倾力打造了这套面向全国职业院校的光电技术专业系列教材。在组织过程中，华中科技大学出版社邀请了全国所有开设有光电专业的职业院校的专家、学者，同时与国内知名的光电企业合作，在光电信息科学与工程专业教学指导分委员会专家的指导下，齐心协力、求同存异、取长补短，共同编写了这套应用范围较广的光电专业系列教材。参与本套教材建设的院校大多是国家示范院校或国家骨干院校，他们在光电专业建设上取得了良好的成绩。参与本套教材编写的教师，基本上是相关国家示范院校或国家骨干院校光电专业的学术带头人和长期在一线教学的教师，非常了解光电专业职业教育的发展现状，具有丰富的教学经验，在全国光电专业职业教育领域中也有着广泛的影响力。此外，本套教材编写还吸收了大量有丰富实践经验的企业高级工程技术人员，参考了企业技术创新资料，把教学和生产实际有效地结合在一起。

本套教材的编写基本符合当前教育部对职业教育改革规划的精神和要求，在坚持工作过程系统化的基础上，重点突出职业院校学生职业竞争力的培养和锻炼，以光电行业对人才需求的标准为原则，密切联系企业生产实际需求，对当前的光电专业职业教育应该具有很好的指导作用。

本套教材具有以下鲜明的特点。

课程齐全。本套教材基本上包括了光电专业职业教育的专业基础课和光电子、光器件、光学加工、激光加工、光纤制造与通信等各个领域的主要专业课，门类齐全，是对光电专业职业教育一次有效、有益的整理总结。

内容新颖。本套教材密切联系当前光电技术的最新发展，在介绍基本原理、知识的基础上，注重吸收光电专业的新技术、新理念、新知识，并重点介绍了它们在生产实践中的应用，如《平板显示器的制造与测试》、《LED封装检测与应用》。

针对性强。本套教材结合职业教育和职业院校的实际教学现状，非常注重知识的“可用、够用、实用”，如《工程光学基础》、《激光原理与技术》。

原创性强。本套教材是在相关国家示范院校或国家骨干院校长期使用的自编校本教材的基础上形成的，既经过了教学实践的检验，又进行了总结、提高和创新，如《光纤光学基础》、《光电检测技术》。其中的一些教材，在光电专业职业教育中更是首创，如《光电子技术专业英语》、《光学加工工艺》。

实践性强。本套教材非常注重实验、实践、实训的“易实施、可操作、能拓展”。不少书中的实验、实训基本上都是企业实践中的生产任务，有的甚至是整套生产线上的任务实施，如《激光加工设备与工艺》、《光有源无源器件的制造》。

我十分高兴能为本套教材写序，并乐意向各位读者推荐，相信读者在阅读这套教材后会和我一样获得深刻印象。同时，我十分有幸认识本套教材的很多主编，如武汉职业技术学院的吴晓红、武汉软件工程职业学院的王中林、南京信息职业技术学院的金鸿、苏州工业园区职业技术学院的吴文明、福建信息职业技术学院的林火养等老师，知道他们在光电专业职业教育中的造诣、成绩及影响；也和华中科技大学出版社有过合作，了解他们在工科教材尤其是光电技术(信息)方面教材出版上的成绩和成效。我相信由他们一起编写、出版本套教材，一定会相得益彰。

本套教材不仅能用于指导当前光电专业职业教育的教学，也可以用于指导光电行业企业员工培训或社会职业教育的培训。

中国光学学会激光加工专业委员会主任

2011年8月24日

前　言

随着我国光电技术及产业的迅速发展，社会对光电子方面的职业技术应用型人才的需求加大。高职高专光电子专业发展很快，但高职高专层次的光电子类教材还较缺乏。为满足教学需要，根据教育部高职高专的培养目标和对本课程的基本要求编写本书。

“光有源无源器件制造”是涉及面较广的一门课程。在本教材编写中，我们在教材内容的选取方面，以用量大、技术成熟的器件为对象，尽量与目前高职高专学生的知识能力结构相适应，既强调系统性，又尽力突出基本概念、基本原理和基本方法，在满足“必须、够用”的条件下，避免过多的理论上的数学推导。

本教材打破传统的学科体系，反映高职院校以培养学生职业能力为特征的教学培养目标，采用以工作过程为导向的任务式教材编写思路。本教材的内容由学习情境构成，以几种典型光有源无源器件的制造为学习情境载体，每一个情境是一个完整的生产过程，图文并茂，突出技能与理论的结合，适合“教学做一体化”的教学模式。

全书共分 6 个情境，其中情境 1、情境 3、情境 5 由武汉职业技术学院刘孟华编写，情境 4 由武汉职业技术学院吴晓红编写，情境 2 由武汉职业技术学院宋露露编写，情境 6 的任务 1、任务 2 由武汉软件工程职业学院肖彬编写，情境 6 的任务 3 由武汉软件工程职业学院黄焰编写。刘孟华任第一主编。在编写过程中得到吴光涛、梁臣恒等同志，以及武汉福地科技有限公司、武汉职业技术学院电信工程学院各级领导的大力支持，提出了许多宝贵意见，在此一并表示感谢。

本书可作为高职高专院校光电子、通信技术类专业教材，也可供其他对光器件制造有兴趣的业余爱好者及技术人员参考。

光电子技术发展日新月异，由于编者学识有限，时间仓促，谬误之处敬请读者批评指正。

编　者

2012 年 7 月

目　　录

情境 1

光纤连接器的制造

光纤连接器是实现光纤与光纤之间可拆卸(活动)活动连接的无源光器件,它还具有将光纤与有源器件、光纤与其他无源器件、光纤与光发射机输出或光接收机输入之间、系统与仪表之间进行活动连接的功能。活动连接器件随着光通信、光传感器的发展而发展,现在已经形成门类齐全、品种繁多的系列产品,成为光通信、光传感器及其他光纤领域中不可缺少的、应用最广的基础器件之一。光纤连接器的主要应用如下。

(1) 光纤通信系统中,光发射机和光接收机的连接。

(2) 光纤通信工程机房内的光纤管理机架及与出机房光缆的连接。由于通信机房的维护工作经常要进行光纤连接器的插拔,而光纤连接器的插拔次数一般在1 000次左右,因此,在光纤连接器达到使用寿命后,需进行光纤连接器的更换。

(3) 光纤通信产品及研发中,测试及接续使用。

任务1　光纤连接器(跳线)组装

- ◆ 知识点
  - ¤ 常见光纤连接器及适配器
  - ¤ 光纤连接器的基本结构
  - ¤ 光纤连接器(跳线)的规格
- ◆ 技能点
  - ¤ 光纤连接器(跳线)组装工具的正确使用
  - ¤ 光纤连接器(跳线)组装工艺
  - ¤ 光纤连接器(跳线)组装质量判定
  - ¤ 初步拟定光纤连接器(跳线)组装工艺文件

1.1　任务描述

光纤连接器是光纤传输和光仪表等光纤技术中不可缺少的无源器件。它能实现设备与设备、设备与仪表、光器件与光纤间、光纤与光纤间的活动连接,并对接头具有保护作用。光纤连接器的应用给工程和试验带来方便,便于连接和维护,是光器件中用量最大的无源器件。本次任务是认识、了解各类光纤连接器及其结构特点,能够按要求组装完成光纤跳线的制作并进行质量分析。

1.2 相关知识

1.2.1 认识跳线

将一根光纤的两头都装上插头,成为跳线。连接器插头是其特殊情况,即只在光纤(缆)的一头装有插头。

在工程上及仪表中,大量使用着各种型号、规格的跳线。跳线中光纤两头的插头可以是同一型号的,也可以是不同的型号的。跳线可以是单芯的,也可以是多芯的。图 1-1 所示的是常用的几种。

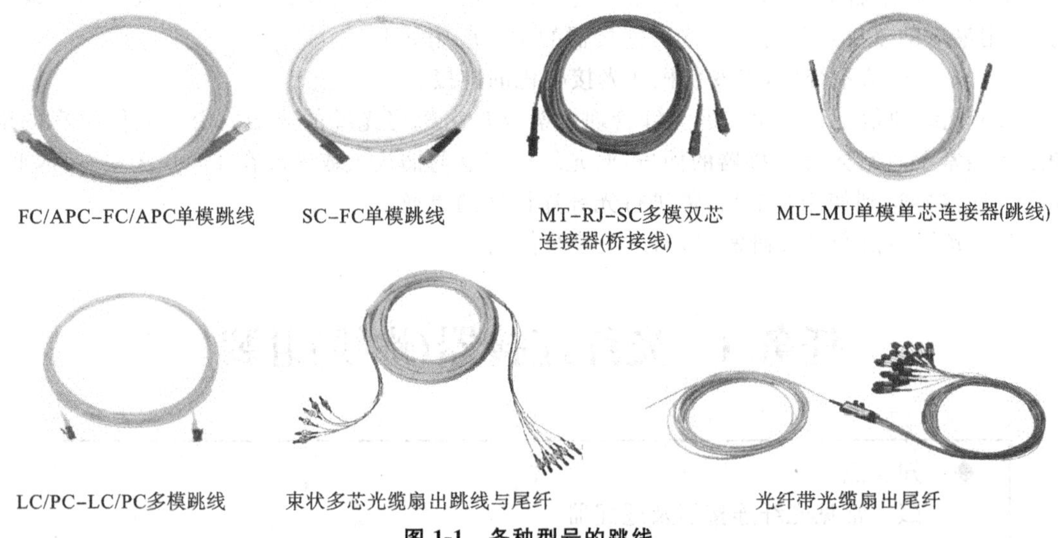

图 1-1 各种型号的跳线

1.2.2 常用的品种、型号、规格和外形尺寸

光纤活动连接器的品种、型号很多,按连接头结构形式可分为 FC、SC、ST、LC、MTRJ、MPO、MU、SMA、DDI、DIN4、D4、E2000 等形式。据不完全统计,国际上常用的不下 30 种。其中有代表性的有 FC、ST、SC、D_+、双锥、VF_0(球面定心)、F-SMA……这些连接器都是不同国家或地区、不同公司研制的产品,在一定时期内,还会有一些国家和地区使用。随着光纤通信的进一步发展,必然会对连接器的型号、规格加以规范,制定各种必要的标准。

我国用得最多的是 FC 型连接器。它是干线系统中采用的主要型号连接器,在今后一段较长时间内仍是主要品种。随着光纤局域网、CATV 和用户网的发展,SC 型连接器也将逐步推广使用。SC 型连接器使用方便、价格低廉,可以密集安装,应用前景广阔。此外,ST 型连接器也有一定数量的应用。下面介绍其中一部分。

1. FC 型连接器

FC是 ferrule connector 的缩写。其外部采用螺纹连接。外部零件加强方式是采用金属材料制作的金属套，紧固方式为螺丝扣。它是我国采用的主要品种。我国已经制定了 FC 型连接器的国家标准。改进的 FC 型连接器采用对接端面呈球面的插针(PC)，而外部结构没有改变，使得插入损耗和回波损耗性能有了较大幅度的提高。其插头、转换器和内部结构如图1-2 所示。

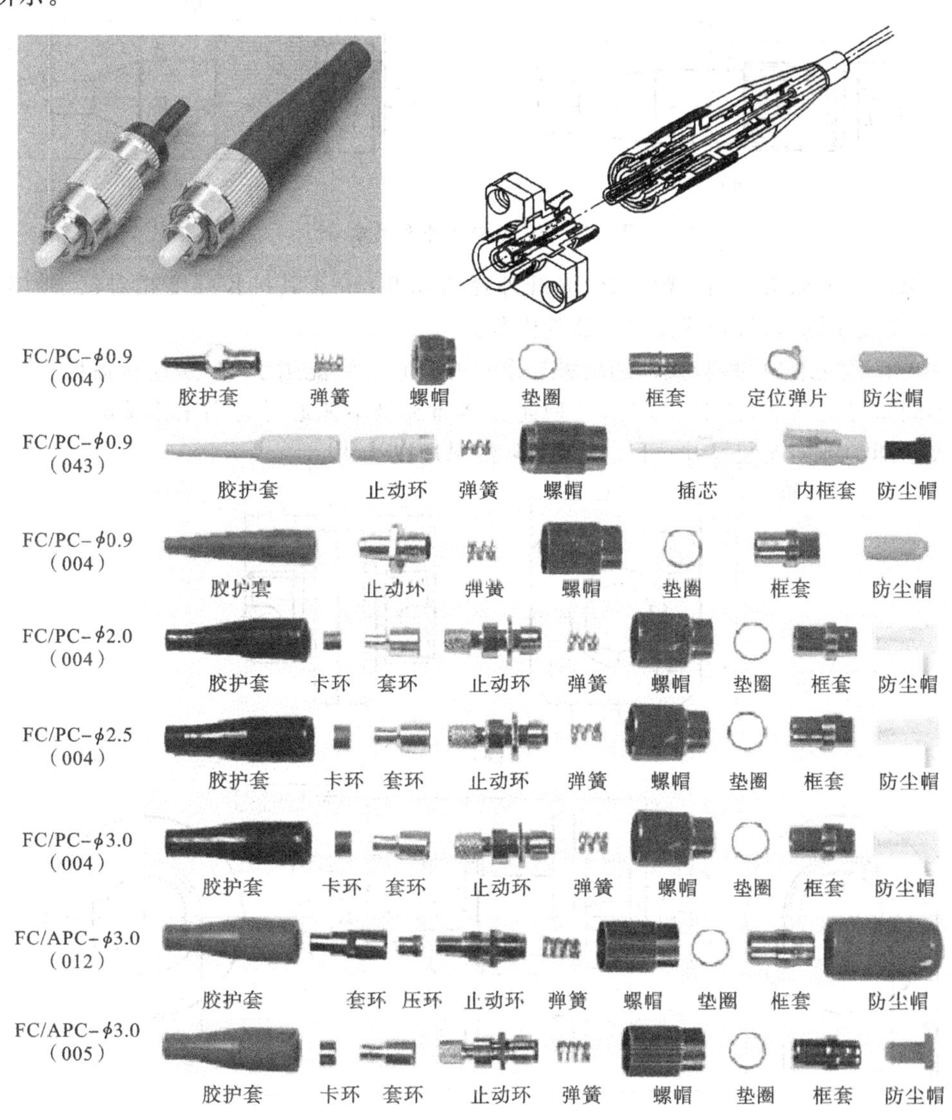

图 1-2 FC 型连接器的插头、转换器和内部结构

FC 型连接器的插头、转换器种类很多，我国常用的有下列几种，其外形尺寸分别如图1-3和图 1-4 所示。

图 1-3(a)和图 1-3(b)所示插头均与单芯光缆连接，光缆外径为 2～4 mm，有较强的抗拉强度，能适应各种工程应用的要求。

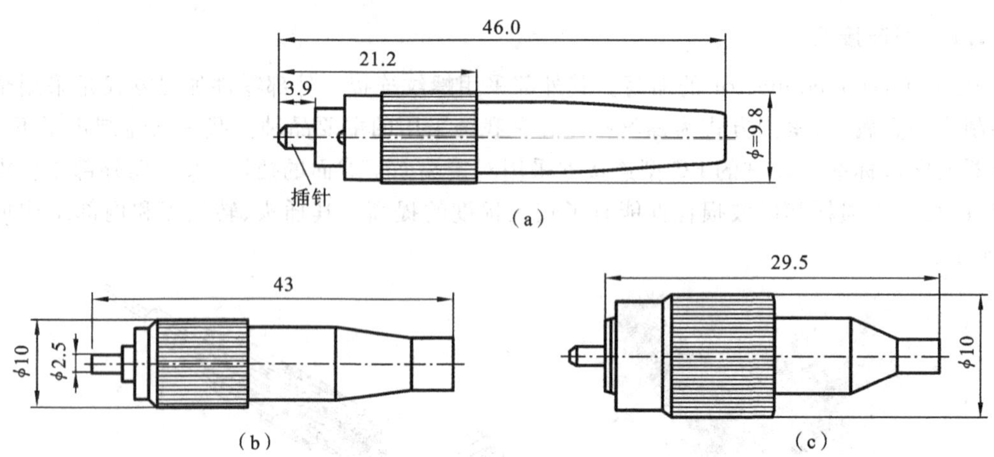

图 1-3　FC 型插头外形尺寸

图 1-3(c)所示插头采用涂敷光纤,光纤外径为 0.9 mm。其抗拉强度相对较小,体积也较小,适于安装在机盘、仪表或某些元器件内部。

图 1-4 所示的为 FC 型转换器的两种外形尺寸。它们只能用于 FC 型连接器插头之间的连接。不同型号的插头,如 FC 型与 SC 型连接器插头是不能通过它们来连接的。两种外形尺寸代表了两种不同安装尺寸,可以根据实际情况加以选用。

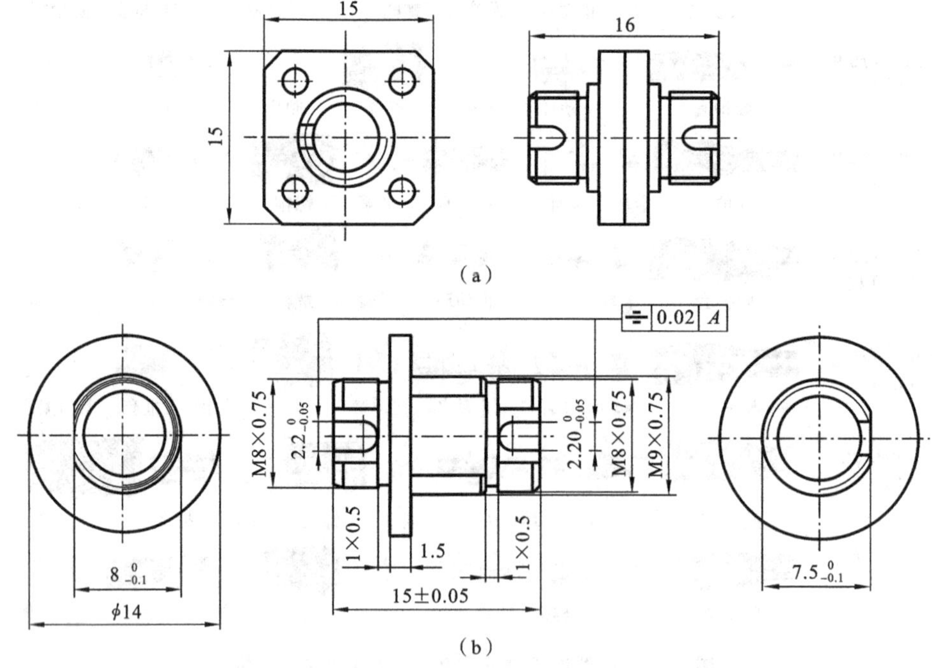

图 1-4　FC 型转换器外形尺寸

2. SC 型连接器

SC 型连接器由日本 NTT 公司研制,现在已经由国际电工委员会(IEC)确定为国际标准器件。它的插针、套筒与 FC 型连接器的完全一样。外壳采用工程塑料制作、矩形结构,其中插针的端面多采用 PC 或 APC 研磨方式。紧固方式是插拔销闩式，无须旋转。SC 型连接器便于密集安装，不用螺纹连接，可以直接插拔，操作空间小，使用方便，可以做成多芯连接器。

图 1-5 所示的为两种 SC 型插头。图 1-5(a)所示的为通用型插头，可以直接插拔，多用于单芯连接。图 1-5(b)所示的为密集安装型插头，要用工具进行插拔操作，用于多芯连接，如 4 芯连接。图 1-5(c)所示的为实物照片，图 1-5(d)所示的为装配顺序。

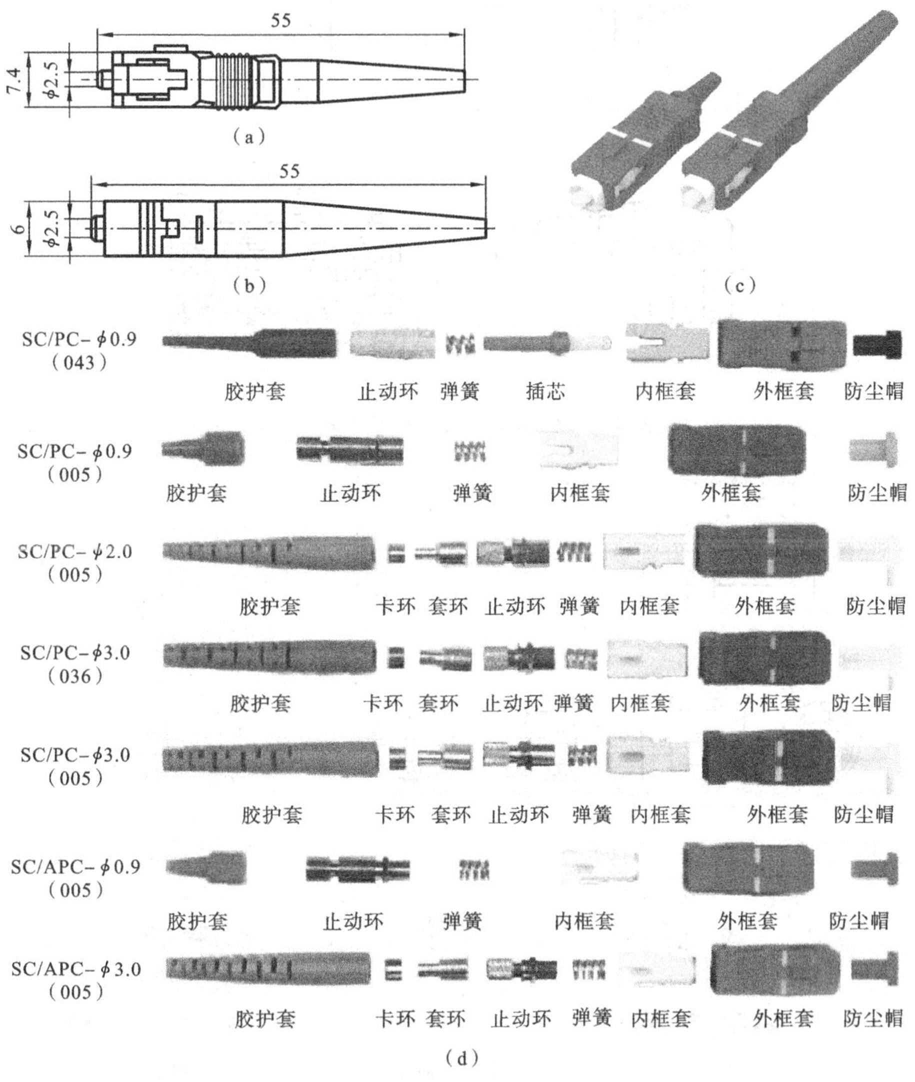

图 1-5　SC 型插头

图 1-6 所示的分别为单芯和 4 芯两种 SC 型转换器，单芯转换器与通用型插头配套，4 芯转换器与密集安装型插头配套。

3. **ST 型连接器**

ST 型连接器是由 AT&T 公司开发的。连接器外部件为精密金属件，包含推拉旋转式卡口锁紧机构，以确保连接时准确对中。此类连接器插拔操作方便，插入损耗波动小，抗压强度较高，安装密度高，其插头和转换器如图 1-7 所示。

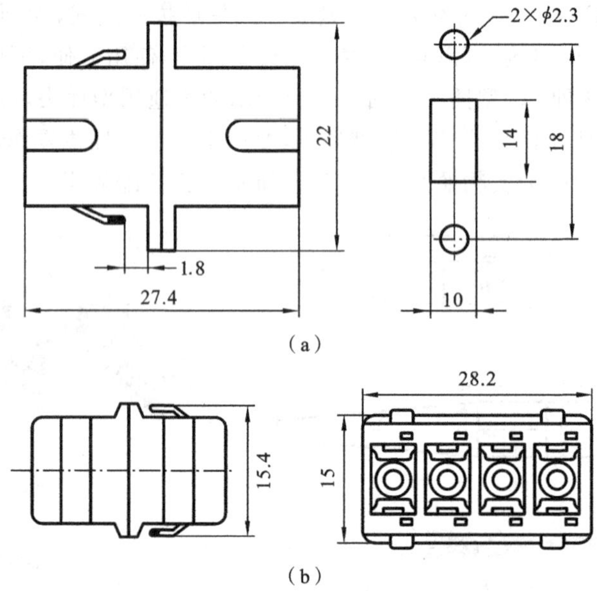

图 1-6 单芯和 4 芯两种 SC 型转换器

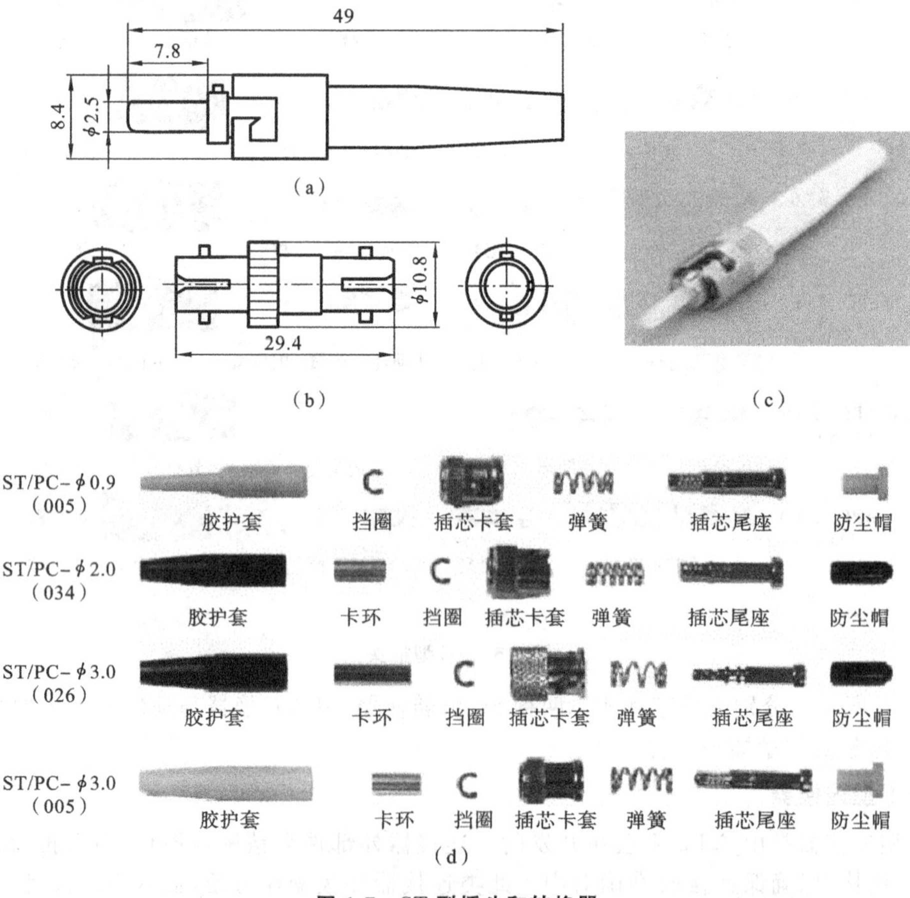

图 1-7 ST 型插头和转换器

4. MT-RJ **型连接器**

MT-RJ 型连接器(见图 1-8)是在日本 NTT 公司开发的 MT 连接器基础上研发的，是一种带定位键、接触型、有抗拉结构的连接器。其外壳和锁紧机构类似 RJ 型连接器的，通过小型套管两侧的导向销对准光纤。为便于与光接收机/发射机相连，连接器端面光纤为双芯(间隔 0.75 mm)排列设计。MT-RJ 型连接器是用于数据传输的高密度光连接器。标准 MT-RJ 型连接器可以同时连接两条光纤，有效密度增加了 1 倍。虽然 MT-RJ 型连接器比其他 SFF 连接器的尺寸小，但其在面板上的排列密度与其他 SFF 连接器的相同。同时，MT-RJ 型接口的光电设备传输速率仅为 1 Gb/s。

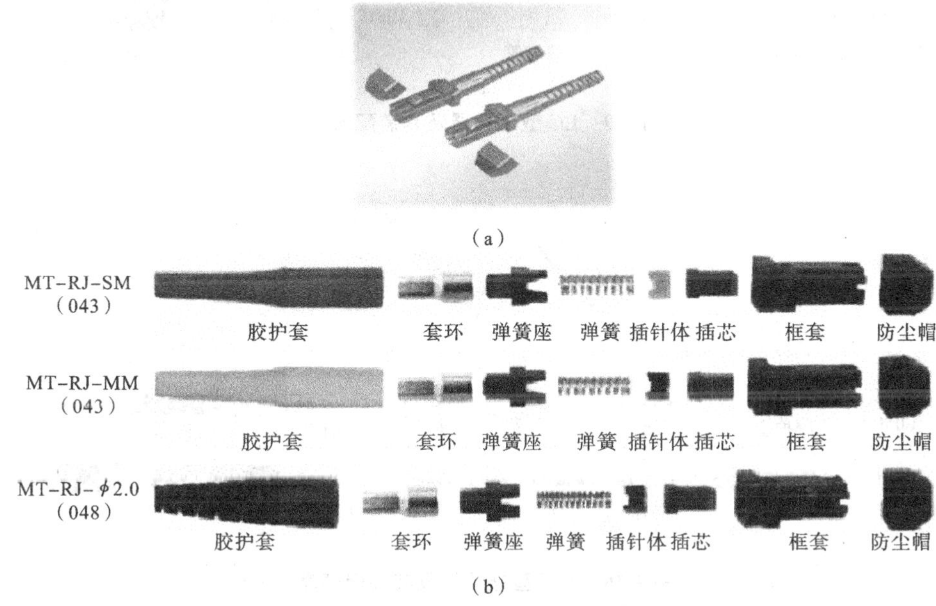

图 1-8　MT-RJ 型连接器及其装配顺序

5. LC **型连接器**

LC 型连接器(见图 1-9) 由朗讯科技公司研制开发，采用操作方便的模块化插孔(RJ)闩锁机理制成。为了得到极低的反射，早期推出的 LC 型连接器采用 APC 形式。其所采用的插针和套筒的尺寸是普通 SC、FC 等型号所用尺寸的一半，为 1.25 mm。这样可以提高光配线架中光纤连接器的密度。LC 型连接器是一种单工 SFF 连接器，但能够通过使用一个卡夹变成双工连接器。LC 型接口的光电设备传输速率能够达到 10 Gb/s。

6. MU **型连接器**

MU 型连接器(见图 1-10)是由日本 NTT 公司在 SC 型连接器基础上研制开发出来的，其尺寸仅为 SC 型连接器的 1/2。该连接器采用 1.25 mm 直径的套管和自保持机构，能实现高密度安装。MU 型连接器是一种带定位键、接触型、中等损耗、有抗拉和抗扭转结构的连接器，它是一种能够装成双工、三工及四工的光纤连接器。

7. DIN47256 **型连接器**

这种连接器(见图 1-11)采用的插针和耦合套筒的结构尺寸与 FC 型的相同，端面处理采

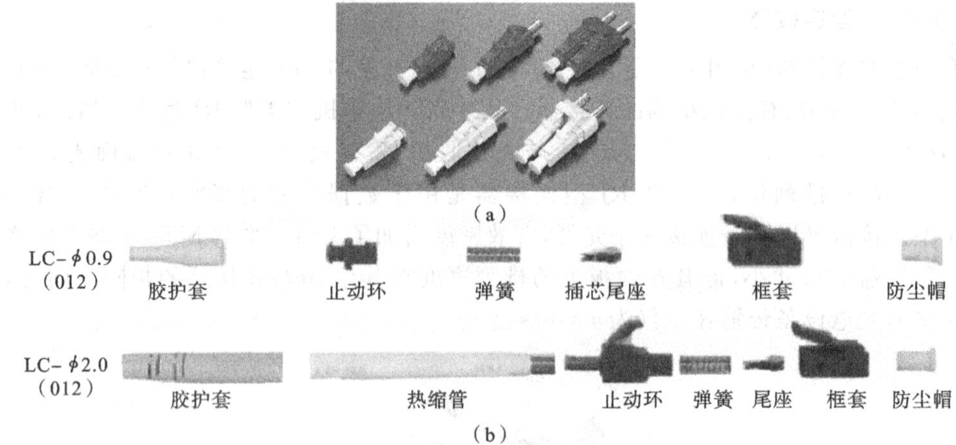

图 1-9 LC 型连接器及其装配顺序

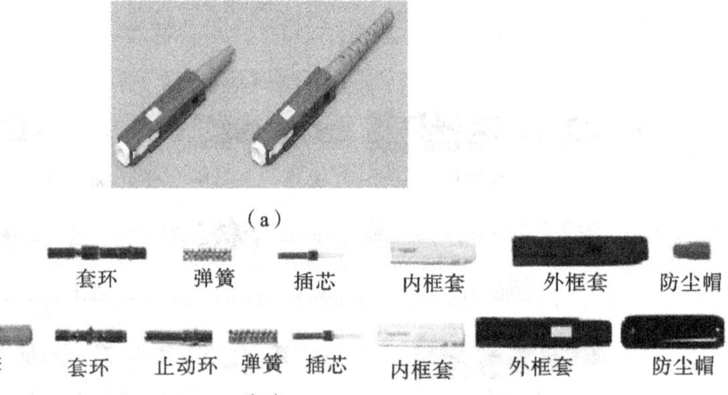

图 1-10 MU 型连接器及其装配顺序

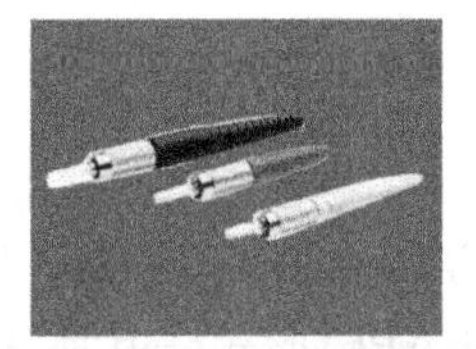

图 1-11 DIN47256 型连接器

用 PC 研磨方式,内部金属结构中有控制压力的弹簧,可以避免因插接压力过大而损伤端面。另外,这种连接器的机械精度较高,因而介入损耗值较小。

插头的机械结构必须能够对光纤进行有效的保护,使光纤不会受到外界的损害。

1.2.3 插头的连接

1. 转换器

把光纤插头连接在一起,从而使光纤接通的器件称为转换器(或适配器),如图 1-12 所示。转换器俗称插座或法兰盘。

转换器用于连接同型号插头,可以连接一对插头,也可以连接几对插头或多芯插头。

图 1-12 所示的 FC、SC、ST、MU、LC 等型号的转换器,只能对同型号的插头进行连接,如果要对不同型号的插头进行连接,则需要使用变换器。

2. 变换器

将某一型号的插头变成另一型号插头的器件称为变换器,如图 1-13 所示。该器件由两

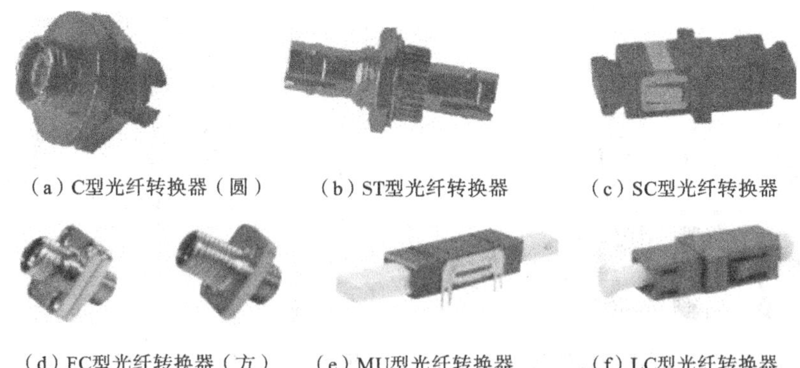

（a）C型光纤转换器（圆） （b）ST型光纤转换器 （c）SC型光纤转换器

（d）FC型光纤转换器（方） （e）MU型光纤转换器 （f）LC型光纤转换器

图 1-12 光纤转换器

部分组成，其中一半为某一型号的转换器，另一半为其他型号的插头。使用时，某一型号的插头插入同型号的转换器中，就变成其他型号的插头了。在实际使用中，往往会遇到这种情况，即手头有某种型号的插头，而仪表或者系统上的是另一型号的转换器，彼此配不上，不能工作。如果备有这种型号的转换器，问题就迎刃而解了。

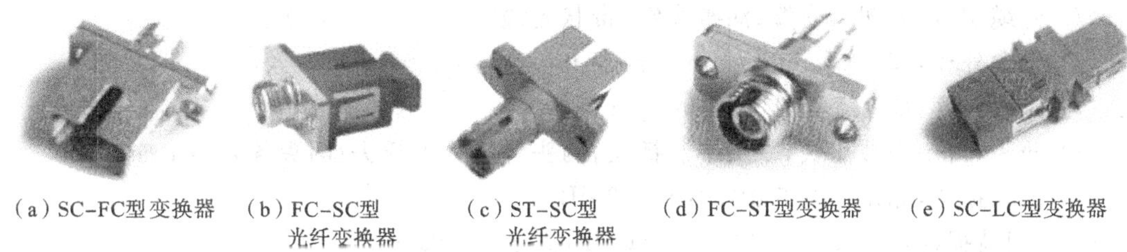

（a）SC-FC型变换器 （b）FC-SC型光纤变换器 （c）ST-SC型光纤变换器 （d）FC-ST型变换器 （e）SC-LC型变换器

图 1-13 变换器

对于 FC、SC、ST 三种连接器，理论上应具有下述 6 种变换器。

(1) SC-FC：将 SC 插头变成 FC 插头。

(2) ST-FC：将 ST 插头变成 FC 插头。

(3) FC-SC：将 FC 插头变成 SC 插头。

(4) FC-ST：将 FC 插头变成 ST 插头。

(5) SC-ST：将 SC 插头变成 ST 插头。

(6) ST-SC：将 ST 插头变成 SC 插头。

3. 各种裸纤转换器

将裸纤与光源、探测器及各类光仪表进行连接的器件称为裸纤转换器。裸纤和裸纤转换器彼此是可以结合和分离的。使用时，裸纤穿于转换器中，处理好光纤端面，就可以与有源器件或光仪表连接了。用完后，也可以将裸纤抽出，再作它用。

这种器件在光纤测试、光仪表及光纤之间的临时连接中，具有广泛的应用。裸纤转换器也有各种型号，如 FC、SC、ST……图1-14所示的是几种裸纤转换器。

4. 光纤连接器(跳线)的规格

1) 光纤连接器(跳线)的规格

由于实际使用情况非常复杂，因而跳线的规格也多种多样，如图 1-15 所示。在选择跳线

图 1-14 ST、FC、SC 型裸纤转换器

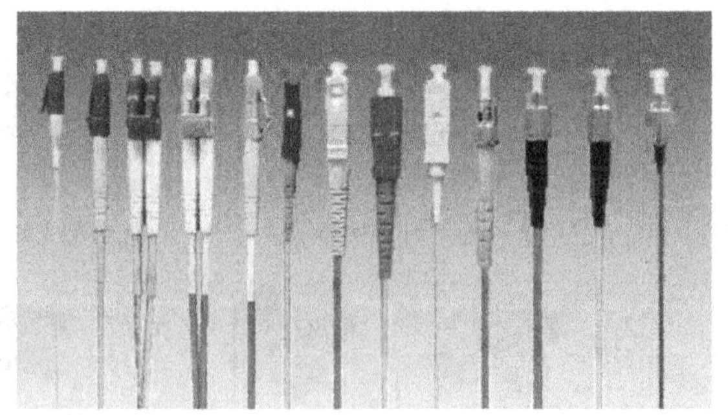

图 1-15 光纤连接器(跳线)的实物图

时,至少有下述几个参数是需要明确的。

(1) 插头型号,跳线两头的插头型号可以相同,也可以不同。

(2) 光纤型号,如单模光纤、多模光纤、色散位移光纤、保偏光纤等。

(3) 光纤芯径,如 ϕ62.5 μm、ϕ50 μm、ϕ9 μm、ϕ4 μm 等。

(4) 光纤芯数,如单芯、双芯、4 芯等。

(5) 光缆型号,如塑料光缆、涂敷光纤、带状光缆等。

(6) 光缆外径,如 ϕ3.5 mm、ϕ3 mm、ϕ2.5 mm、ϕ2 mm、ϕ0.9 mm 等。

(7) 光缆长度,如 0.5 m、1 m、3 m、5 m 等。

(8) 插头数:一头装插头,一头不装插头;两头各装一个插头;两头各装两个插头等。

(9) 插入损耗,如小于 0.5 dB、小于 0.3 dB 等。

(10) 回波损耗,如大于 40 dB、大于 50 dB、大于 60 dB 等。

(11) 插针材料,如陶瓷、玻璃、不锈钢、塑料等。

(12) 插针端面形状,如平面、球面、斜球面等。

(13) 套筒材料,如磷青铜、铍青铜、陶瓷等。

只有根据上述各种参数,确定所需要的跳线规格,才能避免不必要的损失。

2) 光纤连接器(跳线)的标识方法

其标识方法如图 1-16 所示。

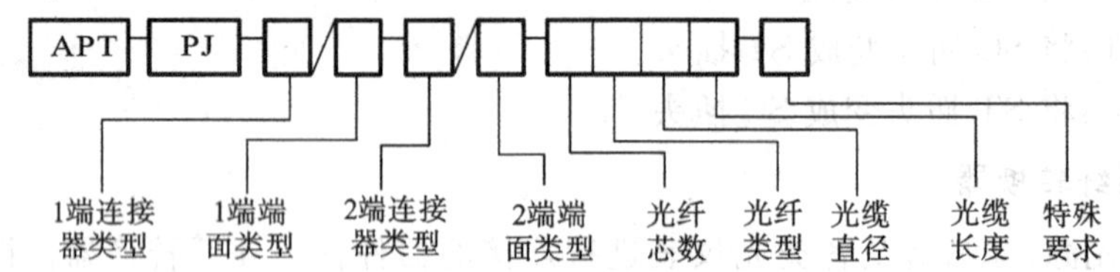

图 1-16 标识方法

(1) 连接器类型 F 表示 FC 型,S 表示 SC 型,T 表示 ST 型,L 表示 LC 型,U 表示 MU 型,M 表示 MT-RJ 型。

(2) 端面类型 P 表示 PC 型,U 表示 UPC 型,A 表示 APC 型。端面类型为 MT-RJ 型时,不填此项。

(3) 光纤芯数 Rn 表示 n 芯带状缆,Bn 表示 n 芯束状缆,R1 表示单芯缆。

(4) 光纤类型 S 表示 G.652 光纤,H 表示 G.655 光纤,M 表示多模光纤,D 表示数据光纤。

(5) 光缆直径 9表示ϕ0.9 mm,2表示ϕ2.0 mm,3表示ϕ3.0 mm,多芯缆为扇出缆直径。

(6) 光缆长度 3表示3 m,5表示5 m,或用户自定义。

(7) 特殊要求 有特殊要求时,该项为S,并另注明详细内容,无特殊要求时不填此项。

例如,APT-PJ-U/P-U/P-R1S2-5-S,其中S表示插入损耗小于0.2 dB。该跳线为MU/PC转MU/PC跳线,单芯,单模,ϕ2.0 mm,光缆长度为5 m,要求插入损耗小于0.2 dB。

1.2.4 光纤连接器的基本结构

连接器采用某种机械和光学结构,使两根光纤的纤芯对准,保证90%以上的光能够通过。目前有代表性并且正在使用的有以下几种。

1. 套管结构

这种连接器由插针和套管组成。插针为一个精密套管,光纤固定在插针里面。套筒也是一个加工精密的套管(有开口和不开口两种),光纤固定在插针里面,两个插针在套筒中对接并保证两根光纤对准。其原理是:以插针的外圆柱面为基准面,插针和套筒之间紧密配合。当光纤纤芯对外圆柱面的同轴度、插针的外圆柱面和端面、套筒的内孔加工得非常精密时,两根插针在套筒中对接,实现了两根光纤的对准。

由于这种结构设计合理,加工技术能够达到要求的精度,因而得到了广泛应用。FC、SC、ST、D_4等型号的连接器均采用这种结构。图1-17所示的为这种结构的示意图。

2. 双锥结构

图1-18所示的为这种结构的示意图,其结构与套筒结构类似,特点是利用锥面定位。插针的外端面加工成圆锥面,基座的内孔加工成双圆锥面。两个插针基座的内孔实现纤芯的对接。插针和基座的加工精度极高,锥面与锥面的结合既要保证纤芯的对中,还要保证光纤端面间的间距恰好符合要求。它的插针和基座采用聚合物模压成形,精度和一致性都很好。

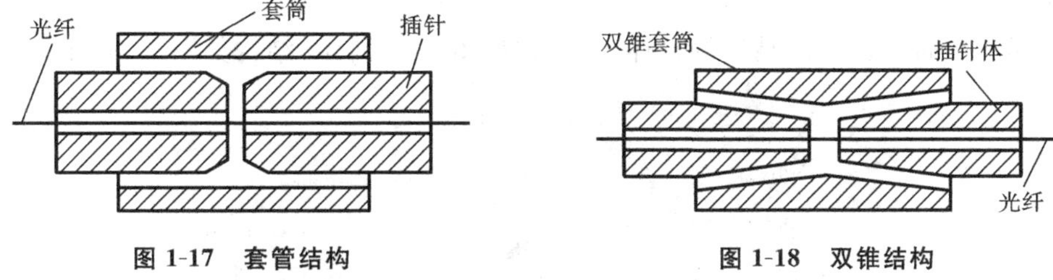

图1-17 套管结构　　**图1-18 双锥结构**

3. V形槽结构

图1-19所示的为这种结构的示意图,其原理是将两个插针放入V形槽基座中,再用盖板将插针压紧,使纤芯对准。这种结构可以达到较高的精度。其缺点是结构复杂,零件数量偏多。

4. 球面定心结构

图1-20所示的为这种结构的示意图,该种结构由精密钢球的基座和装有圆锥面(相当于车灯的反光镜)的插针组成。钢球开有一个通孔,通孔的内径比插针的外径大。当两根插针插入基座时,球面与圆锥面接合,纤芯对准,并保证纤芯之间的间距控制在要求的范围内。这种设计思想是巧妙的,但零件形状复杂,加工调整难度大。

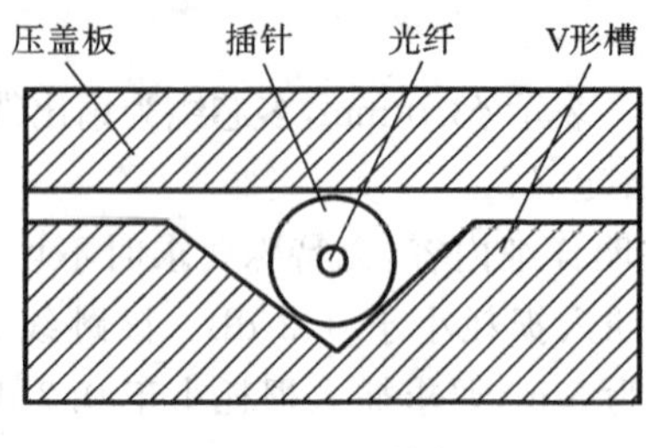

图 1-19 V 形槽结构

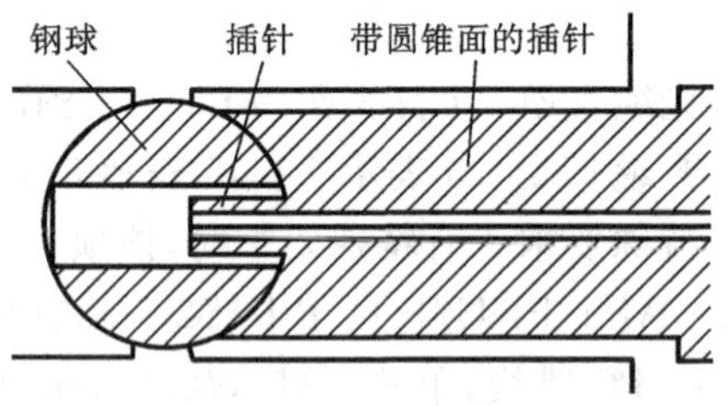

图 1-20 球面定心结构

5. 透镜耦合结构

透镜耦合又称远场耦合，它分为球透镜耦合和自聚焦透镜耦合两种，其结构分别如图 1-21和图 1-22 所示。

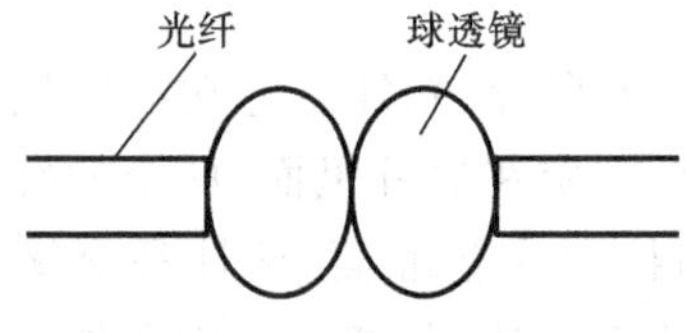

图 1-21 球透镜耦合

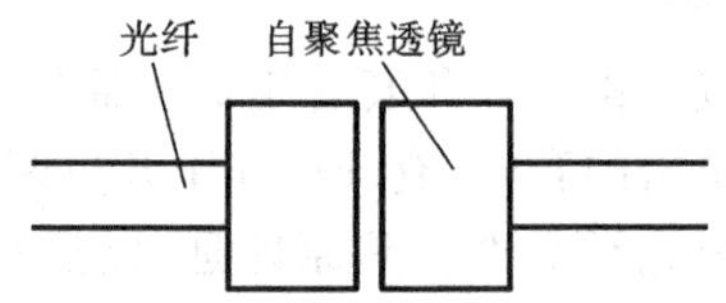

图 1-22 自聚焦透镜耦合

这种结构经过透镜来实现光纤的对中，透镜将一根光纤的出射光变成平行光，再由另一透镜将平行光聚焦并导入另一光纤中去。其优点是降低了对机械加工的精度要求，使耦合更容易实现。缺点是结构复杂、体积大、调整元件多、接续损耗大。一般在某些特殊的场合，如在野战通信中这种结构仍有应用。

1.2.5 光纤连接器核心部件

绝大多数的连接器采用套管结构，套管结构连接器的核心部件是插针和套筒。

1. 插针

插针是一个带有微孔的精密圆柱体，其实物如图 1-23 所示，结构如图 1-24 所示。

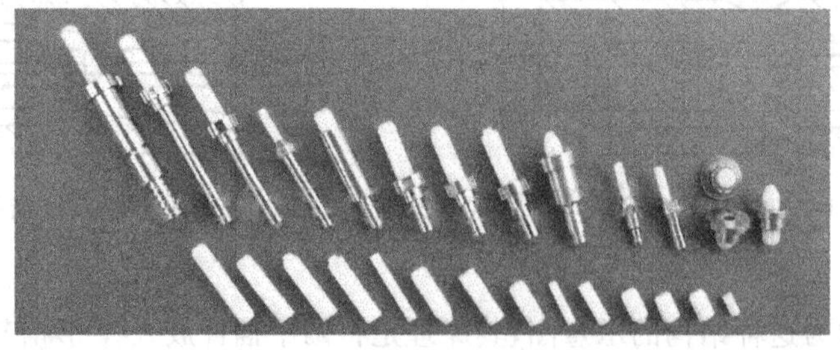

图 1-23 各种类型插针实物图

插针的主要尺寸如下：外径为 $\phi 2.499 \pm 0.0005$ mm，外径不圆度小于 0.000 5 mm，微孔直径为 $\phi 0.125^{+0.001}_{0}$ mm(或 $\phi 0.126^{+0.001}_{0}$ mm、$\phi 0.127^{+0.001}_{0}$ mm)，微孔偏心度小于 0.001 mm，微孔深度为 4 mm 或 10 mm，插针外圆柱面表面粗糙程度为 0.012 mm，端面形状为球面，曲率半径为 20～60 mm。

插针的材料有不锈钢、不锈钢镶陶瓷、全陶瓷、玻璃和塑料等几种，现在用得最多的是全

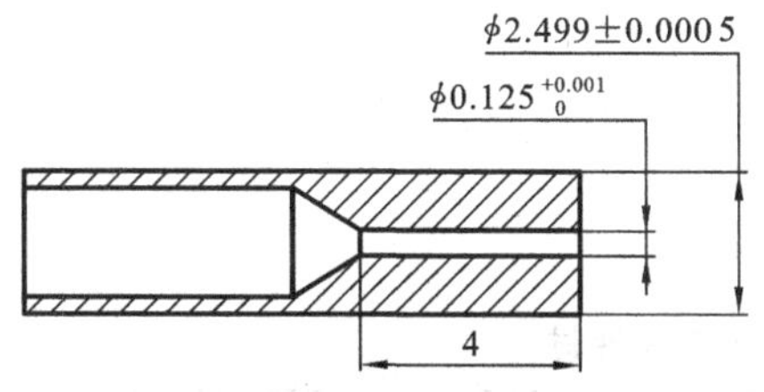

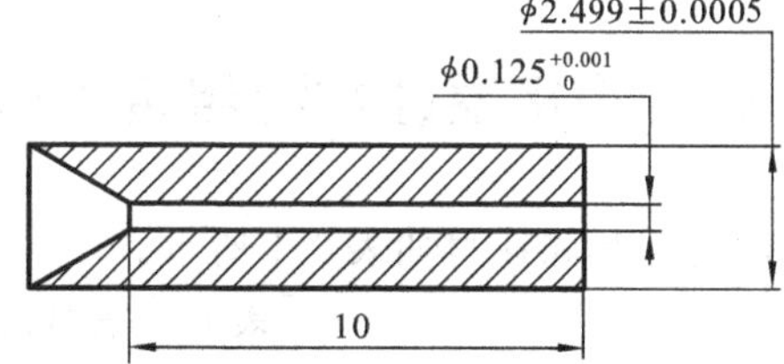

图 1-24　插针结构

陶瓷。陶瓷材料具有极好的温度稳定性、耐磨性和抗腐蚀能力，选用这类材料制作插针是很合适的。陶瓷插针面市之后，受到了工程技术人员的极大欢迎。这种插针在光通信、光传感器方面的应用日益广泛。特别是在干线系统中，基本上是陶瓷插针一统天下了。

插针和光纤相结合成为插针体。制作插针体时，先将选配好的光纤插入微孔中，用胶固定后，再加工其端面。光纤的几何尺寸必须达到下述要求：

(1) 光纤外径比微孔小 0.000 5 mm；

(2) 光纤纤芯的不同轴度小于 0.000 5 mm。

插针、光纤及两者的选配对连接器的质量影响极大，是连接器制作的关键之一。

2. 套筒

套筒是与插针同样重要的零件，它有两种结构：开口套筒(见图 1-25)、不开口套筒。

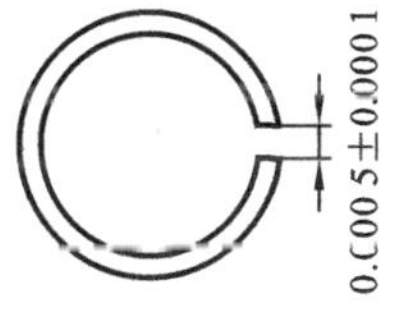

图 1-25　开口套筒

1) 开口套筒

开口套筒在连接器中使用最为普遍，其主要尺寸如下：外径为 $\phi3.2_{-0.02}^{0}$ mm，内径为 $\phi2.5_{-0.007}^{+0.002}$ mm，内孔表面粗糙程度为 0.012 mm，弹性形变小于 0.000 5 mm，插针插入或拔出套筒的力为 3.92～5.88 N。

开口套筒要用弹性好的材料，如磷青铜、铍青铜和氧化锆陶瓷制作。在插针插入套筒以后，套筒对插针的支持力应该保持恒定。这三种材料制作的套筒都在应用，我国使用铍青铜制作的套筒居多。

2) 不开口套筒

这种套筒在连接器中应用较少，在光纤与有源器件的连接中应用较多。它的外形和尺寸与开口套筒的基本上一致。不同之处在于它的内径为 $\phi2.5_{0}^{+0.0005}$ mm，即比插针外径大 1 μm，既让插针能够顺利插入，同时间隙也不能过大，保证光纤与发光管、探测器连接时，重复性、互换性能达到要求的指标。

近年来，插针的外径在向小的方向变化。外径为 ϕ1.87 mm、ϕ1 mm 甚至 ϕ0.5 mm 的插针已经出现。这为制造体积更小的连接器创造了条件，也为光通信向密集化方向发展提供了可能。可以预期，体积更小、密集程度更高的连接器将不断地出现。

1.3 光纤连接器(跳线)组装工作条件

使用的工具和耗材如表1-1所示。

表1-1 光纤研磨相关工具和耗材

工具名称	备注	耗材名称	备注
光纤剥线钳(米勒钳)	剥离光纤护套、涂敷层等	插头和护套	光纤连接器和保护装置
专用针管	注射混合胶水	单/多模光纤	光纤的一种类型
冷压钳	进行插头固定操作	光纤研磨砂纸	对插芯头进行研磨操作
热固化炉	进行胶水快速固化	清洁布	用于插芯头端面的清洁
切割刀	处理多余光纤	混合胶水	使插芯头和光纤连在一起
专用剪刀	对光纤进行剪切	双面胶	处理多余光纤
电子秤	胶量的称量	压接模具	用于压接插针
超声波清洗机	零件的清洗	卡紧机	用于压接紧固环

1.4 光纤连接器(跳线)组装

1.4.1 光纤连接器生产工艺流程

光纤连接器生产工艺流程如图1-26所示。

1.4.2 下光纤(缆)和绕光纤(缆)

下光纤(缆)前,设定光纤(缆)长度,应在合同要求长度的基础上增加10 cm作为损耗,尾纤增加5 cm作为损耗。定义从一个连接头插芯端面到另一个连接头插芯端面的长度为连接器产品的标准长度,原则上此标准长度为实际产品的最小长度。

用绕线机将光纤(缆)绕成ϕ180 mm或ϕ120 mm(根据包装要求)的圆形,两端各留约0.5 m的余量作为自由端,以便于黏结及研磨,用粘胶纸将盘好的光纤(缆)扎好。

为便于研磨及计数,每6根一组绕扎。每组光纤(缆)加贴一张生产流程卡,作业人员按生产流程卡的要求内容填写产品型号和批号等信息及本工序的其他记录。在半成品流转的过程中应保持生产流程卡的完整无损。各工序填写好的生产流程卡在包装工序予以回收和保存,以便进行过程追溯。

注意,绕光纤时应注意对光纤(缆)进行保护,其弯曲半径不得小于30 mm,且在操作过程中不得有挤压、拉拽、扭伤及折伤光纤(缆)的情况发生。

1.4.3 组装前准备

1. 金属零件清洗

(1) 需要进行除油清洗的零件包括不锈钢尾柄、不锈钢针套等。

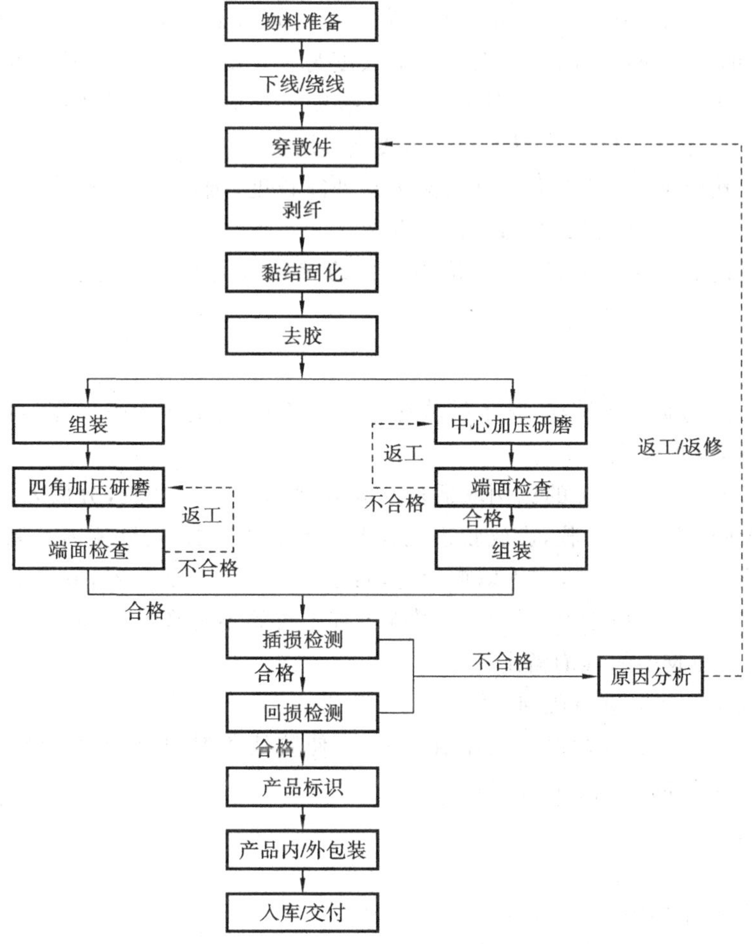

图 1-26　光纤连接器生产工艺流程

(2) 将要清洗的零件倒入汽油中(500 ml 汽油可以清洗 2 000 只零件),浸泡 30 min,然后将容器放入超声波中清洗 10 min。

(3) 将零件用纱网筛出(汽油留置可以重新使用),倒入装有乙醇的容器中,放入超声波中清洗 5 min。

(4) 将零件用纱网筛出,再次用乙醇清洗。

(5) 将清洗后的零件在 80 ℃左右的烘箱中烘 30 min 后取出。

(6) 清洗完毕后,将零件交还领料员保管或办理入库手续。

2. 陶瓷插芯清洗

必要时,可对陶瓷插芯进行去污清洗。陶瓷插芯的清洗方法及步骤基本同上,只是不必用汽油浸泡,只需直接用乙醇浸泡再进行超声波清洗。

3. 陶瓷插针组合件装配

(1) 将陶瓷插芯压入金属尾柄或针套内,同时用百分表测量其长度,误差为－0.02～＋0.03 mm。

(2) 陶瓷插针分为:外径为 $\phi 2.5$ mm、长度为(10±0.05) mm 的陶瓷插针,外径为 $\phi 2.5$ mm、长度为 12.7 mm 的陶瓷插针,外径为 $\phi 1.4$ mm、长度为 6.5 mm 的陶瓷插针等几种。

(3) 应注意压入不锈钢尾柄的各种插针外露长度有不同要求,分别是 8.00 mm(PC)、8.15 mm(APC)。不同长度的使用不同的压接模具压接。

(4) 每次压接时前 10 只应用百分表测量其外露长度,确认无误后方可继续压接。压接后的成品应加贴型号及外露长度标识,以免混淆。

(5) 压接后的成品送品质部检验,检验合格的成品由生产部按要求清洗后待用或办理入库。

4. 调胶

(1) 取一张旧的研磨纸洗净、吹干后放在电子天平上,将电子天平清零,再在上面放置一个干净的小烧杯,读取数据。

(2) 严格按质量比 10∶1 的比例取适量 353ND 胶的 A 胶、B 胶,分放入小玻璃容器中。先放 10 倍的 A 胶,然后放 B 胶,边放胶边观察电子天平的读数,直到所需的调胶量为止。

(3) 取下盛胶的小玻璃瓶,左手紧握瓶身,右手取一个干净的竹签,放入玻璃容器内的胶中,轻轻地沿顺时针方向搅动 2~5 min。搅拌过程中竹签不得离开胶面,一方面使胶充分混合均匀,另一方面使胶中的气泡溢出。

(4) 将胶放于脱泡器进行脱泡。

(5) 将玻璃容器中的胶缓慢倒入注射器内,并使胶从注射器口沿内壁缓慢流入,以免在倒胶的过程中产生新的气泡。

1.4.4 穿零件

零件及装配顺序如图 1-27 所示。

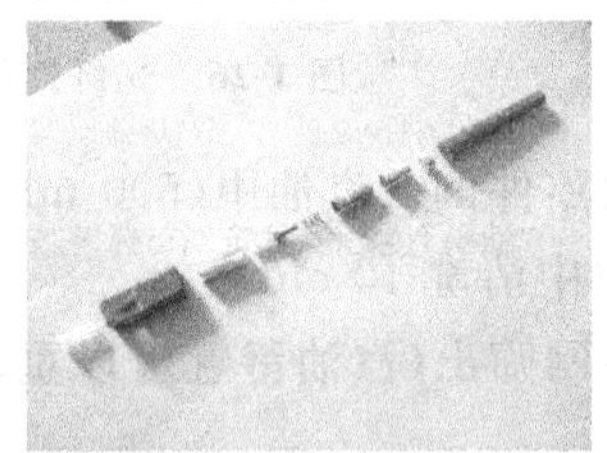

图 1-27 零件及装配顺序

1. FC 型及 SC 型

(1) 穿尾套:光缆从尾套小头穿入,大头穿出,不能反向。

(2) 穿夹定环。

(3) 穿固定漏斗:光缆从漏斗小头穿入,大头穿出,不能反向。

(4) 穿主套:光缆从主套小头穿入,大头穿出,不能反向。

(5) 穿弹簧:将散件用粘胶纸固定在光缆上,预留部分为 0.6～0.75 m。

2. ST 型

(1) 穿尾套:光缆从尾套小头穿入,大头穿出,不能反向。

(2) 穿锁紧套。

3. LC 型

(1) LC-ϕ09:以尾部方向依次穿入尾座(带尾套)、弹簧。

(2) LC-ϕ2:以尾部方向依次穿入尾套、带热缩管的固定环、尾座、弹簧。

(3) LC-ϕ3:以尾部方向依次穿入尾套、夹紧套及空心铆钉(注意,空心铆钉应穿在ϕ0.9 mm 光纤上,且铆钉大头朝外)。

4. MU 型

(1) MU-ϕ09:以尾部方向依次穿入止动环(带尾套)、弹簧。

(2) MU-ϕ2:以尾部方向依次穿入止动环(带尾套)、固定套、弹簧。

1.4.5 光缆外护套处理

(1) 检查光缆断面是否平整,如光缆外护套、芳纶线及 ϕ0.9 mm 光纤的断面不齐,则用剪刀将其剪齐。

(2) 剥去护套:用剥纤钳剪断外护套约 3.5 cm,去掉护套,露出芳纶线及 ϕ0.9 mm 光纤,如图 1-28 所示。

注意:在剥离时,剥线钳与光纤应成 45°角。使用剥线钳时不宜用力过猛,以免导致光纤折断,并且在剥线时应注意光纤剥线长度。剪断护套时,不能切断芳纶线,更不能损伤 ϕ0.9 mm 光纤,同时注意对 ϕ2 mm 及 ϕ3 mm 光缆,应使用不同的剥纤钳或同一剥纤钳的不同钳口。

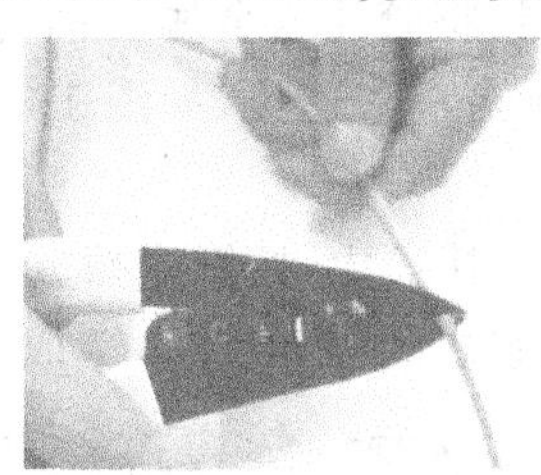
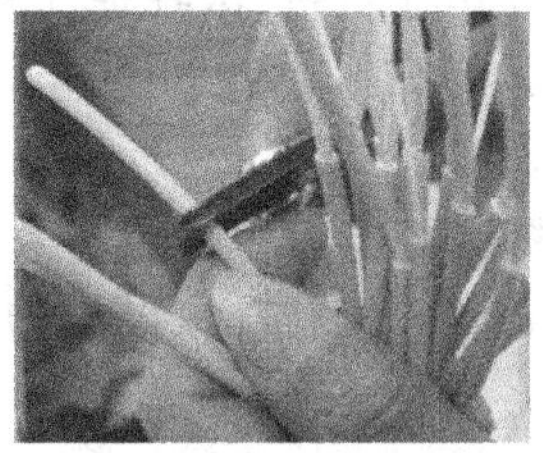

图 1-28 护套剥去操作

(3) 纵向划开光缆外护套:用纵向钳或单面刀片划开光缆外护套,划开长度约 10 mm。应注意避免伤及光纤。

(4) 固定芳纶线:将芳纶线捻到一起,反向打弯后用粘胶纸固定到光缆外护套上。注意芳纶线应全部固定,不能有散落或遗漏。

1.4.6 剥去紧套层及二次涂敷层

1. 做标记(测量长度)

将光缆外护套端面对准剥纤模板的相应位置,用记号笔在 ϕ0.9 mm 光纤上按剥纤模板的规定位置做出标记,如图 1-29 所示。

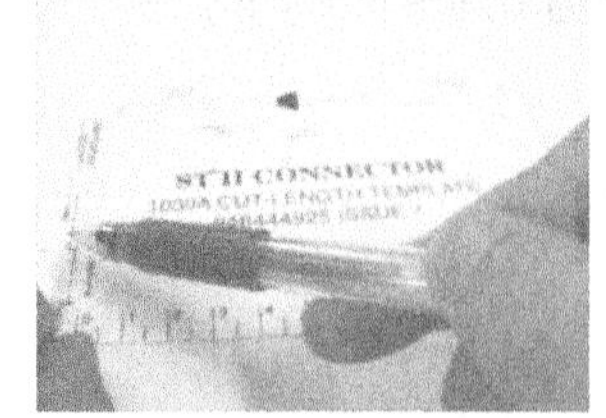

图 1-29 做标记

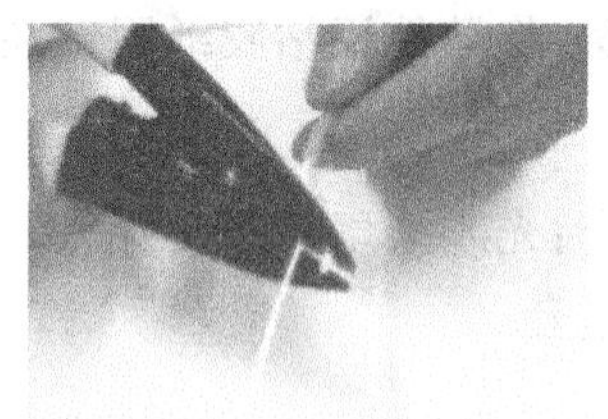

图 1-30 剥离光纤缓冲层、涂敷层操作

2. 剥离光纤缓冲层、涂敷层

用 ϕ0.125 mm 剥纤钳在上述光缆 ϕ0.9 mm 光纤的标记处剥去缓冲层及二次涂敷层，如图 1-30 所示。注意：先确保工具刀口没有缓冲层屑，如有，则应事先清理。

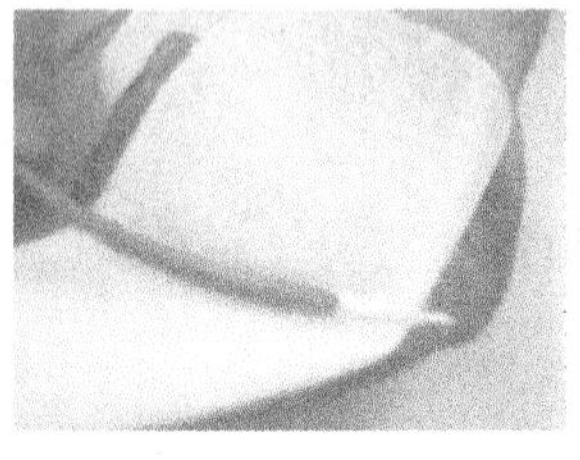

图 1-31 光纤表面清洗操作

3. 去除光纤表面的残余物

用无尘纸蘸无水乙醇将剥出的光纤轻轻擦拭干净，如图 1-31 所示。擦拭时应沿同一方向移动擦拭纸以免伤纤，如果一次擦不干净，则应反复多擦几次，直至擦净为止，否则光纤将无法装入连接器。擦净光纤后切勿再触摸光纤。

1.4.7 注胶

(1) 一手拿陶瓷芯，一手拿装有调好 353ND 胶的注射器，将注射器的针头从陶瓷芯金属尾柄 ϕ1.0 mm 的内孔伸至陶瓷芯的喇叭口处，推动注射器的活塞，把 353ND 胶注入陶瓷芯 ϕ0.125 mm 的微孔内。同时观察陶瓷芯端面，有胶流出时即停止注射。将注射器慢慢后移，将注射器针头回拉 3～5 mm 后，再次轻推注射器，将胶注入金属尾柄的 ϕ1.0 mm 的孔内，使孔内都充满胶水，这样就能确保光纤和金属尾柄能紧密连接，如图 1-32 所示。注意：不要注射太多，以防胶水倒流。

(2) 拔出注射器，将注好胶的陶瓷芯放入搪瓷托盘内，按顺序摆放整齐，每一行及每一列陶瓷芯之间应间隔 5 mm 以上的距离，以免陶瓷芯之间互相接触，造成污染，如图 1-33 所示。

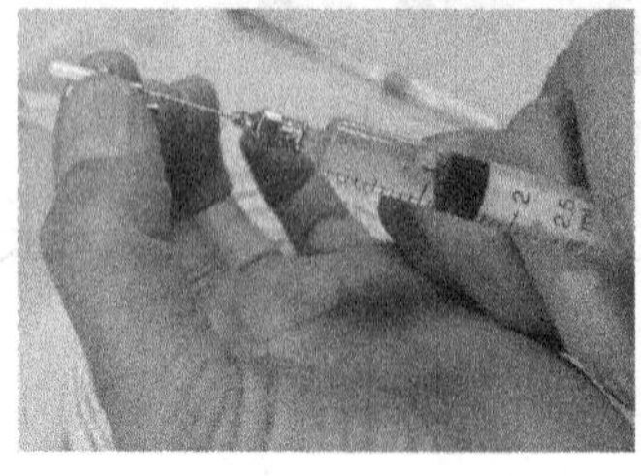

图 1-32 插芯注胶操作

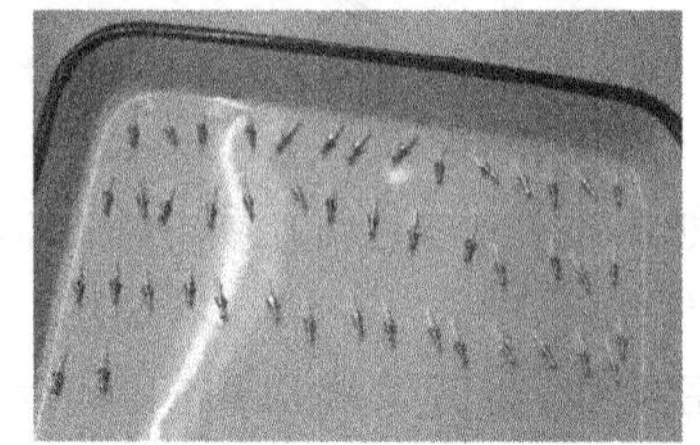

图 1-33 插芯注胶后的摆放操作

(3) 注好胶的插芯应在 30 min 内黏结完毕，以免时间过长胶体固化，将插芯内孔堵塞，导致插芯报废。注胶过程中应保持双手清洁，避免手指直接触胶。

1.4.8 穿纤与固化

(1) 由于已经注入了胶水，胶水会有一定的润滑作用。在固化炉边将剥好的光纤轻轻穿入注好胶的插芯内。穿纤时应轻柔而缓慢，以免光纤在插芯内折断，以及插芯内孔产生气泡。但在具体操作时还是要靠个人的手感判断光纤插入情况，直到光纤露出连接器外为止。光纤穿好后立即放在固化炉上烘烤，并对光纤加以固定。

（2）开始固化后，在最初的 3 min 内巡视一遍，观察金属尾座口的胶量，如胶量不足，则应用干净的竹签适量补胶。拿取陶瓷芯时应按顺序进行，避免触碰托盘造成陶瓷芯在托盘内混乱。为保证胶层质量，3 min 后禁止任何补胶行为。

（3）将穿好光纤的陶瓷芯放在固化炉上烘烤，放置时注意插芯及金属尾座应全部放在固化炉的加热板上，光纤尽量拉直后放入海绵的切口缝中定位，光纤不应有超过 30°角的弯曲，必要时可用粘胶纸固定。

（4）固化炉的烘烤温度应在 110 ℃±10 ℃之间，固化时间不少于(30±5) min。固化完成后胶的颜色应为褐色或深褐色。

（5）每穿完一炉光纤后立即开启定时器，确保有足够的固化时间。

1.4.9 切纤

将固化好的陶瓷插芯从固化炉上取下，用光纤切割刀的平整面抵住插芯端面胶层外露出的光纤前端，小心地在靠近光纤的横断面刻划光纤，如图 1-34 所示。仅在光纤的一面刻划。下刀时刀口应与光纤轴向垂直，不可倾斜，切纤时注意手法要轻柔，避免用力过大造成光纤端面出现断路或产生不均匀的纵向裂痕。

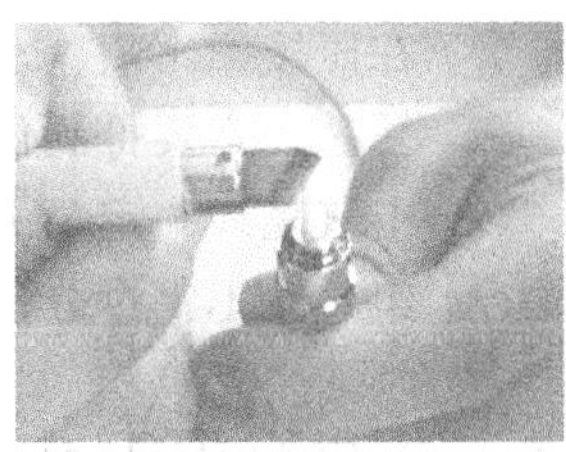

图 1-34 插芯切纤操作

1.4.10 压接(二次卡紧)

（1）预备：将所需用物品放在桌上待用。检查卡紧机的压力表指针是否达到 4 kg/cm 位置，否则需调整气压。

（2）去掉粘在光缆和卡普隆线的粘胶纸，但橡胶帽套前的粘胶纸暂不撕去，待需装配橡胶帽套时再撕去。在离插芯尾部约 3 mm 处，用剪刀将卡普隆线剪断。

（3）组装时，把弹簧和止动环套到插芯的尾部，然后在止动环的螺纹上滴一点（适量）螺纹胶，将止动环的螺纹旋入组件内框套的螺纹中，直到拧紧。此时插芯应伸出方座组件的底部。再用手拿擦拭纸垫住插芯端面，并按插芯，检查是否有弹性，同时检查插芯是否装到位。只要两项当中有一项没有达到要求，就得将止动环从方座组件旋出，再重新旋入，直至插芯有弹性、插芯到位为止。

（4）将卡普隆线和光缆外皮从止动环的尾部拉出，把卡普隆线均匀地包在止动环的尾部滚花部分，再将套环卡入，用卡紧机先压一次，然后转过 90°再卡紧一次。

（5）将光缆外皮从套环的尾部拉出，分上下两片包在套环的尾端外部，再套上卡环，用卡紧机的六方卡座卡紧。

（6）撕去橡胶尾端前的粘胶纸，将橡胶尾套推进止动环的卡槽里，套上保护帽。

（7）填写操作传票，送往下道工序。

1.4.11 去胶与自检

检查插芯柱面及金属尾座上是否有胶,若有则用刀片刮去,并用蘸有无水乙醇的无尘纸或面巾纸擦拭干净。去胶时应注意避免伤及光纤。

完成上述步骤后应进行自检,经自检确认合格后方可进入下道工序,并填写“工序质量记录表”。清点型号、数量,并填写“产品交接记录表”,送往下道工序。

1.5 结果与分析

(1) 陶瓷芯压入金属尾柄或针套内深度尺寸符合要求。

(2) 各型号零件组装顺序无误。

(3) 在操作中一定要小心,拉出卡普隆线时要防止过分弯曲而折断光纤。

(4) 在压接(二次卡紧)操作步骤(3)中,一定要将止动环的螺纹旋入方座组件内框套的螺纹中,并且只能旋转方座,切勿旋转止动套,否则,易使光纤弯曲,甚至折断。

(5) 在压接(二次卡紧)操作步骤(5)中,一定要小心拉出外皮,以防过分拉伸或弯曲光缆。

(6) 插芯一定要推到位,插芯前,两边槽口一定要卡到内框套两边的定位销中。

(7) 卡普隆线一定要卡到止动环的滚花部分。

(8) 组装时不得过分拉伸或卷曲光缆。

1.6 任务(知识)拓展

1.6.1 光纤快速连接器介绍

光纤冷接成端产品即现场组装式光纤连接器,又称光纤快速连接器,由机械式光纤接续子发展而来,能和传统的光纤连接器相匹配,无须定制。它是一种在施工现场采用机械方式在单模光纤或光缆的护套上,只通过简单的接续工具实现入户光缆直接成端的连接器。在现场组装的过程中,连接器无须注胶、研磨、熔接。到户的接续环境恶劣,接续点众多,分布位置千变万化,热熔接续的方式虽然更加可靠,但熔接操作过程复杂,操作时间长,熔接机放置准备、整理费时费力,初期投入高,而且需要电力供给。光纤快速连接器的特点是使光纤到户(FTTH)的链路设计更准确合理,施工更加方便快捷,降低了预算投资,对施工人员和维护人员来说,简单又快捷。

1.6.2 光纤快速连接器结构

光纤快速连接器可设计为接头式和L形插座式。皮线光缆是FTTH接入室内最重要的一种缆型,极大提高了施工效率,因此在FTTH接入中,除特殊场合外,分支入室缆都采用这种结构。2.0 mm×3.0 mm类型的光纤快速连接器是当前运营商最常采购的类型。

1. 干式结构

干式结构非常简单,其优势在于实现较为容易,造价低廉,但劣势很多,如对光纤直径要求严格，对切割端面和切割长度要求严格，对夹持强度要求更加严格，如果达不到要求，则其中任何一方面与产品不匹配都将引起参数的波动，另外，由于回波损耗指标完全依赖于光纤切割端面的情况，因此产品的回波损耗指标比较差，对操作者熟练程度要求很高。干式结构不适宜用于FTTH接入链路的规模使用。其设计结构原理如图1-35所示。

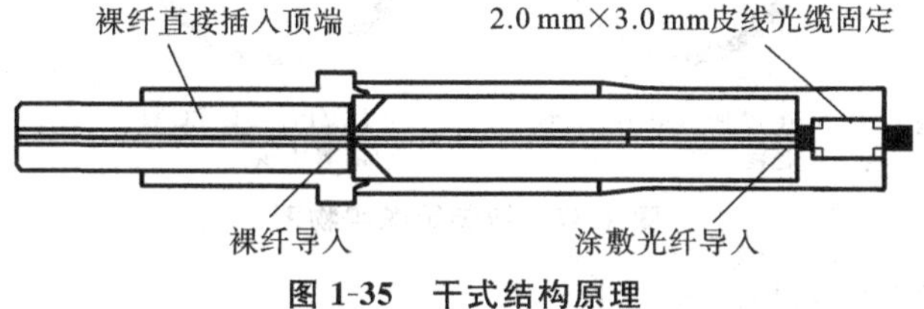

图1-35 干式结构原理

非预置光纤式现场连接器不需要在V形槽进行光纤对接，不需要匹配液，只需将切割好的裸纤插入套管，用紧固装置加固即可。

2. 预埋纤结构

预埋纤结构采用的是在工厂将一段裸纤预先置入陶瓷插芯内，并将顶端进行研磨，接续点设置在连接器内部，操作者在现场只需要将另一根切割好端面的光纤插入即可的结构。预埋结构前面预埋光纤是工厂研磨且对接处填充匹配液，不过分依赖光纤端面切割的平整度，这大大降低了对操作者熟练程度的要求。由于接头端面采用的是预先研磨的工艺，因此回波损耗指标好。其设计结构原理如图1-36所示。

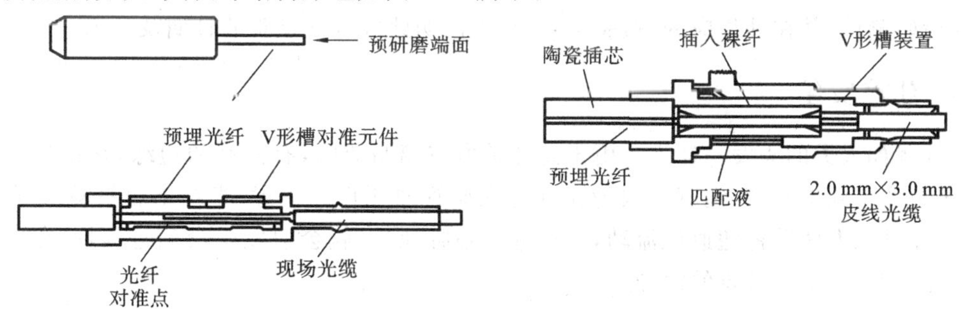

图1-36 预埋纤结构原理

该结构可以实现更好的插入损耗(0.5 dB以下)和回波损耗(45 dB以上)指标，可靠性与稳定性比较高，其操作步骤为：先将研磨好的裸纤置入陶瓷插芯内，现场制作时将另一端切割好的光纤插入V形槽与之对接，然后压紧，同时配以匹配液，消除菲涅尔反射即可。因此，该结构适宜于FTTH接入链路室内节点时使用。

1.6.3 铠装尾缆

铠装尾缆实物如图1-37所示。

1.6.4 生产工艺更改

1. 关键元器件和材料变更

用于生产光纤连接器的元器件和原材料，根据其对最终产品质量的影响程度，一般可分

(a) FC/APC-FC/APC型铠装尾缆

(b) FC/APC-SC/APC型铠装尾缆

(c) LC/PC-LC/PC型铠装尾缆

(d) LC/APC-LC/APC型铠装尾缆

图 1-37 铠装尾缆实物图

为"关键类"、"重要类"、"一般类"等三类。

当用于制作FC/PC型光纤连接器的关键元器件和原材料(插针体、适配器、线缆)因需要须对其进行变更时,变更前应得到技术部相关技术工程师的许可和确认,并对更换的新器件和材料进行严格的检验和试验,变更实施后应通过必要的测试对变更结果进行验证,以确保关键元器件和原材料的变更不会对最终产品的性能或质量产生负面影响。

2. 更改后的首件检验

每当对已经确定的操作作重大更改(包括关键工序和特殊过程的作业人员变更、设备的新增和更改,各工序工艺技术的更新)时,必须对更改后加工出来的第一个产品(或半成品)作严格的检验,由质量工程师监督进行更改后的首件检验。检验必须是对所有项目和指标的全面检验测试,并在其相应的"检验记录单"上注明此次首件检验的日期及原因。

1.6.5 生产安全

光纤犹如人类的头发一样细。由于光纤是由玻璃制成的,有锋利的边缘,在操作时要小心,以避免伤害到皮肤,曾经有人因为光纤进入血管而死亡。注意:光纤不容易被X光检测到,光纤在进入人体后将随血液流动,一旦进入心脏地带,就会引发生命危险,因此在进行光纤研磨操作时,应采取必要的保护措施。

1. 安全的工作服

穿上合适的工作服,可增强安全感。一般情况下,在研磨操作中要求穿着面料厚实的长袖外衣。

2. 安全眼镜

在一些环境中,带上安全眼镜不仅能保护眼睛,而且能减少意外事故的发生。在选购安全眼镜时应选择受外力不易破碎或损坏的高品质眼镜。

3. 手套

在进行光纤研磨、熔接等操作时,手套是很有用处的,手套能防止细小的光纤刺入人体,保护操作者的安全。

4. 安全工作区

安全工作区是指进行光纤研磨操作的地点。不能选择有风的地方作为工作区,因为在这些地方进行光纤的研磨存在一定的安全隐患,空气的流动会导致光纤碎屑在空气中扩散或被吹离工作区，容易落到工作人员的皮肤上，引起危险。

思　考　题

1. 常见光纤连接器(跳线)是怎样分类的？如何识别？

2. 选用光纤连接器(跳线)应考虑哪些问题？

3. 写出光纤连接器(跳线)的组装工艺流程及关键环节的详细步骤，并编制一份工艺卡。

4. 光纤连接器用插针、套筒可由哪些材料制成？

5. 如果你作为一个光纤连接器装配线的线长，如何组织安排生产才能保质保量完成生产任务？

6. 如果你作为一个光纤连接器生产的质检员，你应该检查哪些环节和指标？

7. 如果你作为一个光纤连接器的销售人员，如何从专业角度向客户介绍你销售的产品并说明产品的质量？

8. 如果你作为一个光纤连接器的采购人员，如何从专业角度判断不同企业的产品质量？

9. 有哪些黏合剂可用于光纤连接器的固化？这些黏合剂有何种特性？

任务 2　连接器的研磨与质量检验

- ◆ 知识点
  - ¤ 光纤端面研磨工艺原理
  - ¤ 研磨抛光方法
  - ¤ 端面研磨抛光形式
  - ¤ 端面研磨抛光工艺流程
- ◆ 技能点
  - ¤ 用研磨机完成光纤端面的研磨
  - ¤ 熟练使用端面检测仪
  - ¤ 分析判别端面研磨质量

2.1　任务描述

光纤端面研磨是指先将光纤连接器和光纤进行接续，然后将陶瓷插芯端面磨光的过程。这是一项技术含量很高的复杂工艺。需要完成的任务如下。

(1) 用研磨机完成光纤端面的研磨。

(2) 通过测试仪器显示端面放大的直观图像效果来判别端面研磨质量。

(3) 分析研磨机运转稳定性、研磨砂纸颗粒均匀性、研磨片的正确使用及研磨参数(压力和时间)设置等主要因素对光纤端面研磨效果的影响。

2.2 相关知识

1. 光纤端面研磨要求

为保证光纤连接器的质量,连接器研磨装置的研磨运动和运动轨迹必须满足以下要求:第一,为适应连接器的粗、精研磨要求,应选择合适的研磨切削速度及周期变换系数;第二,应使连接器端面相对于研磨砂纸(研磨盘)形成一系列密集而不重合的运动轨迹,从而使研磨砂纸(研磨盘)能均匀磨损;第三,应当使连接器端面上每一点相对于研磨砂纸(研磨盘)的研磨运动行程相等,以保证连接器端面上各点的材料去除量一致。

2. 材料去除机理

研磨加工光纤过程中,磨粒对光纤只有滑动挤压和犁削作用,而没有滚动挤压作用,这实质上是在磨粒刃的切向力和挤压力组合作用下,光纤表层产生材料去除的过程。单颗磨粒的受力状况如图 2-1 所示,磨粒相对于光纤沿 v 方向运动,在外载荷为 P_t 时,磨粒受到挤压力 P_1 及剪切力 P_2 的作用。光纤研磨过程中,材料以脆性断裂模式去除,主要是由于裂纹在光纤本体中的扩展,此时裂纹扩展所需的能量小于塑性变形所需的能量。这些裂纹深入表面以下的某一深度并互相交错形成一个机械变弱的变形层,它很容易被磨料的反复作用而去除,如图 2-2(a)所示;已有的研究证明,玻璃等脆性材料在加工时,如果切削深度小于材料的临界切削深度(主要取决于材料的力学性能),那么裂纹扩展所需的能量就会大于材料塑性变形所需的能量,此时,加工表面的材料将出现塑性流动,材料去除即由脆性断裂转变为延性去除,如图 2-2(b)所示。因此,要使光纤端面得到优良的表面质量,在研磨时应避免出

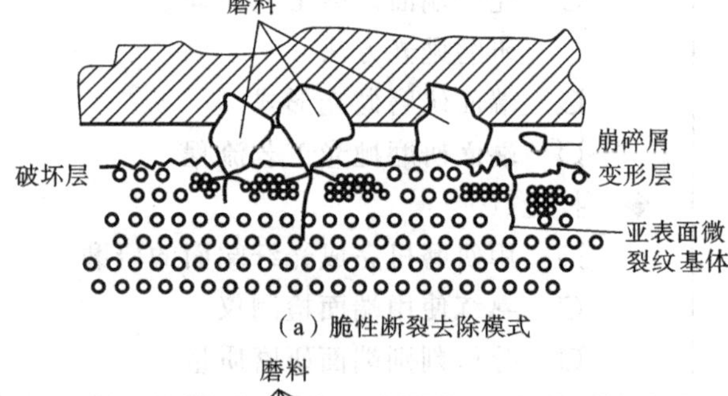

(a) 脆性断裂去除模式

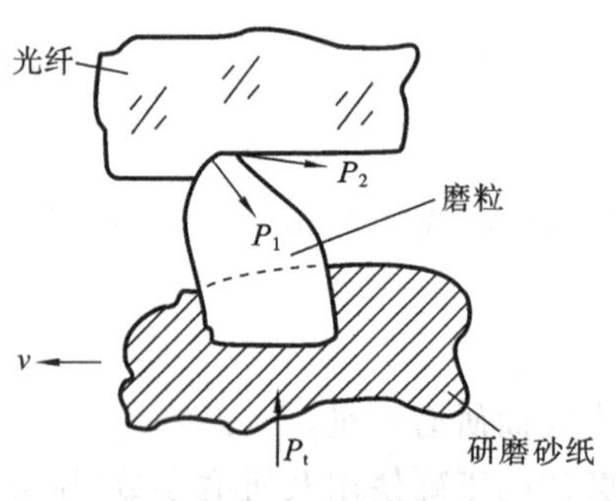

图 2-1 磨粒受力状况

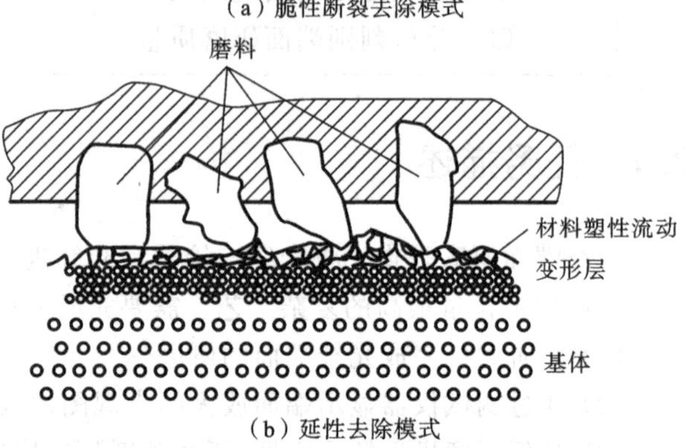

(b) 延性去除模式

图 2-2 材料去除模式

现脆性断裂去除研磨模式，而应采用使光纤材料出现塑性流动的延性去除研磨模式。

3. 研磨液分析

在研磨过程中，研磨液的主要作用为润滑、冷却、渗透、清洗、防锈。光纤连接器的研磨主要利用了其润滑、冷却作用。

润滑作用是指研磨液渗入磨粒与工件、磨粒与切屑之间形成润滑膜的作用。由于有这层润滑膜，故界面的摩擦减轻，可防止磨粒切削刃摩擦磨耗和切屑黏附，从而增强砂纸的耐用度。其结果是使砂纸维持正常的磨削，减少磨削力、磨削热和砂纸损耗量，防止工件的表面，特别是已加工表面的表面粗糙度恶化。比较研磨结果可知，油基研磨液的润滑作用比水基研磨液的优越。

冷却作用首先是研磨液能迅速地吸收磨削加工时产生的热，使工件的温度下降，维持工件的尺寸精度，防止加工表面状态恶化；其次是使在磨削点处的高温磨粒产生急冷，出现热冲击的效果，以促进磨粒的自锐作用。一般来说，水基研磨液的冷却性比油基研磨液的好。油基研磨液在减少热的产生方面效果显著，而水基研磨液在冷却方面效果显著。

4. 典型的研磨运动轨迹

在研磨过程中，轨迹的变化形态及疏密程度等对连接器端面研磨的质量影响较大。图2-3所示的为几种典型的运动轨迹模拟图。

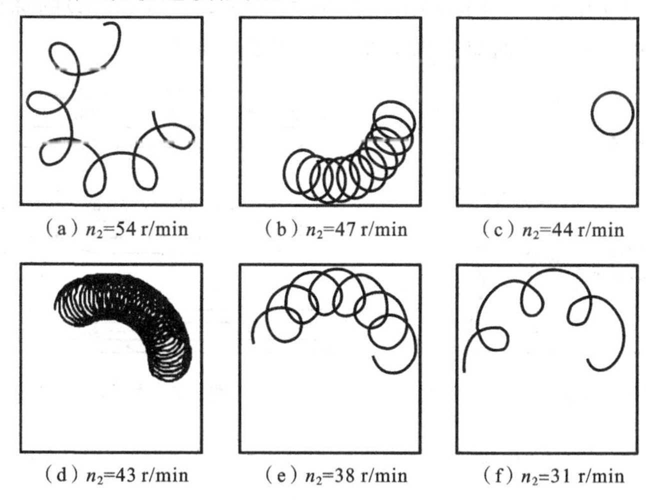

图 2-3　连接器相对于研磨砂纸的运动轨迹模拟(n_H=132 r/min)

当设定内齿轮的转速 n_2=44 r/min 时，速比 I=1，连接器相对于研磨砂纸的运动轨迹如图2-3(c)所示，是一个半径为 e 的圆。当设定内齿轮的转速 n_2=43 r/min 时，速比 I=1.011 4，连接器相对于研磨砂纸的运动轨迹如图2-3(d)所示，轨迹分布非常均匀，这可使得研磨砂纸的磨损也非常均匀，从而延长研磨砂纸的使用寿命，同时，路程偏差仅为5/100 000，可忽略不计。当速比 I 分别等于0.886 3和1.147 7(运动轨迹分别如图2-3(a)、图2-3(f)所示)时，其切削速度波动比较大，研磨效率较高，对粗磨比较有利。

行星轨道式运转机构，通过调节其齿圈及主轴转速可得到不同的研磨运动轨迹，使得光纤端面的每一点及研磨砂纸产生均匀磨损。

5. 研磨抛光方法

目前广泛采用的插针体端面结构有凸球面连接(PC)和斜球面连接(APC)两种,端面研磨工艺有手工研磨和专用机械研磨两种。

第一种研磨抛光工艺可采用简单的手工研磨,用一个简单的夹具夹住黏结好的陶瓷插针,在氧化铝砂纸上多次研磨,然后用放大镜观察光纤表面的划伤程度。这种研磨抛光工艺成本低,但是质量不稳定,光纤的圆心研磨偏移和凹陷都比较大,只能用于生产低品质的光纤连接器。因此,这种工艺主要用于工程安装和现场抢修。

第二种研磨抛光工艺要采用先进的机械研磨,即对光纤连接器进行研磨抛光时,将它们装在多插口的夹具上,用研磨机进行多个步骤的研磨。这种方法效率高,质量稳定,能够比较彻底地解决研磨的质量问题。

光纤端面研磨原理如图 2-4 所示。

6. 端面研磨抛光形式

连接器的插针头根据相互接触的端口形状可分为 FC(平面连接)、PC(球面连接)、SPC(超级 PC)、APC(角度 PC)等。PC 型连接器的端面研磨抛光成微凸球面,球面半径为10～25 mm;SPC 型连接器的端面研磨抛光成凸球面,球面半径为 20 mm;APC 型连接器一方面在端面形成 8°角,另一方面还要在端面形成一定曲率(R=20～50 mm)的球面;UPC 型连接器为超平面连接。三种常见的端面研磨抛光形式如图 2-5 所示。

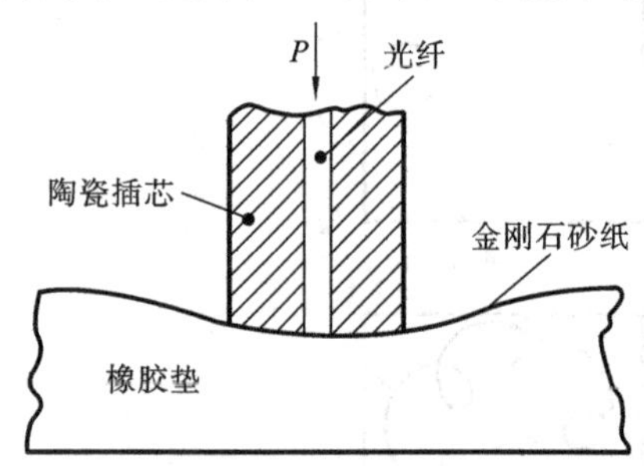

图 2-4 光纤端面研磨原理

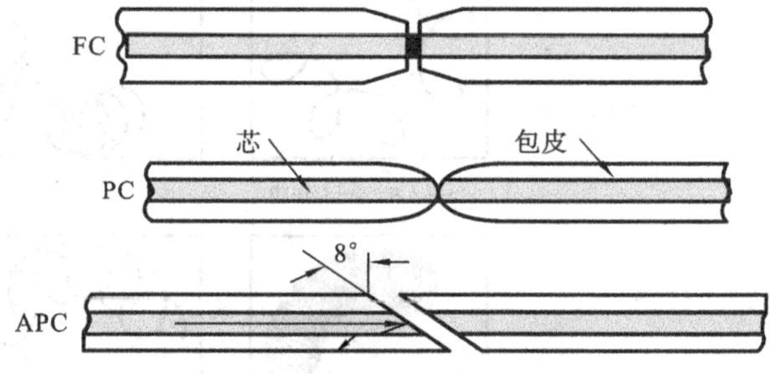

图 2-5 端面研磨抛光形式

1) FC 型

FC 型连接器插针如图 2-6 所示。这种插针体的连接端为一个垂直于光纤芯轴、无弯曲或凸凹不平的抛光平面,这样在插针进行连接时,最起码光纤端面所在的部位会紧密接触,从而使连接性能提高。

实际上紧密接触很难实现,没有哪个插针的端面是绝对平的,且公差的存在使得紧密接触不大可能实现。绝大部分的插针直径为 2.5 mm。按照直径仅为 125 μm 的光纤紧密接触时所要求的公差,要在这么大的直径(20∶1)上制作平且垂直的插针端面是很困难的。不过,通常产生的接触也足以满足多模甚至单模光纤损耗性能的要求。

平面抛光的最大优点是抛光简单容易、成本低,但其反射性能差,一般为 40 dB 左右。目前由于 FC 型连接器制作工艺成熟,成品率较高,性能可满足一般系统的要求,故广泛用于光纤通信干线系统。图 2-6 所示的为 FC 型连接器的插针头。

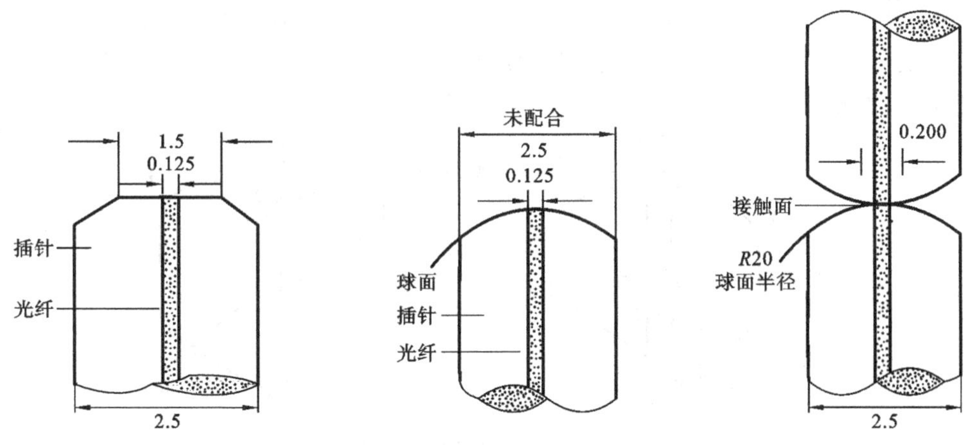

图 2-6 FC 型连接器插针头

图 2-7 PC 型连接器插针体

2) PC 型

球面抛光也称为 PC 物理接触，插针体的端面为一个抛光球面，光纤芯轴位于球冠的中心(见图 2-7)。这样的端面在进行接触时，可将接触面积有效地减至光纤端面及紧密环绕光纤端面的周围区域，从而克服平面抛光的不足。当插针进行球面抛光时，首先在球面顶端发生接触，即光纤发生接触。从理论上讲，这可使光纤紧密接触，折射率的突变减至最小，性能最佳。

最常用的曲率半径为 20 mm。此曲率半径相对于直径为 2.5 mm 的插针，实际上显得很平。如要看到真正起作用的几何形状，则需要对接触面进行更仔细的测量。由于分辨力为 1～3 μm，故用干涉测量法和 100 倍的显微镜观察才能进行有效的测量。通常用氧化锆作球面插针的材料，这种材料的硬度不很大，可用普通的研磨材料进行加工。氧化锆还具有一定的可塑性，在通常用以保持光连接在一起的力的作用下，球面顶部稍有所压平，因此，在显微镜视阈内，球面插针在接触时有一个直径约200 μm的接触面。氧化锆虽然较软，可被普通的磨料抛光，但也是一种较坚硬的陶瓷，要将这样的陶瓷插针按精确的形状和公差抛磨，且要求中孔位于标准的球冠上是较困难的，且代价高。所以，在球面抛光工艺造成球面几何形状不太理想或球冠没有精确地位于光纤中心的时候，球冠的压平就会扩展接触面，起到一种补偿的作用，从而增加光纤紧密接触的可能性。

PC 型连接器的性能水平大大优于 FC 型连接器的性能水平。其插入损耗仅为 0.08 dB，反射损耗一般都大于 48 dB。这种性能水平足以满足绝大部分单模应用要求。因此，球面抛光目前应用最多。

3) APC 型

APC 在 IEC 国际标准中的要求为，在光纤连接器的插芯的中心轴上，并且与先端球面相切的平面和与插芯的中心轴垂直的平面之间形成夹角。一方面要在端面形成 8°角(研磨面倾斜角度)，另一方面还要在端面形成具有一定曲率(R=20～50 mm)的球面，如图 2-8 所示。

回波损耗要求在 60 dB 以上。此外，斜球面抛光对机械特性也有较高的要求，例如，经过 1 000次的插入/拔出实验，要求插入损耗的变化必须在 0.05 dB 以下，回波损耗必须保持在 48 dB 以上。因此，光纤连接器的结构必须保持很高的再现性精度。

斜球面抛光形状如图 2-8 所示。

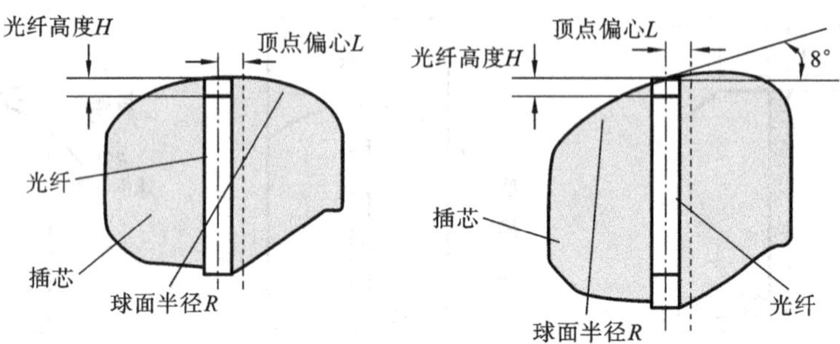

图 2-8 斜球面抛光形状

2.3 端面研磨与质量检测实施

2.3.1 端面研磨实施条件

1. 使用的机器和工具

所需机器和工具包括：研磨机一套，PC 磨盘若干，挂钩、六角螺丝扳手、超声波清洗机、气枪、研磨油、纯净水、研磨液、研磨纸和纸巾。

2. 研磨机的选择

研磨机是研磨系统中最重要的部分之一。在选择研磨机时，首先必须考虑它的运转及加压方式。现在的研磨机按其运转原理一般可分成齿轮带动、皮带带动及连杆驱动三类。利用齿轮直接带动运转的，一般功率较大，而稳定性较高。利用皮带带动的，则一般功率较小，而其转速在高压环境下容易发生变化，另外，皮带的胶质随时间增加而老化后也很容易出现问题。而通过连杆驱动的则噪声较大，稳定性较低，机身容易抖动并且压力偏低。而在加压方面，有单点中心加压(包括重力锤和砝码)、气压及液压和四角加压等方式。典型的研磨机如图 2-9 所示。

在整个研磨过程中，最能考验研磨工艺的要算是研磨片的使用。因为不论是研磨机的速度、压力、水还是研磨液，都会影响研磨片发挥的效果。所以在选用研磨工艺时，必须配合各项因素作全盘性的考量，然后采用一个最合理的研磨方案。

3. 选择研磨方案的原则

选择研磨方案时应以以下四点作为原则。

(1) 缩短每个连接器的加工时间。

(2) 降低成本。

(3) 加工稳定，重复性好。

(4) 精度高。

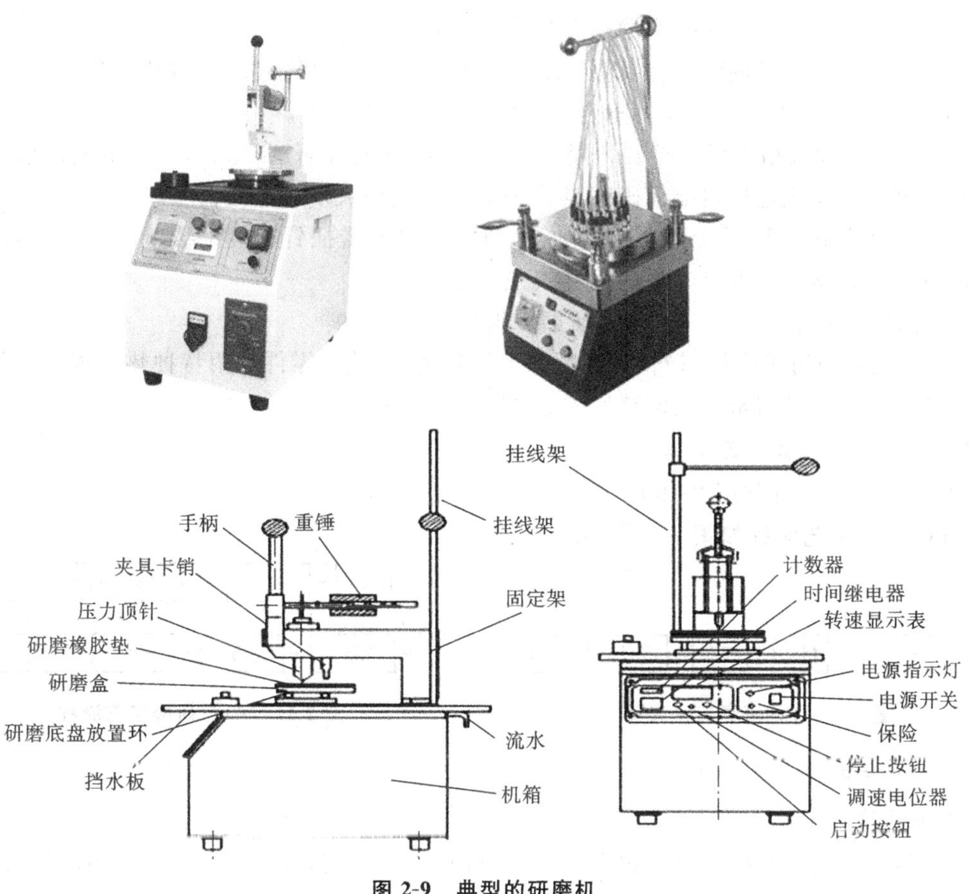

图 2-9　典型的研磨机

4. 机械研磨的优点

机械研磨的优点如下。

(1) 效率高，不到 5 min 就可一次完成 12～18 个高品质的光纤连接器的研磨。

(2) 保证光纤的圆心研磨偏移符合标准。

(3) 保证光纤的凹陷符合标准。

(4) 保证光纤表面无划痕及瑕疵。

(5) 保证插针体 PC 球面一致性。

2.3.2　端面研磨操作

1. 几种典型研磨工艺流程

1) *单点中心加压、四角加压研磨工艺*

采用单点中心加压(重力锤及砝码)工艺，如在理想的环境下运作，的确可以得到良好的效果，但如受到外在因素的影响，则单点加压式研磨机容易发生变化，例如，每盘研磨端面的件数会受到一定的限制，在研磨的过程中，当一盘陶瓷插芯中有一部分达不到技术指标的时候，重磨是不可避免的。当一盘陶瓷插芯中有一部分要重磨的时候，单点加压式研磨机因为磨盘安装陶瓷插芯的件数受到限制，故在研磨过程中会带来不便。而陶瓷管长度不一亦会使用单点中心加压式研磨机打磨的端面容易产生偏心。

四角加压式研磨机则由磨盘及垫片之距离调整压力,其压力较大,且比较稳定。研磨端面件数的多少,基本上不会影响其稳定性及效果。其特点如下。

(1) 适合各种规格光纤连接器研磨,也可用于特殊器件研磨/抛光,通过更换研磨砂纸,单台机器可独立完成连接器端面研磨,4 台研磨机可组织大规模连接器生产线。

(2) 压力控制可调,单个插芯独立加压,研磨结果不受插针长度的影响,3D 干涉合格率高,操作简单,根据需要可以一人多机,任意定时。

(3) 国内外同系列夹具、研磨垫、研磨砂纸可互换。

(4) 采用优质特种金属材料、高精度加工设备制造,关键零件采用特种热处理工艺处理,电动机核心部位经过精密筛选调整后固定,整机长期稳定。

2) PC/APC 研磨工艺流程

PC 研磨工艺流程如图 2-10 所示。

APC 研磨工艺流程如图 2-11 所示。

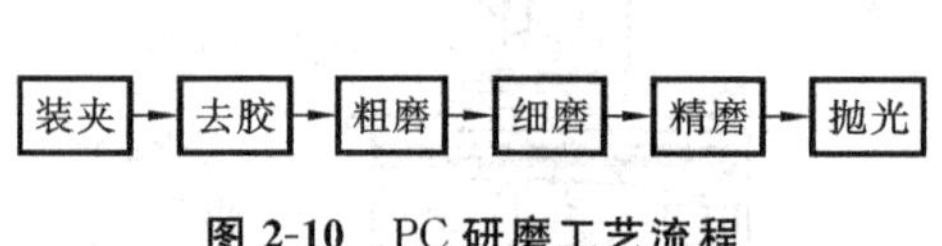

图 2-10 PC 研磨工艺流程

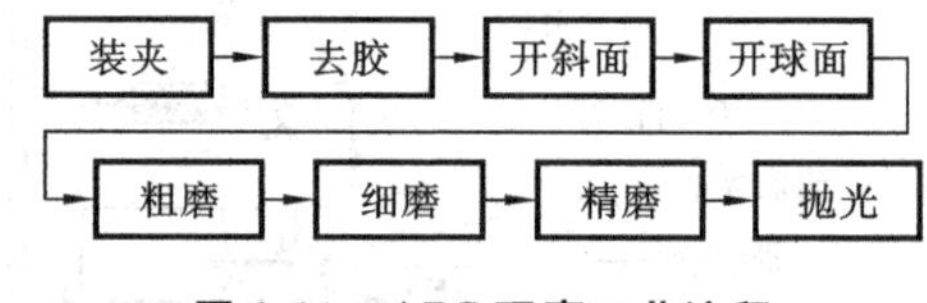

图 2-11 APC 研磨工艺流程

2. 工前准备

1) 夹具清洗

每天研磨前应将研磨夹具在超声波清洗机内用清水清洗 10～15 min,并用高压气枪吹干。必要时可随时清洗夹具。

2) 待研磨件的检查

对待研磨件进行外观检查,查看光纤有无缺陷。规格为 ϕ0.9 mm 的光纤要特别注意不能有折痕、损伤。若有问题,应退回上道工序或交本工序组长处置。研磨前将工号写在生产流程卡上。

3) 研磨机准备

(1) 打开研磨机电源,启动研磨机,空转 3 min 左右。

(2) 把适量经过过滤的水倒进喷洒容器里。

(3) 检查机器上研磨砂纸是否需要更换。如要更换,则应撕去旧研磨砂纸,再在研磨胶垫上涂上少量纯净水,将新研磨砂纸与研磨胶垫黏结牢固,只有间隙不产生气泡,研磨胶垫才能和研磨砂纸粘牢,不脱落。如不需更换,则用纯净水清洁研磨砂纸。需保证研磨砂纸绝对清洁。

4) 研磨工艺参数

(1) 顶点偏移:PC 的为小于 50 μm,APC 的为小于 100 μm。

(2) 球面高度:PC 及 APC 的均为−50～+50 nm。

(3) 曲率半径:PC 的为 10～25 mm,APC 的为 5～15 mm。

此参数在批量生产前需要用干涉仪检测确定。

注意:每次研磨完成后卸夹具之前均应以目测法粗略判定球面曲率及研磨状况,如不合格应立即返工。方法如下:将陶瓷端面正对着日光灯(两灯管的日光灯箱)下,观察日光灯在插芯端面上所成的像(条纹)。正常情况下各条纹大小及间隔均匀,条纹中心笔直,中心两边对称。

3. 研磨工艺

1) 装夹具及去胶

(1) 把待研磨的陶瓷插芯装到PC、APC研磨夹具上,注意必须使插芯上到位,保持插芯垂直于夹具平面。检查插针伸出长度是否足够,如伸出长度不够,则应将其取下检查插芯弹簧的弹性。有较大弹性的用无尘纸蘸无水乙醇擦拭插芯柱面后重新装夹,无弹性的退回上道工序返工。

(2) 将其用贴有GA5D橡胶的研磨盘在不加压力的情况下研磨1 min,直至胶层完全去除为止。采用MU及LC型PC研磨去胶时,用9 μm研磨砂纸研磨0.5 min,查看其插芯端面的胶体是否去掉,如未完全磨掉则继续研磨,直至插芯端面的环氧树脂胶被全部去掉为止。磨完后用面巾纸擦拭。注意此过程不需要加压。

2) 开斜面

用金刚砂盘空转10 s后加压研磨。观察3/4以上的端面是否磨到,如没有磨到,则加压继续研磨。

3) 开球面

用9 μm研磨砂纸加水研磨,磨完后用面巾纸擦拭。可用目测法观察日光灯下的条纹来帮助判断研磨效果。

4) 研磨

端面研磨过程经过4道工序:粗磨、细磨、精磨、抛光,这4道工序所用研磨砂纸的颗粒大小不同。4道工序的时间和压力总共8个参数,配用不同的方案,就可以得到端面质量不同的结果。改变研磨过程中这8个参数,得出最佳方案。其步骤如下。

第一步,研磨前先将光缆挂在滑杆的挂钩上,然后用手拿住装好插芯夹具两边的凸出部分。将夹具用超声波清洗机清洗大约1 min,用柔软的纸巾擦干夹具上的水,再用气枪吹掉夹具上的纸纤维。

第二步,在研磨砂纸上均匀滴上几滴纯净水(约4小滴),再把装上插芯的夹具放在机器上进行第一道研磨。研磨具体时间如表2-1及表2-2所示。

表2-1　用APPROL研磨砂纸进行研磨

研磨步骤	研磨砂纸可用次数	研磨砂纸平均粒度/μm	研磨液	研磨次数与研磨时间对应
粗磨	80	9	研磨油或纯净水	1～10次,40 s;11～15次,50 s 16～20次,55 s;21～30次,1 min
细磨	80	3	研磨油或纯净水	1～10次,50 s;11～20次,1 min 21～30次,1 min 20 s
精磨	50	1	纯净水	1～10次,1 min;10～30次,1 min 10 s
抛光	50	0.5	研磨油	1～30次,1 min;31～40次,1 min 20 s 41～50次,1 min 25 s

表 2-2　施加的压力参考表

工　　序	研磨时间/min	研　磨　液	9～12 个插芯	6～9 个插芯
粗磨	1.5	纯净水	二级压力(正常)	三级压力
中磨	1.5	精工研磨液	三级压力(正常)	三级压力
细磨	1.5	纯净水	三级压力(正常)	二级压力
抛光	1.5	精工研磨液	二级压力(正常)	二级压力

第三步，在机器进行第一道研磨的同时，用纸和纯净水清洁下一道研磨所用的研磨砂纸，并用气枪吹干(注：在连续研磨时，可利用机器研磨的时间做其他工作)。

粗磨直接影响端面的形状，可采用目测法通过观察日光灯下的条纹来判断并作出相应处理。精磨的作用主要是使插芯端面光洁无划痕。研磨抛光的作用主要是使回波损耗能够达到 50 dB 以上。

注意：研磨砂纸必须擦拭干净，一般情况下可更换面巾纸擦拭两遍，因为精磨直接影响端面上的划痕数量及大小。

研磨机、研磨砂纸、研磨液不同，则研磨时间、研磨压力、研磨砂纸使用状况不同，要根据实际情况进行调整。

图 2-12 所示的研磨砂纸分别为 6 μm、3 μm、1 μm 和 0.5 μm 时研磨光纤端面的情况。图 2-12(a)所示表面不透明，有较多的凹坑，呈现出片状剥落形式，表明光纤材料以脆性断裂模式去除；图 2-12(b)所示的是平均粒度为 3 μm 金刚石砂纸研磨得到的表面，其上存在裂纹及断续的研磨条纹，但研磨表面也出现了塑性变形，光纤材料以半脆性半延性模式去除；图 2-12(c)及图 2-12(d)所示的是平均粒度分别为 1 μm、0.5 μm 金刚石砂纸研磨得到的光纤表面，其上看不到任何微裂纹及划痕缺陷，表明微细颗粒的磨料使光纤材料产生了塑性流动，表面的凹凸受到挤压而变平，光纤此时处于延性模式。可见，用平均粒度为 6～0.5 μm 的金刚石砂纸研磨光纤时，存在 3 种材料去除模式：脆性断裂模式、半脆性半延性模式、延性模式。

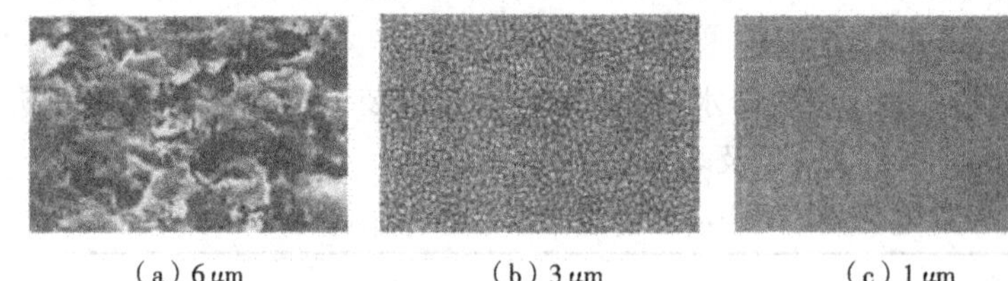

(a) 6 μm　(b) 3 μm　(c) 1 μm　(d) 0.5 μm

图 2-12　金刚石磨料研磨后的光纤端面 SEM 表面形貌(×3000)

5) 注意事项

(1) 如果插芯不足 12 个，则要考虑均匀分布或用废插芯补位。

(2) 如果夹具上插芯不足 12 个而进行机械研磨，则夹具顶上所施加的压力要做相应的改变。

(3) 一定要用过滤水，如果用普通水，则可能会因为水中的悬浮颗粒造成插芯磨出来有很多划痕。

(4) 研磨前一定要先将光缆固定在研磨机的上方，同时不得过分拉伸或弯曲光缆。

(5) 进行超声波清洗时，手一定要拿住夹具两边凸出部分进行清洗，切记手不能直接拿住光缆进行清洗。

(6) 磨盘底座一般每隔3个月一定要更换润滑油。

(7) 插研磨机电源时应先确认其电压是110 V还是220 V。

(8) 注意研磨砂纸与研磨液的搭配使用。

(9) 注意节约使用研磨砂纸和研磨液。

4. 端面检查

端面检查是采用光纤放大镜检查光纤连接器的工艺，其目的是检查光纤连接器的插针端面是否符合产品等级要求，并对各种检查结果作出分析，提出相应的改进措施。

1) 使用的机器、工具和材料

使用的机器、工具和材料包括：端面检查仪(含监视器，以及200倍、400倍或800倍的光纤放大显微镜)，如图2-13所示，以及根据要检查的连接器类型选配的适当的适配器、刀片、干涉玻璃片、夹子、台灯、挂钩、乙醇、无尘纸和气枪等。

图2-13 端面检查仪实物照片

2) 检查步骤

检查的主要步骤如下。

(1) 准备工作。

① 开启端面检查仪、监视器电源。必要时适当调整监视器屏幕亮度。

② 在桌面上放好刀片、干涉玻璃片、夹子、台灯、挂钩、乙醇、无尘纸和气枪等，待用。

(2) 操作步骤。

① 去掉要检查的连接器一端的防尘帽，查看插芯柱面是否有残留胶，若有，则先用刀片刮除干净。

② 在将连接头放入检测设备之前，应先用干的无尘纸擦拭端面，如果端面有污物(或斑点)，则用蘸无水乙醇的无尘纸擦拭，直到表面没有污物或可以看到清晰的斑点为止。不允许一开始就用蘸无水乙醇的无尘纸擦拭端面。擦拭端面时应注意使用无尘纸上没有擦拭过的干净区域，将插芯端面垂直于无尘纸，朝一个方向划过去约10 mm，力度不可太大，绝对不允许在同一点来回擦拭，或是作曲线、折线运动。然后把被检插芯插入检查仪的中心小孔，调整显微镜的纵向距离，直到在监视器屏幕里清晰地看到放大的插芯端面为止。

③ 将插针端面调整到最清晰状态后，观察端面最少1 s以上，以便有足够的时间对所看到的图像进行分析，防止出现漏看现象。判断研磨好的插芯端面是否合格，当端面上有异常现象时，一定要进行确认，不可盲目地流向下道工序。

④ 调换连接器的两端,重复上述步骤,检查另外一个端面的质量。

⑤ 用标签标出存在问题的连接器端,然后根据端面缺陷的程度集中归类,决定返工研磨程序。有端面瑕疵的需重新研磨。不通光的需重新装配连接头。

⑥ 对不合格品的处理按照"不合格品控制程序"进行。采用适当的方法,或研磨或重新装配连接头,然后重复上述步骤进行检查。

⑦ 检查后应立即填写"操作传票"。

⑧ 如是终检,则合格品要尽快盖上防尘帽,且防尘帽一定要盖牢。

3) 注意事项

(1) 端面检查时,插芯应和光缆保持垂直状态。

(2) 清洗插芯时,一定要用无尘纸加无水乙醇,清洗干净。

(3) 切记不可用力压住连接头进行擦拭。

(4) 连接头插入适配器时要用手拿住连接头的尾部,不可只拿住光缆,将连接头送入适配器中,以免当连接头在适配器内受力时尾部产生光纤的折损。

(5) 端面检查仪的电源应为 220 V。

2.4 研磨结果与分析

检查插针端面,对于研磨效果很好的连接器,其端面应该是圆形的,很光洁,光纤芯与插针的端面齐平,并呈现同心圆环形状,如图 2-14 所示。

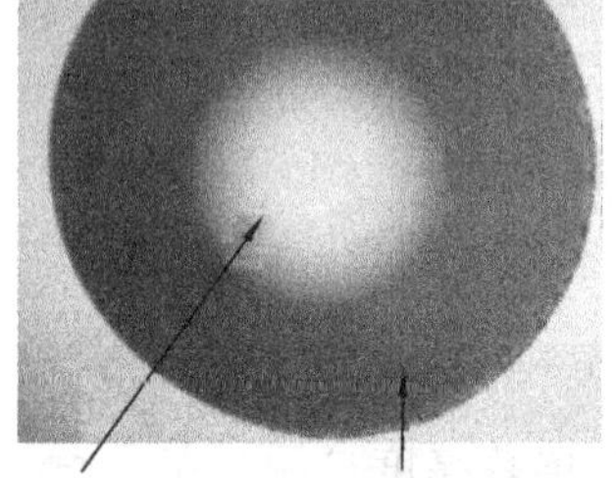
纤芯 (ϕ62.5 μm) 包层(ϕ125 μm)

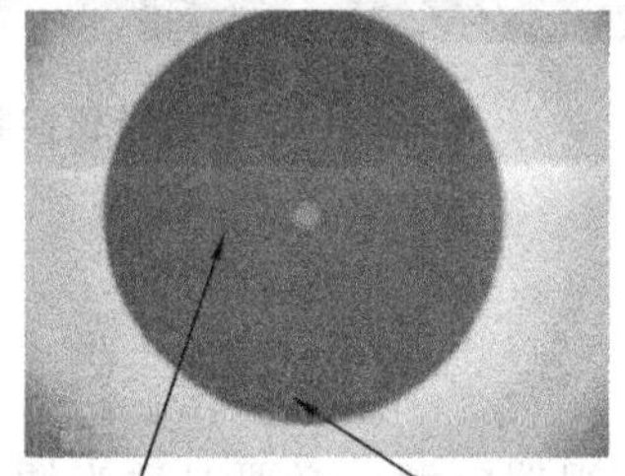
纤芯 (ϕ9 μm) 包层 (ϕ125 μm)

图 2-14 光纤端面结构

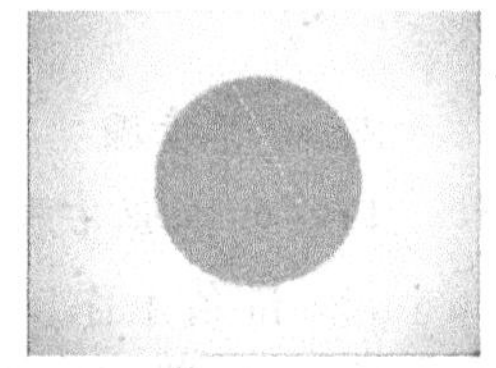

图 2-15 轻微刮伤

2.4.1 常见的缺陷

1. 划痕

划痕一般出现在光纤和插芯端面上,呈白色或黑色直线,如图 2-15 所示,主要是某道研磨工序不彻底或是研磨过程中研磨片上有脏物造成的。一般由脏物造成的划痕比较单一比较粗,这一类划痕都较深,消除比较困难。

轻划痕是由于研磨片或研磨液不均造成的端面缺陷,表现在显微图像上为能观察到颜色略与圆面颜色不一的线条。重划痕是由于光纤端面有较深度裂纹或研磨时金刚砂粒造成的端面缺陷,表现在显微图像上为能观察到非常明显的颜色与圆面颜色不一的线条。

2. 端面凹陷

由于光纤硬度低于陶瓷硬度,故当研磨的压力和时间超过一定值时,会出现端面凹陷。

光纤相对陶瓷缩进，形成干涉劈尖，被纤芯覆盖的干涉条纹表现为向圆心方向偏移。

3. 断裂

切断插芯端面多余光纤时，由于光纤断裂深度不均匀，故研磨后光纤端面仍有深度裂纹式凹陷，也是由于反射光的差异，可在显微图像上观察到圆面上颜色不匀，明显地一半比另一半暗淡。

4. 断纤

光纤插芯内有断面会造成反射光不能到达光纤端面，表现在显微图像上为圆心上没有亮点(即纤芯处)，产品需报废。合格品中心有一亮点。

5. 花点

光纤气泡或残留胶黏剂导致的端面缺陷，表现在显微图像上为光纤端面上有一块块的淡色痕迹。

6. 边缘不均

光纤及环氧类胶黏剂在陶瓷插芯内侧边缘处断裂深度不同，这将导致研磨后边缘部分区域仍有缺陷。由于反射光的差异，故可观察到显微图像边缘一圈颜色较深。

7. 裂纹

裂纹的形状不规则，呈黑色。当该图像变得不清晰时，黑色裂纹依然可见。这种现象实际上是光纤整个端面从某处开裂，将光纤沿裂纹划分为两个区域。

8. 缺口

端面缺口如图 2-16 所示。切去光纤包层上的大块石英玻璃(直径大于 8 μm)，一般发生在包层边缘附近，主要的产生原因是在割纤时，光纤刀的力度和角度没有调整好，或是插芯端面有余纤，其根本原因是其他意外情况碰断光纤而造成的光纤崩裂。当其深度较大时，正常的研磨工序根本无法消除缺口，当这种深度达到了一定量的时候就会造成插芯的磨短，从而使产品报废。

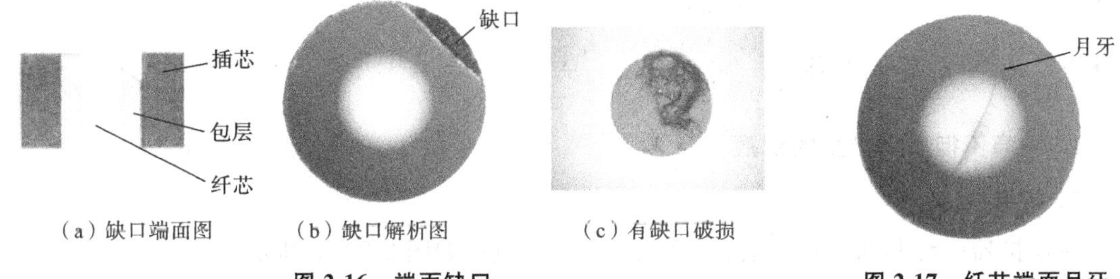

(a) 缺口端面图　(b) 缺口解析图　(c) 有缺口破损

图 2-16　端面缺口

图 2-17　纤芯端面月牙

9. 纤芯端面月牙

纤芯端面月牙(见图 2-17)是指多模连接头端在端面观察时纤芯上有淡淡一轮弯月形状的黑影。这种现象大多是固化时温度太高或固化时间过长造成纤芯膨胀，受压太大，以致局部受损引起的。

10. 凹陷/污损

需要消除纤芯端面上的小块玻璃(宽度小于 2 μm)，这是因为端面上有的凹陷位置没有完全消除或是因为在研磨过程中有脱落的砂粒陷入光纤端面。

11. 游离污物

纤芯端面游离污物是指端面上可清除的任何游离或漂浮的污物，如尘埃、切削残留物等，如图 2-18 所示。

12. 固定微粒

清洁后仍不能消除的污物，这一类污物一般都吸附在光纤端面的凹陷区，并与之产生了强大的吸附力，以空气中的带静电荷微粒为主。

13. 胶环

当插芯的孔径偏大或是包层的孔径偏小时，光纤与插芯的结合部就会有明显的胶环出现，如果胶环的分布比较均匀，则对整个端面的同心度影响不大，如果胶环较大且明显偏向一边，则对光学测试数据的影响会比较大。

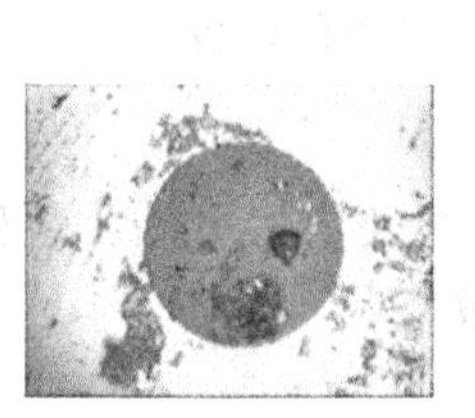

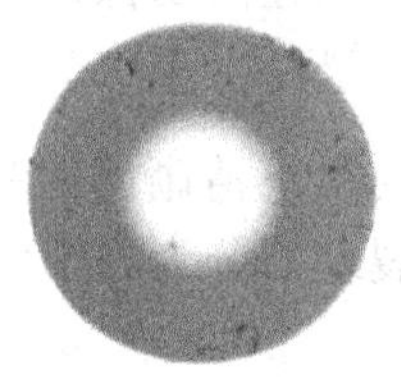

图 2-18 纤芯端面游离污物

崩缺

胶环

图 2-19 插芯端面崩缺

14. 插芯端面崩缺

插芯端面崩缺是指插芯的端面部分有崩缺的现象，如图 2-19 所示。有的是来料问题造成的，集中在孔径的边缘。有的是人为因素造成的，分布在端面除孔径周围外的其他任何地方。

2.4.2 问题分析与措施

1. 研磨不彻底而产生的划痕

1) 现象

在连接器的纤芯和涂敷层上有平行的长(直)划痕，如图 2-20(a)所示。

2) 处理

对于接触式(如 ST、SC、FC、D4、FDDI 和 ESCON 等)连接器，可以在 1 μm 或更细的研磨砂纸上继续研磨来消除该类型划痕。但对于非接触式(如 SMA、Biconic 和 mini-BNC 等)连接器，该类划痕可能无法消除。当然对于非接触式连接器，如果在粗研磨砂纸上研磨较少，则通过调整插针长度，继续研磨，通常可以消除划痕；如果已经在粗研磨砂纸上研磨过多，则插针长度已经达到要求值，就无法再研磨了(如 SMA 连接器)；如果再研磨，则插针长度就变得较短(如 Biconic 连接器)，产生较大的空气间隙，导致损耗非常大。

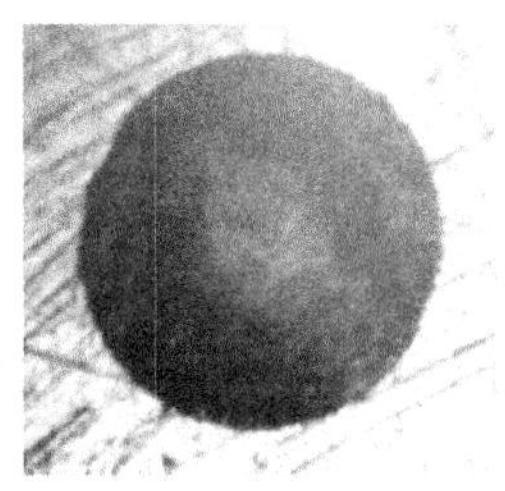

（a）研磨不彻底造成的划痕

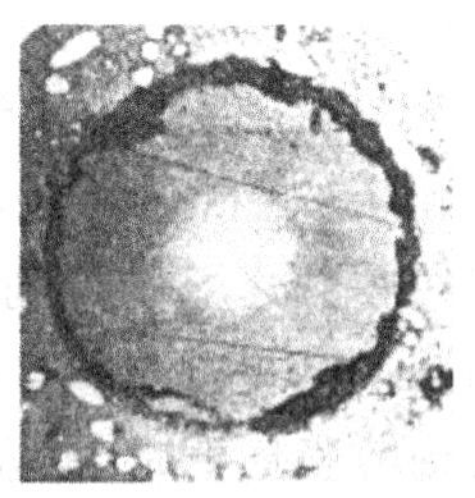
（b）不清洁的研磨砂纸造成的划痕

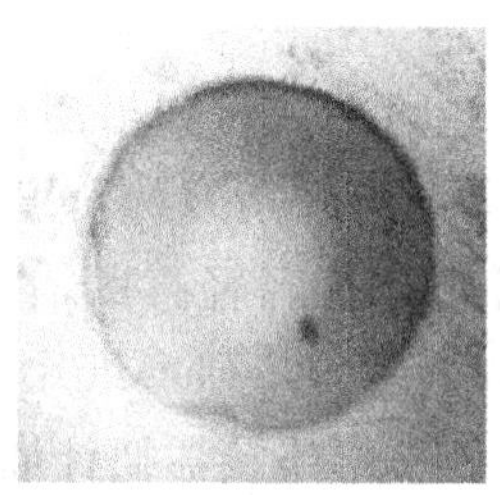
（c）纤芯上有砂粒

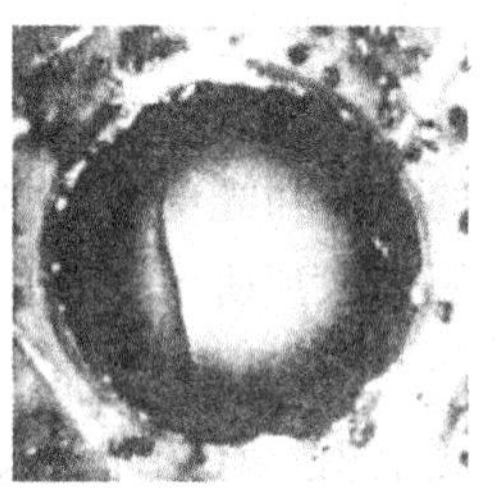
（d）纤芯有裂纹

图 2-20　端面状况

2. 研磨砂纸上有脏物引起的划痕

1）现象

研磨砂纸上有脏物而产生的划痕与研磨不到位产生的划痕外观不一样。由于脏物而产生的划痕与由于研磨不到位产生的划痕相比，一般比较单一，比较粗，并在纤芯和涂敷层都存在，如图 2-20(b)所示。

2）处理

对于采用金属或聚酯材料制作的插针，可以通过重新研磨来消除该类型划痕；而对于陶瓷插针，重新研磨一般不容易消除该类型划痕。

3. 使用过程中产生的划痕

1）现象

使用过程中产生的划痕一般呈点状（一些黑点），或者一条较短的线。

2）处理

用无尘纸蘸无水乙醇擦拭或在细研磨砂纸上研磨几下，可以消除该类型的划痕。

4. 研磨砂纸上有残留的砂粒而造成的划痕

1）原因

由于掉砂而在纤芯上残留有研磨砂粒所造成的划痕，如图 2-20(c)所示。

2）处理

此类划痕可用无尘纸蘸无水乙醇擦掉，或在 0.3 μm 或 0.5 μm 的研磨砂纸上研磨儿次来去掉。

5. 纤芯有裂纹

纤芯裂纹的特点是，一部分区域有缺陷，而另外的区域完好，如图 2-20(d)所示。在切割光纤凸头时，如果光纤割刀（笔）没有调整好力度和角度，则很容易产生纤芯裂纹。这就需要在切割光纤凸头时严格按照工艺要求操作。

1）原因

切割光纤余长（凸头）时没有切割好；用力过大弄折光纤。

2) 处理

在研磨之前,切割光纤的凸头时如果用力过大,很容易弄折光纤,这需要操作员根据自己的习惯和光纤的质量调整光纤割刀的角度和用力。在研磨之前,一般都对切割过的光纤凸头进行预研磨(用小研磨纸片轻轻打磨,直到在胶粒之上看不到纤芯),这时如果用力过大,也容易弄折光纤,所以要求把小研磨纸片弯成 U 形,轻轻研磨。如果预研磨不彻底,在胶粒之上仍留有光纤凸头,则在把连接器插针插入研磨器具中时,也容易弄折光纤。在用粗研磨砂纸进行研磨时,一开始用力过大,也可能弄折光纤,应该先不要用力,只凭借连接头自身的重力,轻轻研磨几圈,然后再慢慢施加外力进行研磨。

6. 纤芯出现"碎片"

1) 原因

出现纤芯"碎片"现象的主要原因有三个。

(1) 环氧树脂胶没有完全凝固就开始研磨。环氧树脂胶还没有完全凝固,就开始研磨,将会造成连接器插针端面呈现出不规则的形状,看起来就像是蒙了一层薄纱似的。可以在研磨之前通过观察连接器端面上环氧树脂胶的颜色,来简单判断环氧树脂胶是否已经完全凝固。环氧树脂胶没有完全凝固的现象,是比较罕见的。其原因在于加热的时间太短,加热的温度太低或所使用的环氧树脂胶已经失效了。

(2) 研磨时胶粒沾在纤芯上。这时需要分别用粗研磨砂纸和细研磨砂纸继续研磨几圈,一般情况下,这样可以减轻甚至完全消除其症状。

(3) 研磨时的水渍或擦拭插针的酒精中的水渍也可造成纤芯"碎片"。可以用无尘纸蘸无水乙醇擦去水渍,也可以在 0.3 μm 或 0.5 μm 的研磨砂纸上轻轻研磨 3~5 圈。

2) 处理

"碎片"现象可以通过在粗研磨砂纸(12~15 μm)和 1 μm 的细研磨砂纸上研磨来减轻或消除。首先,在粗研磨砂纸上研磨,直到在放大镜中看起来纤芯的轮廓已经很清晰为止。然后再用细研磨砂纸研磨。这样一般都可以消除或减轻"碎片"。

2.4.3 连接器研磨效果的判定

光学端面检验区域划分为 A、B、C 三个区域,如图 2-21 所示。A 区为光纤纤芯区域,光纤纤芯根据品种不同,芯径可分为 9 μm、50 μm、62.5 μm 几种。A 区范围为 0~80 μm。B 区为光纤包层区域,范围为 80~125 μm。C 区为陶瓷插芯区域,范围为 125 μm~2.5 mm。

连接器研磨效果按如下条件进行判定。

(1) 插芯端面中心的光纤上及光纤附近没有划痕、麻点、气泡和色斑。

(2) 通光,纤芯出现亮点。

(3) 每 12 个抽检 1 个,换上干涉玻璃片后,干涉条纹圆心与纤芯基本重合。

(4) 如果在监视器屏幕上看到插芯端面有一点小麻点和一点小划痕,但没有损伤插芯端面部分,干涉条纹又规则,不偏心,这种情况在 FC/PC 里面,就可以算是合格的。

(5) 如果在监视器屏幕上看到插芯端面有大而密的麻点或是很多小的不规则划痕,则说明研磨的时间不够,需返回去重磨(视麻点或划痕的轻重决定返磨的程序)。

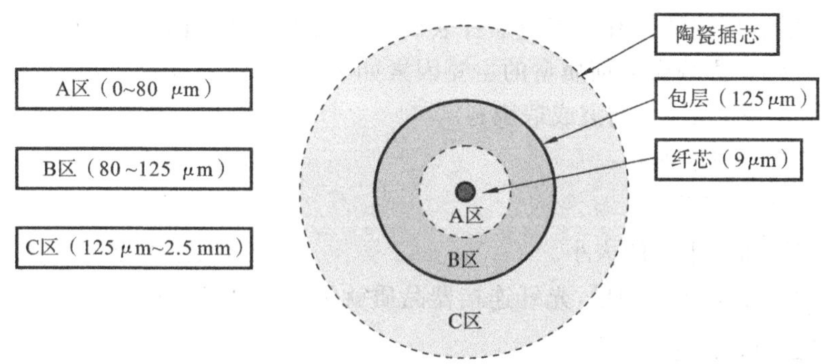

图 2-21　光纤端面区域图

(6) 如果在监视器屏幕上看到插芯端面有阴暗区域，其面积大于纤芯面积的 1/4，则表明纤芯的端面已经崩裂，要考虑报废插芯。

(7) 如果在监视器屏幕上看到插芯端面有直而且长的划痕，则说明研磨的时候研磨砂纸上有杂质，需彻底清洁研磨砂纸后再重磨(视划痕的轻重决定返磨的程序)。

(8) 如果用干涉玻璃片在监视器屏幕上看到插芯端面干涉环不规则，且中心的第一个干涉环已全部偏离纤芯，则说明这个插芯的球面没有磨好，这可能是装夹不垂直造成的，需返回去重新装上夹具，从粗磨开始重磨。

2.4.4　端面质量接收标准

端面质量检验仪器为 200 倍、400 倍或 800 倍光纤端面检测仪。端面质量接收标准如表 2-3 所示。

表 2-3　端面质量接收标准

缺陷类别	A区	B区	C区
可擦除	不允许	不允许	不允许
不可擦除	不允许	(1) $\phi \leqslant 5$ μm 的允许有 3 个 (2) $\phi \leqslant 8$ μm 的允许有 2 个	$\phi \leqslant 10$ μm 的允许
划痕	不允许	$D \leqslant 5$ μm 的划痕允许有 2 条	$D \leqslant 10$ μm 的允许
斑点	不允许	(1) $\phi \leqslant 5$ μm 的允许有 3 个 (2) $\phi \leqslant 8$ μm 的允许有 1 个	$\phi \leqslant 10$ μm 的允许
胶层	B区与C区之间胶圈宽度 $\leqslant 6$ μm		

2.5　任务拓展

2.5.1　影响研磨质量的因素分析

在光纤连接器中，光纤穿入一个精度很高的陶瓷插针体内，用环氧树脂胶将光纤固定，然后进行研磨抛光,要保证光纤和陶瓷插针表面有光滑的过渡,光纤在研磨中不应产生影响连接器品质的缺陷。影响研磨面质量的主要因素如下:

(1) 光纤表面不光洁,有划痕或瑕疵;

(2) 光纤的圆心研磨偏移;

(3) 光纤有突出、下凹;

(4) 陶瓷端面曲率半径的大小。

如果不解决好上述四个问题,光纤连接器品质就无法达到高的标准。

1. 光纤下凹的影响分析

无论采用哪种端面结构的插针体,光纤材料与插针体材料的热膨胀系数都会有差异,尤其是使用环氧树脂胶作为黏合剂的连接器受温度影响更大,温度的变化会使光纤相对插针体下凹。另外,目前使用较多的部分稳定氧化锆陶瓷插针体,其硬度高于石英光纤材料的硬度,在研磨时也会使光纤下凹,而且这种下凹是不可恢复的。凸球面插针体端面结构如图2-22所示。

光纤下凹,使插针体连接处光纤端面产生间隙,增加了插入损耗,降低了回波损耗,也使环境的稳定性变差。光纤下凹对平面结构型(简称平面型,即 FC 型)的插针体有无法改变的危害。而球面结构型(PC 型)的插针体,因其球面可以实现直接接触(physical contact),故可以选择弹性较好的材料,如氧化锆或氧化铝陶瓷,对其施加轴向压力,可使弹性插针体端面发生形变而直接接触,从而可以减小或消除间隙。PC 型连接器轴向压力应根据插针体材料的杨氏模量来选定,使之既消除间隙,又不会挤伤光纤端面。其作用机理如图 2-23 所示。

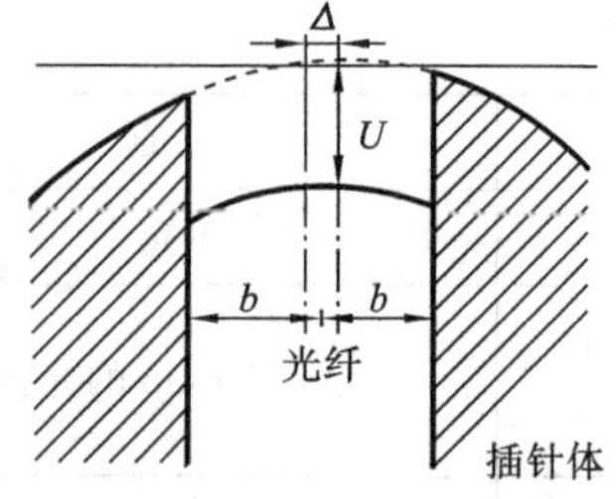

图 2-22 凸球面插针体端面结构

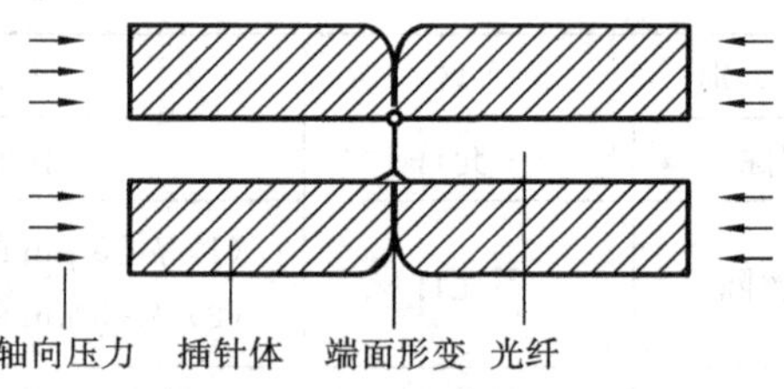

图 2-23 PC 型连接器的作用机理

为了避免因研磨而引起的光纤下凹,在研磨磨料的选择上(尤其是最后一道研磨工序)应尽量避免使用超硬度材料,如金刚石、氧化铈等,使下凹量小于 0.1 μm,最好将下凹量控制在 0.05 μm 以内。

2. 光纤端面损伤层的影响分析

在研磨过程中,光纤端面因受力产生损伤层(或称瑞利层),损伤层的折射率高于原光纤纤芯的折射率,引起光纤端面折射率不匹配,使插入损耗增大、回波损耗减小。

在研磨时使用 APC(advanced physical contact)技术,即在传统 PC 研磨的基础上,再用 SiO_2 磨片或微粉(粒度为 0.3 μm)进行超精细研磨,可以有效地减小损伤层的折射率和厚度,并降低表面粗糙程度,增大回波损耗。APC 研磨后,插针体表面不平整度、损伤层厚度及折射率变化如表 2-4 所示。从表 2-4 可看出，APC 研磨后表面状况有明显的改善。

表 2-4 APC 和一般 PC 研磨对插针体端面的影响

研磨类型	表面不平整度/μm	损伤层厚度/μm	损伤层折射率(λ=1.3 μm)
APC	0.05	0.05	11.46
一般 PC	0.03～0.48	0.07	11.54

3. PC 型插针体端面球面偏心率分析

端面研磨以后，插针体端面球冠的顶点能与光纤纤芯的中心重合是最理想的情况，但大多数情况下，两者不重合，即产生球面偏心。球面偏心表明插针体端面不是以纤芯为中心的对称结构，光纤端面产生间隙和不稳定的直接接触。完全消除球面偏心是很困难的，当球面呈非对称性结构时，要确切定出所允许的偏心值也是很困难的。可利用非对称球面所允许的最大光纤下凹值等效对称球面所允许的下凹值来确定偏心率 Δ，Δ 应小于 50 μm。在实际工艺过程中，根据干涉图像来判断球冠顶点与光纤中心的偏离是否超过 50 μm，具体是利用观察凸球面插针体在干涉显微镜下经过 CCD(电荷耦合元件)连接在监视器上形成的环状干涉条纹实现的。

球面的干涉环是以球冠顶点为中心的环，而光纤纤芯的位置也清晰可见。图 2-24(a)所示的是标准状况，纤芯中心与球冠顶点重合，偏心率为零。图 2-24(b)所示的是纤芯的边缘在球冠顶点处，偏心率为 62.5 μm 的情况。当检测时光纤纤芯位置介于图 2-24(a)与图 2-24(b)所示位置之间的情况下，偏心率小于 62.5 μm，以此可粗略判断偏心率是否超过 50 μm。这种方法操作起来非常方便。

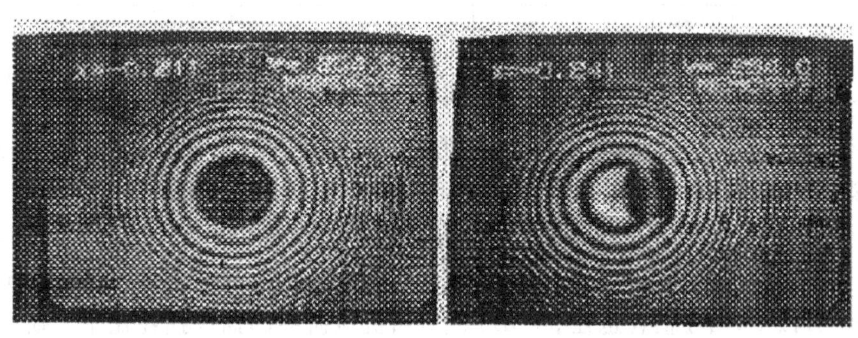

(a) 偏心率为零的情况　　(b) 偏心率为62.5 μm的情况

图 2-24 根据干涉环判断偏心率

4. 插针体端面的表面粗糙度

插针体端面的研磨要求表面粗糙度极高，即达到 Ra0.012 μm 以上。如果插针体端面经 400 倍显微镜检查无明显划痕和缺陷(尤其不能有通过纤芯的划痕和缺陷)，则连接器性能比较高。

5. 插针体端面曲率半径

可借助于凸球面来实现直接接触，据有关文献报道，曲率半径的大小与光纤下凹、弹簧的轴向压力和稳定性有着密切的关系。图 2-22 所示结构中,光纤下凹为 U,球面偏心率为 Δ,则光纤半径 b、球面曲率半径 R 与光纤端面间隙 D 的关系如下:

$$\frac{D}{2}=\left(U+\frac{b\Delta}{R}\right)-\frac{b^2}{2R} \tag{2-1}$$

光纤端面间隙随光纤下凹和球面偏心率的增大而增大。一般 $\Delta \ll R$,$b\Delta/R$ 可以忽略不计,则式(2-1)可简化为

$$\frac{D}{2}=U-\frac{b^2}{2R} \tag{2-2}$$

从式(2-2)可以看出,光纤端面间隙随球面曲率半径的增大而增大,当端面是平面时,端面间隙就是光纤下凹的值,并且间隙是不能通过直接接触消除的。因此曲率半径要小,但曲率半径太小会影响连接器的稳定性,这样曲率半径应有一个适当范围,即 $R=10\sim25$ mm。

2.5.2 插针体端面形状结构和研磨方法对性能指标的影响

将金属材料作插针体的平面结构型(FC 型)与凸球面结构型(即 FC/PC 型)连接器,以及陶瓷材料作插针体的凸球面结构型(即 FC/PC 型)与经 APC 研磨(即 FC/APC 型)的连接器进行比较,其中陶瓷 FC/PC 型又分手工研磨和机械研磨两种。取每种 20 套进行插入损耗和回波损耗的测试,结果如表 2-5 所示。

表 2-5 不同端面结构和研磨工艺的性能比较

系数 \ 类型	金属 FC 型	金属 FC/PC 型	手工研磨陶瓷 FC/PC 型	机械研磨陶瓷 FC/PC 型	机械研磨陶瓷 FC/APC 型
插入损耗/dB	0.35	0.23	0.21	0.18	0.14
回波损耗/dB	14.91	39.85	27.14	38.05	48.76

从表 2-5 可以看出,FC/PC 型的插入损耗和回波损耗值都明显优于 FC 型的,这是因为直接接触消除了间隙。机械研磨时插针体走的是复弧线轨迹,而手工研磨走的是 8 字形轨迹。采用研磨砂纸或研磨砂轮,可以调节研磨压力,这样既可以将 FC 型的插针体研磨成球面,又可以按要求改变其曲率半径。从表 2-5 给出的结果可见,手工研磨($R=20$ mm)的插入损耗在 0.3 dB 以下,回波损耗也在 30 dB 以下,而机械研磨的插入损耗比手工研磨的好,回波损耗则接近 40 dB。由表 2-5 给出的 FC/PC 型与 FC/APC 型的测试结果说明,APC 技术可以进一步降低插入损耗,显著地提高回波损耗,使之接近 50 dB。如果需要回波损耗达到 60 dB 以上,则要用到斜面连接技术。

2.5.3 注意事项

对于研磨的质量,有几个问题是不可忽视的。

(1) 砂粒大小不均　如果研磨砂纸上的砂粒大小不平均,即有些砂粒较凸出,则这种情况很容易造成端面划痕。

(2) 切削速度不一　如果研磨砂纸设计有问题,打磨后的剩余物不能清除而把砂面的空

隙填满，则这种情况易造成同一盘的端面切削速度不平均，同样容易出现划痕。

(3) 砂粒寿命不稳定　同样基于以上的品质问题，砂粒寿命不稳定将造成每片研磨砂纸的可使用次数不稳定，也使对于优质研磨方案的操控更加困难。另外，研磨砂纸的厚度是否均匀及其对不同研磨机和运转速度的适应性如何等，亦同样会影响最终的研磨效果。

2.5.4 光纤的损伤类型(失效模式)

1. 疲劳损伤

石英光纤是各向同性的无定形体，表面存在许多微裂纹(格里弗斯裂纹)。在应力(如拉力、弯曲力、扭力等)的持续或反复作用下，光纤上的微裂纹会慢慢扩展，光纤强度逐渐降低，损耗增加，最终导致疲劳断裂。在有水汽的环境中，裂纹的扩展会急剧增加，疲劳损坏时间缩短。

2. 挤压损伤

当光纤受外力物理挤压(如捆绑、夹持、重压等)时，光纤的涂敷层可能会分层、剥离、破裂，从而导致光纤强度下降，在光纤玻璃表面引入新裂纹或者直接导致石英玻璃断裂。

3. 研磨损伤

当光纤和尖锐的物体发生滑动接触时，就会产生划伤、擦伤，这会导致光纤的涂敷层受损、剥落。如果涂敷层剥落，露出玻璃层，后续的操作就很容易损坏光纤——伤到光纤玻璃层，引入的新裂纹，导致光纤强度退化。

4. 颗粒穿透

这种损伤常常由不良的清洁过程引起，其后又被静电、后续加工过程所加剧。例如，一颗硬颗粒(如玻璃、陶瓷颗粒)由于静电作用吸附在光纤的外表面，之后光纤被缠绕在光纤圆筒上，或被夹具夹持，这颗硬颗粒只要受到力就有可能穿透光纤涂敷层直接到达光纤玻璃层，伤及玻璃，引入新的裂纹，导致光纤立即或者延时失效。

5. 催化性损坏

当光纤遭受过于严重的弯曲时，光就会从纤芯泄露到涂敷层中，一些光被吸收并转化成热能。如果涂敷材料遭遇到足够高的光功率，就会转变为一种高度吸收性的材料，从而使温度急剧上升到600 ℃以上。这种高热量将引起光纤本身变形，实际效果如同光纤断裂，在最严重的情况下，涂敷材料会燃烧，该现象称为催化性损坏。

思　考　题

1. 通过实际操作分析比较单点中心加压式、四角加压研磨方式在研磨质量方面有无差别。

2. 归纳总结研磨过程中磨粒、压力、时间对研磨质量产生的影响。

3. 观察研磨后的端面现象，分析产生的原因，并提出改进或需要注意的问题。

4. 根据操作写出研磨的较详细的工艺步骤，并探讨有可改进的方法。

5. 通过加工不同端面结构产品，对不同端面结构和研磨工艺进行性能比较。

任务3　连接器的重要指标测试

◆ 知识点
- ¤ 插入损耗的概念及其影响因素
- ¤ 回波损耗的概念及其影响因素
- ¤ 光纤活动连接器的测试原理

◆ 技能
- ¤ 熟练操作插回损测试仪
- ¤ 正确规范记录测试数据

3.1　任务描述

评价一个连接器的指标很多,如插入损耗、回波损耗、重复性、互换性、使用寿命(即允许的插拔次数)、温度适用范围及各种环境实验数据等,但最重要的指标有4个,即插入损耗、回波损耗、重复性和互换性。本任务是通过插回损测试仪,测试光纤连接器(跳线)上述4个重要的指标参数,并依据相关标准或企业、客户要求判定产品合格与否,规范、安全地将产品包装入库。

3.2　相关知识

3.2.1　插入损耗

1. 插入损耗概念

插入损耗是指光纤中的光信号通过光纤连接器之后,其输出光功率相对输入光功率的比值的分贝数,表达式为

$$\mathrm{IL}=-10\lg\frac{P_1}{P_0} \tag{3-1}$$

式中:P_0 为输入的光功率;P_1 为输出的光功率。

对于多模光纤连接器,输入的光功率应当经过稳模器,滤去高次模,使光纤中的模式为稳态分布,这样才能准确地衡量光纤连接器的插入损耗。插入损耗越小越好。

2. 影响插入损耗的各种因素

光纤连接时,光纤纤芯直径、数值孔径、多次反射、折射率分布的差异,以及错位、角度倾斜、端面间隙、端面形状、端面粗糙程度等因素,都会产生连接损耗。下面对部分因素予以探讨。

1）纤芯错位损耗

纤芯错位如图 3-1 所示。

纤芯横向错位引起的损耗称为错位损耗。它是产生连接损耗的重要原因。渐变型折射率多模光纤在模式稳态分布时，其错位损耗可表示为

$$IL_d = -10\lg[1-2.35(d/a)^2] \quad (3\text{-}2)$$

单模光纤的传输模为高斯分布的，其错位损耗可表示为

$$IL_d = -10\lg e^{-(d/\omega)^2} \quad (3\text{-}3)$$

其中：
$$\omega = \left(0.65 + \frac{1.619}{V^{3/2}} + \frac{2.879}{V^6}\right)a$$

式中：$V=2\pi a n_1\sqrt{2\Delta/\lambda}$；$\Delta$ 为相对折射率；λ 为传输光波长；n_1 为纤芯折射率。

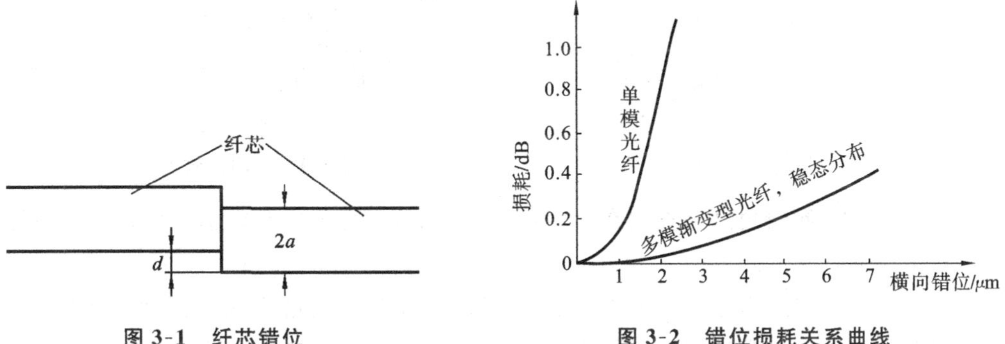

图 3-1 纤芯错位　　图 3-2 错位损耗关系曲线

图 3-2 所示的为横向错位与损耗之间的关系曲线。对于多模光纤，$2a=50\ \mu m$，$\Delta=1\%$；对于单模光纤，$2a=10\ \mu m$，$\Delta=10.3\%$。图中显示，若要求错位损耗小于 0.1 dB，则对于多模渐变型光纤在模式稳态分布时，横向错位应小于 3 μm；对于单模光纤，横向错位应小于 0.8 μm。

通过计算也可以得出类似的结果，即取错位损耗为 0.1 dB，代入式(3-2)，可以得出多模渐变型光纤，在模式稳态分布下的横向错位为

$$d=2.46\ \mu m$$

同样，利用式(3-3)，对单模光纤，错位损耗取 0.1 dB，并假定 $a=5\ \mu m$，$\lambda=1.31\ \mu m$，横向错位为

$$d=0.72\ \mu m$$

大量的生产实践结果与理论计算结果基本一致。

2）光纤倾斜损耗

在光纤连接处，由于两光纤轴线的角度倾斜而引起光功率的损耗称为倾斜损耗，如图 3-3所示。多模渐变型折射率光纤在模式稳态分布时，倾斜损耗为

$$IL_\theta = -10\lg(1-1.68\theta) \quad (3\text{-}4)$$

单模光纤的倾斜损耗为

$$IL_\theta = -10\lg e-(\pi n_2 \omega\theta/\lambda)^2 \quad (3\text{-}5)$$

式中：ω 的含义与式(3-3)的相同；λ 为波长，取 0.31 μm；n_2 为包层折射率，取 1.455；θ 为用弧

度表示的角度。

倾斜损耗曲线如图 3-4 所示。

由图 3-4 可知,如果要求倾斜损耗小于 0.1 dB,则多模渐变型折射率光纤的倾斜角度应小于 0.7°,单模光纤的倾斜角度应小于 0.3°。

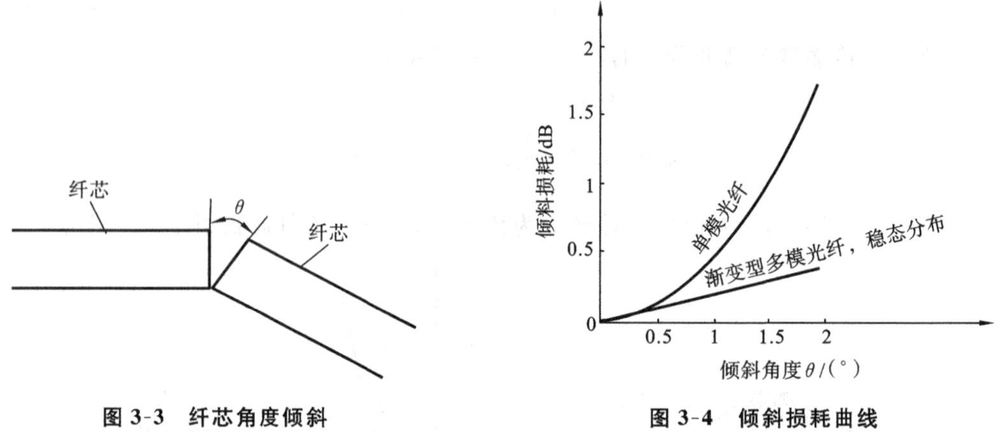

图 3-3 纤芯角度倾斜　　　　图 3-4 倾斜损耗曲线

在生产实践中,倾斜角度应控制在 0.1°以内,由角度偏差所引起的损耗可以忽略不计。

3) 光纤端面间隙损耗

在光纤端面连接处,由于端面存在间隙而引起的损耗称为端面间隙损耗。多模阶跃光纤在模式均匀分布时,其端面间隙损耗为

$$\mathrm{IL}_Z=-10\lg\left(1-\frac{Z}{4a}K\sqrt{\Delta}\right) \tag{3-6}$$

式中:Z 为光纤端面间隙;$K=n_1/n_0$;$\Delta=(n_1-n_2)/n_1$;n_0 为空气折射率;n_1 为光纤纤芯折射率;n_2 为光纤包层折射率。

单模光纤的端面间隙损耗为

$$\mathrm{IL}_Z=-10\lg\frac{1}{[1+(\lambda Z)^2/2\pi n_2\omega^2]^2} \tag{3-7}$$

由式(3-6)和式(3-7)可知,当 $Z=1\ \mu\mathrm{m}$ 时,多模阶跃光纤在模式均匀分布的情况下,端面间隙损耗为

$$\mathrm{IL}_Z=-10\lg\left(1-\frac{Z}{4a}K\sqrt{\Delta}\right)=0.06\ \mathrm{dB}$$

式中:$K=1.46$,$\Delta=0.01$,$a=25\ \mu\mathrm{m}$。

单模光纤的端面间隙损耗为

$$\mathrm{IL}_Z=-10\lg\frac{1}{[1+(\lambda Z)^2/2\pi n_2\omega^2]^2}=0.089\ \mathrm{dB}$$

式中:$\lambda=1.31\ \mu\mathrm{m}$,$n_2=1.455$。

由上述结果可以看出:只要端面间隙控制在 1 μm 以内,这种损耗就可以忽略不计。现在的加工工艺已经可以做到这一点。

4) 光纤端面多次反射(菲涅尔反射)引起的损耗

在光纤两个端面之间,存在着不同的介质(如空气),在这些介质之间会产生光的多次反射,从而产生损耗。这种损耗可表示为

$$IL_f = -10\lg \frac{16K^2}{(1+K)^4} \tag{3-8}$$

式中：$K=n_1/n_0$；n_0 为空气折射率；n_1 为光纤纤芯折射率。取 $n_0=1$，$n_1=1.46$，通过计算可得 $IL_f=0.31$ dB。

5）纤芯直径不同的光纤连接时产生的连接损耗

对多模光纤而言，设输入光纤纤芯半径为 a_1，输出光纤纤芯半径为 a_2，则这种因素产生的损耗为

$$IL_a = \begin{cases} -10\lg(a_2/a_1)^2 & (a_1 \geqslant a_2) \\ 0 & (a_1 < a_2) \end{cases} \tag{3-9}$$

显然，只有 $a_1 \geqslant a_2$ 时，才会产生这种损耗。损耗情况如图 3-5 所示。在 $a_1 < a_2$ 时，这种损耗就不存在了。

对于单模光纤，其损耗为

$$IL_a = -10\lg \frac{1}{4}\left(\frac{\omega_1}{\omega_2}+\frac{\omega_2}{\omega_1}\right)^2 \tag{3-10}$$

式中：ω_1、ω_2 分别为两根光纤的模场半径。

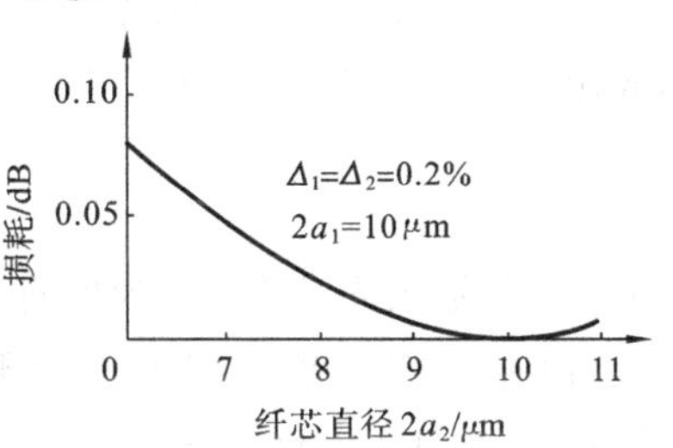

图 3-5　单模光线直径不同引起的损耗

模场半径 ω 与纤芯半径 a 的关系为

$$\omega = \left(0.65+\frac{1.619}{V^{3/2}}+\frac{2.879}{V^6}\right)a$$

其中：

$$V = 2\pi a n_1 \sqrt{2\Delta/\lambda}, \quad \Delta = (n_1-n_2)/n_1$$

计算结果为　　$\omega - 0.95a$

由图 3-5 可以看出，连接损耗与纤芯直径失配的关系有一个临界点。当 $a_1=a_2$ 时，损耗为零；当 $a_1 \neq a_2$ 时，尤其是在 $a_1 < a_2$ 的情况下会产生损耗。

6）数值孔径不同引起的损耗

设输入多模光纤的数值孔径为 NA_1，输出多模光纤的数值孔径为 NA_2，则连接处由于数值孔径不同而产生的损耗为

$$IL_{NA} = \begin{cases} -10\lg\left(\frac{NA_2}{NA_1}\right)^2 = -10\lg\frac{\Delta_2}{\Delta_1} & (NA_1 \geqslant NA_2) \\ 0 & (NA_1 < NA_2) \end{cases} \tag{3-11}$$

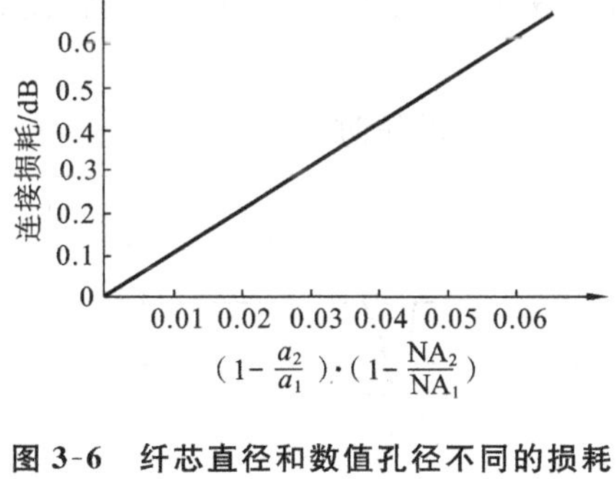

显然，只有当 $NA_1 \geqslant NA_2$ 时，才会产生这种损耗。当 $NA_1 < NA_2$ 时，这种损耗就不存在了。其损耗情况如图 3-6 所示。

图 3-6　纤芯直径和数值孔径不同的损耗

除上述各种连接损耗外，还有其他的一些原因也会产生连接损耗。如光纤端面不平滑会导致散射损耗；光纤端面与轴线不垂直、光纤端面不平整等均会产生连接损耗。

上面描述某种因素对连接损耗的影响时，均未考虑到其他因素的影响。实际上，在光纤连接时，各

种因素均可能同时存在。这时,总的连接损耗应该是各种损耗之和。

为了减少连接损耗,在设计和制作连接器时,必须针对上述各种因素,优化结构设计,提高加工精度,使连接损耗尽可能减小。

上述各种因素不仅影响插入损耗,也同时影响着光纤连接器的重复性和互换性,因而上述各种因素的改善可以有效地提高重复性和互换性指标。

3.2.2 回波损耗

1. 回波损耗的概念

回波损耗又称为后向反射损耗。它是指在光纤连接处,后向反射光功率相对输入光功率的比值的分贝数,其表达式为

$$\mathrm{RL}=-10\lg\frac{P_r}{P_0} \tag{3-12}$$

式中:P_0 为输入光功率;P_r 为后向反射光功率。

回波损耗越大越好,以减少反射光对光源系统的影响。

2. 改进回波损耗的方法

在高速系统、CATV(有线电视)和光纤放大等领域,为了减少回波信号对光源的影响,要求回波损失达到 40 dB、50 dB,甚至 60 dB 以上。将光纤端面加工成球面或者斜球面是满足这一要求的有效措施。

1) 球面接触

将装有光纤的插针体端面加工成球面,球面曲率半径一般为 25~60 mm。当两个插针体接触时,其回波损失可达到 50 dB 以上。

球面接触使纤芯之间的间隙接近于 0,实现直接接触。根据式(3-7)、式(3-8)和式(3-9),端面间隙和多次反射所引起的插入损耗将得以消除,后向反射光功率大为减小。图 3-7 所示的为球面接触示意图。

2) 斜球面接触

先将插针体端面加工成 8°左右的倾角,再按球面加工的方法抛磨成斜球面,在连接时,严格按照预定的方位使插针体对准。

这种方案除了实现光纤端面的直接接触外,还可以将微弱的后向反射光加以旁路,使其难以进入原来的纤芯。

斜球面接触可以使回波损耗超过 60 dB,特别好的情况下可以超过 70 dB。图 3-8 所示的为斜球面接触示意图。

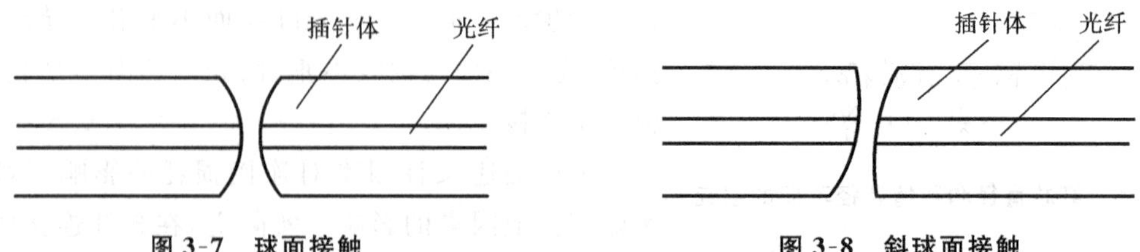

图 3-7 球面接触　　　　图 3-8 斜球面接触

除以上两种方法以外，还有其他方法也可以提高回波损耗，如将端面加工成特殊形状，将端面镀上增透膜，等等。当然，这些方法的有效性还需要进一步探索和研究。

3.2.3 测量方法

光纤连接器插入损耗、回波损耗、重复性、互换性这4项指标的测试方法介绍如下。

1. 插入损耗的测量方法

要测量插入损耗IL，只要分别测出输入光功率 P_0 和输出光功率 P_1 即可，其测量方法有下列三种。

1) 基准法

基准法又称为截断法，是其他测试方法的基础。测量步骤如下。

(1) 按照图3-9进行测量，并记录 P_1。

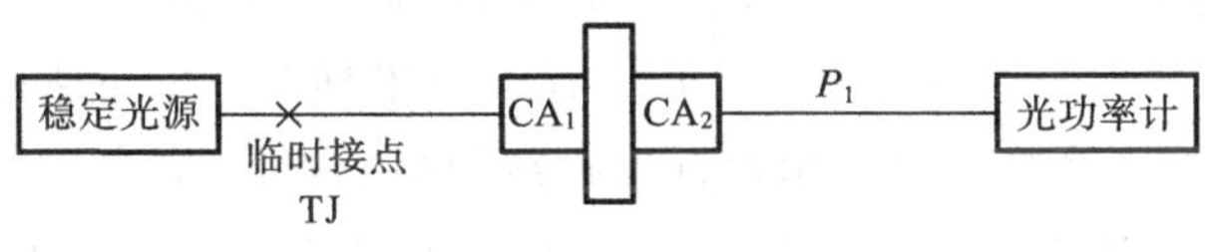

图3-9　测量 P_1

(2) 在 P_1 稳定后，将临时接点TJ与插头 CA_1 之间的光纤截断，截断点J与临时接点TJ的距离应不少于30 cm，如图3-10所示。

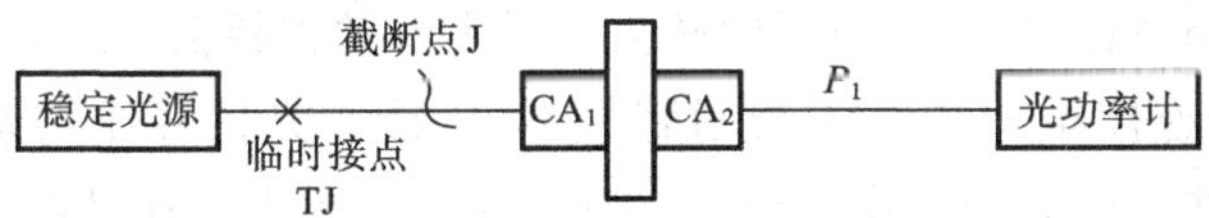

图3-10　将输入光纤截断

(3) 待系统稳定后，按图3-11进行测量，并记录 P_0。

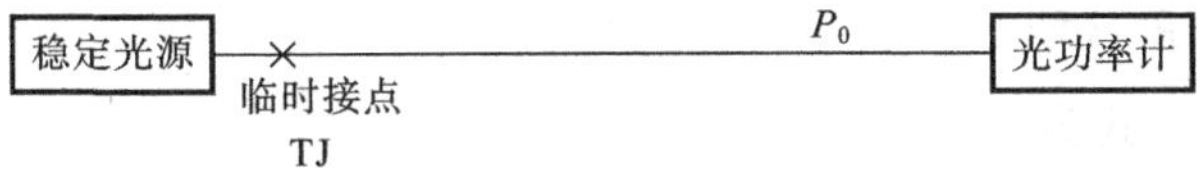

图3-11　用基准法测量 P_0

(4) 按式(3-1)计算出插入损耗IL。

2) 替代法

(1) 按图3-9进行测试，并记录 P_1。

(2) 在 P_1 稳定后，按图3-12(即直接将插头 CA_1 插入光功率计)进行测量，并记录 P_0。

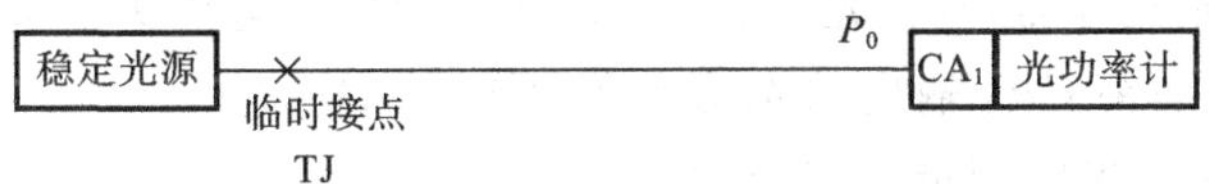

图3-12　用替代法测量 P_0

(3) 按式(3-9)计算出插入损耗IL。

3) 标准跳线对比法

在大批量的生产过程中,跳线插入损耗的测试必须快速、准确、无破坏性。因此上述两种方法不能满足这一要求。常用的方法是标准跳线比对法,其步骤如下。

(1) 如图 3-13 所示,选一标准跳线和标准转换器。插头 CA_1 接光源,插头 CA_2 通过标准转换器与插头 CA_3 相连,插头 CA_4 与光功率计相接,测量并记录 P_1。

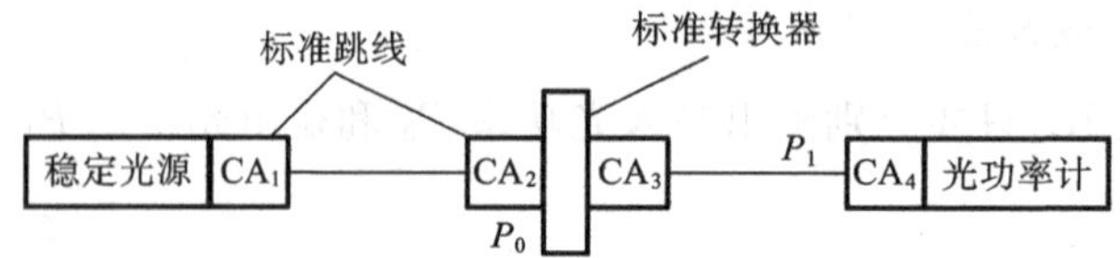

图 3-13 标准跳线比对法

(2) 将插头 CA_2 拔出,并插入光功率计,测量并记录 P_0。

(3) 用式(3-9)算出插头 CA_3 对标准插头 CA_2 的插入损耗值。

(4) 将插头 CA_3 和 CA_4 换掉,测出插头 CA_4 对标准插头 CA_2 的插入损耗值。

(5) 其他跳线均按上述步骤测量出对标准跳线的插入损耗值。

使用这种方法的先决条件是要有标准跳线和标准转换器。插入损耗是相对于它们而言的。标准跳线和标准转换器需要通过规定的步骤选择,它们的各项指标也有专门的规定。

在上述三种测试方法中,当接头尾纤长度小于 10 m 时,其尾纤本身的损耗值可以忽略不计。如果超过 10 m,则应在测出损耗中减去光纤本身的损耗值。

在测量多模光纤连接器时,一定要经过稳模器,才能将光信号注入光纤连接器中。其目的是去除高次模,使注入的光信号模式稳定;否则,测出的插入损耗是不真实的。

基准法、替代法是国家标准规定的方法,是其他测量方法的基准。实践证明,三种测量方法的测量结果是一致的。

2. 回波损耗的测量方法

回波损耗的计算公式为

$$\mathrm{RL}=-10\lg\frac{P_r}{P_0} \tag{3-13}$$

要测量回波损耗 RL,需要测出输入光功率 P_0 和后向反射光功率 P_r,并根据式(3-13)计算出 RL。

实际测量可按下述步骤进行。

(1) 按图 3-14 所示光路测量并记录 P_0。

选一个 2×2 的光耦合器,其分光比为 1∶1,各个脚均装有插头。按图 3-14 所示接好光路,待光源稳定之后,插头 CA_3 输出的光功率即为输入光功率 P_r。

(2) 按图 3-15 所示光路测量并记录 P_r。

图 3-15 所示光路在图 3-14 所示光路的基础上作了一些变化,即插头 CA_3 通过一个标准转换器与跳线相连,插头 CA_2 接光功率计。其他的光路都相同,稳定光源的输出功率也不变。此时插头 CA_2 输出的光功率 P_2 就是由插头 CA_3 和插头 CA_5 连接时产生的后向反射光

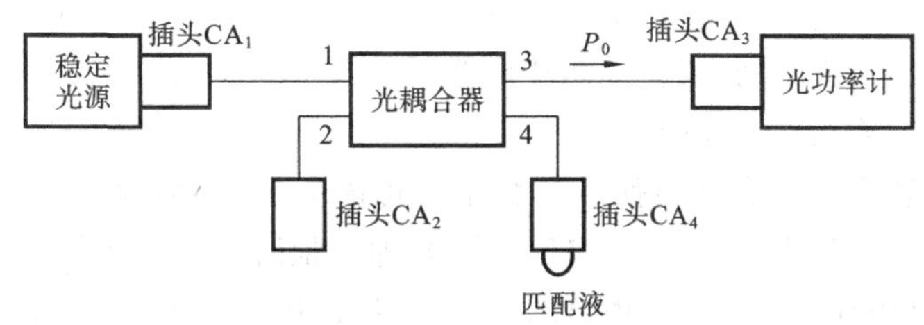

图 3-14 测量 P_0

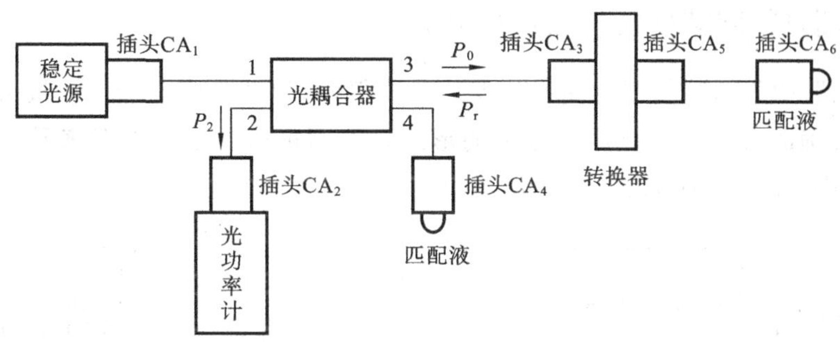

图 3-15 测量 P_r

功率 P_r 的一半，即

$$P_r = 2P_2$$

(3) 光耦合器 2 端回波损耗计算公式为

$$\mathrm{RL} = -10\lg \frac{2P_2}{P_0} - \mathrm{IL}_{28} \tag{3-14}$$

$$\mathrm{IL}_{28} = -10\lg \frac{P_2}{P_r} \tag{3-15}$$

式(3-14)显示，在计算回波损耗时，要考虑耦合器的插入损耗 IL_{28}。但如果耦合器的插入损耗 IL_{28} 小于 0.1 dB，则可以忽略不计。

从上述步骤不难看出，回波损耗是指插头 CA_5 和插头 CA_3 之间的回波损耗，是一个相对值。因而插头 CA_3 必须是标准插头，转换器也必须是标准转换器。在插头 CA_4 和插头 CA_6 的端面涂匹配液的作用是使该端面的反射光减少到零。

3. 重复性与互换性

1) 重复性

重复性是指同一对插头，在同一只转换器中多次插拔之后，其插入损耗的变化范围。单位用 dB 表示。

插拔次数一般取 5 次，先求出 5 个数据的平均值，再计算相对值与平均值的变化范围。性能稳定的连接器的重复性应小于±0.1 dB。

重复性和使用寿命(即允许插拔次数)是有区别的。前者是指在有限的插拔次数内，插入损耗的变化范围；后者是指在插拔一定次数(如 1 000 次、10 000 次)之后，器件就不能保证完好无损了。

2) 互换性

互换性是指不同插头之间,或者不同转换器任意置换之后,其插入损耗的变化范围。这个指标更能说明光纤连接器性能的一致性。

在测试时任意置换的插头和转换器的数量不可能太多,否则测试工作量太大。一般的做法是,在一批产品中,任意抽取 5 套光纤连接器(即 5 根跳线和 5 个转换器)来做互换性实验,或者在几批产品中任意取 5 套来做试验,得出互换性指标。质量较好的光纤连接器,其互换性应能控制在±0.2 dB 以内。

3.2.4 插入损耗、回波损耗的表达形式

光纤连接器的插入损耗、回波损耗的表达方式很多,如平均值、典型值、最大值,等等,但是最直观、最准确的表达方式是用直方图的形式。下面选取几幅直方图来看看国内外一些厂家的生产水平,如图 3-16 和图 3-17 所示。

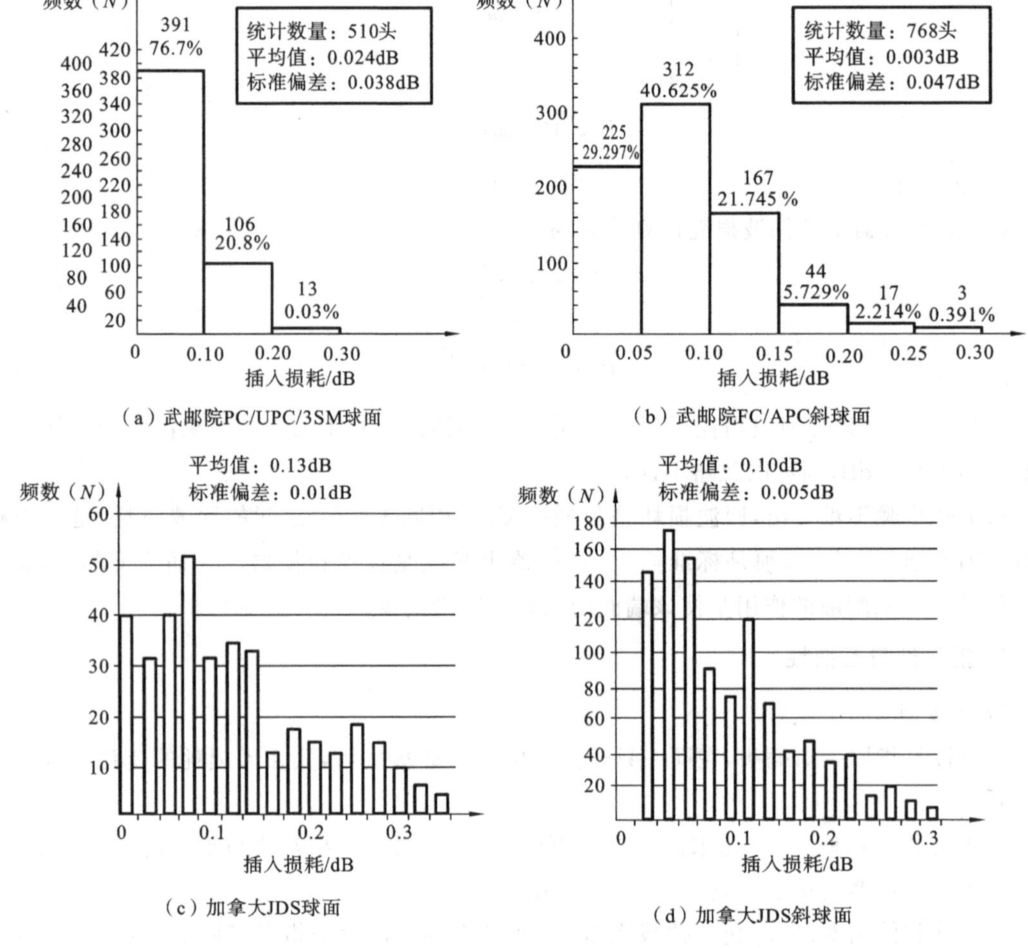

(a) 武邮院PC/UPC/3SM球面

(b) 武邮院FC/APC斜球面

(c) 加拿大JDS球面

(d) 加拿大JDS斜球面

图 3-16 插入损耗直方图

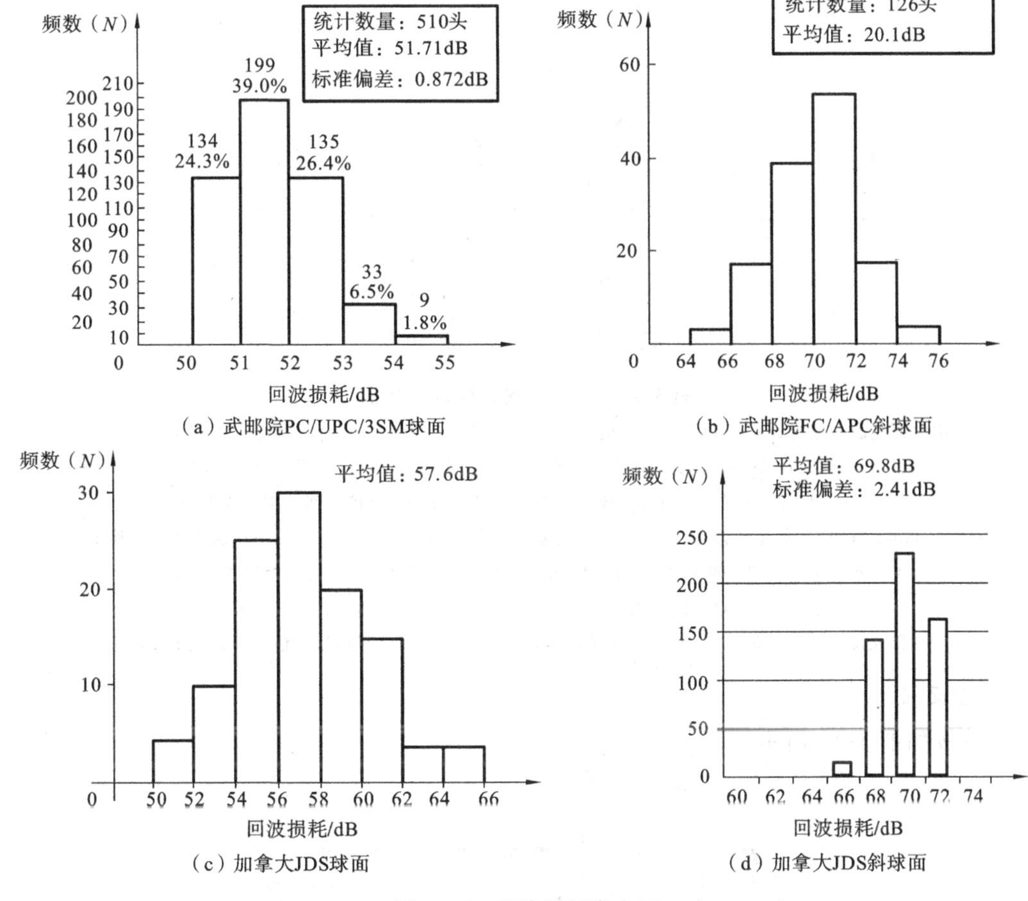

（a）武邮院PC/UPC/3SM球面

（b）武邮院FC/APC斜球面

（c）加拿大JDS球面

（d）加拿大JDS斜球面

图3-17　回波损耗直方图

3.3　损耗测试工具和仪器

3.3.1　使用工具

无水乙醇、酒精瓶、擦拭纸、镊子、刀片、棉签和气枪、米勒刀、宝石刀或光纤切割刀、127 μm光纤活接头或插芯(测尾纤用)、螺纹胶、方座、牙签(FC/APC JDS件定点用)。

3.3.2　测试仪器

插回损测试仪广泛应用于光纤光缆、光无源器件和光纤通信系统的插入损耗和回波损耗测试，是广大生产厂商、科研机构和运营商用于生产检测、研究开发和工程施工维护的基本测试仪器。

1. 插回损测试仪面板介绍

1）前面板

前面板如图3-18所示。

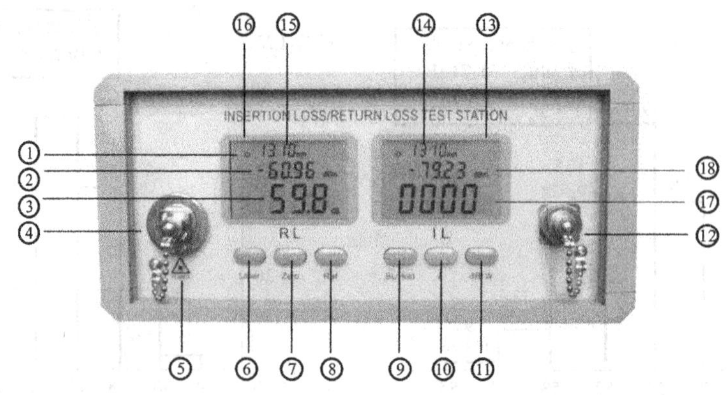

图 3-18　插回损测试仪前面板图

1—启用内部光源有效标志;2—回波损耗通道的光功率值(单位为 dB);3—回波损耗的测量值(单位为 dB);
4—光源输出接口及防尘帽;5—激光等级标示;6— Laser,激光器波长选择键;
7—Zero,归零键(测量前回波损耗值归零);8—Ref,标定键(校准回波损耗参考值);
9—BL/Hold,背光键(背光选择/去除插入损耗通道暗电流);10—λ,波长键(插入损耗通道波长切换键);
11—dB/W,归零键(插入损耗单位切换键,长按 dB/W 键大约 3 s 可切换到 W 单位);
12—光功率计接口及防尘帽;13—插入损耗显示区;14—插入损耗当前波长值;
15—内部光源当前波长值;16—回波损耗显示区;17—插入损耗测量值;18—插入损耗通道光功率值

2）后面板

后面板如图 3-19 所示。

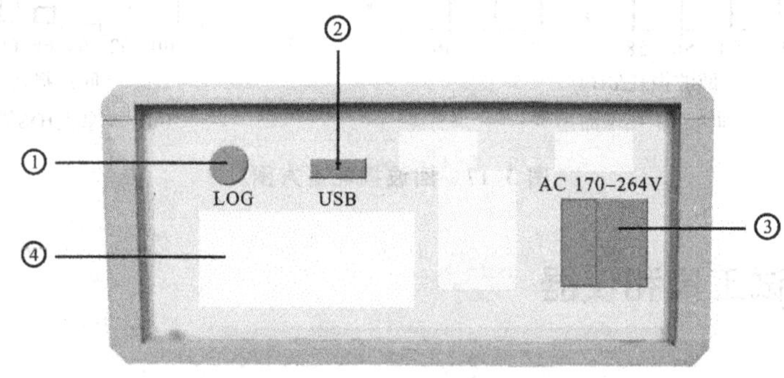

图 3-19　插回损测试仪后面板图

1—LOG,数据记录脚踏开关插座;2—USB,数据记录 USB 接口;3—交流电源插座及开关;4—产品标签

2. 插回损测试仪的特点

1）测试精度高

该测试仪具有内置高稳定的激光器、先进的微电子技术和光检测设备,结合软件技术,输出功率更稳定,检测速度更快,测试范围更广。

2）波长自动同步设定

在回损模式下,光源与功率计波长同步切换,无须分别设定波长。在功率计模式下,可另行单独设定功率计测试波长。

3）多种工作模式

该测试仪集成了回波损耗测试、光功率模块测试和插入损耗测试等多种模式。

4）操作简单方便

回波损耗/插入损耗可同步测量，无须按键切换。回波损耗/插入损耗测试值分别在一台仪器上的两个液晶窗口同时显示，测试结果一目了然。通过操作 Zero 键和 Ref 键，程序会自动保存相应的校正数据。当仪器断电后再开机时，被保存的数据立即生效，不需要重复校准，简化了测试过程。

5）光源/光功率计接口设计灵巧，便于清洁

光源/光功率计均采用活动接口，可轻易卸下，以便对光探测器进行清洁或更换其他型号的适配器，如 FC/SC/ST/2.5 mm 通用/1.25 mm 通用/MT-RJ 等，用于测试各种型号的跳线，同时也便于清洁光源接口内侧的 APC 适配器。

3.4　测试与分析

3.4.1　工作程序流程

插入损耗测试工作流程如图 3-20 所示。

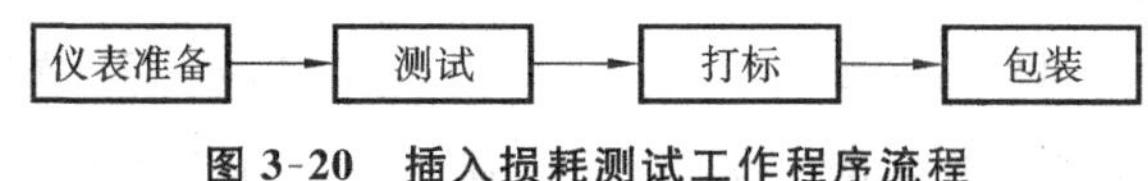

图 3-20　插入损耗测试工作程序流程

3.4.2　测试仪表准备

(1) 选择标准跳线（以下简称标线）。根据被测跳线选择不同的标线，如图 3-21 所示。若被测跳线是 PC 端面，则选择 APC-PC 标线；若被测跳线是 APC 端面，则选择 APC-APC 标线。接上标准测试跳线，并接通电源，机器初始化。

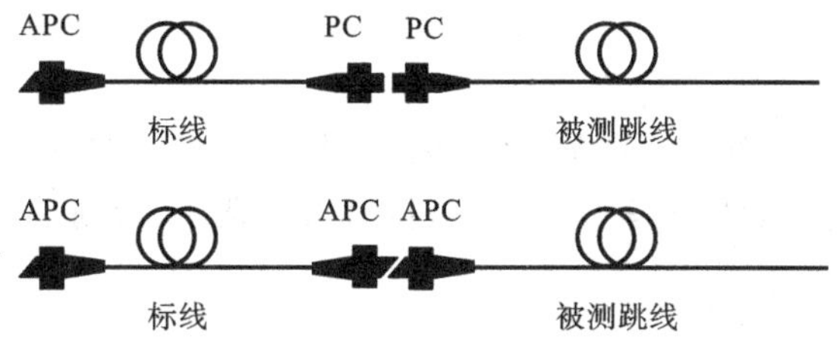

图 3-21　选择标线

(2) 选择反射模式、功率模式、光源波长，把标线的 APC 端（即始端）接到光源输出接口，用缠绕棒缠绕标线的另一端（即末端），用测试连接器直接连接光源和光功率计的探测器进行回波损耗和插入损耗的校正，如图 3-22 所示。

3.4.3　参数测量

1. 插入损耗测量

测量跳线端面的插入损耗。用标准转换器将标线的末端与被测跳线的始端连接起来，被测跳线的末端插入光功率计接口，如图 3-23 所示。此时，插入损耗显示区里的插入损耗测量值就是被测跳线始端的插入损耗值。

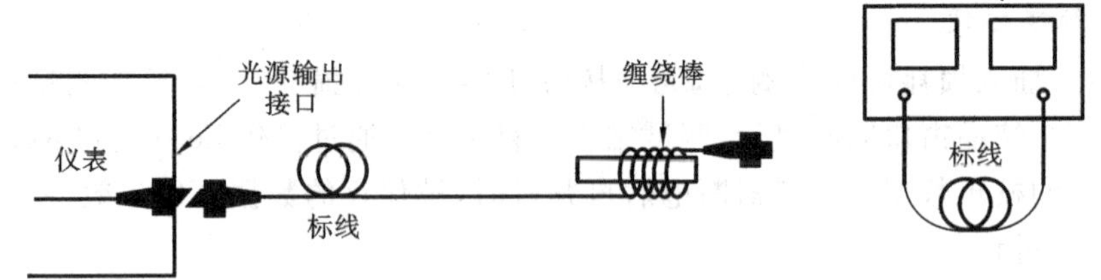

图 3-22　用探测器进行回波损耗和插入损耗的校正

2. 回波损耗的测量

测量跳线端面的回波损耗。用缠绕棒在靠近被测跳线始端处缠绕,如图 3-24 所示。此时,回波损耗显示区里的回波损耗测量值就是被测跳线始端处的回波损耗值。

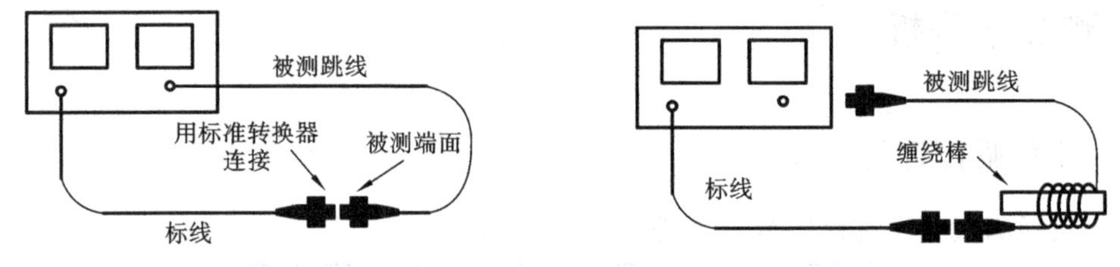

图 3-23　插入损耗测量连接　　**图 3-24　回波损耗测量连接**

调换两个被测试连接头,若这两个数值符合“生产任务单”的技术要求,则在“测试记录表”上记录这两个值。若这两个数值中有一个或两个不符合“生产任务单”的技术要求,则应做调整,做调整后应复测,若复测仍不合格,则按不合格品控制程序进行标识处理。

3. 其他指标及参数测量

除插入损耗及回波损耗之外的技术指标测试及试验内容和要求,详见与光纤连接器有关的行业标准。

4. 注意事项

若更换标线,则需要重新进行回波损耗和插入损耗的校正操作。在连接头连接之前,必须用无水乙醇把插芯的端面擦干净,以保证对接时没有杂质,否则会影响检测的准确性。

3.4.4　插入损耗测试结果与分析

1. 数据读取与记录

给连接器编顺序号,逐个测试,必要时逐个从设备显示数据中直接读取记录。记录时取 2 位小数。测试单上填写的数据应与实际测试数据相吻合。

2. 数据分析

一般光纤连接器合格标准为:IL≤0.30 dB;RL≥45 dB(PC),RL≥50 dB(UPC),RL≥60 dB (APC);符合外观要求和指标要求的光纤连接器,判为合格品,否则为不合格品。

3. 结果处理

合格产品转入包装工序。不符合要求的光纤连接器,应做好标识,防止混淆,返回上道工序返工/返修。经过返工/返修仍不能达到合格要求,以及测试指标不能达到合格要求的光纤连接器，经测试工序组长或报品质部评审后，作相应处理，并填写相关记录。

3.5 包装入库

1. 唯一性标识

以带缆连接器外护套或线缆上贴印序号码作唯一性标识，使产品具有可追溯性。标识规则为：在每一套连接器的两端打上“年/月/日/工号/序号”，例如，060312100001、060312100002 等。

其他标识规则依据客户或合同要求而定。

2. 包装袋准备

包装袋或包装盒的选择应以有效保护被包装产品为原则。根据客户/合同要求选择相应的包装袋或包装盒。没有特别要求的，以通用包装袋或包装盒作为包装物。应做到外观整洁，大小一致，无明显瑕疵。

3. 成品包扎

用扎线将经测试合格并盘绕好的光纤连接器产品在连接头处扎好，捆扎力度以连接头不松动且不压迫光缆为宜。对于长度较短的连接器，如 1 m 左右或更短的，可在确保包扎效果的情况下只绑一根扎线。

包扎后的光纤连接器产品外观应平整一致，光缆表面无扎痕或压痕。同一个批次或同一个客户的产品，其包扎方式应尽可能一致。

ϕ0.9 mm 的光纤连接器产品应使用合适的蛇形塑料软管包扎。

包扎时应避免触碰连接头保护帽，更不可将保护帽遗失。如在包扎过程中将保护帽遗漏，则应用 200 倍端面检测仪重新检验连接头端面，合格后换上新的保护帽。

4. 装袋或装盒

按照“生产任务单”的包装要求将包扎好的产品装入自封袋或吸塑盒内，同时装入相应的产品测试单和合格标签/合格证。在每个自封袋或吸塑盒上加贴产品标识。不同型号、批次的产品应分开码放并做好标识，避免混淆。

5. 注意事项

鉴于光纤产品的特殊性，在整个包装过程中应注意对光纤光缆的保护，其弯曲半径不得小于 30 mm，且在操作过程中不得有挤压、拉拽、扭伤及折伤光纤的情况发生。

6. 包装检验

(1) 每批产品的型号、数量、产品标识、“产品测试单”应装入包装箱内，且保证无误，外观、包装要求、包装方式等应符合要求。

(2) 包装监督检验以抽样检验方式进行，一般情况下抽样比例为 10%。客户有特殊要求时按客户要求进行。

(3) 入库或交付。包装组长或其授权人员核对每批产品并在“生产任务单”上作出“完工”记录标识，填写“包装工序检验记录表”，由品质部负责人或其授权人员（最终检验员）在

“包装工序检验记录表”和“产成品入库单”或“成品入库单”上签字后予以放行。由生产部办理入库手续直接入库,或通知销售部交付客户。

3.6 任务(知识)拓展

1. 连接器的插入损耗及回波损耗与光纤表面粗糙程度的对应关系

表面粗糙程度值越低,光纤连接器的插入损耗值越小,回波损耗值越高,如图 3-25 所示。例如,采用 1 μm 粒度的金刚石砂纸研磨光纤 2 min,其表面粗糙程度为 6.09 nm,光纤连接器插入损耗仅为 0.06 dB,回波损耗高达 36.28 dB,完全可以满足高速、宽带光纤通信的要求。因此,要提高光纤连接器的光学性能,应努力降低光纤研磨表面粗糙程度,选用粒度小于1 μm 的金刚石砂纸,使得光纤材料以延性模式去除。

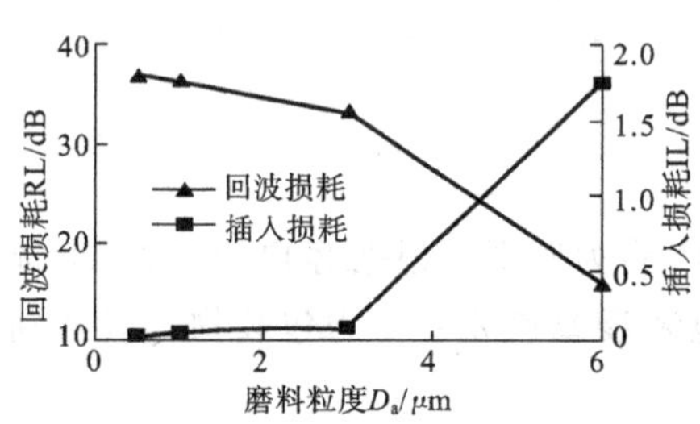

图 3-25　磨料粒度与回波损耗及插入损耗的关系

2. 插入损耗和回波损耗仍然是今后有待改善的主要指标

现在的插入损耗在 0.1 dB 至 0.5 dB 之间,平均值为 0.3 dB,与 1 km 光纤损耗相当。0.1 dB 至 0.5 dB 变化范围大了一些。随着加工精度的提高,可逐步将平均值降到 0.1 dB,变化范围缩小到 0.2 dB。

提高回波损耗的主要技术手段是改变插针端面的几何形状。插针端面经历了从平面至球面再至斜球面的发展过程。回波损耗从 30 dB 增至 70 dB。可以预期,端面为平面形状的插针将会逐渐被淘汰。但是将端面全部加工成斜球面也没有必要。因为并非在光通信和光传感应用的所有方面都要求那么高的回波损耗。同时,为了保证斜球面连接器的一致性和互换性,光纤连接器的各个零件加工精度都要提高一个档次,增加加工成本。根据客观需要的多样性,球面和斜球面的插针会同时存在,而且球面插针的需求仍将占主要地位。

还可以采用新的加工技术来提高回波损耗,如采用镀膜工艺,在球面上镀上增透膜,这样可以使回波损耗超过 70 dB,降低了零件加工精度要求,并可提高光纤连接器的一致性和互换性。

思　考　题

1. 光纤连接器产品需要测量哪些重要参数,影响这些参数的因素有哪些?

2. 怎样判断光纤连接器为合格产品?当发现产品参数批量不合格时,应从哪些方面分析原因?

3. 光纤连接器参数测试有哪几种方法?

4. 光纤连接器参数测试需要哪些仪器?写出测试步骤。分析有哪些因素会影响测试精度。

5. 产品包装中哪些信息是必不可少的,需要注意哪些问题才能保证产品安全?

情境 2

光纤耦合器制造

光纤耦合器是光纤通信和光纤传感器中最基本的一种无源器件，在光通信、光纤局域网、用户接入网、光纤 CATV 工程等领域有着广泛的应用。

目前，在发达国家（如美国），市场上的光纤耦合器产品已逐渐由窄带的标准耦合器过渡到宽带耦合器。随着 EDFA（光纤通信光放大器）、DWDM（密集波分复用）等技术，以及光纤 CATV、用户网等的进一步发展，宽带耦合器成为光纤耦合器的标准产品是必然的趋势。特别是双窗口宽带技术以其更为优良的性能，在制作技术和成品率得到进一步完善和提高之后，将有着巨大的市场潜力。

任务 4　光纤耦合器的工作原理

◆　知识点

¤　了解光纤耦合器的分类与选用

¤　掌握耦合原理

4.1　任务描述

本任务要求了解光纤耦合器的分类及工作原理。

4.2　相关知识

1. 光纤耦合器简介

光纤耦合器是一种多根光纤之间或有源光器件与光纤之间实现光功率传输的一种无源光器件，如图 4-1 所示。实现光从主光纤进入分支光纤的器件原则上都可以称为光纤耦合

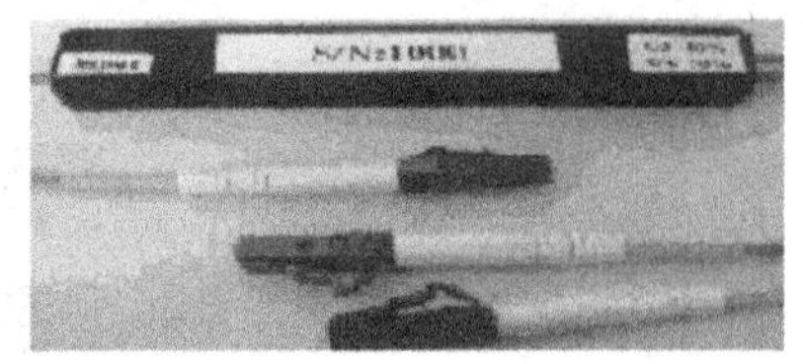

图 4-1 光纤耦合器

器。光纤耦合器主要有分波器和合波器两大类。在通信领域中,光纤通信网络试验和性能监测、光信号的分合都必须使用耦合器才能实现。在图像传输方面,一根光纤的光信号要经光纤耦合器分配至多个用户。在波分复用传输系统和光放大器中,各波长光的分与合也必须使用光纤耦合器。制造光纤耦合器的材料和工艺的不同,光纤耦合器的名称也不同,也有称分路器的。

光纤耦合器是用来连接两根或多根光纤,使光纤中传输的光信号在特殊的耦合区发生耦合,并进行功率或波长分配的元器件。目前,光纤耦合器件已形成多功能、多用途的产品系列:按功能分,有光功率分配器和光波长分配器;按工作带宽分,有单(双)窗口窄带耦合器和单(双)窗口宽带耦合器;按传导光模式分,有单模耦合器和多模耦合器。

光纤耦合器按照制造工艺可以分为腐蚀型、研磨型、熔融拉锥型三种。熔融拉锥工艺是目前制作该种器件最理想的方法,具有附加损耗极低、环境稳定性好、成本低廉等特点,并可以灵活地开发出性能优良的树形耦合器及星形耦合器。但是,标准的熔融拉锥型耦合器在工作波长下,通常只有±(10～20) nm 的带宽,已不能适应光通信系统高速化及电信网带宽化的发展趋势。为制造宽带耦合器,许多公司在深入研究熔融拉锥耦合理论或进行大量实践的基础上,对熔融拉锥工艺进行改进,使得光纤耦合器的宽带化成为现实。

熔融拉锥型全光纤耦合器可以用做各种比例的功率分路器(splitter)/合路器(combiner);波分复用器(WDM)、光纤激光器的全反镜、非线性光环镜(NOLM)、无源光纤环、Mach-Zehnder光纤滤波器等;在传感领域,可利用其做成 Mach-Zehnder、Michelson、Sagnac、Fabry-Perot 光纤干涉型和光纤环形腔干涉型光纤传感器;此外,它还是光纤陀螺仪和光纤水听器及多种光学测量仪器的关键部件。

比较先进的熔融拉锥设备不仅能制作具有各种分光比的标准耦合器,而且可以制作宽带单窗口/双窗口耦合器,偏振无关耦合器(polarization independent coupler)、保偏耦合器(polarization-maintaining coupler)、多模耦合器、偏振分束器(PBS)、粗波分复用器(CWDM)、泵浦耦合器(包括 EDFA 用 980/1550、980/1590、980/1480)、光纤拉曼放大器用 14XX 泵浦合波器等,还可以制作 OADM 型和中继型组合功能器件、级联单锥式增益平坦滤波器(GFF),全光纤非平衡 Mach-Zehnder 干涉仪型交错滤波器,全光纤平顶傅里叶滤波型交错滤波器(flat-top Fourier filter (F^3T) Interleaver),此外,亦可制作光固定衰减器。

2. 术语

(1) 光纤耦合器——在两根光纤之间或者多根光纤之间实现光信号传输的一种器件。

(2) 尾纤型耦合器——全部是光纤形式引出端,没有连接器的器件。

(3) 连接器型耦合器——在尾纤型器件每个尾纤引出端上都带有一个连接器作为引出端的器件。

(4) 端口——隶属于光纤耦合器的光信号的入口或出口的光纤或光纤连接器。

4.3 任务实施

4.3.1 光纤耦合器分类及工作原理

光纤耦合器家族之大在光纤通信器件中可以说是首屈一指，而且随着科技的发展、工艺及材料的变革，其种类将不断更新。目前，光纤耦合器已成为一个多功能的分为光功率分配器及光波长分配(合/分波)用途的产品系列。从功能上看，它可有 2×2 耦合器、Y 形(1×2)耦合器、星形耦合器；从端口形式上划分，它包括 X($N\times N$，$N>2$)耦合器及树形(1×2，$N>2$)耦合器等；从工作带宽的角度划分，它分为单工作窗口的窄带耦合器、单工作窗口的宽带耦合器和双工作窗口的宽带耦合器；另外，由于传导光模式的不同，它又有多模耦合器和单模耦合器之分。其分类如表 4-1 所示。

表 4-1 耦合器的分类

分类方法	耦合器类型	
用途	定向耦合器	光分波器、光合波器、光分支器
	星形耦合器	透射星形耦合器、反射星形耦合器
	T 形耦合器	
结构	分立元件型耦合器	双圆锥形耦合器、反射膜式耦合器、自聚焦透镜式耦合器
	熔融拉锥型耦合器	星形耦合器、树形耦合器、波分复用器、宽带耦合器
	拼接型耦合器	星形耦合器、树形耦合器
	微光器件型耦合器	
	平面光波导型耦合器	星形耦合器、树形耦合器
光纤	单模光纤耦合器	
	多模光纤耦合器	
	保偏光纤耦合器	

光纤耦合器的几种典型结构如图 4-2 所示。下面，介绍几种主要的光纤耦合器。

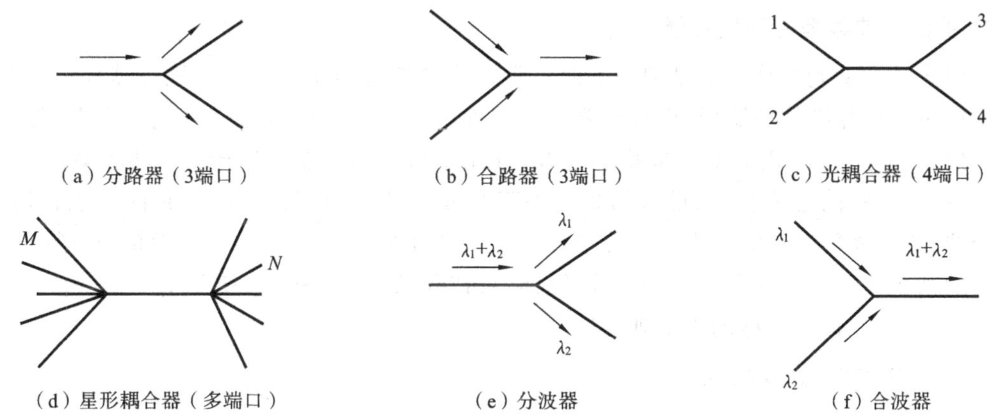

图 4-2 几种典型的光纤耦合器

1. 分立元件型光纤耦合器

分立元件型光纤耦合器是利用微光学元器件和微机械结构实现的光纤耦合器。分立元件型光纤耦合器制作精度高、工艺复杂、性能较差、稳定性差,但耦合原理简单,主要有双圆锥形光纤耦合器、反射膜式光纤耦合器和自聚焦透镜式光纤耦合器等几种。

双圆锥形光纤耦合器是通过光在圆锥直径变小的区域,低阶模变成高阶模或辐射模,辐射出去被其他光波导"捕获"来实现光功率耦合的。这种光纤耦合器要求匹配液的折射率 n_3 大于锥形光波导包层折射率 n_2,小于芯区折射率 n_1,其结构如图 4-3 所示。反射膜式光纤耦合器是利用几何光学方法用反射膜改变光路来实现光耦合的,如图 4-4 所示。

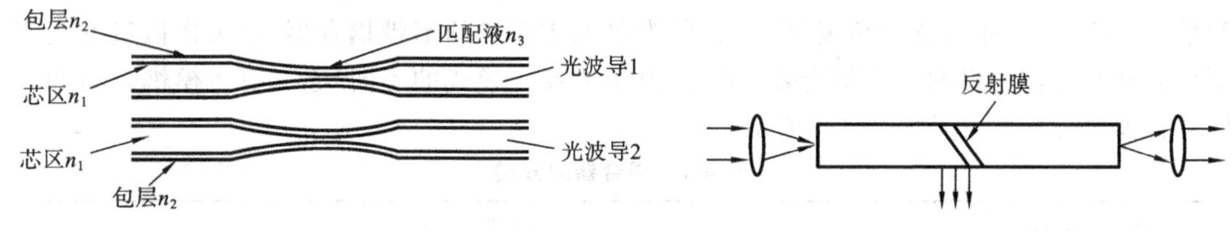

图 4-3 双圆锥形光纤耦合器　　图 4-4 反射膜式光纤耦合器

自聚焦透镜式光纤耦合器的三种构造方式如图 4-5 所示。它们均是利用折射率渐变光波导的自聚焦效应工作的。光在自聚焦透镜的不同区域进入另一些自聚焦透镜,改变光路,实现分光。

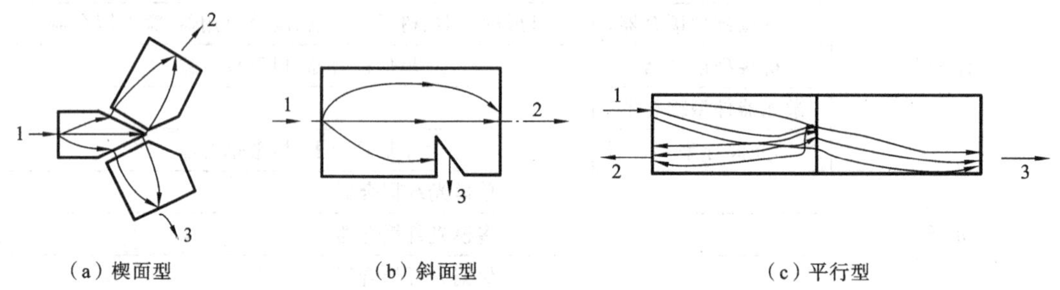

图 4-5 自聚焦透镜式光纤耦合器

2. 平面光波导型光纤耦合器

平面光波导型光纤耦合器是利用平面介质光波导工艺制作的一类光耦合器件。其关键技术不仅包括波导结构的制作,而且还要考虑器件与传输线路的耦合。其优点很多,如体积小、重量轻、易于集成、机械及环境稳定性好、分光比易精确控制和适于批量生产等,但是目前制作技术不完善、工艺复杂、设备昂贵。平面光波导型光纤耦合器已经有树形耦合器、星形耦合器、波分复用器和宽带耦合器等多种类型。图 4-6(a)所示的为最简单的 Y 形(1×2)耦合器的基本结构。将多个 Y 形耦合器级连,可以构成如图 4-6(b)所示的树形 1×8 耦合器,这实际上是一种不对称的星形耦合器。

3. 熔融拉锥型光纤耦合器

熔融拉锥型光纤耦合器的制作方法主要有熔融拉锥法和光纤拼接法。

熔融拉锥法是将几根去了包层的光纤以一定的方式靠拢,在高温下加热熔融,同时向两

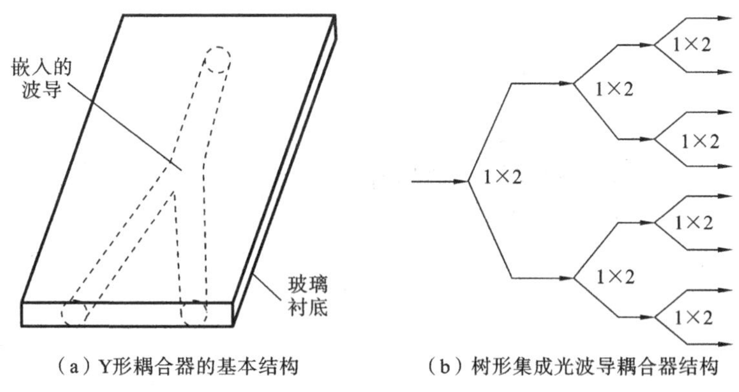

(a) Y形耦合器的基本结构　(b) 树形集成光波导耦合器结构

图 4-6　集成光波导型光纤耦合器

侧拉伸，最终在加热区形成双锥体光波导结构，实现光功率耦合的一种方法。熔融拉锥法多用于石英光纤耦合器的制作，现已成为当今制作石英光纤耦合器的最主要方法。2×2 熔融拉锥型全光纤耦合器是基本型，其工作原理如图 4-7、图 4-8 所示。

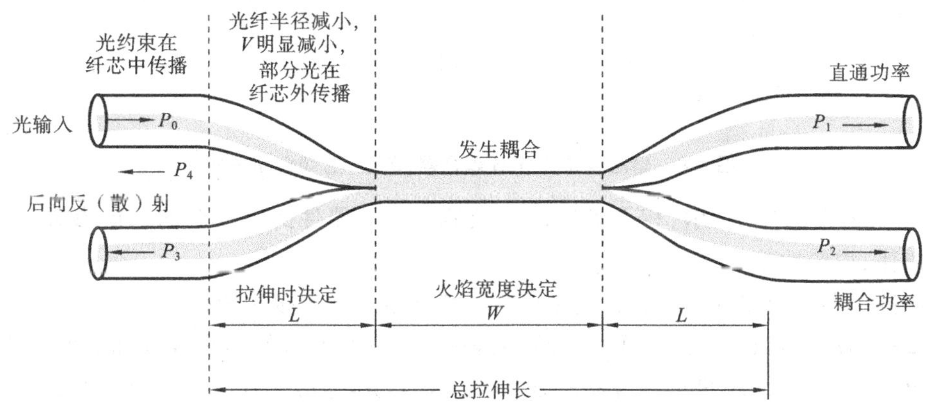

图 4-7　2×2 熔融拉锥型全光纤耦合器工作原理

当传导模进入端锥体时，随着纤芯不断变细，归一化频率 V 逐渐变小，而且两根光纤纤芯间距也越来越小，其等效模场半径增大，进入光波导 2 中的消逝场变大，这样就有更多的光功率进入耦合臂，实现光耦合，而且耦合越来越强。在耦合区，两个光纤包层合在一起，纤芯距离很近，形成弱耦合，这实际上构成一个方向耦合器。在输出端锥体中，随着纤芯逐渐变粗，V 值重新增大，光功率被两根光纤纤芯以特定的比例"捕获"。

理论上可以制作出从 1∶99 至 50∶50 的任何分光比的熔融拉锥型全光纤耦合器。从一根光纤耦合到另一根光纤的光功率可以通过几个参数来控制：两根光纤中耦合区域轴线长度、耦合区纤芯半径、纤芯距离、光波长等。利用相同参数的光纤制作的熔融拉锥型全光纤耦合器，一般带宽较窄。利用传播常数相近但不完全相同的光纤拉制的此类光纤耦合器，具有很宽的带宽。

4. 几种特殊耦合器

1) 星形耦合器

星形耦合器是指具有 $N\times N(N>2)$ 端口组态的耦合器系列，是星形网络的关键器件，同

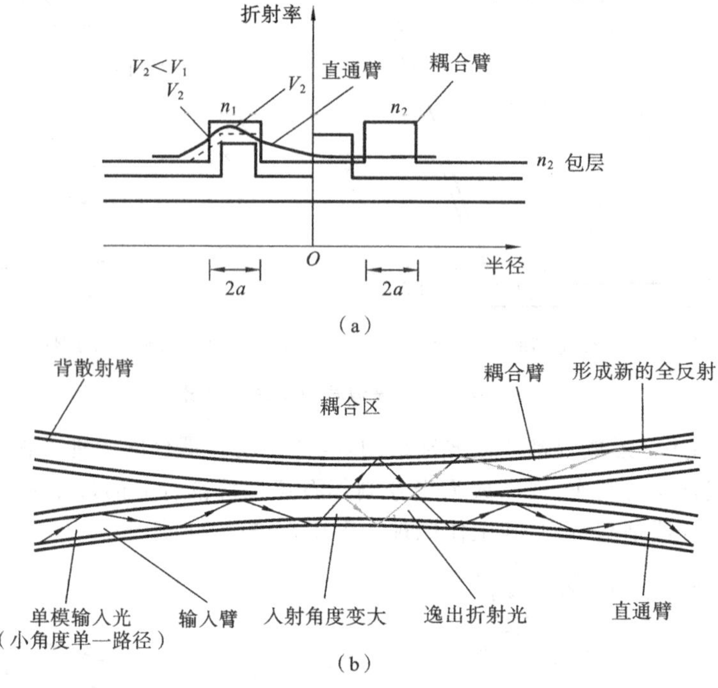

图 4-8　熔融拉锥型光纤耦合器(单模)的耦合示意图

时也广泛地应用于传感技术、相干光通信等领域。这类器件的最重要的性能参数是各端口的插入损耗、均匀性等。

星形耦合器的制作方法一般有直接拉制法和基本单元拼接法两种。

直接拉制法是指将 N 根光纤，以合适的拓扑结构紧密接触后，在较强加热源作用下，一次熔融拉锥，获得 $N\times N$ 星形耦合器的方法。一般来讲，这种拓扑结构应具有某种空间上的对称性。常见的是将 N 根光纤预先放入特制的玻璃管中一起拉锥，这种方法可以使整体器件的机械性能更牢固，环境稳定性能够充分保证，器件外形小巧。据报道，美国 Corning 公司利用这种技术制作的耦合器，理论寿命为使用 100 年后损坏率不超过 1%。因此，这种光纤耦合器特别适合在海底工程及其他恶劣环境中使用。不过，由于技术上的复杂性，直接拉制的商用星形耦合器还仅限于低端口数(例如，$N=3,4$ 等)的情形。

最常用和更简单的方法是基本单元拼接法。对于 $N<8$ 的星形耦合器，可以采用 2×2 器件作为基本单元。如果 $N\geqslant16$，则采用 4×4 或 8×8 等器件作为基本单元。几种常见的星形耦合器的拼接结构如图 4-9 所示。

2) 树形耦合器

树形耦合器是指具有 $1(2)\times N(N)$ 端口组态的功率分配器件，它是光纤 CATV 等技术中的重要器件。尽管功率均分的树形耦合器是标准器件，其关键参数与星形耦合器的一样，也是插入损耗和均匀性等，但在实际工程中，还常常需要各种非均分的特殊器件，用于满足不同传输距离对功率分配提出的要求。

功率均分器件在制作方法上也可采用直接拉制法和基本单元拼接法。直接拉制法由于只需要满足单路输入、N 路均分的要求，因此在制作上往往比相应的星形耦合器容易

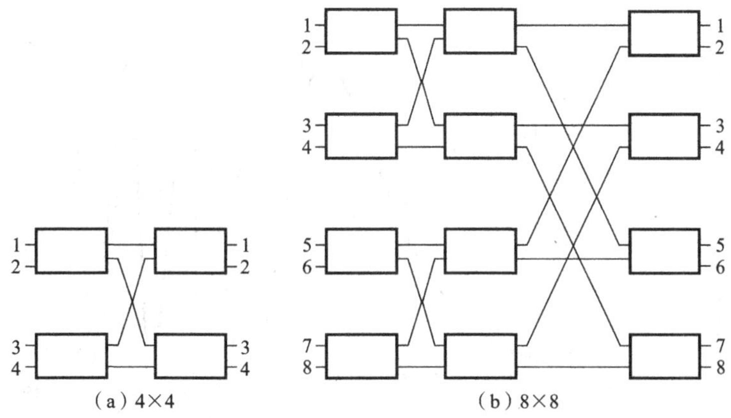

图 4-9 星形耦合器的拼接结构

些,因此路数也可以做得更多些。非均分树形耦合器一般难以采用直接拉制法制作,而主要利用基本单元拼接法。图 4-10 所示的是几种常见的树形耦合器的拼接结构示意图。为实现不同的分配比,可以以预算的方式,选择相应的各种分光比的单元器件进行拼接。

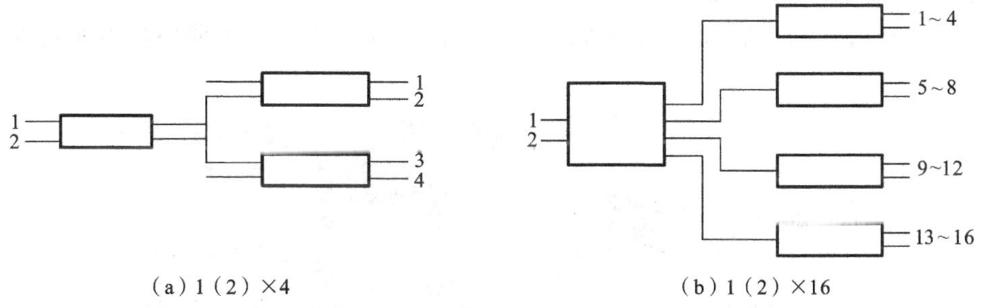

图 4-10 树形耦合器的拼接结构

3) 波分复用器

利用耦合比率对波长的依赖性,即在某特性波长下耦合比率为 0%,而在另一特性波长下耦合比率为 100%的性质,可以制成光波分复用器。波分复用器的原理如图 4-11 所示,假如拉伸终止于 E 点,两根光纤输出端口的一端将获得波长为 1 310 nm 的全功率输出,而另一端获得波长为 1 550 nm 的全功率输出。制造波分复用器时,必须注意控制熔融拉伸部分的长度和截面形状。拉伸长度越长,耦合比率的波长依赖性越强,耦合器工作波长间隔越小。另外拉伸部位截断面形状应由"8"字形变为圆形,以便同时控制波长间隔和耦合比率。

4) 宽带耦合器

用熔融拉锥法制作全光纤宽带耦合器,拉伸终止于 C 点(见图 4-11)时,器件性能将对波长最不敏感,离开 C 点,波长敏感性逐渐增大。如果能够使 C 点处于期望的分光比位置,就能在相应的中心波长获得最大的工作带宽,这就是单窗口宽带耦合器;如果将拉伸终止点选在 D(见图 4-11),就可以改善两个中心波长的工作带宽,获得双窗口宽带耦合器。这项技术的实质是两根光纤之间实现不完全功率转换。适当调整光纤结构参数的相对大小,可以做

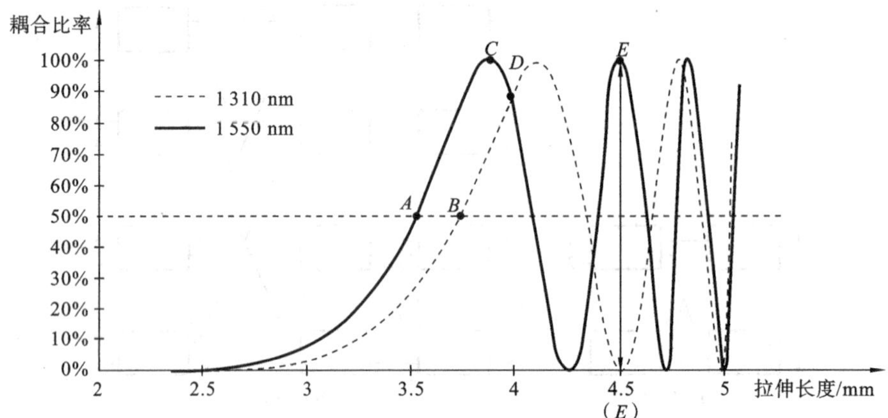

图 4-11 耦合比率与拉锥长度的关系

成任意分光比的宽带耦合器。

改变光纤结构参数的方法如下:对其中一根光纤拉伸(包层外径变化);对其中一根光纤加热拉伸(包层外径和纤芯径均变化);把同一根光纤预制棒分为两段,先改变其中一根的外径尺寸,然后分别拉制成外径相等的光纤(光纤芯径不同)。宽带耦合器实物如图4-12所示。

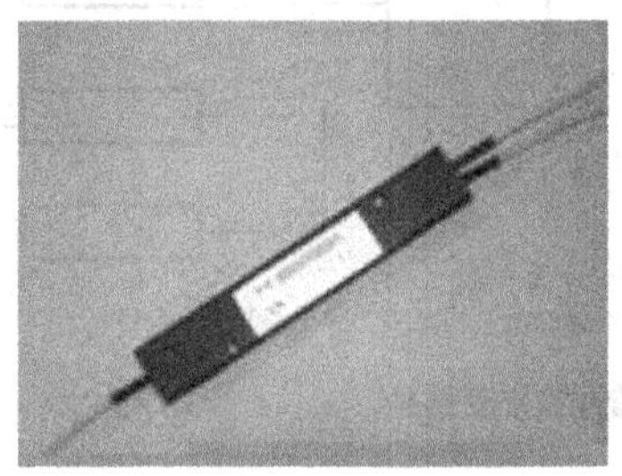

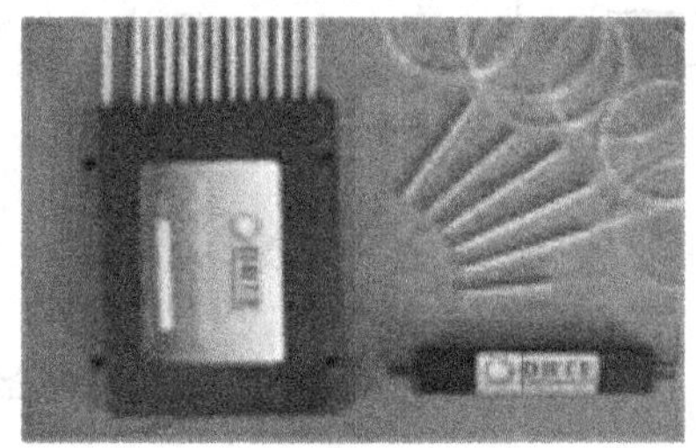

图 4-12 宽带耦合器

4.3.2 耦合模理论

光纤除去涂敷层,以一定方式靠拢,在高温下加热,得到具有一定分光比的耦合器。它是由两个波导构成的耦合系统,一般用弱耦合理论来分析。它的基本思想是:相耦合的两个波导中的场,各自保持了该波导独立存在时的场分布和传输系数,耦合的影响表现在场的复数振幅沿长度方向的变化。在这一模型下,从一根光纤耦合到另一根光纤中的光功率 P 为

$$P=F^2\sin^2\frac{Cl}{F} \tag{4-1}$$

其中:

$$F^2=\frac{4C^2}{4C^2+(\beta_a-\beta_b)^2}=\left[1+\left(\frac{\beta_a-\beta_b}{2C}\right)^2\right]^{-1} \tag{4-2}$$

式中:F^2 为在两根光纤间进行耦合的最大光功率比;C 为耦合参数;l 为拉伸方向的长度;β_a、β_b 分别为两根光纤的传播常数。

若取 $V_\infty=2.405$，且假定新波导的芯区折射率为 1.46，那么耦合参数 $C(\mathrm{mm}^{-1})$ 将简化为

$$C=21\frac{\lambda^{5/2}}{r^{7/2}} \tag{4-3}$$

而 F^2 则简化为

$$F^2=\left[1+\left(\frac{234r^3}{\lambda^3}\right)\left(\frac{\Delta r}{r}\right)^2\right]^{-1} \tag{4-4}$$

式中：λ 为传播光的波长；r 为熔锥后新波导的芯半径；Δr 为两根光纤纤芯半径的差，即纤径差。

假如加热区域长 W，拉伸长度每侧为 L，那么，在熔锥区（见图 4-13）有

$$\begin{cases} r=r_0\exp\left(-\dfrac{L}{W}\right) & \left(|Z|\leqslant\dfrac{W}{2}\right) \\ r=r_0\exp\left(\dfrac{|Z|-L-W/2}{W}\right) & \left(\dfrac{W}{2}\leqslant|Z|\leqslant L+W/2\right) \\ r=r_0 & (|Z|\geqslant L+W/2) \end{cases} \tag{4-5}$$

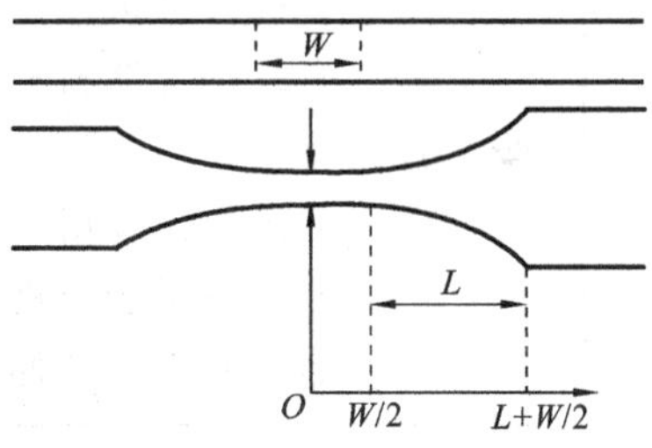

图 4-13　熔锥区的几何示意图

由以上公式可知，耦合功率与纤径差（Δr）、熔融拉锥参数有关。当采用两根一样的光纤熔融拉锥（即 $\beta_a=\beta_b$ 或 $\Delta r=0$）时，$F^2=1$，耦合光功率随拉锥长度的关系如图 4-11 所示。图中实线所示波长为 1 550 nm，虚线所示波长为 1 310 nm，拉锥过程在它们的第一个点 3 dB 点（图 4-11 中 A、B 点）结束，该耦合器便成为标准的 1 550 nm 或 1 310 nm（单窗口）耦合器，双窗口点在图 4-11 中的 D 点，且假设 D 点与峰顶（功率变化平缓）足够接近，则将获得较宽的带宽。然而，要实现各种分束比（如 3 dB）的双窗口带宽耦合器，必须调整峰值的大小，由前述各关系式可以知道，这可由控制 $\Delta r/r$ 的大小（并适当改变熔融拉锥的参数）来实现，其实质是造成两根光纤在传播常数上的差别，使注入的光功率不能在熔融拉锥区发生完全耦合。

4.4　任务拓展

要控制 $\Delta r/r$，可以有多种方法。通常多采用将两根同类（或包层直径不同的）光纤中的一根进行预处理，如化学腐蚀、预拉伸、预膨胀等，来获得所需的 $\Delta r/r$。这些方法不仅难以稳定、精确地控制，而且容易导致随后的熔融拉锥工艺更为复杂化，因此不利于提高成品率和批量生产。在工艺中，为克服上述缺点，以便器件的制作能由通常的熔融拉锥工艺完成，通常采用了两种不同的单模光纤；为使器件在实际应用中易与标准光纤接续，应从商用光纤中选择包层直径相同，纤芯参数有一定差异（模场直径、截止波长的不同）的光纤，但均在标准单模光纤的范围内选择。

思　考　题

1. 简述 F 表征的含义。它由哪些参数控制？

2. 你还知道哪些种类的光纤耦合器？

任务5 光纤耦合器材料的制备

◆ 知识点
 ¤ 掌握拉锥机的基本结构和功能
 ¤ 光纤耦合器材料的制备工艺
◆ 技能点
 ¤ 会操作光纤熔融拉锥设备
 ¤ 能选择用于拉锥的光纤
 ¤ 能控制不同拉伸长度下的耦合分光

5.1 任务描述

以两根单模光纤采用熔融拉锥工艺进行耦合为例,学习光纤耦合器材料制备的生产过程,要求能够正确选择光纤耦合器的制备工艺及设备,掌握材料制备的工艺流程,完成光纤耦合器材料制备。

5.2 相关知识

5.2.1 光纤耦合器的生产工艺类型

1. 腐蚀工艺

腐蚀工艺是指将两根光纤扭绞,浸入氢氟酸中,腐蚀掉光纤四周的涂敷层和包层,从而使光纤纤芯相接触,实现两根光纤耦合的工艺。这种方法简单,但制作的光纤耦合器不耐用,而且对环境温度变化敏感,缺乏使用价值。

具体做法如下。将一根剥掉一段套层的光纤浸入装有腐蚀液的容器中,使光纤包层材料逐渐被腐蚀,直至接近纤芯与包层交界面;然后在容器中换入折射率匹配液(其折射率接近于但小于纤芯折射率),并将两根光纤绞合,使光纤的基模场重叠,产生耦合;控制光纤绞合的次数与张力、选择适当的折射率匹配液可以控制耦合比。利用这种技术制作的10×10光纤耦合器插入损耗小于1 dB,耦合均匀性为1～2 dB。

2. 研磨工艺

采用研磨工艺时,将光纤预先埋入玻璃块的弧形槽中,并用环氧树脂胶固定,然后对光纤的侧面进行研磨抛光,使光纤的包层磨掉一部分,直至接近纤芯,将这样两块磨削抛光的石英块贴在一起(中间加折射率匹配液),同时监控光通量,根据不同的分光比进行研磨、拼接，做成光纤耦合器。采用这种工艺可以做成具有不同分光比的光纤耦合器，其器件使用性能比采用腐蚀工艺做成器件的使用性能有所提高，但制作困难、成品率低、对环境要求高。这种光纤耦合器的一个最大优点是可以通过精密微调两块石英块的相对位置来改变耦合比。

3. 熔融拉锥工艺

目前，国内外在光纤耦合器的规模化生产中普遍采用的是熔融拉锥工艺。所谓熔融就是通过高温加热将放置在特制夹具上的光纤融化到一定程度后拉伸制作耦合器的方法。加热的热源可以是氢气、烷烃类气体、天然气、煤气等可燃气体，或根据对熔融温度的要求辅以氧气，形成的小火球对制作光纤耦合器所使用的光纤进行加热。加热方式可分为直接加热法、间接加热法及介于前两者之间的部分直接加热法三种方式。直接加热法使用可燃气体在燃烧器中燃烧形成的火焰直接对光纤进行加热。在加热过程中，燃烧器可以固定也可以来回移动。这种加热方式的优点在于热量的利用率高，加热升温速度快，装置较简单，而缺点是熔融拉伸过程中喷灯火焰与光纤熔锥区域直接接触，软化后的光纤易受火焰的冲击而产生形变，而且加热气体中的杂质及外界环境中的杂质会附在光纤表面，进而影响光纤耦合器的性能指标，因此直接加热法对室内洁净条件要求较高。采用间接加热法时，火焰对套在做光纤耦合器的光纤外的石英管或陶瓷管进行加热，光纤通过受热后的石英管或陶瓷管的辐射热来熔融。这种方法克服了前面提到的直接加热法的缺点，但由于是通过套在光纤外面的套管间接加热，因此必须提高加热温度，需要加装放置套管及相应转动的装置。部分直接加热法是让喷灯火焰在开槽的石英管内对光纤熔锥区进行加热，与直接加热法相比较，其热场的均匀性较好，由于石英壁对火焰气流压力具有反作用，热气流流向具有对称性，因此可以避免火焰喷射力对器件熔锥区形变的不利影响。

熔融拉锥工艺是将两根（或两根以上）剥除保护层的光纤，放置于特定的夹具上，然后在喷灯的火焰加热下进行拉伸，最终在加热区形成双锥形的特殊波导耦合结构，从而实现光纤耦合的一种工艺。耦合区域的两根光纤熔融时逐渐变细，纤芯间的距离可以忽略不计，两包层合并在一起形成以包层为纤芯、芯外介质（空气）为新包层的复合波导结构，实现两根光纤的完全耦合。

5.2.2 熔锥型宽带光纤耦合器的制造设备

目前国内生产熔锥型器件所使用的拉锥设备，大多从国外进口，国内自行开发的设备在性能及可靠性方面均与之有一定的差距。

下面介绍熔融拉锥机。它所配备的计算机通过数据采集卡和串口进行在线监测和控制系统。该机采用氢氧焰，直接加热法加热拉锥，能够实现自动控制熔融拉锥过程，在预设分光比、光纤的预热时间、拉伸速度等工艺参数以后，系统能自动完成拉锥过程，因而克服了手工操作的随机性，保证了产品指标的重复稳定性。设备的总体结构框图如图 5-1 所示。

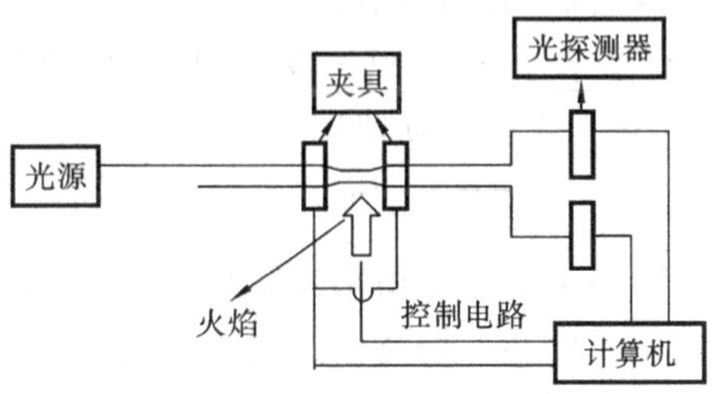

图 5-1 熔融拉锥设备的总体结构框图

熔融拉锥机由以下几部分组成。

(1) 光源：采用 LD 光源，可提供波长为 1 310

nm、1 550 nm 的光。

(2) 熔融拉锥装置:一对称拉锥装置,以氢氧焰为熔融热源,以高精度热质流量计控制供气,从而控制火焰的温度和稳定性。

(3) 检测控制装置:采用计算机控制。

熔融拉锥装置的主要技术参数如下。

1. 机械部分

机械部分主要由主拉伸平台(main drawing plate)、火炬电动机(torch motor)、封装电动机(package motor)、火炬和封装架等组成。

1) 主拉伸平台

主拉伸平台负责完成光纤的拉锥过程,由步进电动机和移动轴杆组成,步进电动机提供动力,由移动轴杆传动,带动光纤夹具移动,完成拉锥动作。移动精度和复位精度将直接影响耦合器的质量和成品率。

移动精度是由步进电动机的解析度和移动轴杆的精度共同决定的。步进电动机的解析度是指步进电动机的步进长度,步进长度越小,解析度越高,成本也就越高。0.01 mm 的步进电动机已经能够满足各类光纤耦合器的制造要求。移动轴杆的作用是完成传动功能,控制拉伸平台的回转,保证步进电动机的步进长度在转变成主拉伸平台移动长度时,具有尽可能小的偏差。

2) 火炬和封装架的定位

火炬电动机用来推动火炬,使火炬按不同光纤耦合器的制作要求移动。火炬的定位精确度将影响光纤耦合器几乎所有的重要指标。火炬的移动是由计算机控制二维(或三维)电动机完成的。在计算机软件中设定了电动机的初始位置和移动位置,当环境改变时,操作者可以根据需要调整火炬的位置。

光纤耦合器的耦合区都非常细(微米数量级),十分脆弱,极易断裂,需要采用与光纤材质相近的石英管来保护。封装装置由封装架和二维封装电动机构成。当熔融拉锥完成后,计算机控制二维封装电动机运动,重复完成封装动作。要求封装架能精确复位,并能准确地到达软件设定的封装位置,轻微的偏差都会导致器件的插入损耗增加、分光比剧烈变化,甚至报废。

2. 光纤夹具

一般熔融拉锥装置采用的是机械式夹具或真空夹具。常规的两输出端口的单(多)模树形 1×2 耦合器、星形 2×2 耦合器已经被广泛采用,而一次性拉制成功的三输出端口和四输出端口耦合器及特殊的保偏光纤耦合器则需要采用特殊设计的夹具,这只要将原来的夹具更换成所需的夹具就可以了。

光纤夹具在使用一段时间后,V 形槽会被光纤涂敷层上的脏物或者空气中漂浮的灰尘污染,操作人员必须定期进行清洁。

3. 氢气流量的控制

气路部分主要用来控制熔融光纤用的气体的流量,以满足制造不同光纤耦合器所要求的火焰温度和火焰宽度。目前绝大多数工作台都用氢气火焰作为热源。

注意:除了要考虑氢气的流量控制外,还要考虑氢气流量计所能承受的压力,由于用户使用的可能是瓶装气,也有可能是管道气,而且所用的气体纯度也不同,故应该在工作台的进气口设置气体过滤装置，以保证光纤耦合器制造的质量。

火焰温度和火焰宽度会对耦合区的双锥体结构产生影响，从而影响光纤耦合器的附加损耗、偏振相关损耗(PDL)等重要技术指标。

目前氢气流量控制方法有两种，分别如下。

(1) 手动调节，即氢气流量的控制是手工完成的，对氢气流量的控制比较灵活，气路完全独立于其他的控制电路。

(2) 计算机控制，可避免烦琐的手工操作。

4. 电气部分的控制电路

电气部分的控制电路主要由光功率探测器、控制电路(control circuit)、驱动电路(driving circuit)、接口(interface)、模/数转换电路和计算机系统组成。

工作过程中，光功率探测器将探测到的光功率转换成电信号，经过模/数转换电路转换成数字信号传送到计算机系统，计算机将这些数据处理后计算出相应的分光比、插入损耗、附加损耗等参数，并实时地显示出来，当输出端达到操作者预先设定的分光比时，计算机发出停机指令，主拉锥平台自动停止拉锥，并且退出火炬。

5.3 任务实施

5.3.1 熔融拉锥系统简介

熔融拉锥系统是一种集光学、电子学、精密机械、计算机等多项技术及制作、检测、控制等多项功能于一体的高度自动化生产系统，可靠性很强，属于高精度、高效能的生产设备。系统主要包括拉锥机主机、氢气发生器、气动控制系统，如图 5-2 所示。

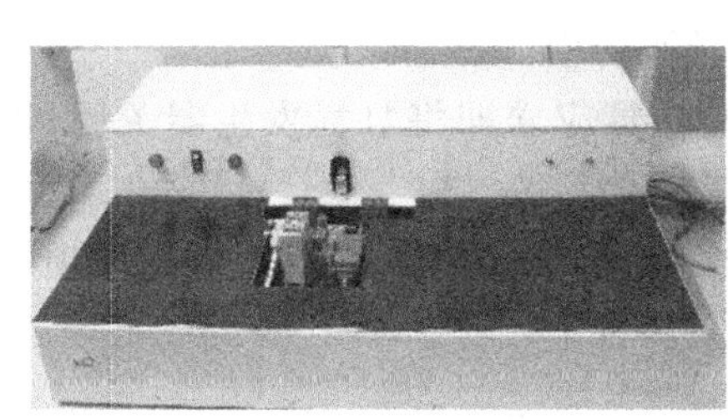

(a) 拉锥机主机

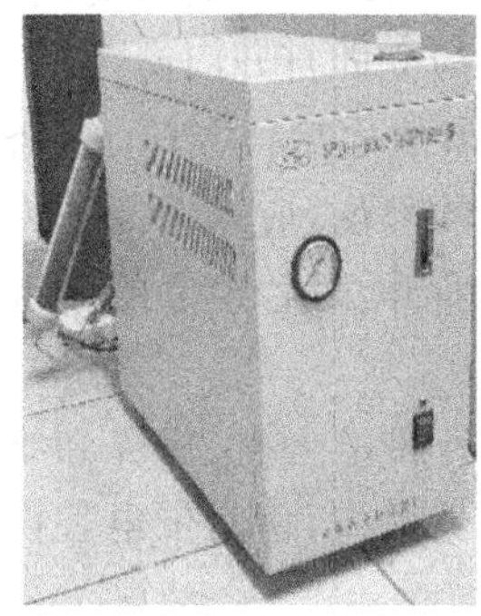

(b) 氢气发生器

(c) 气动控制系统

图 5-2 熔融拉锥系统

制作过程完全由计算机程序控制，自动化程度非常高。可以通过任意设定分光比、改变火头位置、控制光纤拉伸速度，制作各种规格的光纤耦合器。该系统不仅可以用于制作具有各种分光比的标准光纤耦合器，而且还可以制作 WDM、宽带单/双窗口耦合器。

1. 熔融拉锥系统主要技术参数

(1) 电源：(220±10%) V，50 Hz。

(2) 拉伸精度:0.38 nm。

(3) 拉伸速度:0～0.5 mm/s。

(4) 火头移动精度:0.38 nm。

(5) 耦合比:0.5%～99.5%。

(6) 光探测器波长:990～1 700 nm。

(7) 最大输入光功率:－3 dBm。

(8) 最小分辨光功率:－65 dBm。

2. 安全注意事项

在操作拉锥机前,需仔细检查机器设备,并且认真阅读以下规则,务必了解所有安全生产规定,以确保操作安全无事故。

(1) 启动拉锥机前,须将所有防护性接地端线、电源延长线、变压器和与之相连的各种装置等,全部接通地线插座,确保它们都安全接地。对电压接地线路的任何阻截,皆有可能引起电击危险,以致造成重大人身安全事故。

(2) 拉锥机的某些电路会在拉锥机本身接通电源的同时,即刻通电。将拉锥机切断电源时,可从拉锥机各组件的背面板拔出电源线,也可从供电线路起始端断开外接电源。这两处电路开关中,必须至少有一处随时可供人操作。切记,机内部分位置是 220 V 直接供电的。

(3) 为避免发生电击危险,用户在收到拉锥机时,若发现其外壳在运输过程中有所损伤,切勿将之接电试车。切记,勿在接通电源时安装拉锥机。

(4) 在机器运行过程中,切勿打开拉锥机的机身盖板。

(5) 氢气和空气在一定的比例范围内会引起爆炸(4%～70%),所以一定要注意安全。启动拉锥机之前勿忘打开氢气发生器,在室内通风的条件下,用肥皂水检查所有氢气接口是否漏气。切记,在打开氢气流量计后,一定要立刻点火。

(6) 如果发现氢气泄漏,应立即打开门窗,并在关闭氢气输送管道的同时,迅速撤离现场。

(7) 每次发生上述漏气事故之后,应仔细检查氢气瓶和拉锥机主机之间的所有接口处。如果自己无法找出氢气泄漏的部位,应该请专业人员前来协助。

(8) 如果在机器运行过程中发生异常的情况,操作员应立即将氢气发生器关闭,停止供气。

应尽量避免对拉锥机进行带电调整、保养和维修。必要时,只能由技术上胜任此项工作并充分了解其中危险性的人员操作,切勿带电替换设备零件。

3. 安装方式

1) 拉锥机卡具的安装

(1) 在卡具体上安装卡具,将两卡具体移至最小距离。把定位标尺下面的定位阶台靠紧卡具体的侧面,上面对准螺钉孔,用螺钉紧固定位标尺,如图 5-3 所示。将两片卡具分别装在卡具体上,以标尺的两个小端面为基准,将两片卡具靠紧,分别用螺钉紧固,至此完成一半安装。

(2) 将定位标尺取下,换上厚度为 0.49 mm 或 0.5 mm 的塞尺,以固定卡具为标准,用另一片卡具将塞尺卡紧,用螺钉固定卡具(两边可分别进行),如图 5-4 所示。整个卡具安装全部完成。

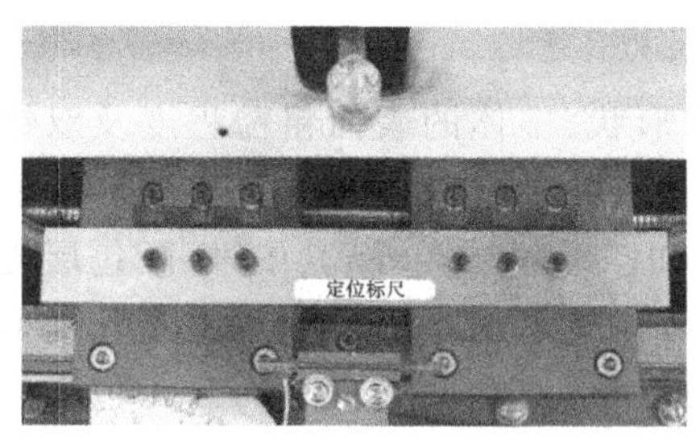

图 5-3　固定定位标尺

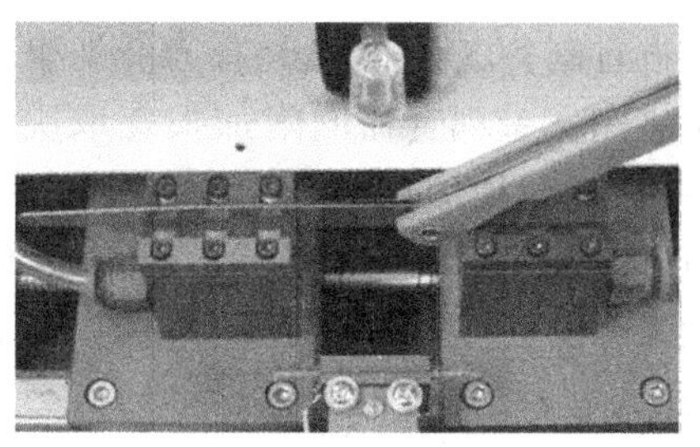

图 5-4　安装塞尺

注意：卡具的使用状态与工作时间长短及工作环境有关，工作一段时间后可能需要清洗。清洗卡具时，不用同时将四片卡具取下。可先取上面两片清洗，然后用厚度为 0.5 mm 的塞尺定位、安装固定，再取下面两片清洗后用塞尺定位、固定。这样可保持以前的定位精度不变，节省机械调整时间。

2) 各部件连接

(1) 主机与触摸屏的连接方式如图 5-5 所示。

(2) 主机与氢气发生器的连接接口如图 5-6 所示。

(3) 拉锥机各主件通过电源线与外部电源接通。

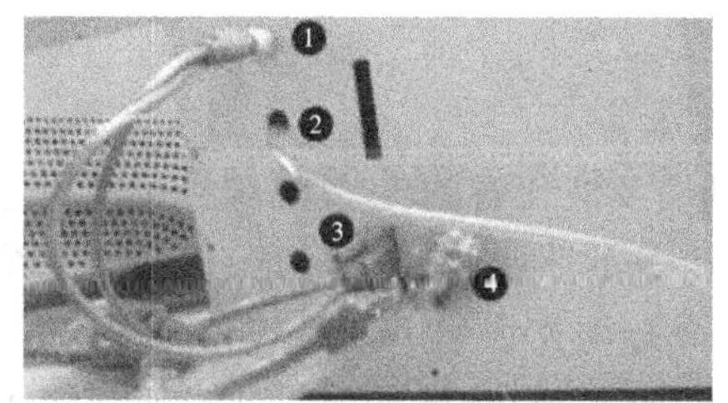

图 5-5　主机与触摸屏的连接方式

1,3,4—触摸屏接口;2—氮气接口

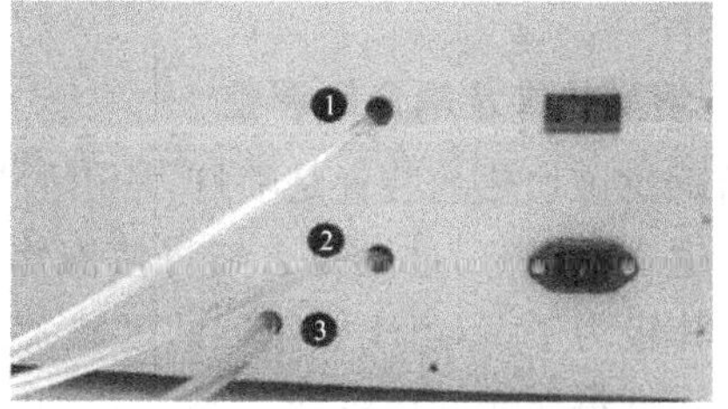

图 5-6　主机与氢气发生器的连接接口

1,2—真空泵接口(透明管);3—氢气接口

5.3.2　光纤耦合器材料的制备流程

目前国内外普遍采用的熔融拉锥工艺流程如图 5-7 所示。首先，将检验合格的单根单模光纤在耦合段剥去 20～30 mm 的一次涂敷层并做清洁处理。然后，将光纤置于精密夹具上。启动计算机，由计算机控制高温火焰喷嘴的移动和微电动机的拉伸。为了进行熔融拉锥过程的监控，实行在线监测，可从一根光纤输入光功率，在直通臂和耦合臂检测光功率，用光功率计监测两输出端的功率比，直到耦合比符合要求时停止加热，光纤耦合段退出加热区，同时停止拉锥。立即安装石英玻璃基体以保护耦合段，然后从夹具上卸下，进行性能测试。如性能符合要求，即可安装壳体，进行成品封装。

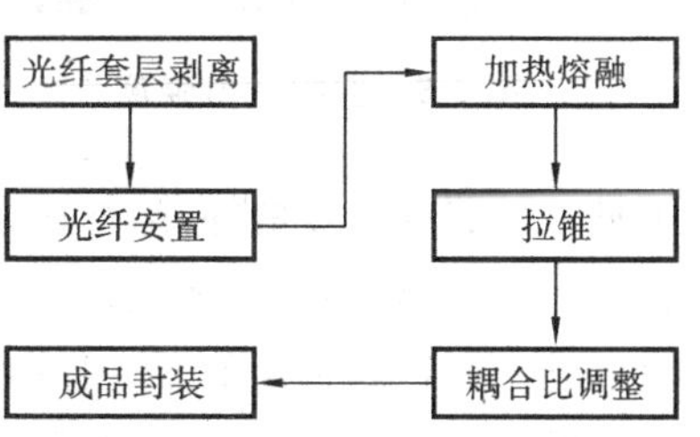

图 5-7　熔融拉锥工艺流程

不管采用何种组合形式，熔锥型宽带耦合器的制作都包含光纤套层剥离、光纤安置、加热熔融、拉锥、耦合比调整及成品封装等工艺过程，成品封装在之后介绍。

在进行制备之前,先要选择光纤类型。

熔锥型宽带耦合器的附加损耗取决于熔锥的形状、椎体的表面粗糙程度及双锥的梯度,也取决于所用的光纤类型。因此,在拉制前,有必要选择适合的光纤类型。单模光纤通常有三种类型,即凹陷包层光纤、上升包层光纤和匹配包层光纤,其中,匹配包层光纤的耦合效率最佳。但对于实际的熔锥型宽带耦合器,尚应考虑系统中使用的光纤是何种类型,其原则是:在其他损耗因素得到有效控制的条件下,选用同一批号的匹配包层光纤可以得到低的附加损耗。G652 光纤由于在 1 550 nm 处具有优良性能而成为 WDM 系统中的首选光纤。比如,在制作熔锥型宽带耦合器时,可以选择美国康宁公司生产的 SMF-28 型此类光纤。

1. 光纤套层的剥离

将所选取的两根单模光纤的两端预留 100 mm,然后用剥线钳除去长度为 20～30 mm 的涂敷层,将裸纤用无尘纸蘸无水乙醇擦拭两次,再用干无尘纸擦拭一次,作清洁处理后待用。

2. 光纤的安置

把清洁处理后的除去涂敷层段光纤作轻微扭绞,然后,将光纤安置在氢-氧焰加热位置上,并夹紧带涂敷层的光纤,通过裸纤适配器与系统连接妥当。光纤采用水平安置,为水平双向拉锥。

3. 熔融拉锥及耦合比调整

熔融拉锥加热的装置是喷灯,常用的热源有甲烷-氧焰及液化石油气-氧焰等。火焰尺寸要选择适当。过窄、过短的火焰将使锥体极为陡峭,导致大的附加损耗。过宽、过长的火焰会使椎体极为平缓,由于要拉伸的区域太长,制造时,光纤必须在火焰下经受较长时间,火焰的不稳定性将使光纤产生应力畸变,导致结构变脆,损耗增大,同时过长的尺寸也使封装不紧凑。对于不同的实验条件,可能有不同的最佳火焰尺寸。

采用高温氢-氧焰对光纤进行熔融拉锥加热来制作耦合器时,火焰宽度为 6 mm,监测光源中心波长为1 525 nm 的半导体激光器,在拉锥的过程中,要用计算机进行控制,拉伸速度为 120 μm/s,熔融拉锥过程需要 2～4 min。图 5-8 所示的装置用于监视输出强度。由于实行在线监测,即给定波长的光从光纤一输入臂注入,用两只光电探测器探测两耦合器的输出强度,耦合比的变化可实时监控,利用计算机可描绘出拉伸长度与两耦合端相对光功率输出的关系曲线。

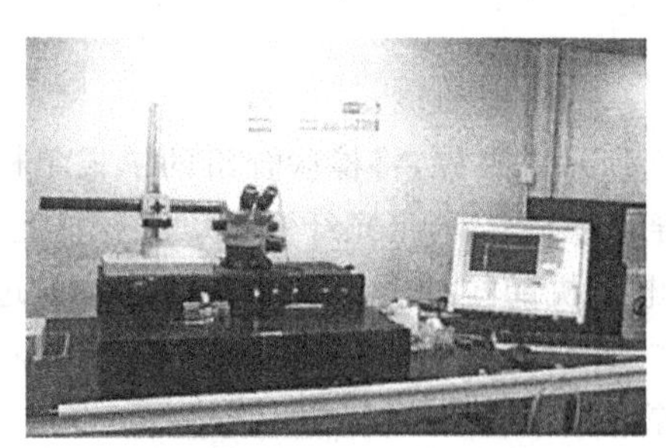

图 5-8 监视输出强度

熔融拉锥过程中的能量耦合状况从监视器上清晰可见。随着耦合段的加热、熔融及拉伸,在拉伸的前段,直通臂功率 P_1 一直保持最大,而耦合臂功率 P_2 保持零位不变。在拉伸的后期,直通臂功率 P_1 急剧下降,而耦合臂功率 P_2 迅速上升。在达到指定的分光比时,火焰退出耦合段,同时停止拉锥。如此形成的双锥状耦合段是极易损坏的,必须立即安装石英玻璃基体以保护耦合段,然后才能从夹具上卸下。

对于 3 dB 耦合器,当耦合比达到 50%时,拉锥即可停止。这时理论分析表明,在给定的监控波长下，如继续拉锥，耦合功率将呈现正弦振荡。当耦合功率循环过一个完整的正弦振荡周期，回复到零时，耦合器拉伸过了一个拍长。耦合器被拉过一个拍长的整数倍时，耦合比为零；拉伸过半拍长的整数倍时，耦合比为100%。另外，耦合比随波长变化也呈正弦振荡，且振荡周期与耦合器被拉过的拍长数紧密相关。例如，3 dB耦合器的拉锥过程将在第一个功率转换循环（即第一个拍长）的第一个 3 dB 点停止，这种耦合器有宽的半波振荡周期：$\Delta\lambda \approx 550$ nm。若继续拉过此点，耦合器将处于过耦合状态，耦合器就成为两信道的光纤波分器。如果取 980 nm 和 1 550 nm 为复用波长，就需要 570 nm 的半波周期。图 5-9 所示的为耦合比随波长变化而变化的关系曲线。

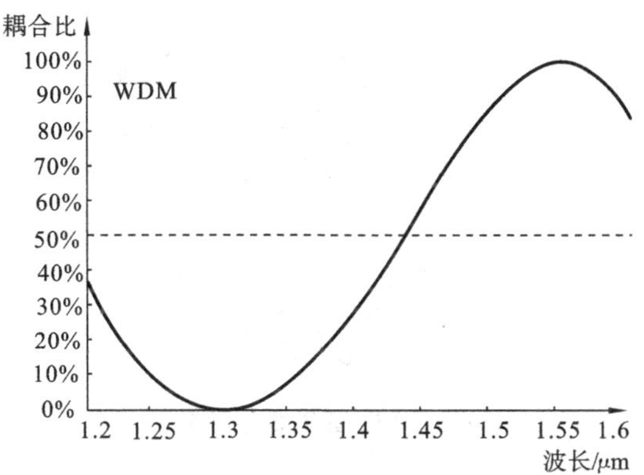

图 5-9 耦合比随波长变化而变化的关系曲线

图 5-10 主机连通电源示意图

5.3.3 制作熔锥型宽带光纤耦合器的操作程序

1. 启动拉锥机

（1）检查拉锥机所有子系统、零部件及各系统之间的结合情况，确认它们全部处于良好状态，可以立即开始工作。

（2）打开电源总开关，接通氢气发生器电源。按下前面板上的开关，开始产生氢气。当氢气发生器面板上显示的读数达到 0.2 MPa 时，氢气准备就绪。

（3）接通拉锥机主机的电源。拉锥机真空抽气系统此时会同时接通电源。

（4）按下主机前面板左边的电源开关（中间按键），使主机接通电源，如图 5-10 所示。

（5）用点火器把主机内的火头点燃。

（6）按下触摸屏的电源开关，接通其电源。拉锥程序启动并进入参数控制界面，如图5-11所示。至此，拉锥机已准备就绪，进入可运行状态。

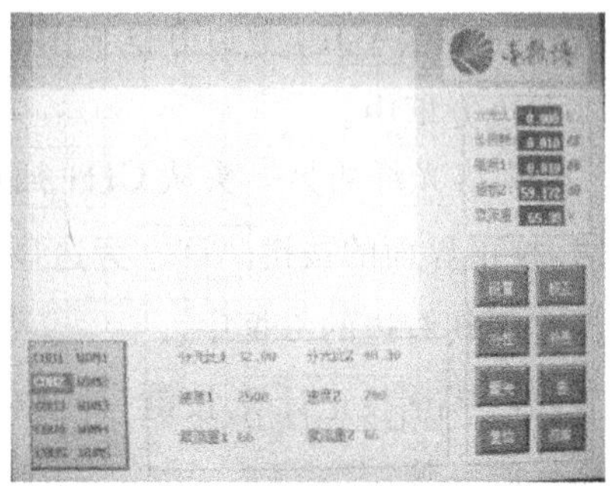

图 5-11 拉锥程序启动并进入参数控制界面

2. 设定运行参数

（1）在主界面左下角选择拉锥机运行模式。模式分别有耦合器生产程序 COU1～COU5，WDM 生产程序 WDM1～WDM5。各种生产程序下的参数都可以设置。下面以耦合器生产程序 COU2 为例，介绍如何设置各拉锥机工作参数。

(2) 单击左下角的 COU2 按键，再单击右边的 设置 按键，进入 COU2 程序的参数设置界面，如图 5-12 所示。

(3) 如图 5-12 所示，可以对拉锥机拉伸过程的第一阶段及第二阶段的分光比、拉伸速度、氢气流量参数进行设置，也可以设置拉锥机主机的火头位置。例如，设置第一阶段的分光比，先单击分光比原来的数值，再单击界面下方的 < 按键，删除原有参数，如图 5-13 所示，然后输入新的参数。

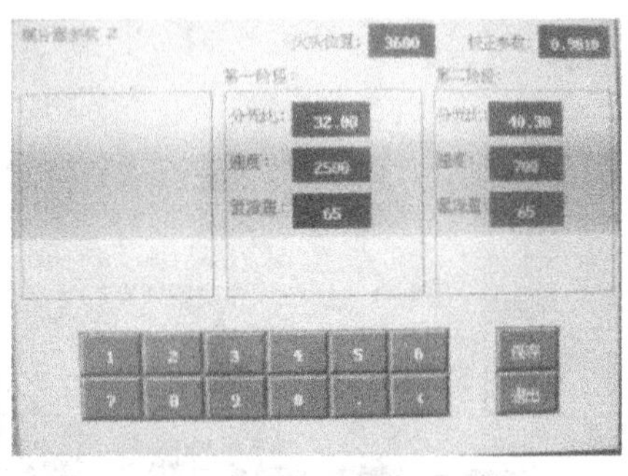

图 5-12 COU2 程序的参数设置界面

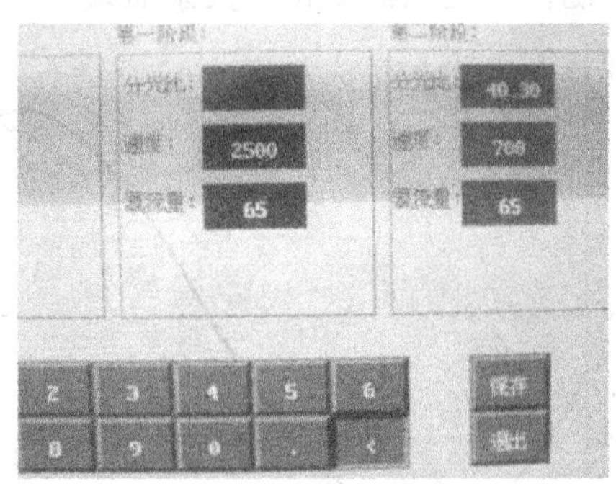

图 5-13 重新设置参数

注意：火头的位置和氢气流量是极其重要的，关系到器件的附加损耗(EL)和偏振相关损耗(PDL)的大小，须耐心反复调试准确。

(4) 参数设置好之后，单击 保存 按键退出参数设置界面。

3. 拉锥机校正

(1) 用一盘光纤连通光源和拉锥机主机，将该光纤一端的涂敷层剥除，用无纺布蘸无水乙醇擦拭干净后，插入裸纤适配器中，再用金刚石切刀将露出插头开口部顶端的光纤切平。

(2) 光纤的另一头插入拉锥机主机正面板上的 CH1 插口。

(3) 单击触摸屏主界面上的 校正 按键，进入校正界面。

(4) 按键 AD10 旁边方框显示 CH1 的光功率，单击 AD10，将 CH1 的光功率数值保存到其右边方框中。

(5) 将光纤的另一头从 CH1 插口中拔出来，插入拉锥机主机正面板上的 CH2 插口中。这时，校正界面的按键 AD20 旁边显示 CH2 的光功率，同样单击 AD20，将 CH2 的光功率数值保存到其右边的方框中。

(6) 单击 校正计算 按键，自动对 CH1、CH2 输入的光功率进行校正，使两个通道的光探测器性能一致。

(7) 在此界面中还可以校正氢气流量。根据实际氢气流量，单击 流量增加 或 流量减少 按键可以对氢气流量进行校正。

（8）各项参数校正完后，单击[退出]按键，即可保存参数，退出校正界面。

4. 熔融和拉伸光纤

（1）取1条约2 m长的Corning SMF-28光纤，在其中间位置用剥线钳剥去长20～30 mm的涂敷层（如果剥得过长将会给封装带来不便），并用无纺布蘸无水乙醇擦拭两遍，如图5-14所示，然后用干无纺布擦拭一遍。

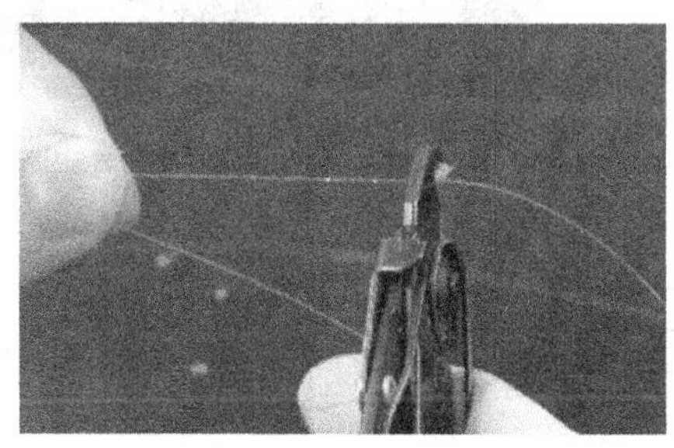

（a）剥涂敷层

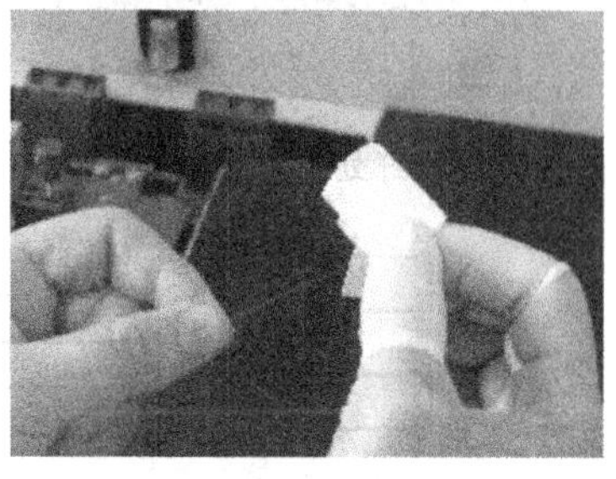

（b）用无纺布蘸无水乙醇擦拭光纤

图5-14 光纤处理

（2）用双脚分别踩两个脚踏开关，打开真空泵。然后将光纤放置在真空吸附式卡具上，如图5-15所示。并使剥除涂敷层的部分正对氢火焰位置。

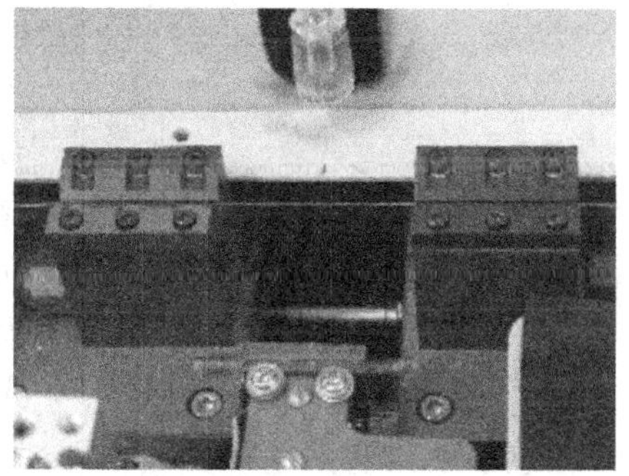

图5-15 光纤放置在卡具上

（3）剥去其尾端的涂敷层，插入裸纤适配器1，用光纤划笔沿陶瓷插芯的顶端面将裸纤截断，将裸纤适配器1插入CH1插口。

（4）从光纤盘上放出另一根光纤（光纤的另一头用裸纤适配器连到LD监测光源），在距尾端约1 m处开剥长20～30 mm的涂敷层，并同样用无水乙醇和无纺布清洁干净，将其放在真空吸附式夹具上，这两根光纤剥除涂敷层的部分要对齐，且均位于氢火焰的正下方。

（5）剥开光纤尾端，插入裸纤适配器2，将裸纤适配器2插入CH2插口。将已剥涂敷层的部分扭结（twist），扭结时，两条光纤的平行部分要尽量地长，如图5-16所示，并且要确认将两根光纤牢牢吸附在真空吸附式夹具上，直到调整到听不到真空泵的吸气声为止，并令光纤结处于氢火焰的外焰，如图5-17所示。

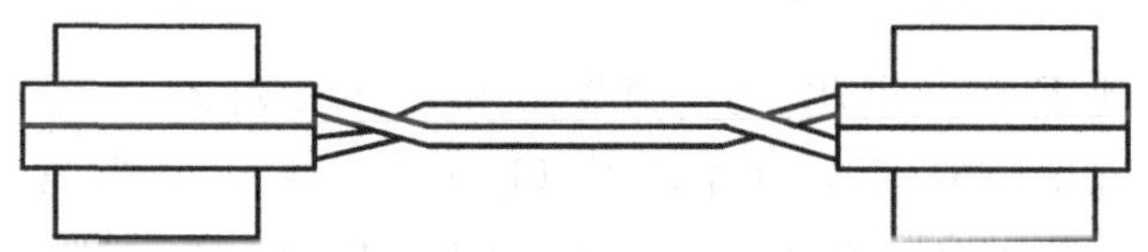

图5-16 两根光纤扭结

（6）盖上防护罩，如图5-18所示，单击触摸屏上的[拉伸]按键，主机运动基座上的光纤卡具开始准备拉伸经过扭结的两根光纤。拉伸后的平行结构如图5-19所示。

图 5-17　光纤处于氢火焰外焰

图 5-18　盖上防护罩

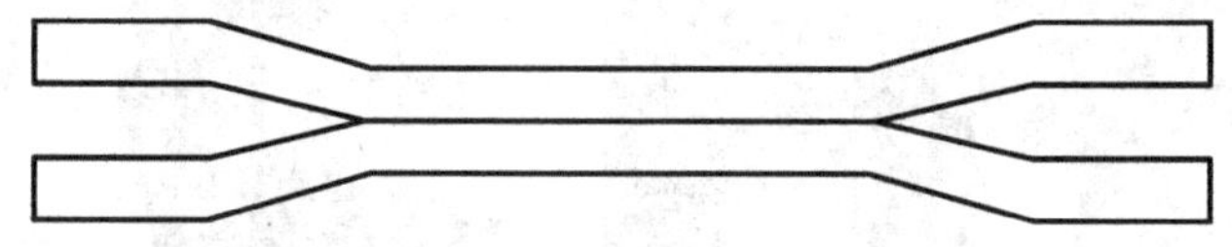

图 5-19　拉伸后的平行结构

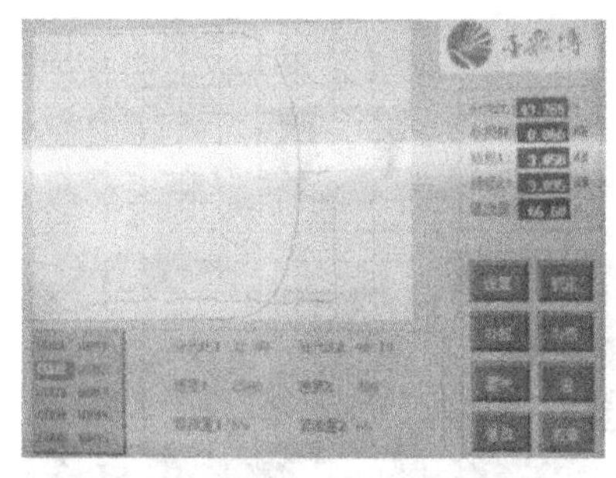

图 5-20　CH1 和 CH2 的参数显示

(7) 单击 Pull 按键,拉锥开始。经过一定时间(具体时间参考电动机延时设置)的延时后,火头运行到顶部。主电动机开始拉锥动作。这时 CH1 和 CH2 的参数、耦合比、附加损耗、插入损耗等参数实时地显示在计算机显示器的面板上。主电动机的运行距离和当前动作时间也显示在上面。同时以蓝、红、粉、绿色曲线分别实时表示器件的分光比、附加损耗、CH1 的光功率、CH2 的光功率,如图 5-20 所示。

注意事项如下。

(1) 不同的产品,采用不同的工艺。对于氢气焰而言,其火焰的温度可以达到 900 ℃～1 200 ℃;对于氢-氧焰,其火焰的温度可以达到 1 500 ℃～1 700 ℃。控制气体流量及与之相匹配的拉伸速度,要根据不同机器性能,进行优化设置。同时,火头有多种结构,氢气和氧气同在一个火头内,有利于火头形状的控制,从而易于控制温度场。一般而言,分光比小于 10%的抽头耦合器,温度控制在 1 200 ℃～1 500 ℃为宜。拉伸速度需与温度相匹配,拉伸速度过快,会造成纤芯的微裂纹。拉伸速度控制在约 0.2 mm/s 为宜。

(2) 由公式 $F=\left[1+\left(\frac{\beta_a-\beta_b}{2C}\right)^2\right]^{-1/2}$ 可知,当两根光纤的传播常数 β_a 和 β_b 不相等时,光纤间的最大耦合功率比 $F<1$。因此,适当调节 β_a 和 β_b 的相对大小,就可以做成任意宽带比的光纤耦合器。在实际生产中,不同分光比可以通过多种途径实现,常用的方法有:① 对两根相同光纤中的一根进行预腐蚀或预拉伸,造成传播常数的偏差,然后与未进行处理的另一根光纤熔融拉锥成宽带耦合器;② 直接采用结构参数存在差异的商用光纤,通常采用外径相同、纤芯直径存在差异的光纤。不同分光比下预拉长度的工艺设定如表 5-1 所示。

(3) 等耦合比达到期望值时,火头后退至原始位置。

熔融拉锥前后耦合区的形状如图 5-21 所示。

表 5-1　不同分光比预拉长度的工艺设定

分　光　比	预拉长度/mm	分　光　比	预拉长度/mm
1∶99	1.7～2.0	20∶80	0.9～1.1
2∶98	1.5～1.8	30∶70	0.7～0.9
5∶95	1.3～1.6	40∶60	0.5～0.7
10∶90	1.1～1.4	50∶50	0.4～0.6

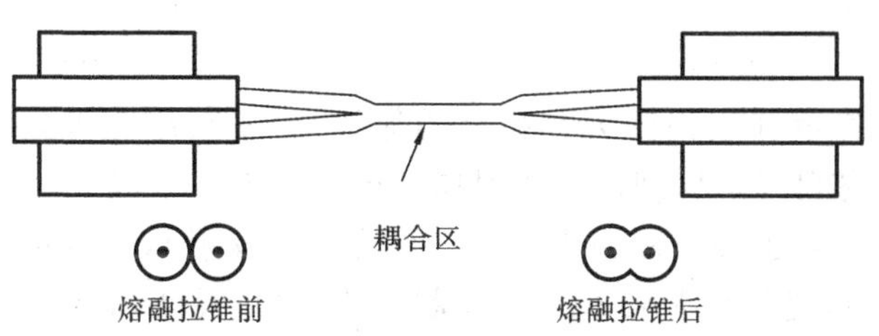

图 5-21　熔融拉锥前后的耦合区形状

5.4　任务完成结果与分析

正确制定光纤耦合器拉锥工艺流程及关键参数，并列出拉锥关键工艺参数制定表、拉锥工艺流程卡、拉伸速度的控制。

1. 较好的性能参数

必须保证锥体规则、平整，具有较好的锥型。在整个拉伸期间，应尽量保持光纤的张力较为恒定。

2. 拉伸速度要由光纤加热后的软化程度决定

根据光纤的初始直径、加热区域的长度及拉伸长度，可以近似计算出加热区域半径和放锥区域的平缓程度，计算机根据加热区域的形状来控制火焰的运动和气体流量。

3. 张力与拉伸速度的关系

软件根据反馈来的张力值，调整拉锥电动机的速度，即拉伸过程是一个变速运动过程。拉伸速度为

$$v=v_0+k(1-N/N_0)$$

式中：v_0 为拉锥台初始速度；N_0 为光纤初始张力；N 为拉伸过程中光纤的张力；k 为系数。

4. 拉锥速度的影响

拉锥速度过快或者过慢，都会导致附加损耗急剧增加。

1）拉锥速度过快

拉应力过大，光纤会发生断裂，在宏观上表现为锥区发生微裂纹，而且拉锥速度越快，微裂纹越严重。

由于光纤自身的缺陷，如果拉锥速度过快，光纤熔缩不稳定，应力区形状会不规则。这

将直接影响到耦合器的附加损耗、分光比等性能,导致耦合器的损耗增大,性能降低。

2) 拉锥速度过慢

加热时间长,耦合区有更多的能量与时间松弛,当结构完全松弛时,耦合区产生析晶,严重影响耦合器的光学性能,且拉锥速度越慢,耦合区加热时间越长,结构松弛越明显,析晶越多,性能也越差。因此,在拉锥过程中,必须严格控制拉锥速度,使熔锥区析晶和微裂纹最少,这样才能制得性能优良的耦合器。

5.5 任务拓展

熔融拉锥工艺是靠液体表面张力和扭结的靠拢力(平行结除外)将两根纤芯靠得很近的。至今熔融拉锥工艺已经可做到极低的附加损耗(−0.05 dB 以下,大约相当于 1%左右的光损失),方向性好(一般为 55 dB,相当于 $10^{-5.5}$ 的功率反射),良好的温度稳定性(一般在 −40 ℃～85 ℃范围内,变化小于 0.2 dB),控制方法简单、灵活,制作成本低廉。目前,中国是世界上最大的光纤耦合器生产集散地。

光纤分路器的定量分析参见前面的光纤耦合器的理论分析,最后的两个输出端口的输出功率可用公式 $P=F^2\sin^2\dfrac{Cl}{F}$表示,考虑波长固定,且两根光纤参数相同对称,那么 $F=1$,输出将随着耦合区的长度表现为正弦或者余弦曲线。

$$\left.\begin{aligned}P_1(Z)&=|A_1(Z)|^2=1-\sin^2(CZ)\\P_2(Z)&=|A_2(Z)|^2=\sin^2(CZ)\end{aligned}\right\}\tag{5-1}$$

图 5-22 给出了一个拉制过程,其中,曲线 1 表示的是直通臂(原来通光的那根光纤)的功率随着拉伸长度(耦合区长度)的变化而变化的情况,曲线 2 表示的是耦合臂(原来没通光的那根光纤)的功率随着拉伸长度(耦合区长度)的变化而变化的情况,曲线 3 表示的是额外损耗(单位是 dB,满量程是 1 dB)的情况。

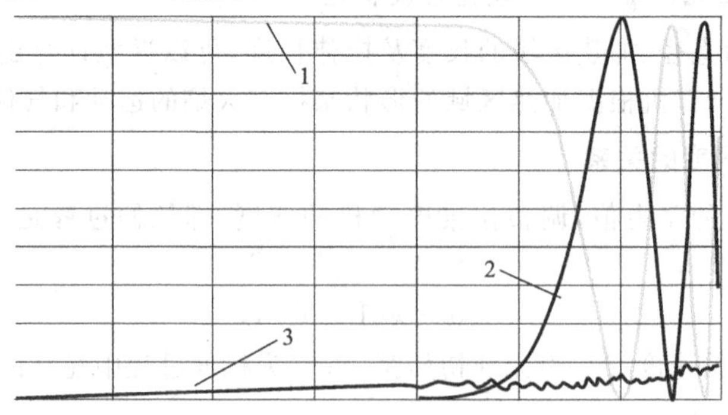

图 5-22 熔融拉锥机的拉锥过程

思 考 题

1. 图 5-22 中曲线 1 和曲线 2 的图形为什么是相反的?

2. 图 5-22 中的开始一段为什么没有耦合?

3. 50%的耦合器为什么没有拉到 50%的位置就停止呢?

4. 选择夹具时应该考虑什么,为什么使用真空吸附式的?

5. 探测器为什么使用大面积探头?

6. 从一个 50%耦合器的一端输入 1 mW 的光,它的两个输出端口各输出功率约为 0.5 mW的光,那么反过来从两个端口各输入 50%的光,原来的输入端输出多少功率的光呢?

任务 6 光纤耦合器的封装

- ◆ 知识点
  - ¤ 353ND 胶
  - ¤ 调胶、滴胶工艺
- ◆ 技能点
  - ¤ 能根据不同结构,选择芯件及外部盒
  - ¤ 进行黏结工艺操作

6.1 任务描述

对已经完成熔融拉锥耦合的光纤进行封装,要求选择合适的固化胶和黏结工艺,并能对光纤耦合器进行简单的封装。封装后的产品要打标、包装入库。

6.2 相关知识

1. 封装材料的选择

封装时应该仔细选择填充材料,其要求主要包括两个方面。其一,材料的温度特性应与光纤相匹配。它应当既能对光纤的熔锥区起保护作用,又不会对耦合区施加显著的应力,这就要求采用热膨胀系数相匹配的材料,对于低膨胀率的石英光纤器件,宜选用石英材料本身或殷钢来封装。其二,材料的折射率应低于光纤材料的折射率,以便起到光学包层作用。可供选择的介质材料可以是空气或干燥氮气,但这类介质在器件受到撞击或振动时不能提供机械性保护作用。实际上可使用的材料有硅弹性树脂、氟化聚合物、硅油和甘油等,其中硅弹性树脂性能最适合于做填料兼包层材料,它可以提供极好的机械保护,且化学性能稳定,在较宽的温度范围内一致性好。可供采用的胶合剂则有丙烯酸树脂(对潮湿环境耐久性差)、环氧树脂(对低温环境的耐久性差)等。

2. 353ND **胶**

353ND 胶全称 EPO-TEK 353ND 热固化胶,是美国 EPOXY Technology 公司研制的胶

黏性产品。353ND 胶是双组分胶,为高温应用条件下研制的一种热固化环氧树脂胶。

6.3 任务完成条件

(1) 353ND 胶固化后表面光滑。

(2) 热缩管紧包耦合区光纤。

(3) 对 RL 端面的处理要达到产品回波损耗的要求。

6.4 任务实施

1. 预封装

预封装结构如图 6-1 所示。

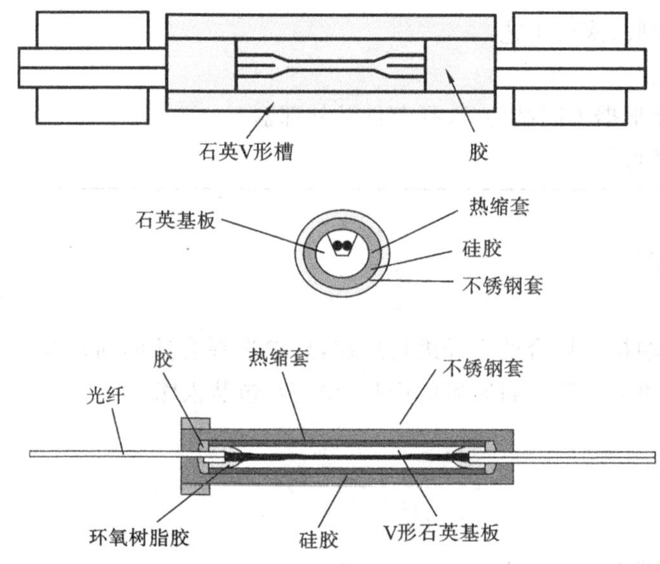

图 6-1 预封装结构

预封装工序的目的是将光纤固定在石英 V 形槽上,其对胶黏性工艺的要求很高,胶黏性工艺直接影响着光纤耦合器的性能指标,决定产品的高低温特性。使用 353ND 胶前,石英 V 形槽要在超声波中清洗,点胶后进行热固化,将电炉丝放在石英 V 形槽下面加热。

1) 关键工艺参数

(1) 加热温度为 110 ℃~130 ℃。

(2) 加热时间为 120 s。

2) 操作步骤

(1) 把特制的石英半管放在主机的加热托架上。单击[进]按键,封装组件将自动移至两个光纤卡具之间的空挡位置,准确进入已熔合耦合器的正下方。然后,封装组件会向上升起,直到光纤的熔合部位为止,将该部位从下向上包裹起来,如图 6-2 所示。

(2) 在石英半管的两端点少量混合的353ND胶,同时按下拉锥机前面板上的[Curing]按键,开始加热。

(3) 稍候(约120 s),等到胶固化好(353ND胶颜色由琥珀色变为深红色,且表面光滑)后,关闭[Curing]按键,停止加热,取出耦合器,如图6-3所示。

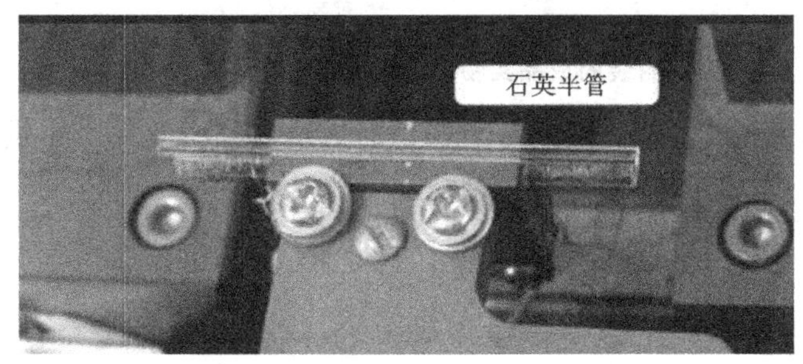

图6-2　石英V形槽包裹熔合光纤

图6-3　固化353ND胶

2. 套热缩管

为了保护石英V形槽与耦合区光纤,需要套一层热缩管,热缩管也可以用玻璃管代替。

1) 关键工艺参数

(1) 热缩温度为120 ℃±5 ℃。

(2) 时间为60 s。

2) 操作步骤

(1) 单击触摸屏上的[出]按键,撤回加热托架单元。取下完工的产品,穿入热缩管,并利用火头外部进行加热。

(2) 单击触摸屏上的[复位]按键,使光纤卡具复位,为下一次拉制做好准备。

3. RL端处理

8°角端面(见图6-4)能使光从包层泄漏出去,避免光在纤芯中被反射回去,从而增大光纤头的回波损耗。

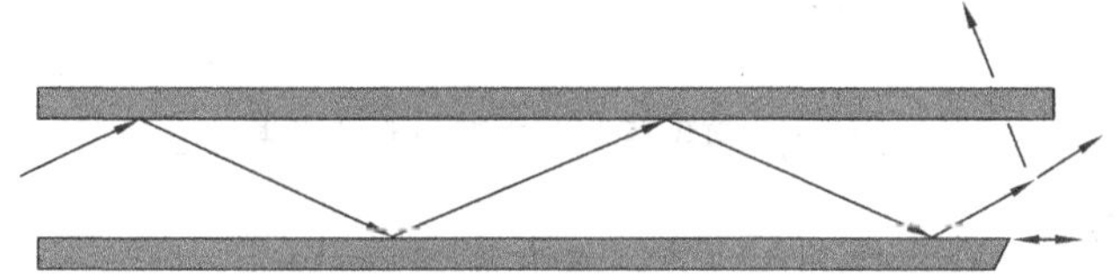

图6-4　8°角端面的反射

大于8°角的端面,光被散射掉,减少了光纤头部的反射光,从而提高了产品的回波损耗。如果RL>50 dB,则通常有两种处理方案:

(1) 将RL端用放电熔融拉锥的方法做成永久性的8°角锥面;

(2) 用刀片处理端面,并加胶,使光在胶中被散射掉。

4. 后封装

最后,要套上金属管,起密封与保护内部结构的作用。再用激光打上生产序列号,有利于产品后续的跟踪,也可以用标签的形式,记录相关信息。其成品实物如图 6-5 所示。

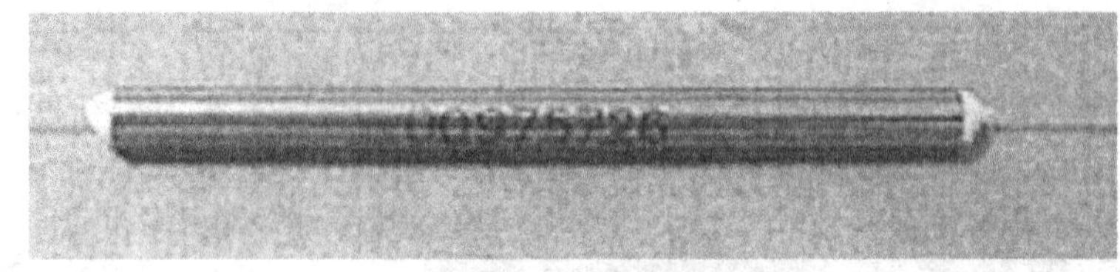

图 6-5 耦合器后封装的成品实物

操作步骤:加不锈钢管作后封装,并用硅胶(Master Bornd 151)填装,再放置在 70 ℃烘箱中烘烤 2 h。

6.5 扩展知识

6.5.1 新型堵头灌干燥粉封装

1. 新型堵头灌干燥粉封装工艺

区别于普通工艺的封装结构,该新型封装工艺的核心技术是在热缩管与金属管之间灌入干燥粉,并用两个金属堵头进行密封。其剖面如图 6-6 所示。此项密封技术,可以使进入耦合区内部的水分被干燥粉吸收,保证固定光纤用的 353ND 胶不与水分反应,从而保证作用在耦合区光纤张力的一致性,以保证产品性能的可靠性。

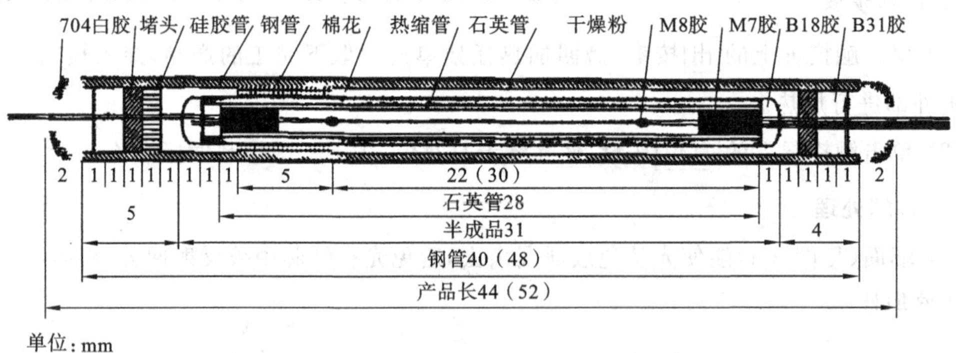

图 6-6 新型堵头灌干燥粉封装剖面

2. 灌胶封装流程

(1) 需要套松套管的先要套上松套管。用快干胶把松套管黏在光纤上,松套管尽量往耦合器端推进。

(2) 排线,不锈钢管的起始端对应耦合器的输入端,而末端对应耦合器的输出端,半圆管在不锈钢管的正中心,把耦合器依次排放于夹具之上,用单面胶固定住。

(3) 将夹具竖直放置,往各个不锈钢管内逐滴依次灌胶,在灌胶过程中,要随时注意有无气泡产生,如有则立即用点胶棒划破。

(4) 胶灌满后,会从不锈钢管的下端流出,可用点胶棒将流出的胶取下,再滴到不锈钢管口上。

(5) 灌胶完成后，要用纸巾将沾到不锈钢管及光纤上的胶全部擦拭干净。

(6) 将灌好胶的耦合器放入 70 ℃，同时鼓风的烘箱中烘烤 3～5 min，拿出后，快速检查不锈钢管两端是否有气泡生成，如有则用点胶棒划破，然后将其放入烘箱中继续烘烤 。

(7) 在烘箱内烘烤 20～30 min 后再拿出修补外形。修补外形时往不锈钢管两端添加少许的硅胶，硅胶要在其端面上呈圆锥形，锥形高度为 1 mm 左右。

6.5.2 平面光波导技术及器件

光波导是集成光学重要的基础性部件，它能将光波束缚在光波长数量级尺寸的介质中，长距离无辐射地传输。平面光波导(PLC)器件，又称光子集成器件。其技术核心是采用集成光学工艺根据功能要求制成各种平面光波导，有的还要在一定的位置上沉积电极，然后光波导再与光纤或光纤阵列耦合。

1. 平面光波导的基本类型

其技术按材料可分为四种基本类型：$LiNbO_3$ 镀钛光波导、硅基光波导(硅基沉积二氧化硅光波导、玻璃波导、SiON 波导)、InGaAsP/InP 光波导和聚合物(polymer)光波导。平面光波导器件常用材料及其特性如图 6-7、表 6-1 所示。

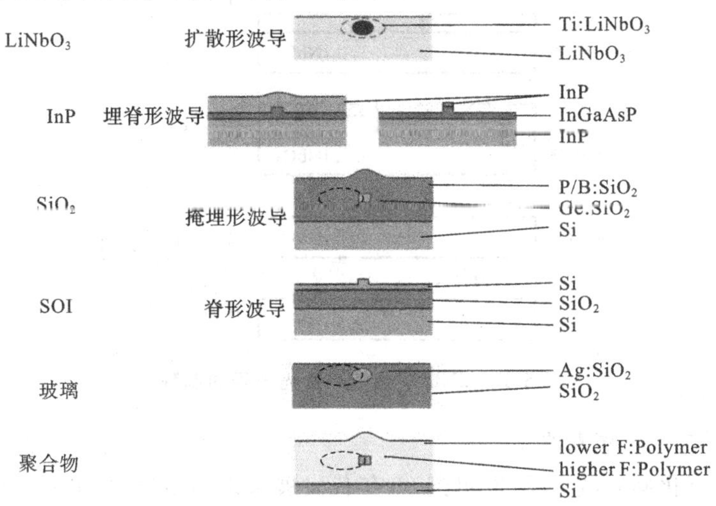

图 6-7　平面光波导常用材料

表 6-1　平面光波导常用材料特性

材　　料	折射率(1 550 nm)	芯层、包层折射率差	损耗(1 550 nm)/(dB/cm)	耦合损耗/(dB/端面)
$LiNbO_3$	2.2	0～0.5%	0.2～0.5	1
InP	3.2	0～3%	3	5
SiO_2	1.45	0～4%	0.05	0.25
SOI(硅绝缘材料)	3.5	70%	0.1	0.5
聚合物	1.3～1.7	0～35%	0.1	0.1
玻璃	1.45	0～0.5%	0.05	0.1

2. 几种平面光波导工艺

1) $LiNbO_3$ 镀钛光波导

$LiNbO_3$ 晶体是一种比较成熟的材料。它有极好的压电、电光和波导性质，除了不能做光源和探测器外，适合制作光的各种控制、耦合和传输元件。如图 6-8 所示的是 $LiNbO_3$ 晶体平面光波导的制程。$LiNbO_3$ 镀钛光波导的主要工艺过程是：首先在 $LiNbO_3$ 基体上用蒸发沉积或溅射沉积的方法镀上钛膜，然后进行光刻，形成所需要的光波导图形，再进行扩散，可以采用外扩散、内扩散、质子交换和离子注入等方法来实现，并沉积上二氧化硅保护层，制成平面光波导。该光波导的损耗一般为 0.2～0.5 dB/cm。调制器和开关的驱动电压一般为 10 V 左右；一般的调制器带宽为几吉赫兹，采用行波电极的 $LiNbO_3$ 光波导调制器，其带宽已达 50 GHz 以上。

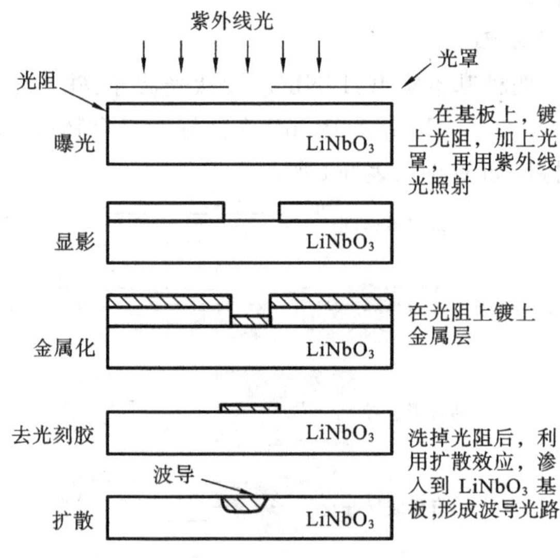

图 6-8 $LiNbO_3$ 晶体平面光波导的制程

2) 硅基沉积二氧化硅光波导

硅基沉积二氧化硅光波导是 20 世纪 90 年代发展起来的新技术，主要材料有氮氧化硅和掺锗的硅材料，国外已比较成熟。其制造工艺包括火焰水解法(FHD)、化学气相淀积法(CVD，日本 NEC 公司开发)、等离子增强 CVD 法(美国 Lucent 公司开发)、反应离子蚀刻技术 RIE 多孔硅氧化法和熔胶-凝胶法(sol-gel)。该波导的损耗很小，可小到 0.02 dB/cm。硅基沉积二氧化硅光波导的制作有下面几种工艺。

InP 光波导、二氧化硅光波导、SOI 光波导和聚合物光波导以刻蚀工艺制作，$LiNbO_3$ 光波导和玻璃光波导以离子扩散工艺制作。

(1) 火焰水解法(FHD)和化学气相淀积法(CVD)。

二氧化硅光波导采用火焰水解法制作，其制作工艺如图 6-9 所示。化学气相淀积法的工艺如图 6-10 所示。

① 采用火焰水解法或者化学气相淀积工艺，在硅片上生长一层 SiO_2，其中掺杂磷、硼离子，作为波导下包层，如图 6-10(b)所示。

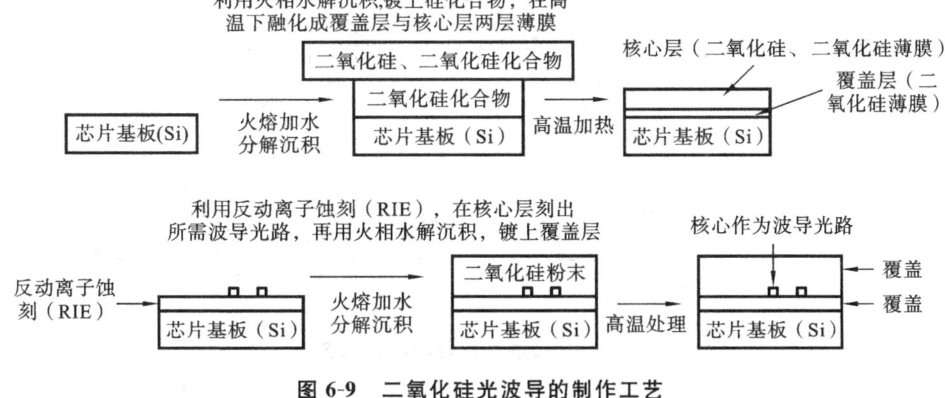

图 6-9 二氧化硅光波导的制作工艺

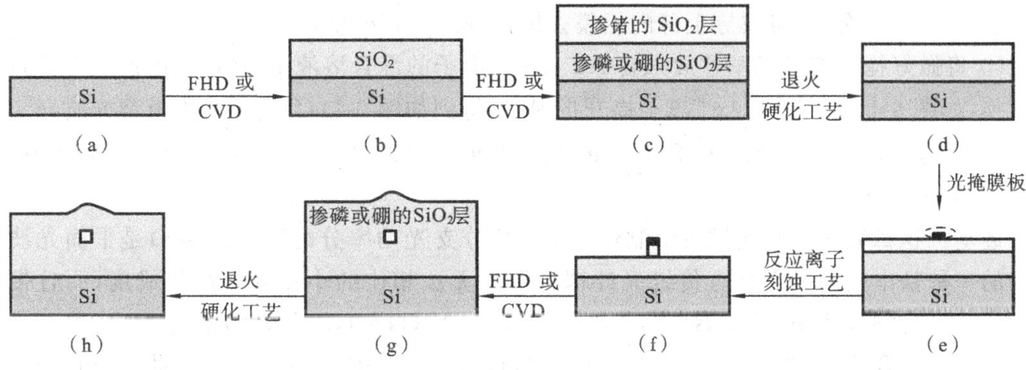

图 6-10 化学气相淀积法

② 采用火焰水解法或者化学气相淀积工艺，在下包层上再生长一层 SiO_2，作为波导芯层，其中掺杂锗离子，获得需要的折射率差，如图 6-10(c)所示。

③ 通过退火硬化工艺，使前面生长的两层 SiO_2 变得致密均匀，如图 6-10(d)所示。

④ 进行光刻，将需要的波导图形用光刻胶保护起来，如图 6-10(e)所示。

⑤ 采用反应离子刻蚀(RIE)工艺，将非波导区域刻蚀掉，如图 6-10(f)所示。

⑥ 去掉光刻胶，采用火焰水解法或者化学气相淀积工艺，在波导芯层上再覆盖一层 SiO_2，其中掺杂磷、硼离子，作为波导上包层，如图 6-10(g)所示。

⑦ 通过退火硬化工艺，使上包层 SiO_2 变得致密均匀，如图 6-10(h)所示。

几个关键点如下。

① 材料生长和退火硬化工艺，要使每层材料的厚度和折射率均匀且准确，以达到设计的波导结构参数要求，尽量减小材料内部的残留应力，以降低波导的双折射效应。

② 反应离子刻蚀工艺要得到陡直且光滑的波导侧壁，以降低波导的散射损耗。

③ 反应离子刻蚀工艺总会存在 undercut(底部沟槽或钻蚀)，要控制 undercut 量的稳定性，作为布版设计时的补偿依据。

(2) 玻璃光波导的制作工艺。

玻璃光波导的制作工艺如图 6-11 所示。

① 在玻璃基片上溅射一层铝，作为离子交换时的掩膜层，如图 6-11(b)所示。

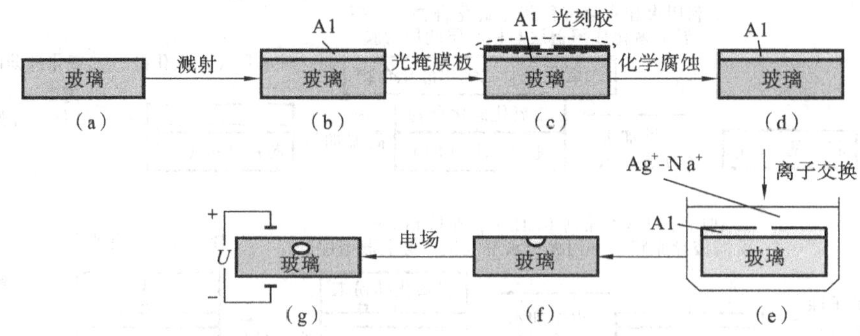

图 6-11 玻璃光波导的制作工艺

② 进行光刻,将需要的波导图形用光刻胶保护起来,如图 6-11(c)所示。

③ 采用化学腐蚀,将波导上部的铝膜去掉,如图 6-11(d)所示。

④ 将做好掩膜的玻璃基片放入含 Ag^+、Na^+ 离子的混合溶液中,在适当的温度下进行离子交换,如图 6-11(e)所示,Ag^+ 离子提升折射率,得到如图 6-11(f)所示的沟道型光波导。

⑤ 对沟道型光波导施以电场,将 Ag^+ 离子驱向玻璃基片深处,得到掩埋型玻璃光波导,如图 6-11(g)所示。

硅基沉积二氧化硅光波导技术制作的 $1\times N$ 分支光功率分配器(splitter)是平面光波导结构的一种基本应用。它具有传统光纤耦合器所无法相比的小尺寸与高集成度,而且带宽宽、通道均匀性好,例如,日本 NHK 公司推出的 $1\times N$ (N=4,8,16,32)系列。

光波导耦合器(见图 6-12、图 6-13)具有均匀性好(2.2 dB;N=32)、PDL 指标低(0.3 dB;N=32,16)的特点,分别可用于 1 260~1 360 nm 和 1 480~1 580 nm 波段。而 $N\times N$(N=4,8,16)星形耦合器的耦合比可实现 20%到 80%的定制。

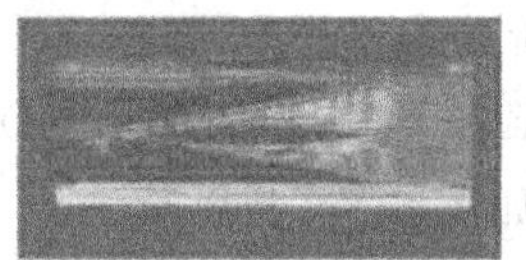

图 6-12 1×32 分支器

图 6-13 16×16 耦合器

通过平面光波导技术可制造的器件主要包括各类光耦合器、平面波导阵列光栅(AWG)、梳状分波技术器件(interleaver)、大端口数矩阵光开关(switch)、阵列型可变光衰减器(VOA)、可调谐光滤波器(OTF)、可调谐增益均衡器等,要进一步了解可参考其他资料。

3) InGaAsP/InP 光波导

基于磷化铟(InP)的 InGaAsP/InP 光波导可与 InP 基的有源与无源光器件及 InP 基微电子回路集成在同一基片上,但其与光纤的耦合损耗较大。

4) 聚合物光波导

聚合物光波导的热光系数和电光系数都比较大,很适合于研制高速光波导开关、AWG 等。采用极化聚合物作为工作物质,其突出优点是材料配置方便、成本很低。同时由于有机聚合物具有与半导体相容的制备工艺而使得样品的制备非常简单。聚合物通过外场极化的方法可以获得高光电系数(高于 $LiNbO_3$ 等无机晶体的电光系数)。几乎任何材料都可以作为聚合物的衬底。其成本低廉，发展前景看好。

3. PLC 分路器封装技术

PLC 分路器的封装过程包括耦合对准和黏结等操作。PLC 分路器芯片与光纤阵列的耦合对准有手工和自动两种，它们依赖的硬件主要有六维精密微调架、光源、功率计、显微观测系统等，而最常用的还是自动对准，它通过光功率反馈形成闭环控制，因而对接精度和对接的耦合效率高。

1×8 分支 PLC 分路器封装主要操作流程如下。

(1) 耦合对准的准备工作：先将光波导清洗干净后小心地安装到波导架上；再将光纤清洗干净，一端安装在入射端的精密调整架上，另一端接上光源(先接 6.328 μm 的红光光源，以便初步调试通光时观察所用)。

(2) 借助显微观测系统观察入射端光纤与光波导的位置，并通过计算机指令手动调整光纤与光波导的平行度和端面间隔。

(3) 打开激光光源，根据显微观测系统中 X 轴和 Y 轴的图像，并借助光波导输出端的光斑初步判断入射端光纤与光波导的耦合对准情况，以实现光纤和光波导对接时良好的通光效果。

(4) 在显微观测系统中观察到光波导输出端的光斑达到理想的效果后，移开显微观测系统。

(5) 将光波导输出端光纤阵列(FA)的第 1 通道和第 8 通道清洗干净，并用吹气球吹干。再采用步骤(2)的方法将光波导输出端与光纤阵列相连，并初步调整到合适的位置，然后将其连接到双通道功率计的两个探测接口上。

(6) 将光纤阵列入射端 6.328 μm 波长的光源切换为 1.310 μm 或 1.550 μm 波长的光源，启动光功率搜索程序自动调整光波导输出端与光纤阵列的位置，使光波导出射端接收到的光功率值最大，且两个采样通道的光功率值应尽量相等(即自动调整输出端光纤阵列，使其与光波导入射端实现精确对准，从而提高整体的耦合效率)。

(7) 在光波导输出端光纤阵列的光功率值达到最大且尽量相等后，再进行点胶工作。

(8) 重复步骤(6)，再次寻找光波导输出端光纤阵列接收到的光功率最大值，以保证点胶后光波导与光纤阵列最佳耦合对准，并将其固化，再进行后续操作，完成封装。

PLC 分路器有 8 个通道，每个通道都要精确对准，由于光波导芯片和光纤阵列的制造工艺保证了各个通道间的相对位置，所以只需把 PLC 分路器与光纤阵列的第 1 通道和第 8 通道同时对准，便可保证其他通道也实现对准，这样可以减少封装的复杂程度。

封装操作中最重要、技术难度最高的就是耦合对准操作，它包括初调和精确对准两个步骤。其中初调的目的是使光波导能够良好地通光；精确对准的目的是完成最佳光功率耦合点的精确定位，它是靠搜索光功率最大值的程序来实现的。对接光波导需要 6 个自由度，即 3 个平动(X、Y、Z)和 3 个转动(α、β、δ)，如果要使封装的光波导器件性能良好，则对准的平动精度应控制在 0.5 μm 以下，转动精度应高于 0.05°。

封装的组件由 PLC 分路器芯片和光纤阵列组成，如图 6-14 所示。在 PLC 分路器芯片的连接部位，为了确保连接的机械强度和长期可靠性，对玻璃板整片用胶黏住。光纤阵列用机械方法在玻璃板上以 250 μm 间距加工成 V 形沟槽，然后将光纤阵列固定在此。制作 8 芯光纤阵列的最高累计间隔误差平均为 0.48 μm,精确度极高。在 PLC 分路器芯片与光纤阵列的连接及各个部件的组装过程中,为了减少组装时间,采用紫外固化黏结剂。光纤连接界面是保持长期可靠的重点,应选用耐湿、耐剥离的氟化物环氧树脂与硅烷链材料组合的黏结剂。为了减少端面的反射,应采用 8°研磨技术。连接和组装好光纤阵列后的 PLC 分路器芯片被封装在金属(铝)管壳内。

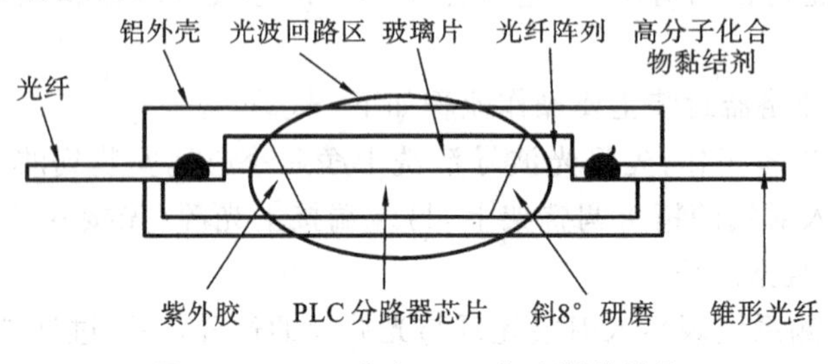

图 6-14 1×8 分支 PLC 分路器的封装

思 考 题

1. 如何能够有效地提高光纤的回波损耗?

2. 热缩管一般采用哪些材料制作?请简述其工作原理。

任务 7 光纤耦合器的重要指标测试

◆ 知识点

¤ 光纤耦合器的检测仪表和设备

¤ 光纤耦合器的检测步骤及合格标准

◆ 技能点

¤ 利用相关仪器仪表对耦合器进行检测

7.1 任务描述

本任务要求根据中华人民共和国通信行业标准 YD1117—2001 对单模光纤耦合器 SM2×2、SM1×3、SM1×4 及多模光纤星形耦合器 MM4×4 实施检验,同时做好器件的质量检验记录。检验项目包括附加损耗(或插入损耗)、方向性、温度稳定性以及输出端口功率分配均匀性等。

(1) 对全检的原材料,满足要求的予以接收,不满足要求的予以退货或者更换。

(2) 对抽检的光纤耦合器,根据国家的要求选择样品数量,合格率满足国际要求的即可接收,否则予以更换或者退货。

(3) 器件相关参数定义。

7.2　相关知识

一个好的光纤耦合器应满足下列要求：损耗低、易操作、重复性好、制造费用低、尺寸小、具有热稳定性和机械稳定性、模相关性小、输入通道间有高的隔离度等。光纤耦合器的设计关键在于输入端口数和输出端口数，例如，1×2 的 Y 形光纤耦合器、2×2 的 X 形光纤耦合器、1×N 或 N×N 的星形光纤耦合器。现以星形光纤耦合器为例进行说明。图 7-1 所示的为 2×2 星形光纤耦合器，其中：P_{in1} 为从入射端口 1 入射的光功率；P_t 为光从端口 1 入射时耦合到入射端口 2 的光功率；P_{out1} 为从出射端口 1 出射的光功率；P_{out2} 为从出射端口 2 出射的光功率。

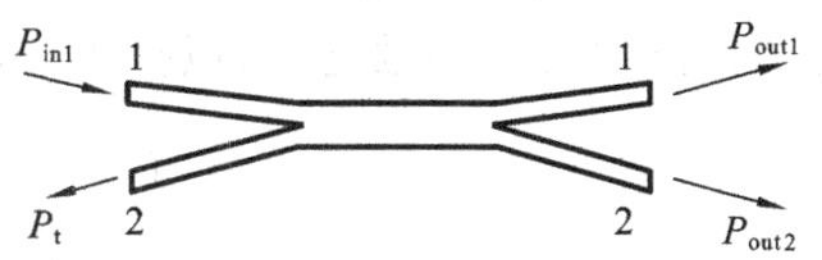

图 7-1　2×2 星形光纤耦合器

1. 插入损耗

光纤耦合器的插入损耗定义为指定输出端口的光功率相对全部输入光功率的减少值。该值通常以分贝(dB)表示，数学表达式为

$$\mathrm{IL}_i = -10\lg \frac{P_{outi}}{P_{in}} \tag{7-1}$$

式中：IL_i 为第 i 个输出端口的插入损耗；P_{outi} 为第 i 个输出端口测到的光功率值；P_{in} 为输入端口的光功率值。

插入损耗由两部分组成：一部分是附加损耗，另一部分是分光比的因素。器件的分光比不同，插入损耗也不同。

2. 附加损耗

附加损耗定义为所有输出端口的光功率总和相对于全部输入光功率的减小值。该值以分贝(dB)表示的数学表达式为

$$\mathrm{EL} = -10\lg \frac{\sum P_{out}}{P_{in}} \tag{7-2}$$

式中：P_{out} 是输出端口测到的光功率值；P_{in} 是输入端口的光功率值。

对于光纤耦合器而言，附加损耗是体现器件制造工艺质量的指标，反映的是器件制作过程带来的固有损耗；而插入损耗则表示的是各个输出端口的输出功率状况，不仅有固有损耗的因素，更考虑了分光比的影响。因此，对于不同种类的光纤耦合器，其插入损耗的差异并不能反映器件制作质量的优劣。

3. 分光比

分光比是光电耦合器所特有的技术术语，是指耦合器各输出端口的输出功率(mW 或 nW)所占总输出功率的比值，在具体的应用中也常常用相对输出总功率的百分比来表示：

$$\mathrm{CR} = \frac{P_{outi}}{\sum P_{out}} \times 100\% \tag{7-3}$$

4. 均匀性

对于要求均匀分光的光纤耦合器(主要是树形和星形),由于实际制作时工艺的局限,往往不能做到绝对的均分。均匀性就是衡量均分器件“不均匀程度”的参数。它定义为在器件的工作带宽范围内,各输出端口输出的光功率的最大变化量。此参数为衡量均匀分光的耦合器性能的关键参数之一,以分贝(dB)为单位。

$$\mathrm{FL}=-10\lg\frac{P_{\text{out min}}}{P_{\text{out max}}}=\mathrm{IL}_{\max}-\mathrm{IL}_{\min} \tag{7-4}$$

式中:FL 是均匀性;$P_{\text{out min}}$是最小输出光功率;$P_{\text{out max}}$是最大输出光功率。

5. 方向性(分光比容差)

方向性也是光纤耦合器所特有的一个技术术语。它是衡量光纤耦合器定向传输特性的参数。以标准 X 形光纤耦合器为例,方向性定义为,在光纤耦合器正常工作时,输入一侧非注入光的一端的输出光功率(mW 或 nW)与全部注入光功率的比值,以分贝(dB)为单位,计算式如下:

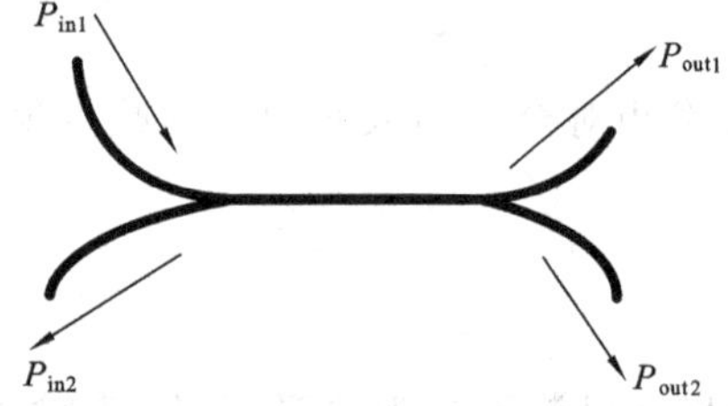

图 7-2 光纤耦合器方向性测试示意图

$$D=-10\lg\frac{P_{\text{in2}}}{P_{\text{in1}}} \tag{7-5}$$

式(7-5)中功率单位取 mW 或 nW,若功率单位取 dBm,则

$$D=P_{\text{in1}}-P_{\text{in2}}$$

光纤耦合器方向性测试示意图如图 7-2 所示。

6. 偏振相关损耗

偏振相关损耗(dB)是指当传输光信号的偏振态发生 360°变化时,器件各输出端口光功率的最大变化量。它是衡量器件性能对传输光信号偏振态敏感程度的参数。

$$\mathrm{PDL}=-10\lg\frac{P_{\text{out min}j}}{P_{\text{out max}j}} \tag{7-6}$$

7. 隔离度

隔离度(dB)是指光纤耦合器的某一光路对其他光路中光信号的隔离能力。

$$I=-10\lg\frac{P_{\mathrm{t}}}{P_{\text{in}}} \tag{7-7}$$

式中:P_{t} 是某一光路输出端口测到的其他光路信号的功率值;P_{in}是被检测光信号的输入功率值。

隔离度高,线路间的“串话”小。隔离度对于分波耦合器的意义更为重大,要求也就相应要高些,实际工程中往往需要隔离度达到 40 dB 以上;而一般来说,合波耦合器对隔离度的要求并不苛刻,20 dB 左右将不会给实际应用带来明显不利的影响。表 7-1 所示的为标准 X 形、Y 形全光纤耦合器的典型性能指标。

表 7-1 标准 X 形、Y 形全光纤耦合器的典型性能指标

指　　标	单模 2(1)×2
工作波长	1 310 nm、1 550 nm,其他可选

续表

指　　标	单模 2(1)×2
附加损耗	≤0.1 dB
分光比容差	±2%
分光比	1∶99～50∶50
方向性	>60%
端口组态	1×2(Y 形)或 2×2(X 形)
工作温度	40 ℃～80 ℃

7.3　任务完成条件

1. 测量环境

(1) 光纤耦合器的测量温度:15 ℃～35 ℃。

(2) 湿度:45%～75%。

(3) 气压:86～106 kPa。

2. 测试仪表及标准

1) 光源

(1) 测试所用的光源应该是稳定的激光光源,其稳定度要求优于 0.05 dB(1 h)。

(2) 光谱宽度不大于 5 nm,温度稳定性不大于 0.3 dB。

2) 激励单元

本实验所用的激励单元是一段长约 1 km 的单模光纤,其参数应该符合 YD/T717—1994 文件中的以下要求。

(1) 光学特性:衰减不大于 1 dB/km;截止波长范围为 1.1 μm≤λ≤1.24 μm。

(2) 几何参数:包层直径为 125 μm±2 μm;模场直径为 9～10 μm;模场同心度误差不大于 0.5 μm;包层不圆度不大于 1%。

(3) 光纤筛选张力不小于 5 N。

3) 光功率计

(1) 分辨率:0.01 dB。

(2) 测试范围:－80～＋3 dBm。

可以选用安立 ML0001A。

4) 扰模器

扰模器用于衰减光纤中的高阶模,使测试过程中光信号稳定。

5) 标准连接器

标准连接器(见图 7-3)的插针体的技术指标必须符合如下要求:插针体外径为 2.499 mm±0.000 5 mm;插针体外径不圆度小于 0.5 μm;纤芯与插针圆柱体的同轴度为 0.5 μm;

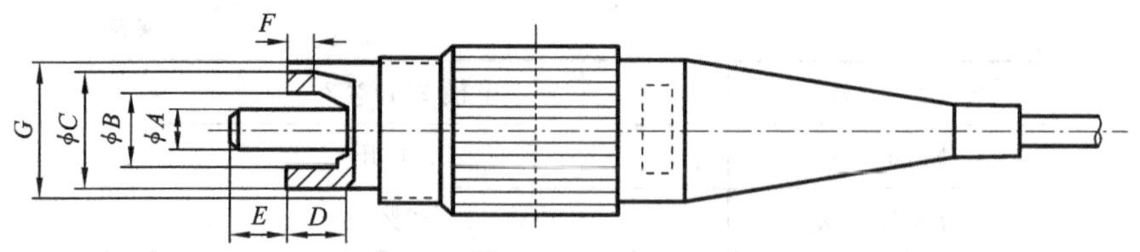

图 7-3 标准连接器的图形和尺寸

角对中误差小于 0.5°。

6) 临时接点

用元器件或机械装置临时将两根光纤对接成一条直线,对接点损耗要低,稳定性要好。

7) 光纤耦合器引出端光纤 L_1、L_2 段长度

$L_1 = L_2 = 0.75 \sim 1$ m,或根据具体要求而定。

7.4 任务实施

以下涉及的器件性能的测试方法均依据中华人民共和国通信行业标准 YD1117—2001 制定。

1. 单模光纤耦合器附加损耗和分光比的测量

其测量框图如图 7-4 所示。

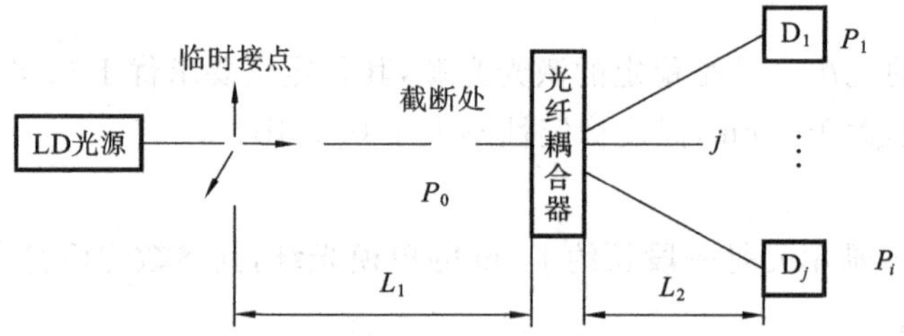

图 7-4 单模光纤耦合器分光比、附加损耗测试

(1) 将 LD 光源输出调到某一值,固定不变。

(2) 将测试用单模光纤的一头和单头跳线焊接起来,插入光源,另一头与待测光纤耦合器的输入端口焊接起来。

(3) 将输出端口的一根尾纤经过转接器,制好端面,插入光功率计,读得 P_1 值,连制三次端面,取最大值记录下来。

(4) 按照步骤(3),依次测得其他尾纤的输出功率,并记录下来。

(5) 将测得的数据代入式(7-8),计算各输出端口的输出功率(W)占总输出功率(W)的比例(分光比)。

$$\text{分光比} = P_i / P_{\text{总}} \times 100\% \tag{7-8}$$

$$P_{\text{总}} = P_1 + P_2 + \cdots + P_i$$

(6) 将光源与光纤耦合器的连接光纤截断,制备临时接点中光纤的自由端,通过转接器插入光功率计,读得 P_0 的值,连制三次端面,取最大值记录下来。

(7) 将以上数据代入如下公式计算光纤耦合器的附加损耗(dB)：

$$\text{附加损耗}=-10\lg\frac{P_{总}}{P_0}$$

测试数据分析及结论如表 7-2 所示。

表 7-2 样品的附加损耗和分光比数据

样品编号	使用波长	附加损耗	分光比
SM2×2 2#	1.31 μm	0.12 dB	50%±3%
SM2×2 3#		0.11 dB	50%±3%
SM1×3 1#		0.30 dB	33%±3%
SM1×3 2#		0.30 dB	33%±5%
SM1×4 1#		0.55 dB	25%±5%
SM1×4 2#		0.40 dB	25%±5%

2. 插入损耗的测量

多模星形光纤耦合器插入损耗的测量框图如图 7-5 所示。

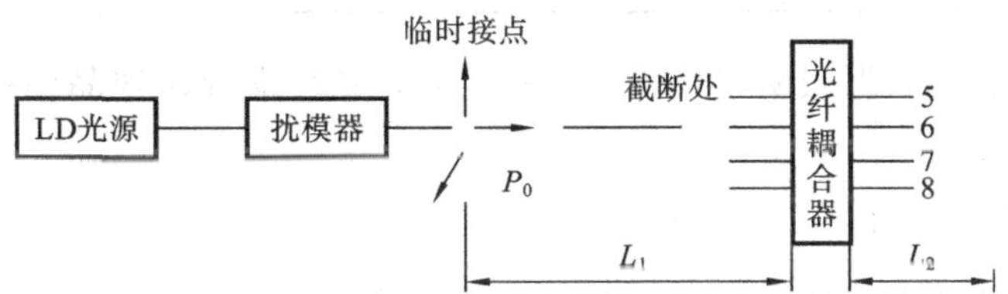

图 7-5 多模光纤星形耦合器插入损耗测试

(1) 将 LD 光源输出调到某一固定值。

(2) 将测试用多模光纤两个头中的一个头与多模单头跳线焊接起来，接入光源，另一个头插入光功率计，在接光源的那一个头预留一段较长的光纤待用。

(3) 在光功率计监测下进行扰模，一直扰到输出功率降到一半(−3 dB)以下，这时可认为达到了稳态模输出，停止扰模，整个测量过程不再变动。

(4) 将插入光功率计的那个头和耦合器输入端四个端口中的一个端口的尾纤连接起来。

(5) 将输出端口 5 的尾纤制好端面，通过转接器插入光功率计，读得 P_5 的值，连制三次端面，取最小值记录下来。

(6) 将其他三个输出端口 6、7、8，按照端口 5 的方法，依次取得 P_6、P_7、P_8，并记录下来。

(7) 将光纤耦合器与光源连接的光纤截断，制备临时接点中光纤的自由端，制备好端面，读得 P_0 的值，连制三次端面，取最小值记录下来。

(8) 计算各支路插入损耗和均匀性：

$$\text{各支路插入损耗}=P_i-P_0 \quad (i=5,6,7,8)$$

均匀性是指从端口 j ($j=1,2,3,4$)输入时，其输出端口 i ($i=5,6,7,8$)各插入损耗的最大值和最小值之差。如果 $P_8>P_7>P_6>P_5$，则

$$\text{均匀性}=P_8-P_5$$

输入端的另三个端口(2、3、4)再依次按照测试步骤(4)至(8)重复三次,则 MM4×4 光纤耦合器的插入损耗、均匀性全部测试完毕。

测得部分样品的指标如表 7-3 所示。

表 7-3 样品的插入损耗和均匀性数据

样品编号	使用波长/μm	输入端口	输出端口/dB				均匀性/dB
			5	6	7	8	
MM4×4(1#)	1.31	1	7.3	7.37	7.09	7.48	0.4
		2	7.24	7.23	7.15	7.88	0.8
		3	6.79	7.5	7.14	6.67	0.6
		4	7.42	6.84	7.4	7.25	0.6
MM4×4(2#)	1.31	1	7.09	7.42	6.78	7.46	0.75
		2	7.43	6.58	7.47	6.87	0.7
		3	7.84	7.63	7.49	6.7	0.8
		4	6.81	7.5	6.09	7.48	0.7

表 7-3 所示的测试数据表明,MM4×4 多模星形光纤耦合器样品的插入损耗最大值为 7.5 dB,达到指标要求。

3. 方向性测量

单模光纤耦合器的方向性的测量框图如图 7-6 所示。

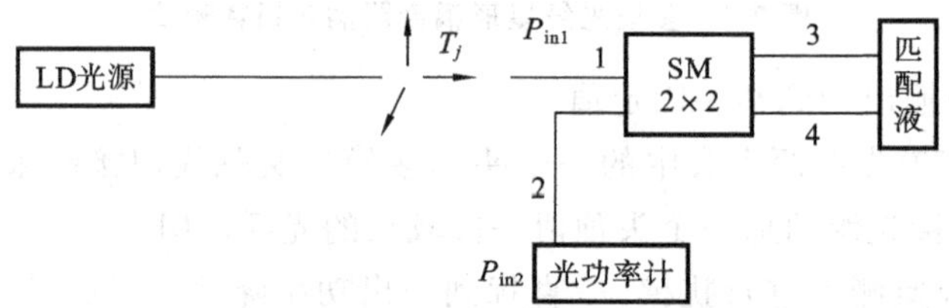

图 7-6 单模光纤耦合器方向性测量原理

(1) 将 LD 光源输出调到某一固定值。

(2) 将测试用单模光纤中的一头与单头跳线用光纤熔接机熔接起来,插入光源,另一头与待测的光纤耦合器输入端两个端口中的一个端口熔接起来。

(3) 将输出端的两根尾纤浸入盛有匹配液的容器中。

(4) 将输入端中不接光源的一端(通常称为隔离端口)制备好端面,通过转接器插入光功率计,读得 P_{in2}(W),端面连切三次,将每次读得的 P_{in2}(W)值中取最大值记录下来。

(5) 将光纤耦合器与光源连接的光纤截断,制备临时接点中光纤的自由端,通过转接器插入光功率计,读得 P_0(W)值,该端面连制三次,取每次读得的 P_0(W)值中的最大值记录下来。

(6) 根据下列公式计算方向:

$$D=-10\lg\frac{P_{\text{in2}}}{P_{\text{in1}}} \tag{7-9}$$

按照测试系统框图及测试步骤，测得部分样品数据如表 7-4 所示。

表 7-4　SM2×2 单模光纤耦合器方向性测试数据

样品编号	使用波长	P_{in2}/P_0	分光比
SM2×2 2#	1.31 μm	30pW/262 μW	≤−65 dB
SM2×2 3#		50pW/260 μW	≤−65 dB

表 7-4 所示的样品测试数据结果表明，方向性指标分光比达到小于等于−65 dB，该样品与国外同类产品 Amphno 公司的 SM1×2、SM2×2，ACROTEC 公司的 SM1×2、SM2×2 此项指标水平相当。

4. 其他试验

试验前，样品应在正常大气条件下作预处理，试验后在正常大气条件下恢复。

1）机械性能试验

（1）振动试验。

① 条件：按 GB/T2423.10—2008 试验 Fc（振动正弦试验）。

② 方法：将样品放在振动台上，应在 X、Y、Z 三个方向的每一个方向上承受振动，方向之一与光纤耦合器的公共轴线平行。

③ 试验后样品应满足如下要求：无变形，无裂痕，表面光滑；光学性能符合表 7-5 中的 a（试验后，光纤耦合器损耗变化量和分光比变化量不应超过表 7-5 所示数据）。

表 7-5　试验后变化量

标记	试验项目	插入损耗变化量/dB	分光比变化量
a	振动试验	≤0.1	≤0.5%
b	冲击试验	≤0.1	≤0.5%
c	高温试验	≤0.2	≤3%
d	低温试验	≤0.2	≤3%
e	高低温循环试验	≤0.2	≤3%

（2）冲击试验。

① 条件：按 GB/T2423.10—2008 试验 Ga（恒定湿热试验方法）。

② 方法：将样品放在振动台上，应在 X、Y 两个方向的每一个方向上承受振动，每个方向冲击 3 次。任选一种条件做试验。

③ 试验后试样应满足如下要求：无变形，无裂痕，表面光滑；光学性能符合表 7-5 中的 b。

2）温度特性试验

（1）高温试验。

① 条件：最高温度为＋85 ℃；温度变化速率不大于 1 ℃/min（不超过 5 min 平均值）；对

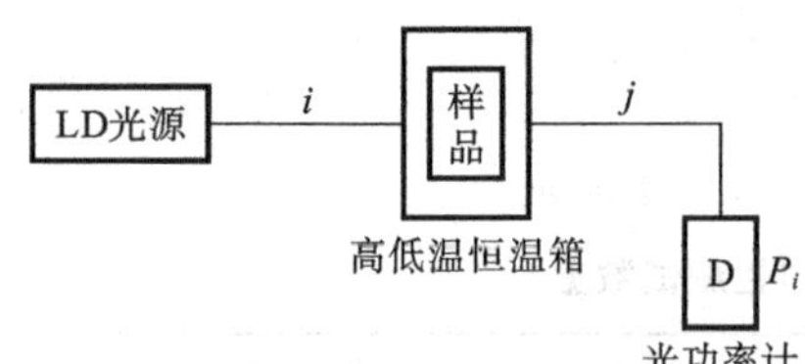

图 7-7 温度特性实验

样品进行在线光学性能监测。

② 方法:先将样品在常温下测量插入损耗,然后将其放入精度为±2 ℃的高低温恒温箱内,如图 7-7 所示,温度每升高 5 ℃观察并记录一次插入损耗值,直至+85 ℃,之后保持恒温 2 h,记录其插入损耗,恢复常温后,记录其插入损耗值。

③ 试验后,样品应满足如下要求:无变形、损伤;光学性能符合表 7-5 中的 c。

(2) 低温试验。

① 条件与方法:最低温度为−40 ℃;温度变化速率不大于 1 ℃/min(不超过 5 min 平均值);对样品进行在线光学性能监测。

② 方法:先将样品在常温下测量插入损耗,然后将其放入精度为±2 ℃的高低温恒温箱内,降低温度,每降低 5 ℃观察并记录一次插入损耗值,直至−40 ℃,之后保持恒温 2 h,记录其插入损耗,恢复常温后,记录其插入损耗值。

③ 试验后,样品应满足如下要求:无变形、损伤;光学性能符合表 7-5 中的 d。

(3) 高低温循环试验。

① 条件:温度范围为−25 ℃~70 ℃;温度变化速率不大于 1 ℃/min;循环 3 次。

② 方法:先将样品在常温下测量插入损耗,然后将其放入精度为±2 ℃的高低温恒温箱内,升温直至+85 ℃,保持恒温 30 min,之后降温至−40 ℃,保持 30 min,至此为一个循环。样品取出后在常温下放 2 h,擦净水珠,测量并记录其插入损耗,继续进行下次循环试验。

③ 试验后,样品应满足如下要求:无变形、损伤;光学性能符合表 7-5 中的 e。

5. 检验

光纤耦合器由具有独立职能的质量检验部门按标准要求检验合格并发合格证后方可出厂。光纤耦合器的检验分两类:出厂检验(交收检验)和型式检验。

1) 出厂检验

出厂检验分日常检验和抽样检验两种。

(1) 日常检验　该检验是生产厂家对全部产品进行的检验,其检验数据应随同产品提交给用户,光纤耦合器需要进行日常检验的项目是外观、附加损耗、插入损耗、均匀性、方向性。

(2) 抽样检验　它是从批量生产中或不同时期产品中按一定的比例抽取完整的产品或样品进行的检验。光纤耦合器的抽样检验项目是附加损耗、插入损耗、均匀性、方向性及高温试验、低温试验、振动试验、冲击试验。抽样数量按照 GB/T2828—2003 规定进行。

2) 型式检验

光纤耦合器有下列情况之一时,一般进行型式检验:

(1) 新产品或老产品转厂生产的试制定型鉴定;

(2) 正式生产后,如结构、材料、工艺有较大改变,可能影响产品性能;

(3) 正常生产时,应定期进行检验;

(4) 产品长期停产后,恢复生产时;

(5) 出厂检验结果与上次型式检验有较大差别；

(6) 国家检验监督机构提出进行型式检验要求。

6. 标志、包装

1) 标志

在每个光纤耦合器上均应有清晰和耐久的标志，标志的顺序如下：器件识别号、制造厂的商标、制造日期(年、月)。

2) 包装

光纤耦合器的包装上应有下列内容：型号命名、表示评定水平的一个字母。

7.5　任务完成结果与分析

检验员对 SM2×2、SM1×3、SM1×4 及多模星形光纤耦合器 MM4×4 实施检验，提出合格与不合格的判定，并做好对光纤耦合器质量检验的记录。

一般单模光纤耦合器 SM2×2、SM1×3、SM1×4 及多模星形光纤耦合器 MM4×4 的性能指标要达到如下要求。

1) SM2×2

(1) 附加损耗：0.2 dB。

(2) 温度范围：−30 ℃～+70 ℃。

(3) 工作波长：1.31 μm。

2) SM1×3、SM1×4

(1) 附加损耗≤0.6 dB。

(2) 分光比偏差≤5%。

(3) 工作波长：1.31 μm。

3) MM4×4

(1) 最大插入损耗：7.5 dB。

(2) 工作波长：1.31 μm。

7.6　扩展知识

光纤耦合器制成成品之后，在经过 12 h、85 ℃的高温烘烤后，或者在常温下存放 3 个月以上，在耦合区产生约万分之一的断纤率。将断点放大 200 倍，如图 7-8 所示。

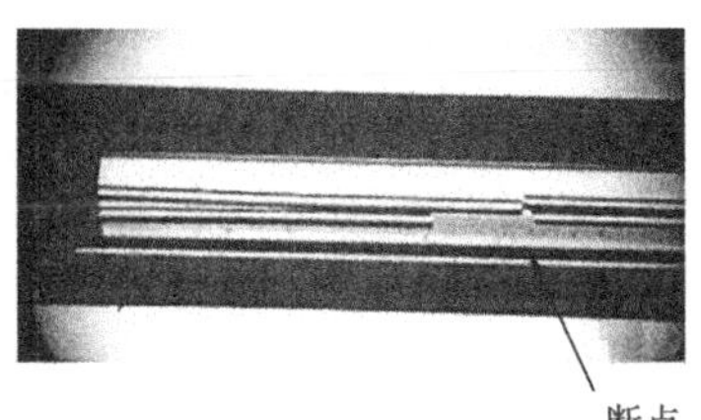

图 7-8　断点放大 200 倍

断点都集中在耦合区边界，其主要原因及解决方法有以下几项：

(1) 拉锥过程中，造成纤芯的微裂纹，解决方法是控制拉锥的速度使之与火焰温度场相匹配；

(2) 温度不均匀,解决方法是控制温度,使其均匀;

(3) 两根光纤的夹角不符合要求,解决方法是控制两根光纤的夹角;

(4) 在剥除包层过程中,剥线钳对纤芯有损伤,解决方法是在拉锥前,对光纤进行 100 kPa 强度筛选,将低于一定强度有损伤的光纤筛选掉。

思 考 题

1. 对光纤耦合器进行检验的通用标准有哪些?

2. 在高温高湿情况下,引起耦合失效的原因有哪些?

情境 3

光衰减器的制造

光衰减器是随着光通信事业发展出现的一种非常重要的用来降低光功率的纤维光学无源器件,可按照用户的要求将光信号能量进行预期地衰减,常用于在系统中吸收或反射掉光功率余量、评估系统的损耗及各类试验中。其类型很多,不同类型的衰减器分别采用不同的工作原理,可用于光通信线路、系统的评估、研究及调整、校正等方面。

任务 8　认识光衰减器

- ◆ 知识点
  - ¤ 光衰减器的分类及作用
  - ¤ 光衰减器实现光信号衰减的形式
  - ¤ 光衰减器的结构
- ◆ 技能点
  - ¤ 认识各类光衰减器
  - ¤ 根据光衰减器标识判断其类型及性能

8.1　任务描述

光衰减器是一种非常重要的纤维光学无源器件,是光纤 CATV、光纤通信网络、测试仪器、光纤传感器的一个不可缺少的器件。本任务要求认识各类光衰减器,了解其特点和应用。

8.2　相关知识

8.2.1　光衰减器的分类

目前,市场上已经形成了固定式、步进可调式、连续可调式及智能型等四种系列的光衰减器。

根据不同的光信号传输方式,可将光衰减器分为单模光衰减器和多模光衰减器。根据不同的光信号接口方式,可将光衰减器分为尾纤式光衰减器和连接器端口式光衰减器。在实际使用中,根据不同的衰减方式来选择光衰减器,因此光衰减器又可分为固定光衰减器和可变光衰减器,而固定光衰减器和可变光衰减器又可分为更详细的类型。光衰减器的分类如图 8-1 所示。

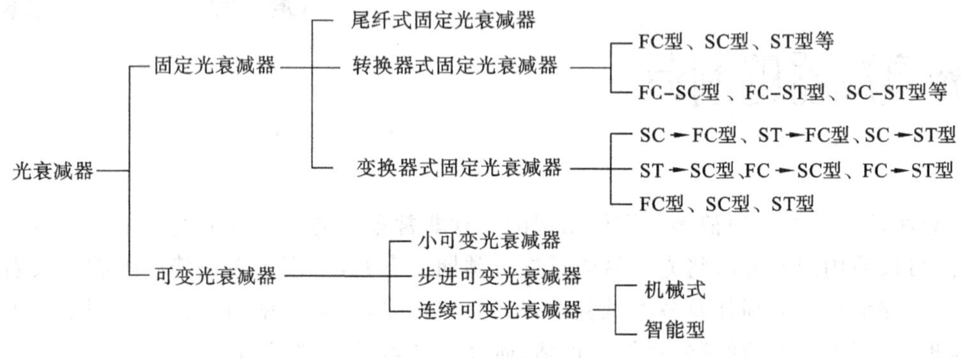

图 8-1　光衰减器的分类

1. 固定光衰减器

固定光衰减器是一种可根据工程需要提供不同衰减量,对光线路中光功率进行固定量衰减的精密光无源光器件,用于各种光纤传输线路的光纤测量中。它通常用来模拟相应衰减值的光纤进行系统调试,或用来在中继站中减小光功率,防止接收机饱和,或用来对光测试仪表进行校准定标。

该类器件分为:普通型(低回损)FC、SC、ST、LC 等结构,高回损型 FC、SC、ST、LC 等结构,以及高回损在线式(插接在光缆中)光缆结构。它们广泛应用在光纤通信系统、光纤数据网、光纤 CATV 网等传输系统中。固定光衰减器可以带有光纤,也可以不带。但无尾纤的固定光衰减器必须有光连接器端口或接头。

目前,国内光通信工程中大量应用的固定光衰减器为空气隙型的。由于在入射光纤端面存在光纤与空气的折射率失配,采用 FC、PC 等非斜面连接器,器件回返光较大(回波损耗约为 14 dB),因而不能满足 Gb/s 级高速光通信系统等的应用要求,为此需要高回损固定光衰减器(回波损耗大于 40 dB)。

常见的高回损单模光纤固定光衰减器一般分为两类。一类为斜球面型,它采用斜球面机构,使相应光学界面的回返光折出光纤,其回波损耗可大于 55 dB,这一类器件一般采用斜球面连接器作输入、输出,结构较为复杂,成本相对较高。第二类是折射率匹配型,这类器件采用折射率与单模光纤纤芯折射率相匹配的光学材料(衰减光纤)作衰减元件,在一定程度上消除了光学界面的回返光,这类器件其回波损耗可大于 40 dB,它通常采用适配器(法兰盘)式接口。

2. 可变光衰减器

可变光衰减器主要用于调节光线路电平,在测量光接收机灵敏度时用可变光衰减器进行连续调节来观察光收信机的误码率;在校正光功率计和评价光传输设备时用可变光衰减器来调节光功率的大小。

在要求较高的光纤通信传输系统中，线路的回返光会引起光源的频率漂移及接收机噪声。这种影响在Gb/s级高速光通信系统及光纤CATV网中就显得尤为突出。因而近年来随着光纤通信技术的发展，系统对光纤线路中光器件回波损耗的要求也不断提高。

1）小可变光衰减器

小可变光衰减器的衰减量连续可变，但一般比台式或手持式光衰减器的衰减范围略小，衰减精度欠佳，且没有衰减量的读数标志，主要用于对衰减精度要求不高的场合。它的主要特点是小型灵活、使用方便、价格低廉。其接口有尾纤式和连接器式两种。

2）机械式可变光衰减器

机械式可变光衰减器是目前使用最广泛的光衰减器。其性能好；衰减量稳定可调，且可调范围大，一般为0～60 dB；甚至高于60 dB；精度较高，普通型的回波损耗在20 dB左右，高性能的回波损耗指标可达50 dB以上；使用灵活，可广泛用于各类光通信领域的系统或试验及测试中。其不足之处在于体积稍大、衰减精度略低于智能型光衰减器。

3）智能型光衰减器

机械式可变光衰减器由于人为因素的影响，其衰减精度受到了一定限制。同时由于计算机的普及使用，人们更希望有智能型光衰减器投入使用，以适应高技术通信的要求，所以智能型光衰减器受到了用户的欢迎。其特点是：衰减量采用电路控制，连续可调；衰减精度高；体积小，便于携带；使用方便简单。如配以恰当的控制电路接口，便可实现程序控制调节衰减量，成为新一代高性能光衰减器。其不足在于价格偏高。

8.2.2 光衰减器实现光信号衰减的形式

1. 手动形式

这是最原始和最简单的形式，通过旋转螺纹改变两根光纤之间的耦合距离，达到调整光强的目的。其缺点是精度差，但因为其结构简单，现在还有厂家生产，但在智能化光纤通信网络里，没有应用前景。

2. 机械形式

这种形式的光衰减器主要应用步进电动机，通过控制系统对光斑进行阻挡而达到光强调节的作用，一般采用微型步进电动机带动渐变衰减片的结构。这是第一代能够自动控制的可调光衰减器，主要优点是波长相关损耗小、衰减量大。但其体积大，响应速度慢，装配复杂。这种形式的可调光衰减器在当前市场上仍占有相当的份额，主要原因是新型的光衰减器还有一些尚待解决的问题。

3. 液晶形式

这种形式的光衰减器利用液晶在外加电场的作用下对光的吸收作用，来达到对光强的调节。这种形式的产品有结构简单的优点，但衰减量有限，响应速度慢，特别在低温环境下，器件性能变坏。即使这样，国外仍有一些厂商进行研究和生产。

4. 晶体形式

晶体包括声光、电光及磁光晶体。以磁光晶体为例，利用磁光晶体在磁场下的法拉第效应达到对光强的调节作用,其优点是响应速度快,但其装配复杂,功耗大,大规模地应用有相当难度,并且受磁性材料的限制会出现一些特有问题。

5. Y 形耦合器形式

利用聚合物形成的 Y 分支结构的耦合器在热驱动下导致耦合效率发生变化,使输出光强发生变化。其优点是结构简单,但衰减量有限,偏振相关损耗较大。

6. 微机电(MEMS)形式

其核心是利用半导体加工技术制造的集机械、光学及电学为一体的带有可动部件的一类芯片。由于采用半导体工艺加工平台,这类器件都具有体积小、一致性好、可靠性高、能够大批量生产、后道组装简单等特点,是可调光衰减器的一个重要发展方向。现阶段 MEMS 芯片的良品率不高。

8.3 任务实施

8.3.1 认识固定光衰减器

1. 适配器型固定光衰减器

适配器型固定光衰减器主要分为下列类型。

1) FC 型固定光衰减器

FC 型固定光衰减器外形如图 8-2(a)、图 8-2(b)所示,其互配尺寸与 FC 型适配器尺寸相同,图 8-2(c)给出其安装尺寸。

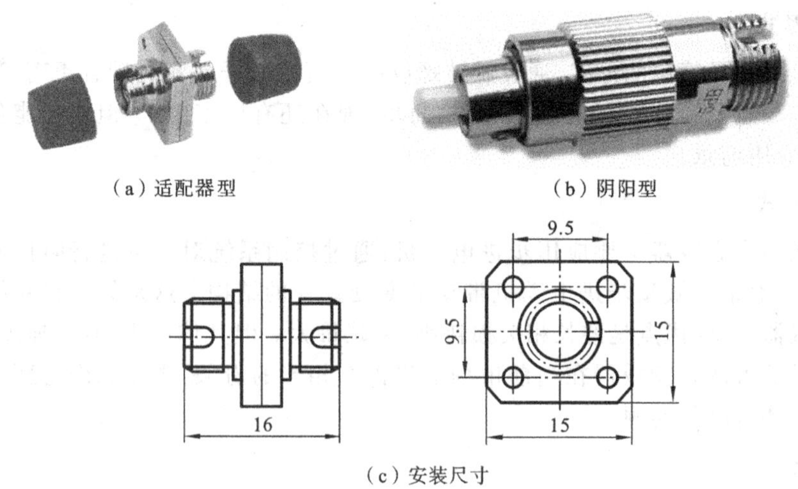

(a) 适配器型　(b) 阴阳型

(c) 安装尺寸

图 8-2　FC 型固定光衰减器

2) ST 型固定光衰减器

ST 型固定光衰减器外形如图 8-3 所示,其互配尺寸与 ST 型适配器尺寸相同,图 8-3(c)给出了其安装尺寸。其特点是与波长变化无关,可实现适配器和衰减器的双重功能,衰减精度高,性能稳定可靠,附加损耗低,应用于光配线架、光纤网络系统、低速光纤传输系统。

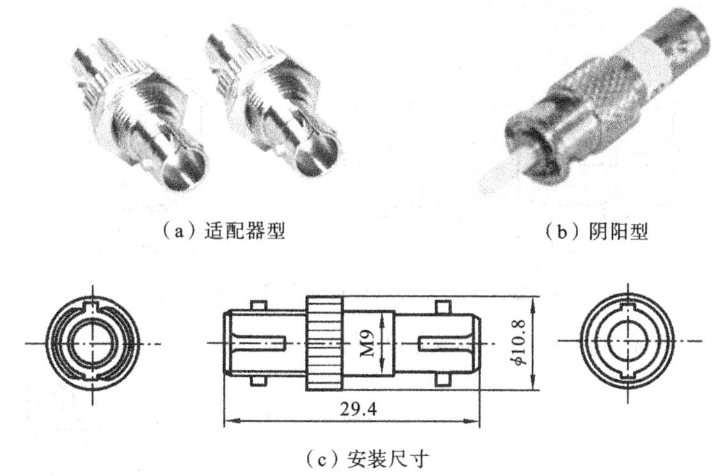

(a) 适配器型　(b) 阴阳型

(c) 安装尺寸

图 8-3　ST 型固定光衰减器

3) SC 型固定光衰减器

SC 型固定光衰减器外形如图 8-4 所示，采用标准高精度适配器精制而成的，用于各种光纤传输线路中，衰减精度高，性能稳定可靠。特点是与波长变化无关，可实现适配器和衰减器的双重功能，衰减精度高，附加损耗低，应用于光配线架、光纤网络系统、低速光纤传输系统。

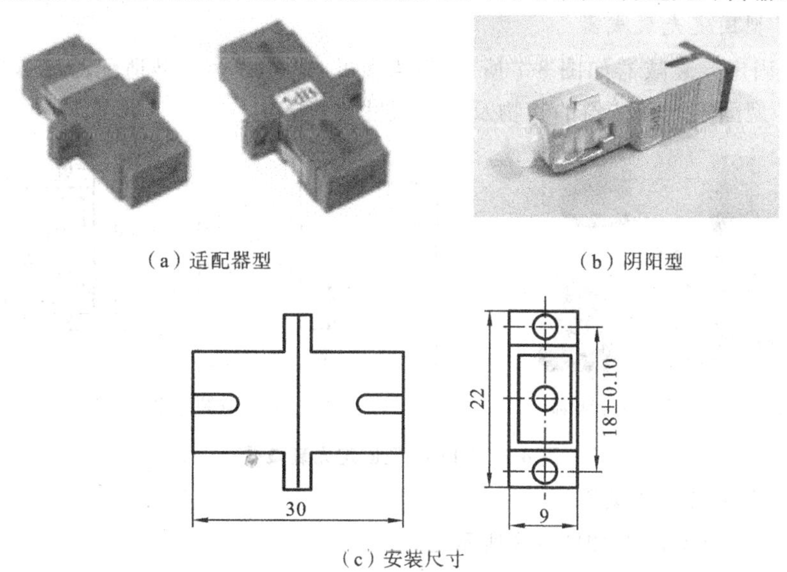

(a) 适配器型　(b) 阴阳型

(c) 安装尺寸

图 8-4　SC 型固定光衰减器

2. 转换器型固定光衰减器

1) FC-ST 型固定光衰减器

FC-ST 型固定光衰减器如图 8-5 所示，其互配尺寸与 FC-ST 型适配器端口尺寸相同，图中给出 FC-ST 型固定光衰减器的安装尺寸。

2) FC-SC 型固定光衰减器

FC-SC 型固定光衰减器外形如图 8-6 所示，其互配尺寸与 FC-SC 型适配器端口尺寸相

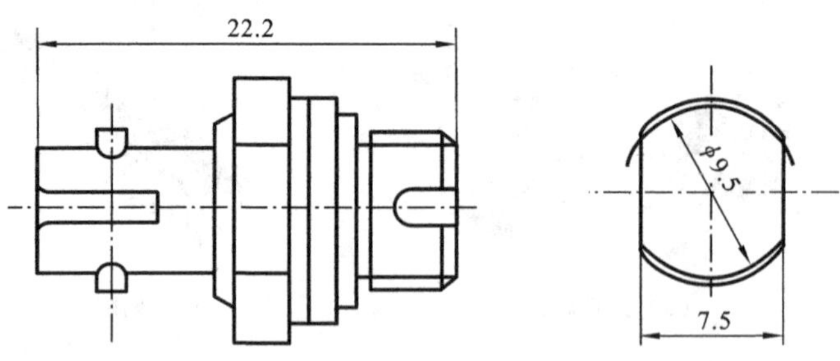

图 8-5 FC-ST **型固定光衰减器**

同,图中给出 FC-SC 型固定光衰减器的实物及安装尺寸。

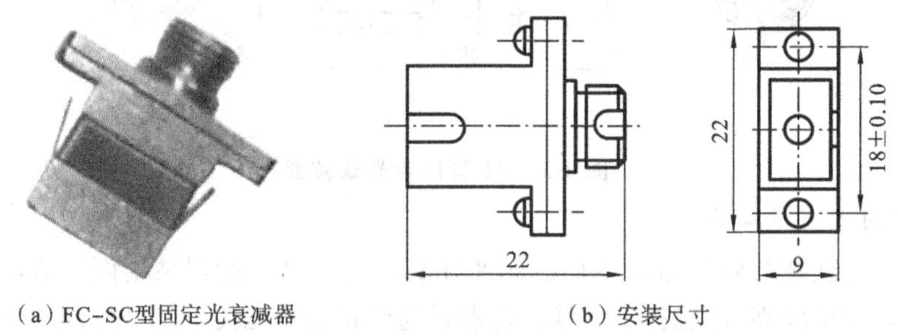

(a) FC-SC型固定光衰减器　　(b) 安装尺寸

图 8-6 FC-SC **型固定光衰减器**

3) ST-SC 型固定光衰减器

ST-SC 型固定光衰减器如图 8-7 所示,其互配尺寸与 ST-SC 型适配器端口尺寸相同,图中给出 ST-SC 型固定光衰减器的实物及安装尺寸。

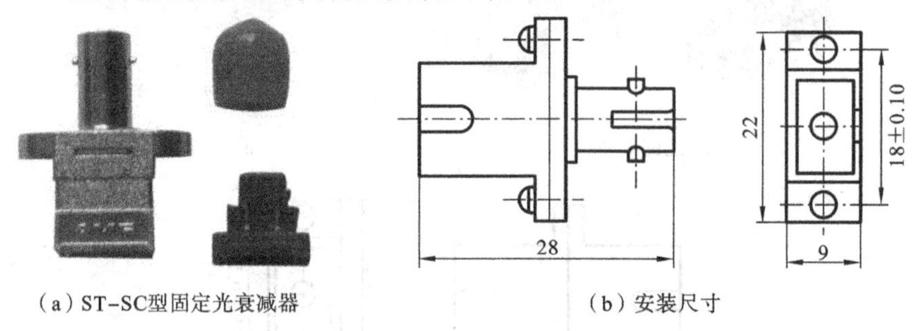

(a) ST-SC型固定光衰减器　　(b) 安装尺寸

图 8-7 ST-SC **型固定光衰减器**

4) SC-LC 型固定光衰减器

SC-LC 型固定光衰减器如图 8-8 所示。

图 8-8 SC-LC **型固定光衰减器**

8.3.2 认识可变光衰减器

目前较为成熟的可变光衰减器有下述几种类型。

1. 小可变光衰减器

它可以用来设定衰减量从 0～40 dB 的连续变化。其外形如图 8-9 所示。该产品具有插入损耗低、稳定性好、可靠性高、体积小、操作方便等优点,还能根据需要做成各种连接器形式。紧凑的外形设计使其能方便地安装在各系统上。

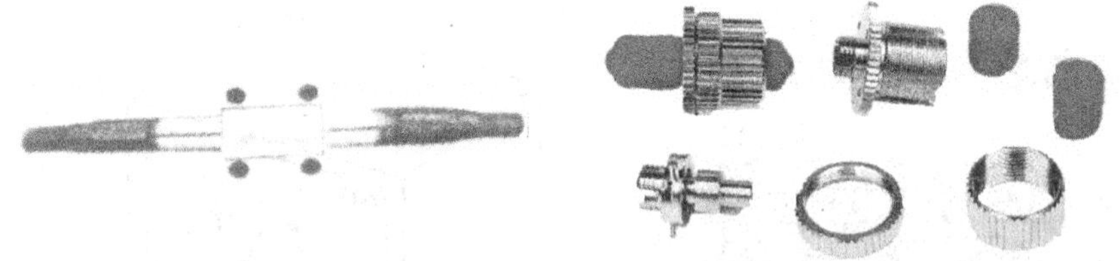

图 8-9　小可变光衰减器外形图

2. 手调可变光衰减器

其每通道小于 5 mm 厚，如图 8-10 所示。图 8-10(a)所示的为微型多通道手调可变光衰减器、图 8-10(b)所示的为微型单通道手调可变光衰减器，常用于高密度光纤网络。高功率承受能力、低损耗、紧凑的外形形式，使其能方便地安装在电路板上。

(a) 微型多通道

(b) 微型单通道

图 8-10　手调可变光衰减器

3. 手持式可调光衰减器

这是具有衰减值液晶显示的光衰减器，衰减值连续可调，最大衰减值达到 60 dB，具有灵活的供电形式，如图 8-11 所示，适合于工程测试和实验室应用，广泛用于光器件产品、光仪表的生产测试和光通信线路的测试。

图 8-11　手持式可调光衰减器

4. 台式可变光衰减器

这是一种高精度光学器件，采用金属蒸发镀膜滤光片作衰减元件，采用步进可变衰减与连续可变衰减并用方式，从设计上保证金属蒸发镀膜滤光片对光轴构成一定的角度，从而来防止金属膜产生的反射光的再入射和多次反射，可以准确地进行光功率的衰减，如图8-12所示，适用于光纤各领域的测量系统和系统试验。

5. 台式数显可变光衰减器

台式数显可变光衰减器采用微机芯片，辅以软件作为控制单元，可靠性高、性能卓越、测量精密、步进分辨率大，插入损耗低，衰减量从 0～60 dB 连续可变，如图 8-13 所示。它可以在野外及室内工作，在波长为 850 nm、1 310 nm和 1 550 nm 处对衰减值作了校准。断电时不显示，衰减值保持预置值。可选内置充电电池。

8.3.3　几种新型光衰减器

随着光通信技术的快速发展，通信系统正向智能化的方向发展，它要求光器件可进行程

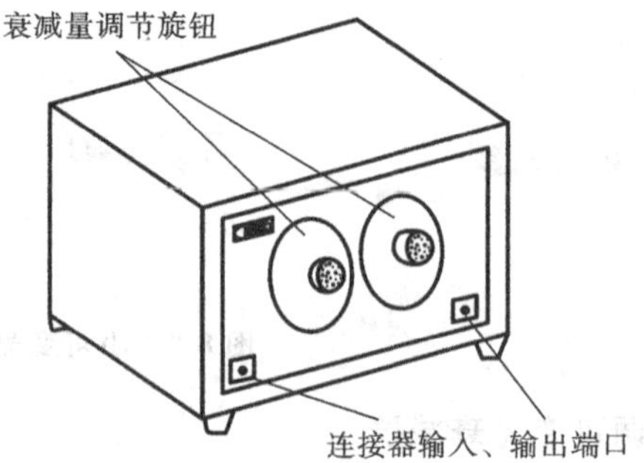

图 8-12 台式可变光衰减器

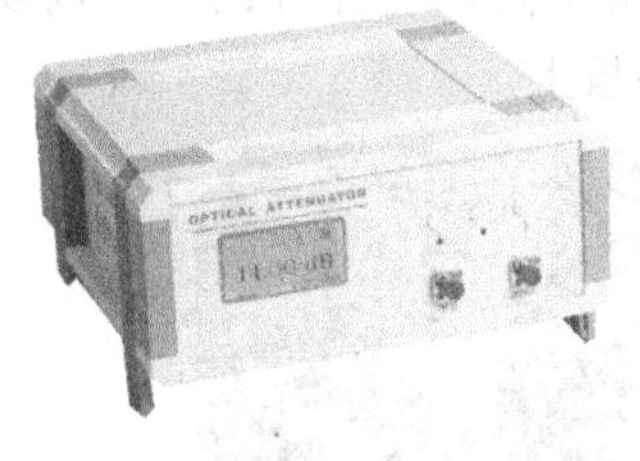

图 8-13 台式数显可变光衰减器

序控制。由此,光衰减器也正在由固定式向可调式方向转化。下面介绍目前几种新型光衰减器,主要是可调光衰减器。

1. MEMS 可调光衰减器

微机电可变光衰减器(MEMS VOA)是采用静电驱动微反射镜方式制作的可调光衰减器件,它质量可靠,性能稳定,体积小,结构紧凑,价格低廉,包含 1～40 个通道类型,损耗低,衰减范围大,如图 8-14 所示,目前已开始在光纤通信工程中应用。其产品结构如图 8-15 所示。

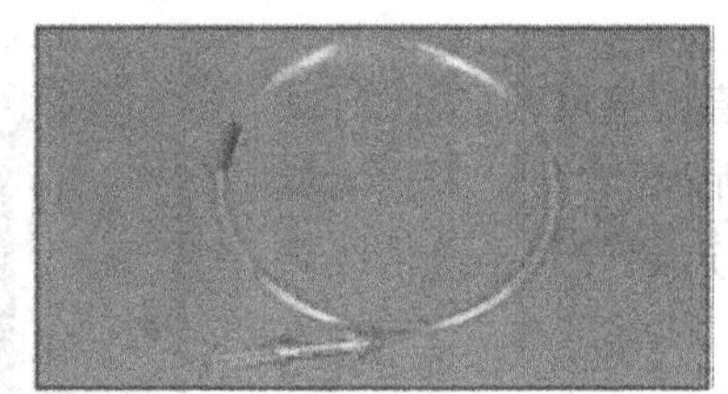

图 8-14 MEMS 可调光衰减器

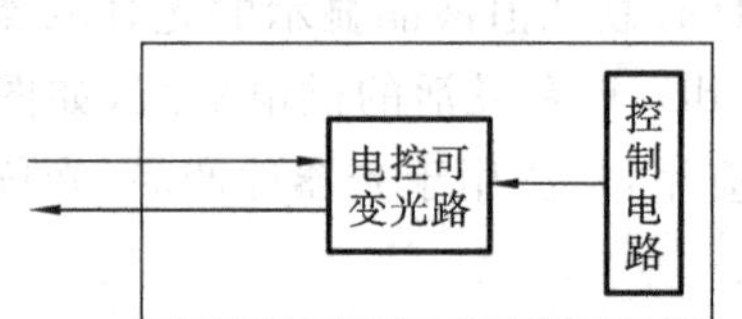

图 8-15 MEMS 可调光衰减器示意图

产品特征:低接入损耗(0.8 dB),回波损耗高(大于 40 dB),衰减可调范围为 0～30 dB,结构紧凑。

主要应用:分插交用(OADM)、增加可调掺铒光纤放大器(EDFA)、光接收机保护等。

2. 阵列 MEMS 光衰减器模块

阵列 MEMS 光衰减器模块是基于 MEMS 光衰减器,集成 PD 和耦合器及其他控制单元而成的光电集成模块,如图 8-16 所示。阵列 MEMS 光衰减器模块也可根据客户的要求,与各种光器件组合成特定的功能模块,灵活地应用于智能光网络的各种控制节点。

图 8-16 阵列 MEMS 衰减模块

产品特征:插入损耗低、WDL 和 PDL 低;响应速度快、体积小;模块集成度高,可灵活设计;有各种控制接口,如 RS232、12C、SPI,等等;带有 E2PROM、存储模块光学参数,也可通过软件补偿改善光衰减器的温度特性。

主要应用:光功率控制;多通道光功率均衡;EDFA 增益控制;ROADM。

3. 电调可变光衰减器(EVOA)

锁存式电调可变光衰减器主要用于在光通信网络节点上调节光信号的能量。这种衰减器具有极好的波长相关、抖动特性,极小的偏振相关损耗,优良的温度稳定性;可用于C或L波段,是光功率调节经济有效的解决方案。同时,该衰减器结构紧凑,体积小、重量轻,具有极高的稳定性与可靠性;反射式设计使得器件单边出光纤,非常易于安装,如图8-17所示。

其工作原理是:利用精密步进电动机带动衰减片对光功率进行连续调整;器件内部采用精密电位器,同时反馈衰减片的位置;控制输入接口模块,将输入的信号转换成为数字信号(如电压信号采集、编码),控制输入微处理器,通过所获信息控制步进电动机的步进参数,从而获得与电压信号一一对应的衰减值;外部驱动信号驱使步进电动机以统一的步进幅度向左或向右转动,这样就提供了精确的衰减精度。当去掉步进电动机的驱动信号时,衰减器将保持在最后设定的衰减位置,具有锁定模式。

产品特征:插入损耗低;结构紧凑;偏振相关损耗和波长相关损耗低;采取线性衰减方式;采用电阻反馈;掉电锁存。

主要应用:多信道光放大网络中的信道功率平衡、光放大器的增益斜率补偿、光发送机的发送功率控制、光接收机的接收功率控制、光插分复用的功率平衡。

电调可变光衰减器实物如图 8-18 所示。

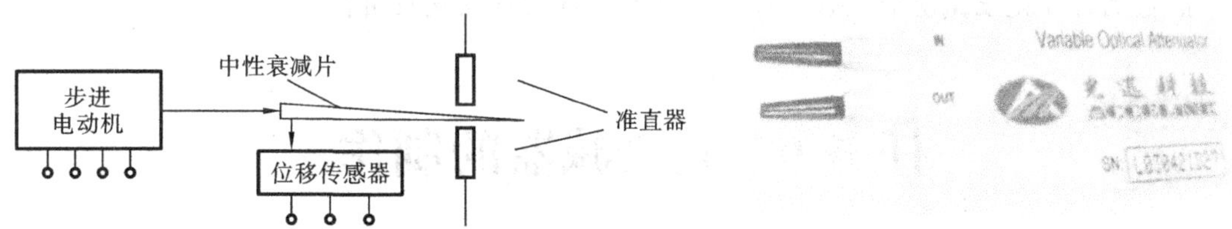

图 8-17 锁存式电调可变光衰减器

图 8-18 电调可变光衰减器

8.4 任务拓展

8.4.1 光衰减器标识

目前光衰减器的命名没有统一的规定,各企业都会根据自己的情况来命名。下面仅给出一例来说明一般的命名规律,如图 8-19 所示。

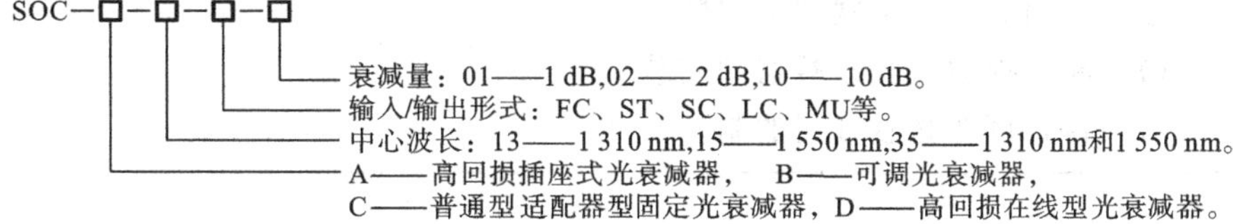

图 8-19 光衰减器标识

8.4.2 光衰减器的应用范围

固定光衰减器主要用于对光路中的光能量进行固定量的衰减，其温度特性极佳。在系统的调试中，固定光衰减器常用于模拟光信号经过一段光纤后的相应衰减或用在中继站中减小富余的光功率，防止光接收机饱和；也可用于对光测试仪器的校准定标。对于不同的线路接口，可使用不同的固定光衰减器；如果接口是尾纤型的，可将尾纤型光衰减器焊接于光路的两段光纤之间；如果是系统调试过程中有连接器接口，则用转换器式或变换器式固定光衰减器比较方便。在实际应用中常常需要衰减量可随用户需要而改变的光衰减器。所以可变光衰减器的应用范围更广泛。例如，由于 EDFA、CATV 光系统的设计富余度和实际系统中光功率的富余度不完全一样，在对系统进行 BER 评估，防止接收机饱和时，就必须在系统中插入可变光衰减器；另外，在纤维光学(如光功率计或 OTDR)的计量、定标中也将使用可变光衰减器。从市场需求的角度看，一方面光衰减器正朝着小型化、系列化、低价格方向发展；另一方面由于普通型光衰减器已相当成熟，光衰减器正朝着高性能方向发展，如智能型光衰减器、高回损光衰减器等。

思 考 题

1. 光衰减器有哪些类型？各有什么特点？
2. 光衰减器对光信号的衰减有哪些方式？
3. 网上查找光衰减器生产企业的产品标识方式，看看是否有共同规律。
4. 电调可变光衰减器的工作原理是什么？它有何特点及应用？

任务 9 光衰减器的制作

◆ 知识点

- 普通固定光衰减器实现光信号衰减的工作原理
- 高回损固定光衰减器实现光信号衰减的工作原理
- 可变光衰减器实现光信号衰减的工作原理

◆ 技能点

- 固定光衰减器的制作工艺流程
- 固定光衰减器衰减元件的制作
- 普通固定光衰减器的安装
- 高回损固定光衰减器的安装
- 台式可变光衰减器的制作

9.1 任务描述

通过本次任务的学习知道光信号衰减的工作原理及实现方法，掌握光衰减器的制作工艺流程，能够完成1～2种光衰减器的制作。

9.2 相关知识

光衰减器的类型很多，不同类型的光衰减器分别采用不同的工作原理，按照用户的要求将光信号能量进行有预期地衰减。可将光衰减器分为：位移型光衰减器，包括横向位移型光衰减器和纵向位移型光衰减器；直接镀膜型光衰减器，包括吸收膜型光衰减器、反射膜型光衰减器；衰减片型光衰减器；液晶型光衰减器。

9.2.1 固定光衰减器

1. 位移型光衰减器

众所周知，两段光纤在进行连接时，只有达到相当高的对中精度，才能使光信号以较小的损耗传输过去。反过来，如果将光纤的对中精度做适当调整，就可以控制其衰减量。位移型光衰减器就是根据这个原理，有意让光纤在对接时发生一定的错位，使光能量损失一些，从而达到控制衰减量的目的。

1）横向位移型光衰减器工作原理

横向位移型光衰减器采用比较传统的方法。由于横向位移参数的数量级均在微米级，所以横向位移型光衰减器一般不做成可变光衰减器，仅做成固定光衰减器，并采用熔接或黏结法，到目前仍有较大的市场，其优点在于回波损耗高，一般都大于60 dB。

在理想状态下，无论光纤端面的形状如何，单模光纤传输模式中的基模总可以用高斯函数来近似表示，根据CCITT（国际电报电话委员会）对模场半径的建议，其模场分布$E_0(r)$可表示为

$$E_0(r)=\frac{2}{\omega_0}\exp\left[-\left(\frac{r}{\omega_0}\right)^2\right] \tag{9-1}$$

式中：ω_0为模场半径。

该光束经过横向错位d传输到第二根光纤的端面时，如图9-1所示，其模场分布变化为$E_1(r)$：

$$E_1(r)=\frac{2}{\omega_1}\exp\left[-\left(\frac{r}{\omega_1}\right)^2\right] \tag{9-2}$$

其中：

$$\omega_1=\left[1+\left(\frac{\lambda d}{\pi\omega_0}\right)^2\right]^{1/2} \tag{9-3}$$

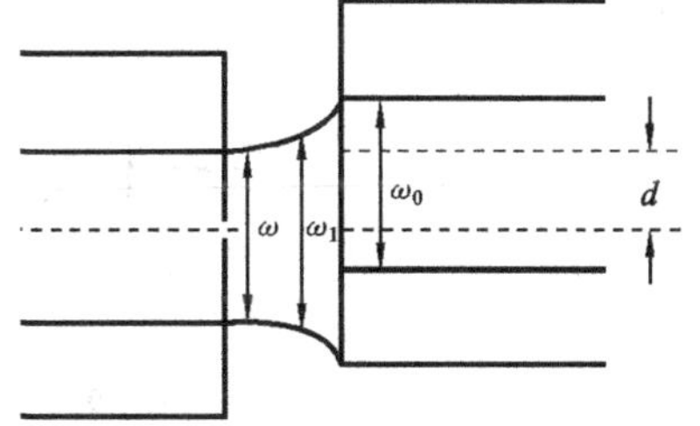

图9-1 光束经过横向错位

显然，$\omega_1\geqslant\omega_0$，即在第二根光纤端面处，相对于第二根光纤纤芯，入射光束的模场分布发生了变化，带来了由于模场失配产生的能量损失。设光纤间的轴向间隙$s\rightarrow 0$，可忽略不计，那么横向耦合效率

可以通过两个模场的交叠积分来得到：

$$\eta=\frac{\int_0^{2\pi}\mathrm{d}\theta\int_0^{\infty}E_0E_1r\mathrm{d}r}{\int_0^{2\pi}\mathrm{d}\theta\int_0^{\infty}|E_0|^2r\mathrm{d}r\times\int_0^{2\pi}\mathrm{d}\theta\int_0^{\infty}|E_1|^2r\mathrm{d}r} \tag{9-4}$$

将式(9-1)、式(9-2)、式(9-3)分别代入式(9-4)，即可得到经过横向位移后光能量的损耗：

$$L_d=-10\lg\eta=-10A_0\lg\eta_{反}\ \mathrm{e}^{-(d/\omega_0)^2} \tag{9-5}$$

其中：

$$\eta_{反}=\frac{16k^2}{(1+k)^4} \tag{9-6}$$

对单模渐变型光纤来说，有

$$\omega_0=(0.65+1.619V^{-3/2}+2.879V^{-6})a$$

式中：

$$V=2\pi an_1\sqrt{\frac{2\Delta}{\lambda}},\quad \Delta=\frac{n_1-n_2}{n_1} \tag{9-7}$$

同理，可以得到在模式稳定分布情况下，多模光纤的耦合损耗 L'_d 为

$$L'_d=-10A'_0\lg\eta'_d \tag{9-8}$$

对多模渐变型光纤来说，有

$$\eta'_d=\eta_{反}\left[1-2.35\left(\frac{d}{a}\right)^2\right] \tag{9-9}$$

式中：$k=n_1/n_0$，n_0 为两端面间物质的折射率，n_1 为纤芯的折射率，n_2 为包层的折射率；A_0、A'_0 为修正因子；d 为两光纤间的横向位移；a 为光纤的纤芯半径；λ 为波长。

根据以上的理论推导，可设计出相应于不同损耗的横向位移参数，并通过一定的机械定位方式予以实现，得到所需要的光衰减器。

2) 纵向位移型光衰减器

光纤端面间的间隙同样也会带来光能量的损失，即使是 3 dB 的衰减器，其对应的间隙也在 0.1 mm 以上，工艺较易控制。纵向位移型光衰减器在工艺设计上只要用机械的方法将两根光纤拉开一定距离进行对中，就可实现衰减的目的。这种原理主要用于固定光衰减器和一些小型可变光衰减器的制作。

在通信工程中大量应用的是普通固定光衰减器，其工作原理很简单，就是光信号功率通过空气隙进行功率衰减。它通过陶瓷套筒和光学控制片组成衰减元件，具体如图 9-2 所示。

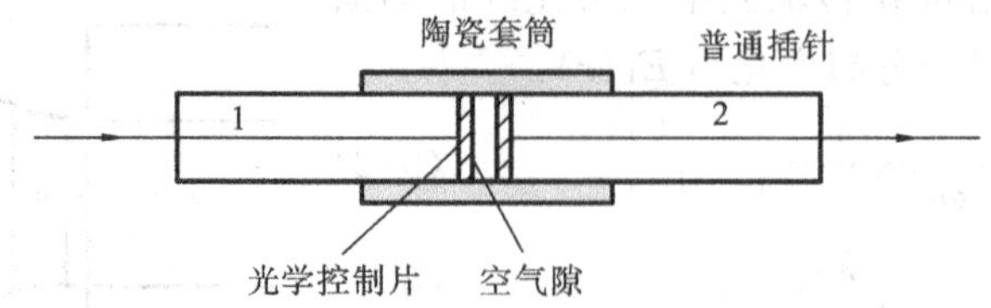

图 9-2　普通固定光衰减器工作原理框图

图 9-2 中，光信号通过连接器插头 1 进入，由光学控制片定位后，通过空气隙，导致光功率衰减，再由连接器插头 2 传输出去。其中连接器插头和陶瓷套筒组成连接器，保证光信号

对中后进行传输，光学控制片用于控制空气隙的厚薄，也就是衰减量的大小，空气隙越大，衰减量也就越大。制作普通固定光衰减器时是不需要制作连接器插头的，只需把陶瓷套筒及控制片结构置于不同型号的适配器内，例如，FC 型、SC 型、LC 型等，结果就形成 FC 型、SC 型、LC 型等的普通固定光衰减器。目前许多厂家制作的固定光衰减器均采用此原理，如图 9-3 所示。

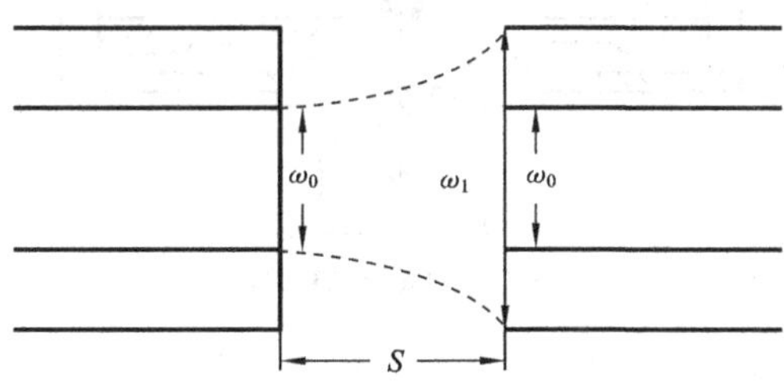

图 9-3 固定光衰减器原理分析图

同样，也可以通过高斯光束失配的方法求得由于光纤端面的纵向间隙引起的光能量损失 L_s：

$$L_s = -10B_0 \lg \eta_{反} \frac{4(1+\varepsilon^2)}{(2+\varepsilon^2)^2} \tag{9-10}$$

单模光纤情况下，有

$$\varepsilon = \frac{\lambda s}{\pi \omega_0^2} \tag{9-11}$$

式中：B_0 为修正因子；s 为两光纤端面间的距离。

当使用纵向位移原理来制作光衰减器时，在工艺设计上，只要用机械的方式将两根光纤拉开一定距离进行对中，就可以实现衰减的目的。这种原理主要用于固定光衰减器和一些小可变光衰减器的制作中。

上述两种均属于固定光衰减器。由于固定光衰减器具有价格低廉、性能稳定、使用简便的优点，所以市场需求比可变光衰减器的大一些。而可变光衰减器由于其灵活性，市场需求仍稳步增长。

由于此种类型的固定光衰减器实际上可看成一个损耗大的光纤连接器，所以设计时，通常与光纤连接器的结构结合起来考虑，并由此形成了两种具有特色的光衰减器系列——转换器式光衰减器和变换器式光衰减器。这些类型的光衰减器可以直接与系统中的光纤连接器配套，使用于不同的场合。图 9-4(a)所示的是 FC 型固定光衰减器的结构。图 9-4(b)所示的是小可变光衰减器的结构。

2. 高回损固定光衰减器设计原理

高回损固定光衰减器主要用于高速光通信系统中，对系统富余的光能量进行有预期的衰减。其突出的优良性能是它具有高的回波损耗，不会引起光源的频率漂移和线路的噪声。该种类型的固定光衰减器主要基于以下设计原理。

为保证固定光衰减器具有光学稳定性、环境稳定性好，以及体积小、生产效率高等性能，采用掺杂光纤来制作衰减单元，并将衰减单元固定在光路中，通过控制衰减单元的相应参数得到具有不同衰减量的固定光衰减器。对中原理如图 9-5 所示，将两个插针在陶瓷套筒中对

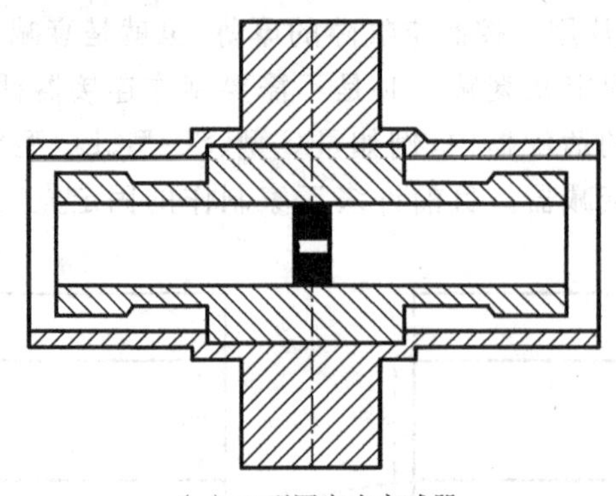

(a) FC型固定光衰减器

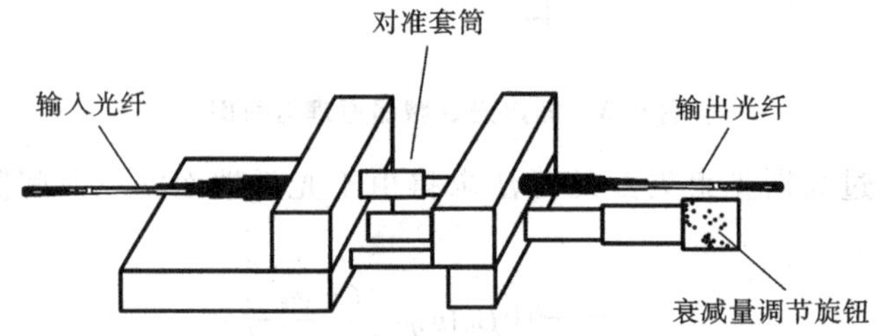

(b) 小可变光衰减器

图 9-4 纵向位移型光衰减器的结构

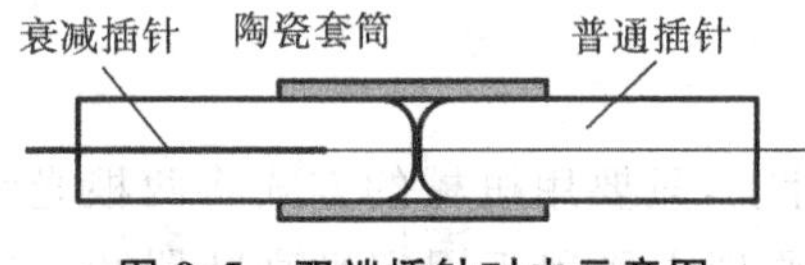

图 9-5 双端插针对中示意图

接,端面间达到物理接触,由于陶瓷插针的对中会影响整个衰减器的衰减量和回波损耗,因此,控制陶瓷插针的质量极为重要,这包括两个方面:控制双端陶瓷插针的参数,主要是插针的参数;控制两个插针的准直参数,主要是套筒的参数。

其参数包括径向偏差 d、纵向间隙 s、光纤轴向倾角 θ、端面菲涅尔反射 F 及套筒的精度等。各因素单独引起的附加损耗可由下列关系式计算得到。

$$\alpha_d = -10\lg[k\exp(-D/\omega)^2] \tag{9-12}$$

$$\alpha_s = -10\lg\frac{1}{1+Z^2} \tag{9-13}$$

$$\alpha_\theta = -10\lg\{k\exp[-(\pi n_2\theta)]\} \tag{9-14}$$

$$\alpha_F = -10\lg\left[\frac{16k^2}{(1+k)^4}\right] \tag{9-15}$$

其中:

$$Z=\lambda s/2\pi n_2\omega^2, \quad k=n_1/n_0$$

式中:n_1 为纤芯折射率;n_2 为包层折射率;n_0 为空气折射率;ω 为基模半径;波长 $\lambda=1.31\ \mu m$。

9.2.2 可变光衰减器

一般来说,可变光衰减器有以下三种:小可变光衰减器、机械式可变光衰减器和智能型光衰减器。图 9-6 所示的为可变光衰减器的结构。

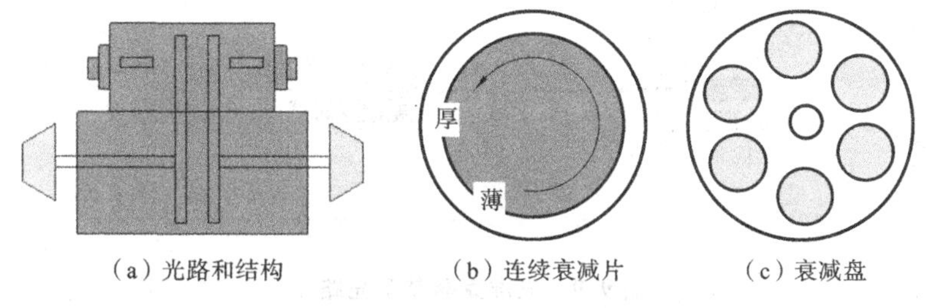

（a）光路和结构　（b）连续衰减片　（c）衰减盘

图 9-6　可变光衰减器

可变衰减器的衰减量可在一定范围内变化，用于测量光接收机的灵敏度和动态范围。

1. 光准直器

介绍可变光衰减器之前，先简要地谈一下光准直器。光准直器是光纤通信系统和光纤传感系统中的基本光学元件，由光纤和长度为 0.25 节距的具有合适镀层的自聚焦透镜（GRIN）组成，如图 9-7 所示。

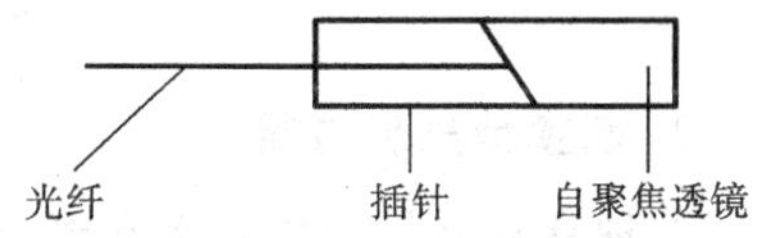

图 9-7　光准直器结构示意图

自聚焦透镜的焦距为

$$f=[n_0\sqrt{A}\sin(\sqrt{A}z)]^{-1} \tag{9-16}$$

式中：z 为自聚焦透镜的长度。

由式(9-16)可见，因为 A 是波长的函数，所以 f 也是波长的函数，在给定的波长条件下，如果 z 过长，则焦点在透镜的端面内；反之，如果 z 过短，则焦点在透镜端面外。因此，透镜长度的误差必然会影响光耦合的效果，这是造成光准直器损耗的主要原因之一。

光纤和自聚焦透镜之间的耦合原理与光纤和普通透镜的耦合原理相似，所以自聚焦透镜的长度为

$$z=\frac{P}{4}=\frac{\pi}{2\sqrt{A}} \tag{9-17}$$

式中：P 为自聚焦透镜的节距。

因为自聚焦透镜的 $P/4$ 节距是在近轴近似的条件下，子午光线遵循正弦路径传播而确定的。同时，自聚焦透镜的折射率分布在离轴心 0.8 mm 半径处有一拐点。所以，由式(9-17)算出的 z 值还不够精确，带来了耦合时的损耗；另外自聚焦透镜的像差也会使光束的耦合效率下降，增加了器件的损耗。

图 9-8　透镜与玻璃管装配示意图

光准直器的用途是对光纤中传输的高斯光束进行准直，以提高光纤与光纤间的耦合效率。准直器装配工艺如下。

（1）将透镜与玻璃管固定好，如图 9-8 所示。

（2）方法一，按图 9-9 搭建光路，将玻璃管固定在调节架上，其间距为光准直器的工作距离 Z_w。反射镜置于透镜前面 $Z_w/2$ 位置，用夹子夹住尾纤前后移动，直至损耗最小，将毛细管与玻璃管固定。

方法二，按图 9-10 搭建光路，将玻璃管固定在左侧调节架上，标准准直器固定在右侧调节架上，二者间距为 Z_w，用夹子夹住尾纤前后移动，直至损耗最小，将毛细管与玻璃管固定。

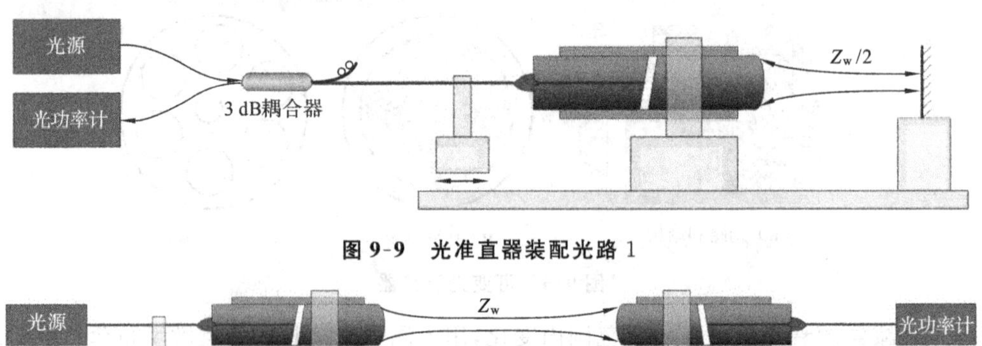

图 9-9 光准直器装配光路 1

图 9-10 光准直器装配光路 2

2. 薄膜型光衰减器

这种衰减器是一种直接在光纤端面或玻璃基片上镀制金属吸收膜或反射膜，利用光在金属薄膜表面的反射光强与薄膜厚度有关的原理制成的，常用的金属蒸镀膜包括：Al 膜、Ti 膜、Cr 膜等。如果采用 Al 膜，通常在其上面增加 SiO_2 或 MgF_2 镀层薄膜作为保护膜。如图 9-11所示，如果玻璃衬底上蒸镀的金属薄膜的厚度固定，就制成固定光衰减器。如果在光纤中斜向插入蒸镀有不同厚度的一系列圆盘型金属薄膜的玻璃衬底，使光路中插入不同厚度的金属薄膜，就能改变反射光强，即可得到不同的衰减量，制成可变光衰减器。

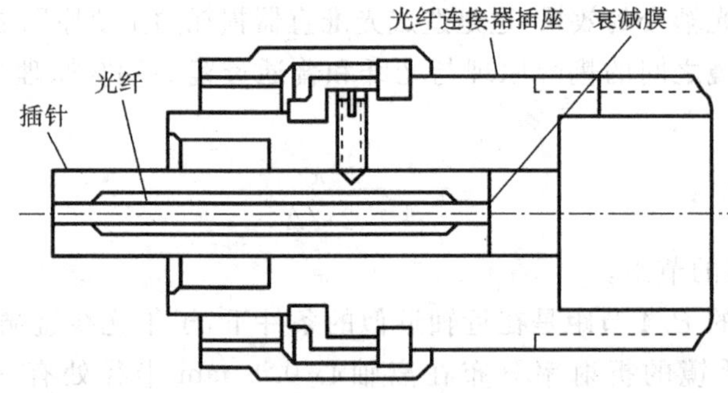

图 9-11 一种直接镀膜型光衰减器的结构示意图

3. 衰减片型光衰减器

衰减片型光衰减器直接将具有吸收特性的衰减片固定在光纤的端面上或光路中，达到衰减光信号的目的。此种方法不仅可以用来制作固定光衰减器，也可用来制作可变光衰减器。具体制作方法是用机械装置在光路中插入两个具有固定衰减量的衰减器圆盘，每个盘上都有若干衰减片，通过两个衰减器圆盘上不同衰减片的组合，衰减片直接固定于准直光路中，当光信号经过 $P/4$ 节距自聚焦透镜准直后，通过衰减片时，光能量即被衰减，再被第二个自聚焦透镜聚焦耦合进光纤中。使用具有不同衰减量的衰减片，就可得到具有相应衰减值的光衰减器，或者在光路中插入渐变型滤光片，沿此渐变方向移动滤光片便可以连续调节光衰减量。

衰减片常采用的材料有红外有色光学玻璃、晶体、光学薄膜、滤光片及其他无机和有机材料。但因为光衰减器有光学稳定性、化学稳定性及体积、成本等诸多因素的要求，所以一般常用于制造衰减元件的材料为有色玻璃和滤光片。图 9-12 所示的是部分有色玻璃的光谱曲线图。在选择具体的有色玻璃时，一定要考虑玻璃的温度、湿度等环境稳定性，以保证整个光衰减器的稳定性，某些玻璃对温度的依赖性很大，是不宜制造衰减元件的。

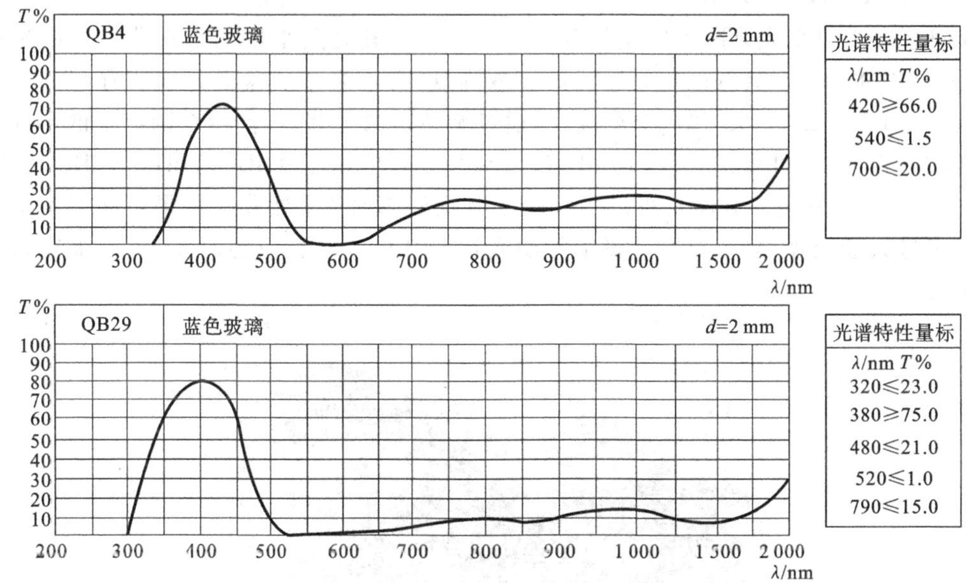

图 9-12 部分有色玻璃的光谱曲线

如果选用吸收型薄膜滤光片，则常将中性密度滤光片用做衰减片。该滤光片光谱区域较宽，从理论上来说，它对每个波长的光信号衰减强度几乎都是一样的，因此可获得宽带宽的衰减器。图 9-13 所示的是几种中性滤光片的光谱特性曲线。运用此方法来制作光衰减器的优点是工艺成熟，适于批量生产。如果是制作高回损固定光衰减器，则要注意衰减片与光纤折射率的匹配问题。如果折射率不匹配，那么在衰减片与光纤的界面处会产生反射，而造成光衰减器的回波损耗指标下降。下面对基于此原理制作的几种主要光衰减器进行进一步的介绍。

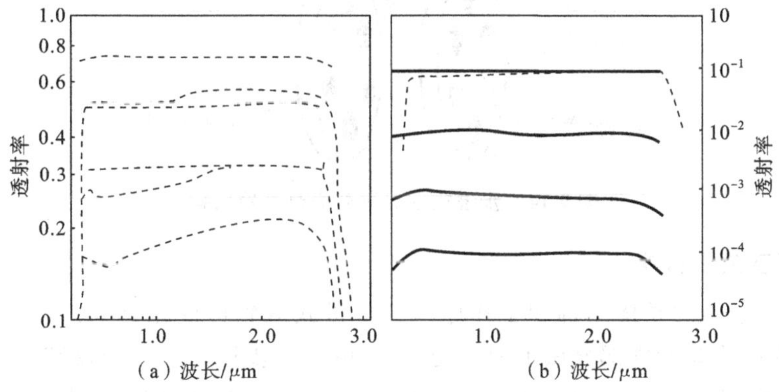

图 9-13 几种中性滤光片的光谱特性曲线图

1) 双轮式可变光衰减器

双轮式可变光衰减器利用了一对单模光纤型光准直器,光准直器由 $P/4$ 节距的自聚焦透镜和单模光纤组成。当它对光纤中传输的高斯光束进行准直时,其耦合结构中间允许有一定的间距,光衰减器正好利用其特点,在其中插入衰减单元,以实现对光功率的衰减。

2) 步进式双轮可变光衰减器

步进式双轮可变光衰减器的结构如图 9-14 所示,其光路采用光准直器出射的平行光路,在光路中插入两个具有固定衰减量的衰减圆盘,每个衰减圆盘上分别装有 0 dB、5 dB、10 dB、15 dB、20 dB、25 dB 共六个衰减片,通过旋转这两个圆盘,使两个圆盘上的不同衰减片之间相互组合,即可获得 5 dB、10 dB、15 dB、20 dB、25 dB、30 dB、35 dB、40 dB、45 dB、50 dB 共十挡位的衰减量。衰减片可以用镀膜或吸收型玻璃片来制作。如果想获得其他衰减范围的步进式衰减器,只要对衰减盘上的滤光片及其位置做相应的改变,便可很容易地达到预期目的。

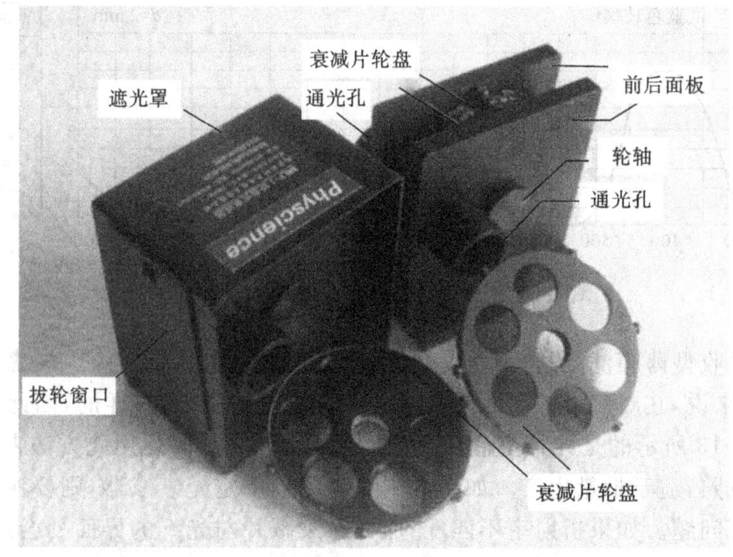

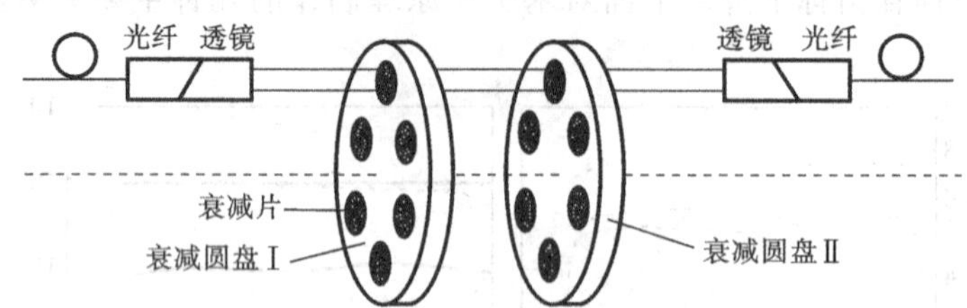

图 9-14 步进式双轮可变光衰减器结构

4. 连续可变光衰减器

连续可变光衰减器总体结构和工作原理与步进式双轮可变光衰减器的相似,如图 9-15 所示。不过,它的衰减元件部分做了相应变化,它由一个步进的衰减圆盘和一片连续变比的衰减片组合而成,步进衰减片的衰减量为 0 dB、10 dB、20 dB、30 dB、40 dB、50 dB 等六挡,连续变化衰减片的衰减量为 0～15 dB。因此总的衰减量调节范围为 0～65 dB。这样,通过粗

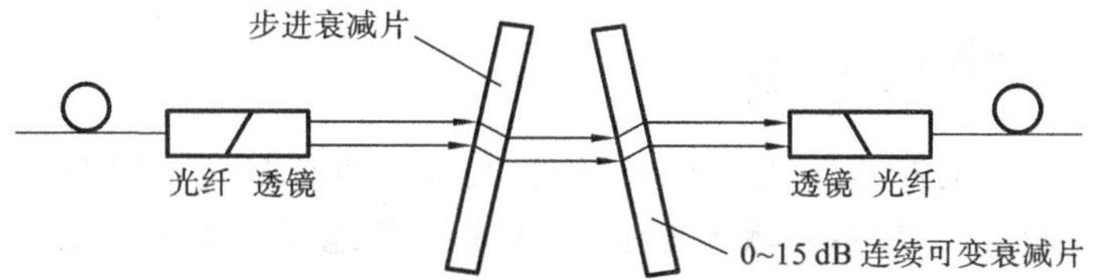

图 9-15 连续可变光衰减器结构

挡位和细挡位的共同作用，即可达到连续衰减光能量的目的。

连续衰减片是采用真空镀膜方法，在圆形光学玻璃片上统制金属吸收膜而制成的。蒸镀时，采用特殊的专用扇形装置来覆盖玻璃基片，由于这种专用覆盖装置可连续均匀地改变张角，所以，可以使蒸镀出来的膜层厚度逐渐均匀变化，以达到使衰减量连续变化的目的。除无膜区以外，余下的扇形区域被不同厚度的膜层均匀分配，每 1 dB 膜层区域的周长是相等的，因此，可以保证衰减量的均匀改变。显然，这种衰减器对衰减片镀膜层的均匀性要求很高。设计时应考虑两点。① 衰减片半径越大的位置，衰减量的分辨率也应越高。② 尽量避免衰减范围过大。因为衰减范围过大，即相当于每单位周长的扇形区域内膜层厚度变化过大，这将影响到分辨率的提高，也增加了镀膜工艺的难度。因此，在设计时，常采用连续可调衰减片与分挡步进盘相结合的方案，以使光衰减器既具有较大可调衰减范围，又具有较高的分辨率。此外，衰减量的精度还与器件零部件的加工精度和装配有关，要求重要零件必须精密加工，并且需要耐磨、防锈、防潮、防尘，其装配精度要高，密封性能要好。步进式双轮光衰减器的制作工艺已经很成熟，适于大批量生产，但器件体积仍较大。

5. 平移式光衰减器

平移式光衰减器结构光路如图 9-16 所示。平移式光衰减器除衰减元件改用全量程连续变化的中性滤光片外，其他元件均与双轮式的一样。其滤光片的制作方法与扇形渐变滤光片的相似，只需将其覆盖装置作相应改变，即可使其光学密度随滤光片平移的方向呈线性变化。这样，当垂直于光路平移滤光片时，就可以调节光衰减器的衰减量。

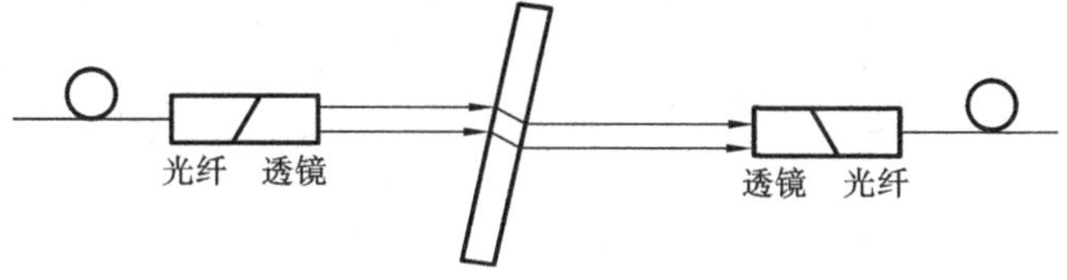

图 9-16 平移式光衰减器结构

由于器件的光学性能主要取决于滤光片的特性，所以对滤光片的性能要求相当高，需要同时兼顾衰减量程和衰减精度两个因素。连续变化滤光片的透过率为

$$T_P = d_0 + ks \tag{9-18}$$

式中：k 为常数，由滤光片吸收系数 a 和滤光片的几何尺寸决定；s 为滤光片垂直于光路的位移量；d_0 为滤光片起始处的透过率。

由式(9-18)可见，只要滤光片上吸收膜足够均匀，滤光片位移面足够平整，这种光学结构的衰减器就具有理想的线性度。

9.2.3 智能型机械式光衰减器

上述几种光衰减器的制作工艺已经很成熟，其性能也很稳定，使用较普遍，但由于采用了机械旋钮调节衰减量、刻度盘读数等方法，故不可避免地带来了精度误差。智能型光衰减器则可弥补这一不足。智能型光衰减器通过电路控制电动齿轮，带动平移滤光片，再将编码盘检测到的实际衰减反馈信号反馈到电路中进行修正，从而达到自动驱动、自动检测和显示光衰减量的目的。这种方法大大提高了光衰减器的衰减精度，同时器件体积小、质量轻，是使用方便的可变光衰减器。但由于其制作成本较高，所以价格偏高，使用受到了一定的限制。图 9-17 所示的是一种智能型机械式光衰减器的原理框图。

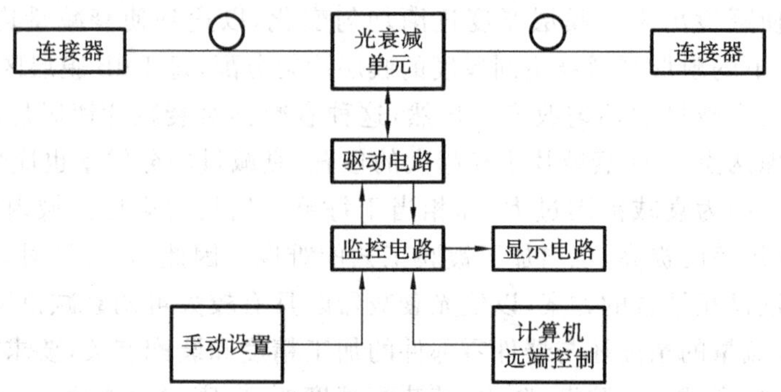

图 9-17 智能型机械式光衰减器的原理框图

9.2.4 液晶型光衰减器

液晶型光衰减器利用了液晶折射率各向异性而显示出的双折射效应。当施加外电场时，液晶分子取向重新排列，这将会导致其透光特性发生变化。其工作原理如图 9-18 所示。

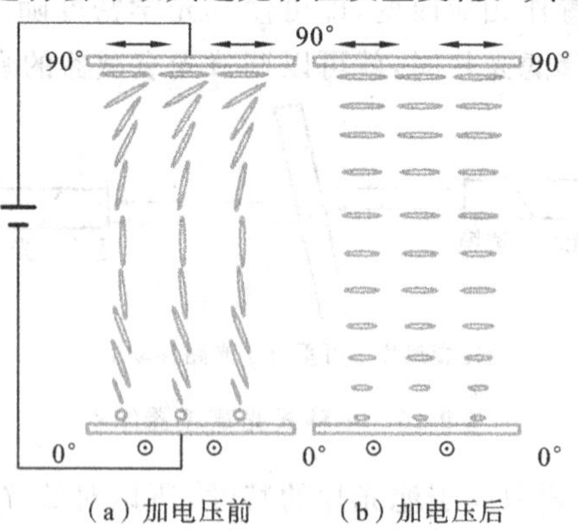

(a) 加电压前 (b) 加电压后

图 9-18 液晶工作原理

图 9-19 所示的是液晶型光衰减器的工作原理示意图。这里面利用了分子轴扭向排列的 P 型液晶。其原理如下：从光纤入射的光信号经自聚焦透镜后成为平行入射光进入双折射晶体，该平行光被分束元件 P_1(双折射晶体)分为偏振面相互垂直的两束偏振光 o 光和 e 光，经过不加任何电压的液晶元件时，两束偏振光同时旋转 90°，旋转后的偏振光再被另一个与 P_1

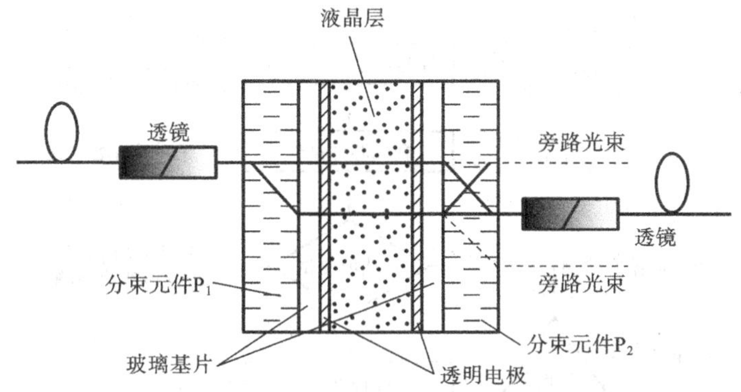

图 9-19 液晶型光衰减器的工作原理示意图

光轴成 90°的分束元件 P_2 合为一束平行光，由第二个自聚焦透镜耦合进光纤。

当液晶的两个电极加上一定的电压后，液晶晶向的扭向排列便产生一定角度的偏转，使得通过液晶的部分 o 光和 e 光，发生偏振面的旋转。其中，偏振方向旋转 90°的那部分 o 光和 e 光被分束元件 P_2 汇合成一束平行光出射，而其余的偏振光则不能被汇合，并以一定的角度射出光路。如果不考虑液晶的光泄漏，以 I_0 表示不加电压时偏振光的总功率，那么当液晶晶向倾斜 θ 角时，偏振面发生旋转的那一部分偏振光功率为 $I'=I_0\cos\theta$，可见 θ 角越大，I' 越小。于是，随着外加电场的不断加强，偏振面发生 90°旋转的那一部分光功率也逐渐变小，即被自聚焦透镜耦合进入光纤的光信号也越来越小，从而实现对光信号的衰减。

利用这种原理可实现器件的小型化、智能化，但由于液晶的环境性能欠佳，故插入损耗大，工艺复杂。

液晶型光衰减器可以实现光衰减器的小型化、高响应化。同时液晶材料插入损耗较大，制作工艺相对也较复杂，特别是受环境因素的影响较大。它的优点是成本低，已有批量商用产品。另外，在强电场作用下，其材料的光学特性也会发生变化，例如，铌酸锂（$LiNbO_3$）晶体的电光效应，因此这也是有可能利用的一个途径，但由于类似这样的电光效应通常需要数千伏乃至上万伏的强电场，所以应用在光通信的无源器件领域有一定限制，至今鲜有相关的信息。

9.3 光衰减器的制作

固定光衰减器的制作涉及固定光衰减器的衰减芯件制作、安装、测试、包装和出库等方面的内容。

9.3.1 固定光衰减器的制作工艺流程

固定光衰减器的制作流程如图 9-20 所示。

9.3.2 固定光衰减器的衰减元件制作

1. 普通固定光衰减器

（1）根据所需的衰减量选择相应的光学控制片。

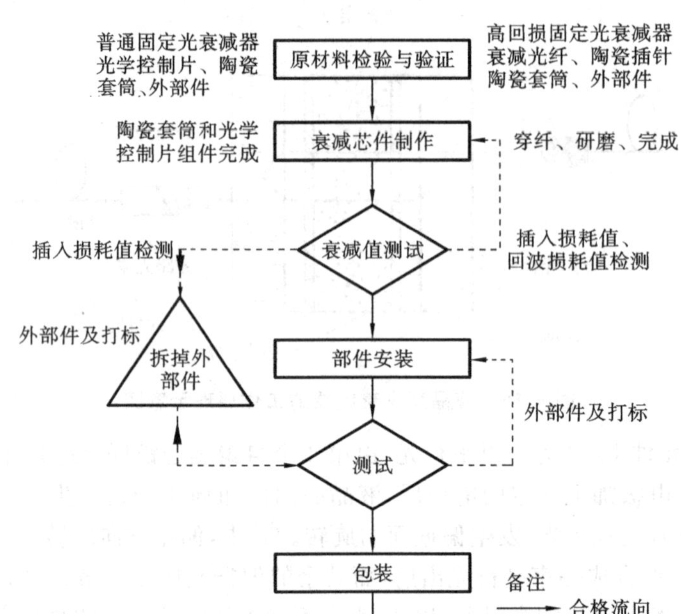

图 9-20 固定光衰减器制作流程图

(2) 将光学控制片穿入陶瓷套筒,接入光纤测试跳线,通过仪表进行初测。测试要求如表 9-1、表 9-2 所示。

表 9-1 对有特殊要求产品的测试指标

规格型号	衰减量/dB
OAT-FC-03	3±0.5
OAT-FC-05	5±0.5
OAT-FC-10	10±1.0
OAT-FC-15	15±1.5
OAT-SC-03	3±0.5
OAT-SC-08	5±0.5
OAT-SC-10	10±1.0
OAT-SC-15	15±1.5

表 9-2 对无特殊要求产品的测试指标

规格型号	衰减量/dB
OAT-FC-03	3±0.75
OAT-FC-05	5±0.75
OAT-FC-10	10±1.0
OAT-FC-15	15±1.5
OAT-FC-20	20±2.0
OAT-SC-03	3±0.75
OAT-SC-05	5±0.75
OAT-SC-10	10±1.0
OAT-SC-15	15±1.5
OAT-SC-20	20±2.0

(3) 如果测试不合格,则返回第一步重新测试。

2. 高回损固定光衰减器

1) 连接套安装

(1) 根据所需类型(如 FC 型和 SC 型)的不同,以及外壳长度的不同,选用不同的专用连接套和插针。将连接套放入专用夹具,将一根插针通过手动冲压机压入连接套。

(2) 调整夹具,将另一根短插针也通过手动冲压机压入连接套,其中两根插针的端面倒角分别朝外。

2) 穿光纤

(1) 把调好的黏结胶先后放入超声波和真空中处理,除去气泡。

(2) 用真空泵将黏结胶均匀地吸入插针孔中(一般情况下 100 根插针用 0.5 g 胶)。

(3) 将衰减光纤穿入连接套的插针中,在高温下烘烤 40 min 后用光纤刀把插针上多出来的光纤削断。

(4) 用单面刀片刮插针柱面,将插针上的残留胶刮掉,使插针柱面光滑无毛刺。

(5) 将插针专用模具在特制的氧化铝细砂纸上均匀地划 8 字,直到插针端面的胶全部被磨掉,插针端面光滑为止。

(6) 用专用擦拭纸沾上乙醇将插针擦拭干净。

3) 研磨抛光

(1) 将插针置于专用夹具,放上一个橡胶盘,在橡胶盘上垫一张砂纸,开始研磨。

(2) 从开始研磨到结束共需四道工序,每次的工序同上。前三道的橡胶盘厚度为 500 μm,最后一道的厚度为 505 μm。前三道砂纸的厚度分别为 9 μm、3 μm、1 μm,最后一道抛光。

(3) 研磨结束后要用端面检测仪检查端面研磨情况,其要求如表 9-3 所示。

表 9-3 端面研磨检查内容及质量要求

检 查 内 容	质 量 要 求
端面各部件(光纤及陶瓷)检查	不允许有任何污物
光纤纤芯(光斑)内检查	不允许有任何斑点和划痕
光纤 1/2 包层以内、光斑以外端面检查	不允许有 2 条及以上轻微划痕和小斑点
光纤 1/2 包层以外端面检查	不允许有 3 条及以上轻微划痕和 3 个及以上小斑点
光纤外绝缘层检查	不允许有大块亮边
陶瓷插芯崩裂检查	不允许有明显的崩裂

注意,在研磨之前要将插针表面的胶刮除干净,否则会影响研磨质量。

9.3.3 固定光衰减器的安装

1. 普通固定光衰减器的安装

1) FC 型固定光衰减器的安装

(1) 将转换器平放入模具并固定。

(2) 将转换器螺丝拧开,取下上半部分。

(3) 将芯件制作工艺完成的装好光学控制片的陶瓷套筒对准转换器下半部分的槽插入。

(4) 将转换器上半部分还原,拧紧螺丝。

(5) 根据光衰减器的不同型号点漆。除用户有特殊要求的以外,不同衰减值对应的油漆颜色如下:5 dB——蓝色, 10 dB——红色,15 dB——绿色,其他的标称衰减值的器件不点漆。

2) SC型固定光衰减器的安装

(1) 将芯件制作工艺完成的装好光学控制片的陶瓷套筒固定于两个SC定位卡之间,装入SC外壳的下半部分。

(2) 将SC外部件的上下半部分对齐后放在超声波塑料焊接机的焊接夹具上。将机器调试好后按焊接键,SC外部件的上下部分就被牢固地焊接在一起。

(3) 将打好标的SC卡簧卡在光衰减器上。

2. 高回损固定光衰减器的安装

1) FC型高回损固定光衰减器安装

(1) 根据插针上连接套的记号,对准光衰减器座的卡口方向,将芯件中露出的插针装入光衰减器座,装入时应保证衰减器座的定位卡与连接套的卡槽匹配。

(2) 在光衰减器座的螺纹上均匀地涂一圈黏结胶,安上耦合螺母,将耦合直套旋进光衰减器座,套上保护帽。

(3) 在光衰减器座上用激光打印机打上编号及衰减值标记。也可以在安装前先打标,然后进行安装。

2) SC型高回损光衰减器的安装

(1) 根据插针上连接套的记号,对准白色内套的两个倒角中间,将芯件露出的插件装入白色内套,装入时应保证白色内套的定位孔与芯件上的定位套的卡槽对位,然后将芯件的陶瓷套筒端旋转90°。装上带U形卡簧的定位卡,并保证白色内套和定位卡的结合完好、平整。

(2) 根据白色内套和外套的倒角一致的方向,将白色内套端放入外壳,并在定位卡端增加白色内套,在其上用力保证压入到位,可听到“咔”的响声。

(3) 摇动器件,应能听到插针的活动声;用外壳的插座端敲打桌面,压入件不应从外壳上脱落出来。否则,安装不合格,返回到第一步重新安装。

(4) 将阻挡卡对准外壳的孔卡插进去,在上了卡子的外壳另一面洞眼处点上黏结胶以便固定卡子。

(5) 等黏结胶干后,用刀片将多余的胶和外部件上的毛刺刮掉,使外部件光滑平整。贴上标识,套好保护帽。

(6) 在外部件上打上标。也可在安装前先打标,然后进行安装。

9.3.4 台式可变光衰减器制作

1. 工作原理

可变光衰减器的设计采用$P/4$节距自聚焦透镜构成的平行光束光学系统,在平行光束路途中加进两组衰减滤光片,用光纤活动连接器作输入、输出的连接口,并且使外接的光纤系统输进器件内的光能损耗极小地通过器件内各元器件。在器件内完成了光功率的衰减任务后,光又在器件外的光纤系统中继续传输。根据这样一个原则和思路设计该可变光衰减器,其工作原理如图9-21所示。

如图9-21所示,来自外接光纤系统的光通过活动连接器插座1的转换器,将光耦合到器件内的活动连接器1的插芯端面中心,光经过透镜1后形成平行光束,平行光束通过衰减片1和

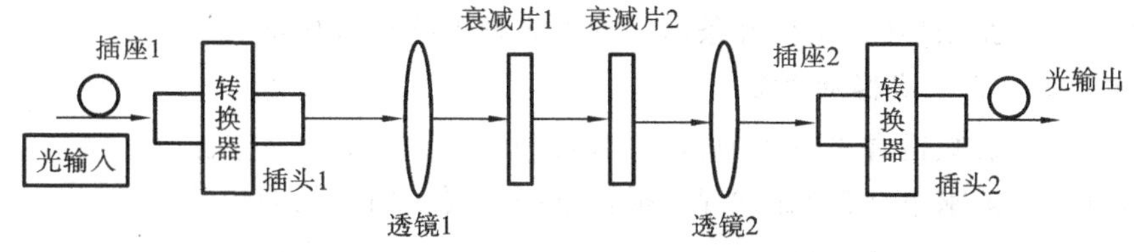

图 9-21 可变光衰减器工作原理

衰减片 2，衰减了预定的量后，入射到透镜 2 的接收表面，由透镜 2 外接光纤系统继续传输。

2. 制作过程简述

(1) 利用 $P/4$ 节距自聚焦透镜具有准直和聚集的特性，光路系统采用 $P/4$ 节距的自聚焦透镜和一对单模陶瓷活动连接器组合的光路耦合变换元件。

(2) 为了使用该器件工作波长范围宽(在 1.31 μm 和 1.55 μm 上都能应用)，衰减量可调范围大，且连续可变，利用金属蒸镀膜滤光片在很宽的波长范围中其衰减特性平坦的特性，器件的步进可变衰减片和连续可变衰减片采用金属蒸镀膜滤光片作为器件的衰减元件，并且选择两组衰减片组合并用方式。

步进可变衰减片分为 0 dB、20 dB、30 dB、40 dB 和 50 dB 等五挡，将镀制好的各挡衰减片分别装进一个能旋转的金属制作的转盘相应的部位上。

连续可变衰减片要求连续可变衰减量为 0 至 16.5 dB 递减，其分辨率为 0.1 dB/2°，衰减片基础片尺寸为外径 $\phi60\times2$ mm，中间有一个 $\phi6$ mm 的同心圆孔的圆形玻璃片。

(3) 为使该器件插入损耗小，首先要求准直，聚焦的耦合变换光元件系统本身的损耗小，这由自聚焦透镜棒的参数决定；其次是 0 dB 的步进可变衰减片的两端面、连续可变衰减片的空白处的两面和透镜的两端面都要镀制增透膜，以增大光的透过率。

(4) 为使该器件衰减量稳定、可靠、精度高，一方面采用金属蒸镀膜滤光片作衰减元件，另一方面要将两组衰减片分别相对光轴有一个角度，以防止金属膜所产生的反射光再次入射和多次反射。

(5) 其机械结构必须合理，而且零部件加工必须精密，同时器件中各金属零部件的材料要耐磨、防锈、防潮、防尘，装配精度要高，结构要紧奏，密封性要好，从机械结构设计上保证器件的精度要求。

9.3.5 固定光衰减器的包装和入库

1. 包装

1) 普通固定光衰减器的包装

(1) 将包装用小海绵装入小透明盒。

(2) 把光衰减器两端用保护帽套好。

(3) 将测试单折叠好后放入包装盒，光衰减器平放在测试单上。

(4) 用透明胶带纸封住包装盒，在盒盖上贴上有光衰减器型号、厂家名称的标识，在盒底贴上条形码及最终检验员的合格证，正反面标识的方向应该一致。

(5) 将装有光衰减器的包装盒放入已折叠好的专用纸盒，在纸盒的右上方贴上外标识，在外标识下方贴一张条形码,紧接着条形码的下方贴上终检合格证。

2) 高回损固定光衰减器的包装

高回损固定光衰减器常采用单独包装(常规包装)。如为中性包装,则不贴合格证,且标识中无单位标。不要求单独包装的产品,根据不同需要采用不同的包装。

2. 入库

(1) 检查光衰减器型号、数量是否正确,光衰减器与测试单是否包装好,标识等是否正确。

(2) 送到成品仓库。

(3) 由专人与仓库保管员一起校对光衰减器型号、数量,并办理入库手续。

思 考 题

1. 固定光衰减器(普通型、高回损型)的工作原理及设计原理是什么?分析影响高回损固定光衰减器性能的因素,并说明如何提高其性能参数。

2. 用简略的语言总结固定光衰减器及可变光衰减器的制作工艺及质量控制点。

任务10 光衰减器参数测试

◆ 知识点

¤ 了解光衰减器各参数的概念

¤ 测试原理方法

◆ 技能点

¤ 熟练使用测试仪器

¤ 能正确对光衰减器的衰减量、插入损耗和回波损耗进行测试

¤ 能够写出符合要求的测试报告

10.1 任务描述

光衰减器参数测试结果是判断一个产品是否合格的重要依据,本任务使用测试仪器对光衰减器的衰减量和回波损耗进行测试。

10.2 相关知识

10.2.1 衰减量及插入损耗的概念与测量原理

1. 衰减量及插入损耗的概念

光衰减器的衰减量是指在一段光纤光缆中插入一个光衰减器而引起有用光功率降低的

数值(dB)。

衰减量和插入损耗是光衰减器的重要指标，固定光衰减器的衰减量指标实际上就是其插入损耗，而可变光衰减器除了衰减量外，还有单独的插入损耗指标，高质量的可变光衰减器的插入损耗在 1.0 dB 以下，一般情况下普通可变光衰减器的该项指标小于 2.5 dB 即可使用。在实际选用可变光衰减器时，插入损耗越小越好，但这势必会涉及价格问题。

常规测试时，应选择好所需的工作波长，并尽可能地使任何可能注入的高阶模受到足够的衰减，以使光衰减器的输入端和检测器处仅有基模传输。

2. 衰减量的测量原理

对于多模光纤，其注入条件应为满注入或在光衰减器接口处获得稳态模式分布。注入条件应符合 IEC793—1 第 38.1 条满注入条件和 32.2 条稳态模式分布的规定。

对于单模光纤，其注入条件应为在光衰减器输入端及检测处仅有基模传输，光源的波长(包括谱线宽度)必须长于光纤的截止波长，并且光纤的配置及光纤长度均应使可能注入的高阶模得到足够的衰减。光衰减器插入损耗、衰减量测试方框图如图 10-1 所示。

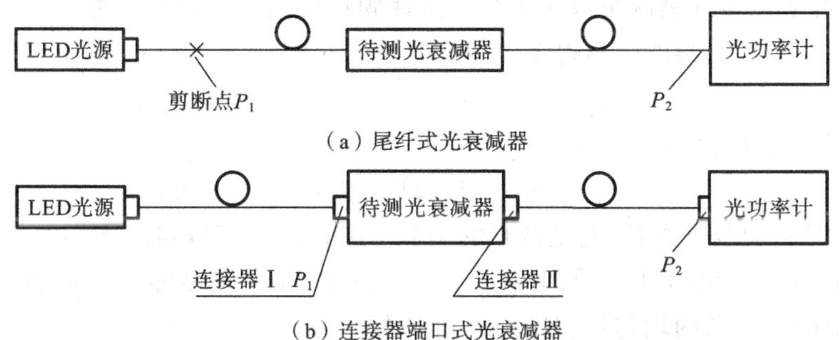

图 10-1　光衰减器衰减量、插入损耗测试方框图

如果光衰减器尾端不带连接器，为光纤输出，则可按图 10-1(a)所示方式建立测试框架，并采用熔接法将各连接点的光纤熔接在一起，其输入光功率 P_1 从剪断点测得。

如果光衰减器为连接器端口式的，则可按图 10-1(b)所示方式建立测试框架。图 10-1(b)中的连接器Ⅰ、Ⅱ为参考连接器，其本身的插入损耗应尽可能小，P_1、P_2 为插入光衰减器前后分别测得的光功率值。

$$A(\text{或 IL}) = -\lg(P_1/P_2) \tag{10-1}$$

式中：A 为固定光衰减器测得的衰减值；P_1 为初次入射光功率，单位为 mW；P_2 为插入光衰减器后的光功率，单位为 mW。

采用一对标准的参照连接器对 SR，其互连后的插入损耗应小于 0.1 dB，测量程序如下。

(1) 在衰减测量之前记录初始光功率 P_1，如图 10-2 所示。

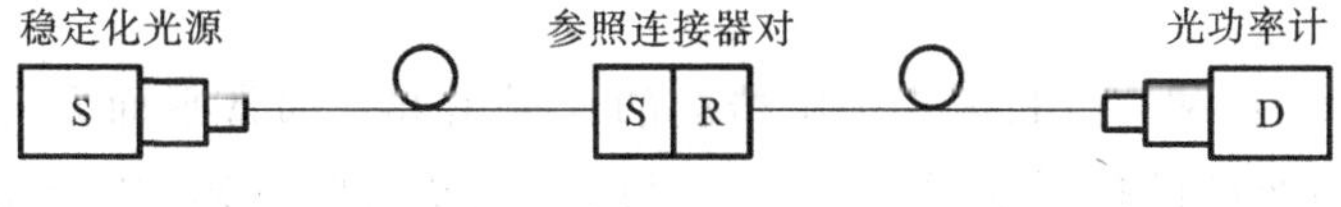

图 10-2　测量初始光功率 P_1

(2) 将参照连接器对 SR 分离，插入被测的固定光衰减器(见图 10-3)，记录此时的光功率 P_2。

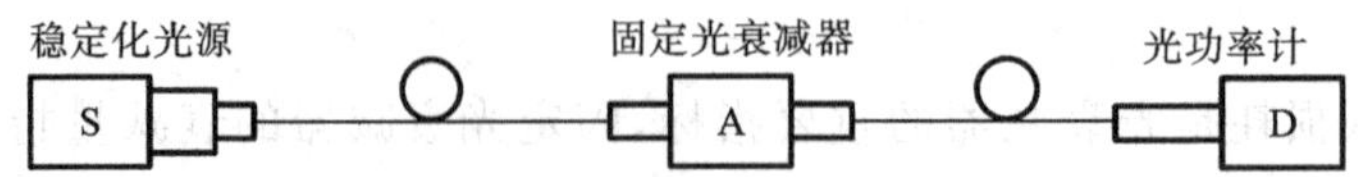

图 10-3 测量放入固定光衰减器后的输出功率 P_2

(3) 按式(10-1)计算被测固定光衰减器的衰减值。

在衰减光纤的选型时，一般预留 0.5 dB 的端面连接损耗。例如，设计高回波损耗插针标称长度为 15.50 mm，为了实现器件的衰减标称值 A，选用的衰减光纤的衰减率 $B=(A-0.5)/1.550$。比如，标称为 10 dB 的衰减器，使用的衰减光纤的衰减率就是 6.13 dB/mm。

10.2.2 光衰减器的衰减精度

衰减精度是光衰减器的重要指标之一。通常机械式可变光衰减器的衰减精度误差为其衰减量的±0.1。其大小取决于机械元件的精密加工程度。固定光衰减器的衰减精度很高。通常衰减精度越高，价格就越贵。

衰减片式光衰减器的衰减量取决于金属蒸镀膜层的透过率和均匀性。由布拉格定律可知，透过率取决于吸收材料的内透射率 α 和它的厚度 t，即

$$T_P=10^{-\alpha t} \tag{10-2}$$

因此，衰减量 A 可表示为

$$A=-10\lg T_P=10\alpha t \tag{10-3}$$

式中，α 取决于材料的吸收本领，它是波长的函数。考虑到光衰减器的工作波长范围，应选择 α 随波长变化而较小变化的材料，如中性滤光片。同时，由于衰减量与吸收材料的厚度呈线性关系，所以对吸收材料的均匀性应做严格的要求。

如果光衰减器采用机械式结构，那么机械式结构中的读数显示方式及调整方法也将影响到光衰减器的衰减精度。因此，对光衰减器中的重要机械元件均需要进行精密加工。

10.2.3 回波损耗的概念与测量原理

1. 回波损耗的概念

光衰减器的回波损耗(RL)是指入射到光衰减器中的光能量和光衰减器中沿入射光路反射出的光能量之比，是光器件参数中影响系统性能的一个重要指标。回返光对光网络系统的影响是众所周知的。它会引起激光器相对强度噪声、非线性啁啾及激射漂移等，使通信系统性能恶化。

高性能光衰减器的回波损耗在 45 dB 以上。为了不至于降低整个线路的回波损耗，必须在相应线路中使用高回损光衰减器，同时还要求光衰减器具有更宽的温度使用范围和频谱范围。

回波损耗由各元件和空气折射率失配造成的反射引起。通常平面元件引起的回波损耗在 14 dB 左右，通过足够的抗反射膜和恰当的斜面抛光及装配工艺，整个元件的回波损耗可达到 50 dB 以上。在轴对称的情况下，如果元件的界面采用倾角为 θ 的斜面，则反射光将以 2θ 的角度偏折出入射光路。因此，要提高回波损耗，在设计时必须在各元件的表面镀制抗反射膜，采用斜面透镜，并将各光学元件斜置或进行折射率匹配。

1) 衰减元件引起的回波损耗

光衰减器的光学衰减元件是引起回波损耗的一个重要原因。如果采用将光学衰减元件倾斜于光轴放置的方法，那么单个光学元件与空气界面处的回波损耗为

$$RL=-10\lg e^{-\left(\frac{2\theta_b}{\theta_0}\right)^2} \tag{10-4}$$

其中：

$$\theta_0=\lambda/\pi n_1 \omega \tag{10-5}$$

光从透镜出射后的模场半径为

$$\omega=\lambda/n_0 A^{1/2}\pi\omega_0 \tag{10-6}$$

式中：θ_b 为光学衰减元件倾斜于光轴的角度；n_0 为空气的折射率；n_1 为光纤纤芯的折射率；ω_0 为光纤的模场半径；A 为自聚焦常数。

由式(10-4)可见，在 θ_0 为常数的情况下，当增加光学衰减元件倾斜于光轴的角度 θ_b 时，衰减器的回波损耗将会得到提高。

如果采用折射率匹配的方法，同样也可以达到减少反射光的目的。当光束垂直入射到光学元件界面上时，由菲涅尔公式，光学元件界面处的回波损耗可表示为

$$RL=-10\lg\frac{(n_1-n_2)^2}{(n_1+n_2)^2} \tag{10-7}$$

式中：n_1、n_2 分别为光学界面两边的折射率。

从式(10-7)可见，当 $n_1\to n_2$ 时，$RL\to\infty$，这说明可以通过选择折射率与光纤接近的介质材料来有效地提高回波损耗。同时，此方法还有助于整个光衰减器插入损耗的进一步减少。不过此方法用于制作转换器式和变换器式光衰减器时，由于介质材料与光纤插针端面直接接触，因此在连接器的不断插拔过程中，介质材料会受到不断摩擦，从而影响光衰减器的寿命；另外，由于大多数可变光衰减器中的衰减元件在使用时常处在移动状态下，不宜添加折射率匹配材料，所以该方法运用范围很有限。

2) 光准直器所引起的回波损耗

对采用光准直器的光衰减器来说，其回波损耗主要来源于入射光的准直光路部分。它主要来自于三个面的反射：单模光纤端面的反射、自聚焦透镜前端面及后端面的反射。提高光衰减器的回波损耗，可采取以下措施。首先，在端面镀制增透膜，这将非常有利于提高光衰减器的回波损耗；其次，应采用斜面光准直器。理论上，在未镀膜、倾角为 0°时，回波损耗为 14 dB 左右；而当光准直器自聚焦透镜端面镀制 0.1%的增透膜，衰减元件倾角为 8°时，光衰减器的回波损耗可达 60 dB 以上。另外，光衰减器在斜面耦合自聚焦透镜时，其回波损耗还与波长有一定关系，工作波长为 1 310 nm 时的回波损耗比工作波长为 1 550 nm 时的要大。不过，可以通过增大斜面倾角的方法来减小这种影响。光纤衰减器的回波损耗还与光纤和透镜端面的间距 d 及填充端面间的介质折射率有关，不同的斜面倾角有不同的折射率最佳匹配值。

事实上，由于工艺等方面的原因，光衰减器实际回波损耗值离理论值还有一定差距，进一步提高光衰减器的回波损耗指标，需进一步改善光准直器的制作工艺，特别是光纤斜面插针与斜面透镜的耦合工艺。当然，如果采用两端均为斜面的自聚焦透镜，则还可进一步提高光准直器的回波损耗，但耦合工艺相当复杂，很难获得插入损耗小的光准直器，而且出射光为一束斜平行光，不利于器件的制作。

2. 回波损耗测量原理

回波损耗是对光衰减器所引起的输入光功率中沿输入路径返回部分的量度。光衰减器所引起的回波损耗可由任何相邻零件的折射率差产生,并与其他因素有关,如零件的相互靠近程度、器件表面粗糙度等。固定光衰减器引起的回波损耗测量步骤如下。

(1) 选择一个插入损耗小于等于 3.3 dB,分光比为 1∶1,带连接器端口的定向耦合器,定向耦合器本身的回波损耗大于等于 65 dB,按照 IEC 875—1 有关规定测量端口 2 与端口 3 之间的传输系数 $T_{2,3}$。

(2) 按图 10-4 所示方式构成测量装置,应注意全部光纤和器件端口部分的清洁互连,使来自这些界面的回波损耗具有重复性。

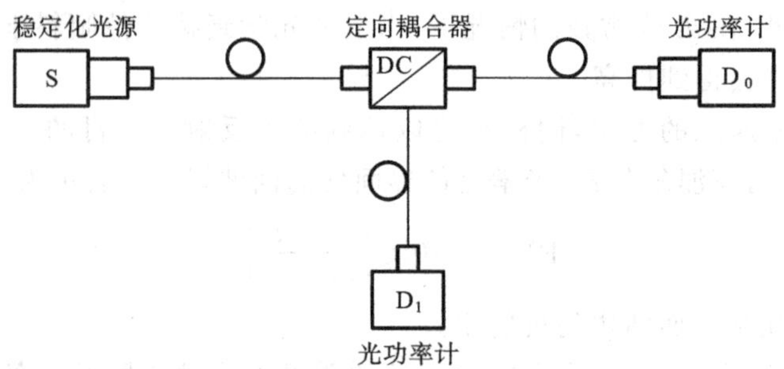

图 10-4 测量未装光衰减器时的回波损耗

计算测量装置的回波损耗,即

$$RL=-10\lg(P_1/P_0)+10\lg T_{2,3} \tag{10-8}$$

式中:P_0 为光功率计 D_0 输出的光功率,单位为 mW;P_1 为光功率计 D_1 输出的光功率,单位为 mW;$T_{2,3}$为定向耦合器的传输系数。

注意,当测量 P_0 时,应将插入 D_1 的连接器拔出,并在插针上涂上匹配液;当测量 P_1 时,应将插入 D_0 的连接器拔出,并在插针上涂上匹配液。

(3) 按图 10-5 所示方式插入固定光衰减器,测量并分别记录光功率 P_0'、P_1'。

(4) 计算固定光衰减器的回波损耗 RL,即

$$RL=-10\lg[(P_1'-P_1)/P_0]+10\lg T_{2,3} \tag{10-9}$$

式中:P_0 为光功率计 D_0 输出的光功率值,单位为 mW;P_1'为光功率计 D_1 输出的光功率值,单位为 mW;P_1 为图 10-5 中功率计 D_1 输出的光功率值,单位为 mW。

要求测试系统中所用连接器的回波损耗高于被测器件的回波损耗。

10.2.4 光衰减器的频谱特性与测量

1. 光衰减器的频谱特性

频谱损耗是对光纤光缆中插入光衰减器所造成的以分贝表示的衰减对波长依赖关系的量度。

在一些特殊的用途中,需要光衰减器在一定的带宽范围内有较高的衰减精度,其衰减谱线具有较好的平坦性。因此光衰减器还有频谱特性方面的要求。不过,只有在计量、定标等场合的使用中,才对此有严格的要求。所以此项指标不作为光衰减器的常规测试指标,仅在

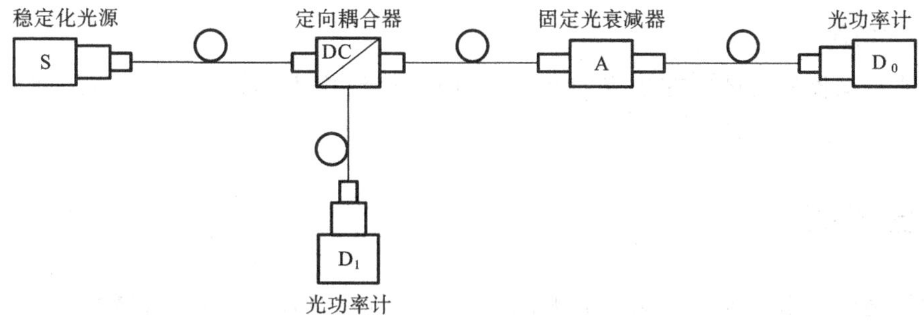

图 10-5 测量固定光衰减器的回波损耗

需要时才予以测量。一般情况下，固定光衰减器的频谱损耗在－30～＋30 nm 的范围内不大于 0.5 dB。

2. 频谱损耗测量

光衰减器的频谱特性测试采用 LED 作宽带光源（S），用光谱分析仪（SA）扫描被测器件在中心波长±30 nm 范围内的频谱损耗，其方法如下。

（1）如图 10-6 中所示，用光谱分析仪扫描 LED 光源谱线，并存入光谱分析仪。

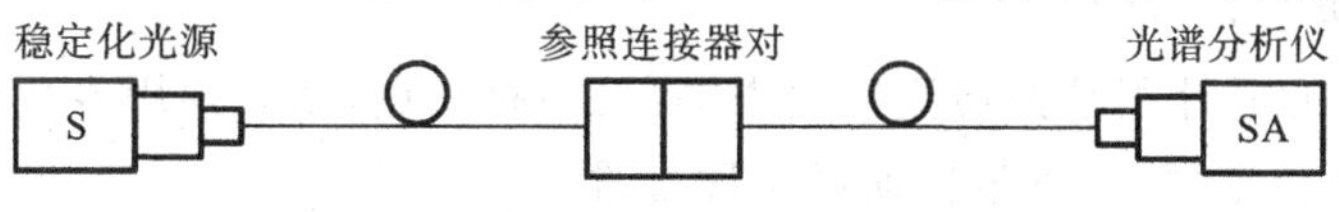

图 10-6 扫描光源光谱

（2）如图 10-7 所示，将标准参照连接器对分开，插入固定光衰减器 A，扫描经过被测器件的输出光谱，并与存入的光谱进行比较，即可分析被测器件在中心波长±30 nm 范围内的频谱损耗。

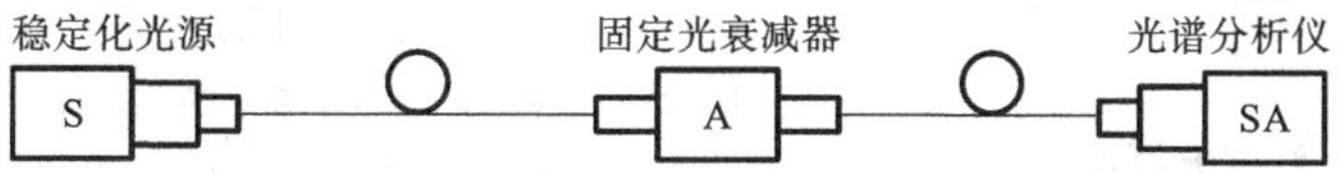

图 10-7 测量固定光衰减器的频谱损耗

（3）打印出固定光衰减器的频谱曲线。

（4）频谱损耗在中心波长±30 nm 范围内应小于等于 0.5 dB。

10.3 任务实施条件

1. 测试参考标准

测试参考标准为 YD/T894—2010《光纤固定衰减器技术条件》。

2. 测试仪表设备

测试仪表设备包括稳定化光源（1 310 nm/1 550 nm）、光功率计、定向耦合器、参照连接器、光谱分析仪。测试所用仪表精度均应符合要求，并在计量检定期内。

3. 测试参数项目

测试参数项目包括衰减值、回波损耗、频谱损耗。

4. 测试条件

固定光衰减器的测试应在规定的条件下进行，即温度为 15 ℃～35 ℃，湿度为 45%～75%，气压为 86～106 kPa。

10.4 任务实施

下面以适配器型固定光衰减器的测试方法为例进行具体测试，连接器型固定光衰减器和尾纤型固定光衰减器的测试参照此种方法。

10.4.1 测试前外观检查

进行光学性能测试前，首先对光衰减器进行外观检查，其外观必须平滑、洁净，无油污、伤痕和裂纹，整个器件应稳固、无松动，与连接器插接应平顺，易于插拔。

10.4.2 固定光衰减器测试

1. 高回损固定光衰减器初测

(1) 将研磨好的插针用端面检测仪检查端面，如有污点，则必须用专用擦拭纸擦干净，不允许出现大块亮边和划痕，否则退回研磨工序处理。

(2) 将插针的一端套上陶瓷套筒，用测试仪表进行测试。

(3) 挑出测试值最佳的一面在连接套上做上记号，以便安装。

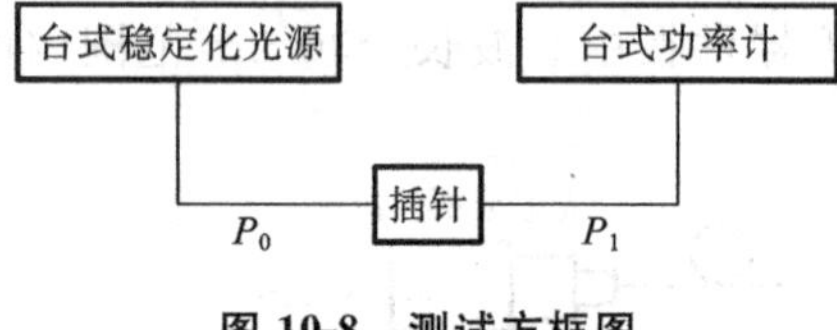

图 10-8 测试方框图

(4) 测试方框图如图 10-8 所示，如果测试不合格，则返回第一步重新测试。

$$A(\text{或 IL})=P_1-P_0$$

式中：P_0 为输入光功率，单位为 dBm；P_1 为输出光功率，单位为 dBm。

受仪表所限，根据测试的实际情况，初测只测插入损耗指标。

2. 高回损固定光衰减器复测

测试原理框图如图 10-9 所示。回损仪除可以测试回波损耗值外，也可以用来测试光衰减器，两个波长为 1 310 nm 和1 550 nm。

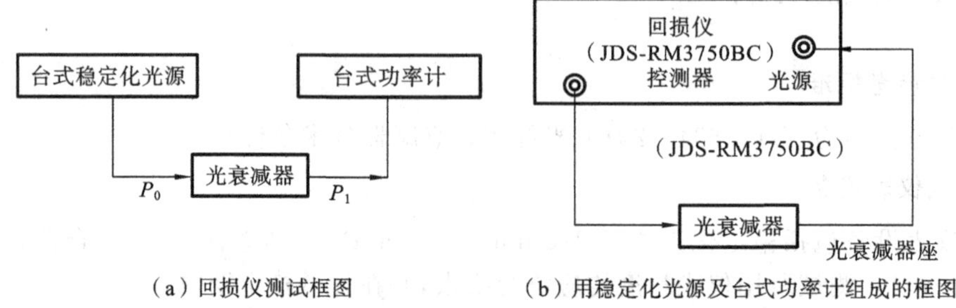

(a) 回损仪测试框图　　(b) 用稳定化光源及台式功率计组成的框图

图 10-9 测试原理框图

(1) 仪表预热 30 min。

(2) 校准仪表　根据产品的波长规定选择需校准的光源,将适配器接入相应的光纤测试跳线(以 1 310 nm 和 1 550 nm 的光源)对仪表进行校准。

(3) 标准源的绕模　用一根直径为 6 mm 的棒将标准源轻轻缠绕,缠绕时不要用力拉扯,绕到 60 dB 即可存储光。

(4) 标准源的连接头接光衰减器座一端(尾部),探测器一端的跳线连接头接光衰减器头,按照回损仪的使用说明进行测试。

(5) 测试应根据各类光衰减器标准或合同要求规定的指标进行。在测试过程中要注意以下两点。

① 跳线及光衰减器端面的清洁:每个光衰减器在测试前都要用端面检测仪观察端面的清洁情况;跳线端面也要经常用端面检测仪检测,如果端面脏,则应立即用擦拭纸清洁,否则会影响衰减值及回波损耗值。

② 如发现测试值不正常,则应对仪表进行再次校准。

注意,对普通固定光衰减器,如果复测不合格,则将光衰减器螺丝拧出,取出光学控制片,进行返工。

10.4.3 台式可变光衰减器测试

可变光衰减器是结构精密,用于单模光纤系统进行高精度光功率衰减的光学器件,它采用步进可变衰减与连续可衰减并用的方式。因此,该器件要用高精密的仪器、仪表进行高精度的测试。

1. 测试的技术指标要求

(1) 使用波长:1.3/1.55 μm(精度按 1.3 μm)。

(2) 插入损耗: 小于等于 4 dB。

(3) 衰减量可变范围:0～65 dB。

(4) 衰减量精度(在 1.3 μm 下测试):

① 5 dB、10 dB、15 dB 可变时,精度为±0.5 dB;

② 10 dB、20 dB 可变,连续可变度盘 0 dB 时,精度为±1.0 dB;

③ 30 dB、40 dB 可变,连续可变度盘 0 dB 时,精度为±2.0 dB;

④ 50 dB,连续可变度盘 0 dB 时,精度为±3.0 dB。

(5) 工作温度:0 ℃～40 ℃。

(6) 输入/输出连接器:FC/PC 型。

(7) 使用光纤:SM(10/126 μm)。

2. 测试方框图及所有仪表

测试方框图如图 10-10 所示,测试时所用仪表为 LD 光源(S)、检测单元(D),测试方法用截断法。

3. 测试步骤

衰减量及衰减精度测试步骤如下。

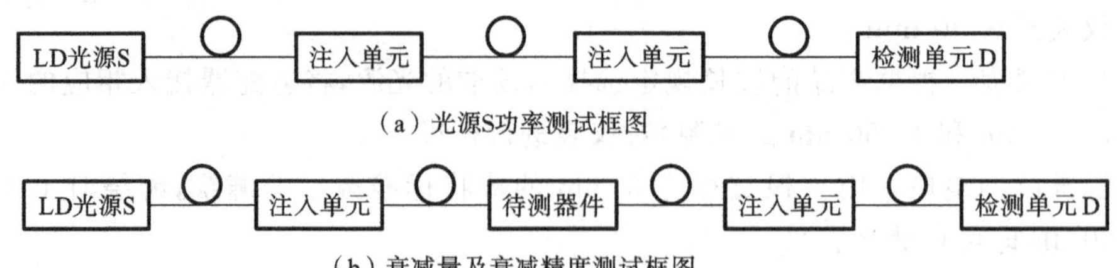

(a) 光源S功率测试框图

(b) 衰减量及衰减精度测试框图

图 10-10 台式可变光衰减器的测试方框图

(1) 按图 10-10(a)所示方式连接好测试线路并记录功率 P。

(2) 按图 10-10(b)所示方式连接好测试线路,将可变光衰减器的两组刻度盘旋钮都旋到 0 dB 的位置上,并记录功率 P_1,计算出该器件的插入损耗值为

$$A=-10\lg(P_1/P_0) \quad (10\text{-}10)$$

(3) 将可变光衰减器的两刻度盘旋钮旋到 0 dB 的位置上,并记录功率 P_1,然后只将步进可变刻度盘旋钮旋到 10 dB 位置上,记录此时的功率 P_{10},计算出该器件在 10 dB 处的衰减值。

$$A_{10}=-10\lg(P_{10}/P_1) \quad (10\text{-}11)$$

(4) 对 20 dB、30 dB、40 dB、50 dB 各挡位置上衰减值的测试与步骤(3)所述相同。只是将步进可变刻度盘旋钮分别旋到 20 dB、30 dB、40 dB、50 dB 的位置上,并分别记录功率 P_{20}、P_{30}、P_{40}、P_{50};又分别计算出 20 dB、30 dB、40 dB、50 dB 各挡位置上的衰减值。

(5) 将可变光衰减器的两刻度盘旋钮旋到 0 dB 位置上,并记录功率 P_1。连续可变刻度盘旋钮分别旋到 1 dB、2dB、3 dB……15 dB 各挡位置上,并记录其相对应的功率 P'_1、P'_2、P'_3……P'_{15},再分别计算出 1 dB、2dB、3 dB……15 dB 各挡位置的实际衰减值。

(6) 用步骤(5)中得出的实际衰减值减去相应的标称值即为该挡的精度,如在 3 dB 挡时,测量并计算得到的实际值为 3.1 dB,则此挡的精度为(3.1－3) dB=0.1 dB。

(7) 同理测得其他各挡的精度。

思 考 题

1. 在已知需要的高回损衰减标称值 A 的前提下,如何确定衰减光纤的衰减率?

2. 光衰减器的主要性能参数是什么?怎样测量?

3. 写一份较完整的测试报告。

情境 4

机械式光开关的制造

光开关，英文名称 optical switch，缩写为 OSW。在外部激励（机械、电力等）作用下，光开关通过改变光学材料的折射率，或通过光学元件（如反射镜、棱镜）的运动，改变或阻断光束传输方向的光无源器件。在光纤传输网络和各种光交换系统中，光开关可由微机控制实现分光交换，实现各终端之间、终端与中心之间信息的分配与交换智能化。在普通的光传输系统中，可用于主备用光路的切换，也可用于光纤、光器件的测试及光纤传感网络中，使光纤传输系统、测量仪表或传感系统工作稳定可靠，使用方便。

光开关、光开关矩阵是技术含量较高的光无源器件，涉及与之相应的制作材料、加工工艺等基础技术支持。目前，尽管全光网络的兴起迫切需要大量性能优良、价格合理的光开关、光开关矩阵，但真正能够商用化的光开关产品只有传统的机械式光开关。

传统的机械式光开关虽然开关时间偏长（15 ms），体积偏大，但其串音小，重复性好，插入损耗低，与使用的光波长、偏振态无关，不受系统采用的数据格式的限制，价格相对便宜。目前，机械式光开关已经广泛应用于光网络中的自动保护倒换和恢复、光器件测试和网络监护，成为构成 OXC（光交叉连接）的交换核心，成为构建 OADM（光分插复用器）设备的核心。此外，对于开关速率要求不高的其他非通信光网络系统（如光测试系统、光纤传感系统、光器件调试系统等）来说，机械式光开关性价比相对较高，其他类型的光开关无法与之相比。

本学习情景以 1×1、1×2 机械式光开关为例，介绍机械式光开关的制作流程。

任务 11　认识光开关

- ◆ 知识点
  - ☆ 光开关的分类
  - ☆ 各类光开关的工作原理
  - ☆ 继电器改变光路的原理
- ◆ 技能点
  - ☆ 能辨识各类光开关
  - ☆ 能用光开关组成小型应用网络

11.1 任务描述

该任务要求了解光开关的分类、各类光开关的工作原理及继电器改变光路的原理。辨识各类光开关,并能用光开关组成小型应用网络。

11.2 相关知识

11.2.1 光开关的分类

(1) 光开关按其工作原理可分为机械式光开关和非机械式光开关两种。

机械式光开关是依靠光纤或光学元件的移动使光路发生改变的。当前市场上的光开关一般为机械式的。其优点是:插入损耗低(一般不大于 2 dB),隔离度高(一般大于 45 dB),不受偏振和波长的影响。缺点是:开关时间较长(一般为毫秒数量级),有的还存在回跳抖动和重复性较差的问题。机械式光开关又可细分为移动光纤、移动套管、移动准直器、移动反光镜、移动棱镜、移动耦合器等光开关种类。

非机械式光开关则是依靠电光效应、磁光效应、声光效应及热光效应来改变波导折射率,使光路发生改变的,所以,非机械式光开关又称波导式光开关。这是一项新技术,这类光开关的优点是:开关时间短(达到毫秒数量级甚至更小),体积小,便于光集成或光电集成。不足之处是:插入损耗大,隔离度低(只有 20 dB 左右)。

(2) 从端口数量上分,光开关可分为:最为简单的 1×1 型(即通断开关)、1×2 型、2×2 型、1×N(目前已有 N 等于 100)型、2×N 型、4×4 型、M×N 型等。图 11-1 所示的为几种端口机械式光开关实物图,其中图 11-1(a)所示的为 1×1 型光开关、图 11-1(b)所示的为 1×2 型光开关、图 11-1(c)所示的为 1×N 型光开关。

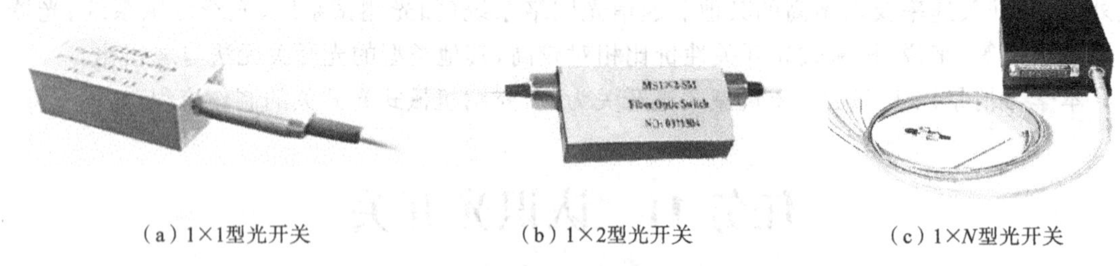

(a) 1×1型光开关　(b) 1×2型光开关　(c) 1×N型光开关

图 11-1　几种端口机械式光开关实物图

(3) 下面介绍几种简单光开关的各端口与引脚定义。

① 接通和断开(ON-OFF 1×1 型)光开关。

1×1 型光开关是最简单的一种光开关,类似于电路中的单刀单掷开关,在光路中起接通和断开的作用,也称为 ON-OFF 开关。它只有一个输出端口,如图 11-2 所示。

1×1 型光开关引脚说明如表 11-1 所示。

② 1×2 型光开关。

1×2 型光开关具有一个公共端口和两个可供选择的输入或输出端口,如图 11-3 所示。

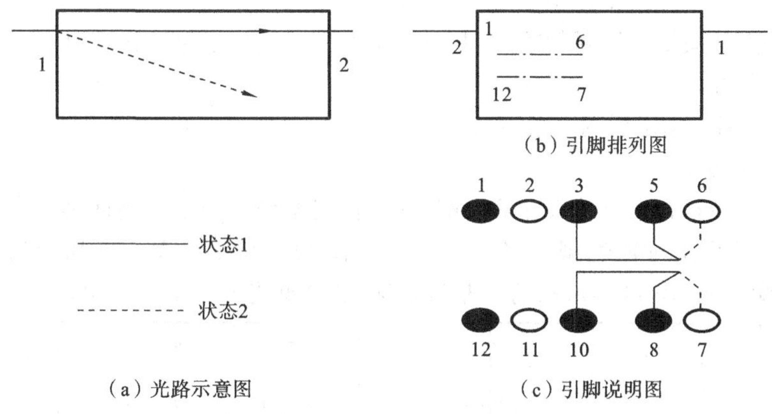

(a) 光路示意图 (b) 引脚排列图 (c) 引脚说明图

图 11-2 1×1 型光开关引脚示意图

表 11-1 1×1 型光开关引脚说明

线圈	光路	电压	驱动引脚				监控引脚	
			1	12	2	11	3～5,10～8	3～6,10～7
L 型	1—2	ON	GND	+5 V(DC)	—	—	open	close
	—		—	—	GND	+5 V(DC)	close	open
N 型	1—2	ON	GND	+5 V(DC)	/	/	open	close
	—	OFF	GND	NA/GND	/	/	close	open

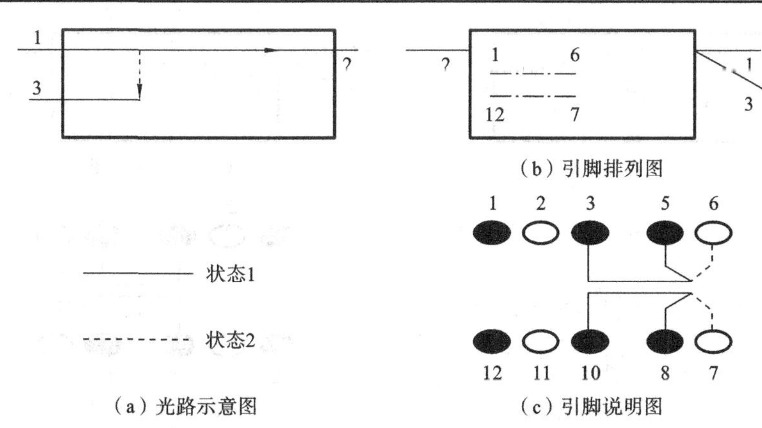

(a) 光路示意图 (b) 引脚排列图 (c) 引脚说明图

图 11-3 1×2 型光开关引脚示意图

1×2 型光开关引脚说明如表 11-2 所示。

表 11-2 1×2 型光开关引脚说明

线圈	光路	电压	驱动引脚				监控引脚	
			1	12	2	11	3～5,10～8	3～6,10～7
L 型	1—2	ON	GND	+5 V(DC)	—	—	open	close
	1—3		—	—	GND	+5 V(DC)	close	open
N 型	1—2	ON	GND	+5 V(DC)	/	/	open	close
	1—3	OFF	GND	NA/GND	/	/	close	open

1 端口:将光开关置于透射状态,双芯中与单芯端口构成通路的光端口。

2 端口:单芯端口。

3 端口:1、2 端口确定后的剩余端口。

③ 2×2 型光开关。

2×2 型光开关具有两个输入和输出端口,包括阻塞型和非阻塞型两种。阻塞型 2×2 型光开关如图 11-4 所示,非阻塞型 2×2 型光开关如图 11-5 所示。表 11-3 所示的为阻塞型 2×2 型光开关引脚说明,表 11-4 所示的为非阻塞型 2×2 型光开关引脚说明。

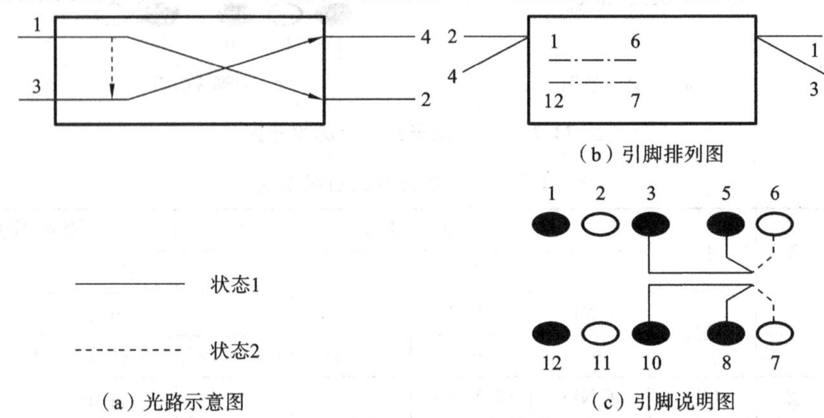

(a) 光路示意图　(b) 引脚排列图　(c) 引脚说明图

图 11-4　阻塞型 2×2 型光开关引脚示意图

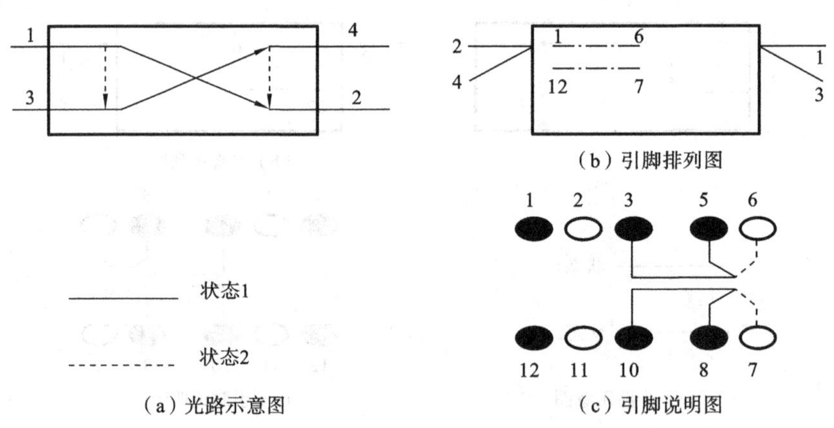

(a) 光路示意图　(b) 引脚排列图　(c) 引脚说明图

图 11-5　非阻塞型 2×2 型光开关引脚示意图

表 11-3　阻塞型 2×2 型光开关引脚说明

线圈	光路	电压	驱动引脚				监控引脚	
			1	12	2	11	3~5,10~8	3~6,10~7
L 型	1—2 3—4	ON	GND	+5 V(DC)	—	—	open	close
	1—3 2—/—4		—	—	GND	+5 V(DC)	close	open

续表

线圈	光路	电压	驱动引脚				监控引脚	
			1	12	2	11	3～5,10～8	3～6,10～7
N型	1—2 3—4	ON	GND	+5 V(DC)	/	/	open	close
	1—3 2—/—4	OFF	GND	NA/GND	/	/	close	open

表 11-4 非阻塞型 2×2 型光开关引脚说明

线圈	光路	电压	驱动引脚				监控引脚	
			1	12	2	11	3～5,10～8	3～6,10～7
L型	1—2 3—4	ON	GND	+5 V(DC)	—	—	open	close
	1—3 2—4		—	—	GND	+5 V(DC)	close	open
N型	1—2 3—4	ON	GND	+5 V(DC)	/	/	open	close
	1—3 2—4	OFF	GND	NA/GND	/	/	close	open

1 端口：远离继电器端双芯中任意端口。

2 端口：将光开关置于透射状态，靠近继电器双芯中与 1 端口构成通路的光端口。

3 端口：1 端口确定后，远离继电器端双芯中剩余端口。

4 端口：1、2、3 端口确定后的剩余端口。

④ 1×N 型光开关。

1×N 型光开关实现一个公共端口与 N 个可供选择的输入或输出端口中的一个相接通。它可以双向工作，即工作端口既可以作为输出端口使用，也可以作为输出端口使用。目前 1×N 型光开关已可以做到 100 个端口，其示意图如图 11-6 所示。

1×N 型光开关可应用于光纤网络中远程测试、监控，光器件、光纤光缆的测试及多发射或接收单元的连接。

⑤ M×N 型光开关。

M×N 型光开关有 M 个输入端口和 N 个输出端口，这类开关可以通过 1×M 型和 1×N 型光开关构成，可用于多个系统或环路中某两个系统或一个环路间相连接的场合。其示意图如图 11-7 所示。

M×N 型光开关也由 2N 个 1×N 型光开关构成，N 个端口同时输入或输出，但同一端口输入信号不能同时从几个端口输出，这种光开关称为阻塞型的矩阵光开关，其示意图如图 11-8 所示。

M×N 型光开关还可以由 N 个 1×N 型光耦合器和 N 个 1×N 型光开关构成，称之为分配式的矩阵光开关。它与阻塞型的矩阵光开关不同之处是：耦合器端口为输入时，一个输

入端口的信号可在 N 个输出端口同时输出，反方向则可做到使 N 个输入端口的信号从一个输出端口输出，如图 11-9 所示。

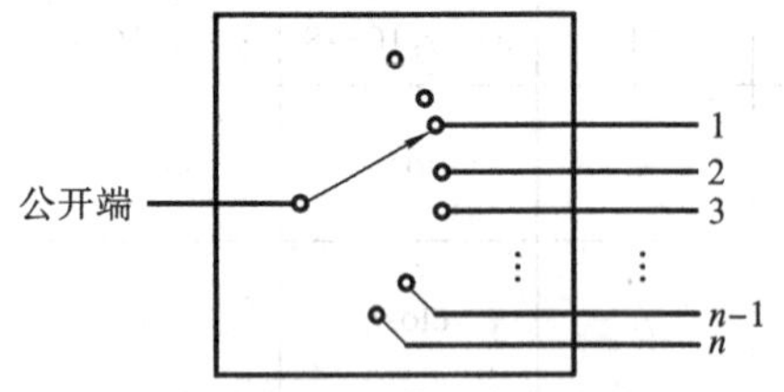

图 11-6 1×N 型光开关示意图

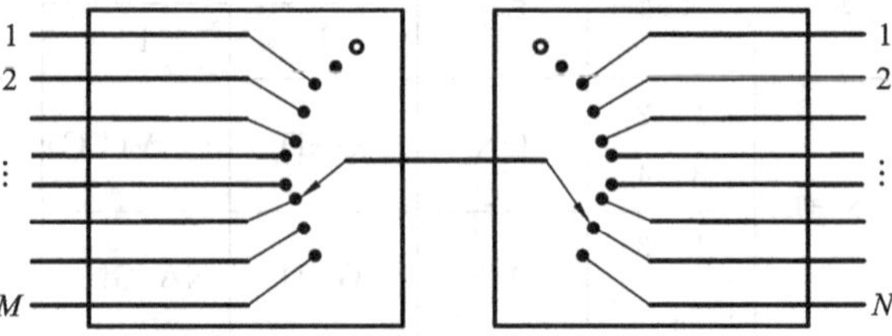

图 11-7 M×N 型光开关示意图

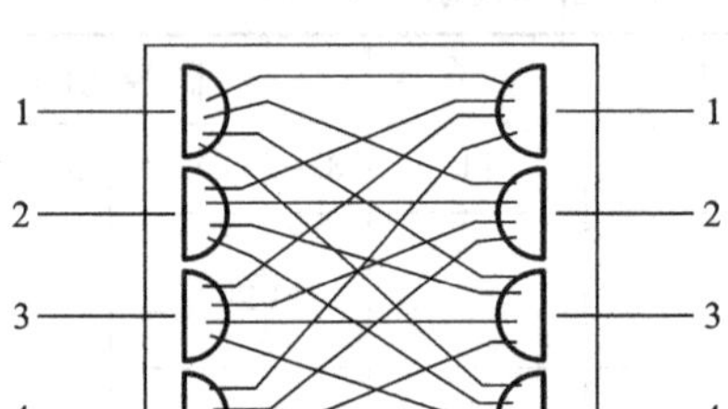

图 11-8 阻塞型的矩阵光开关示意图

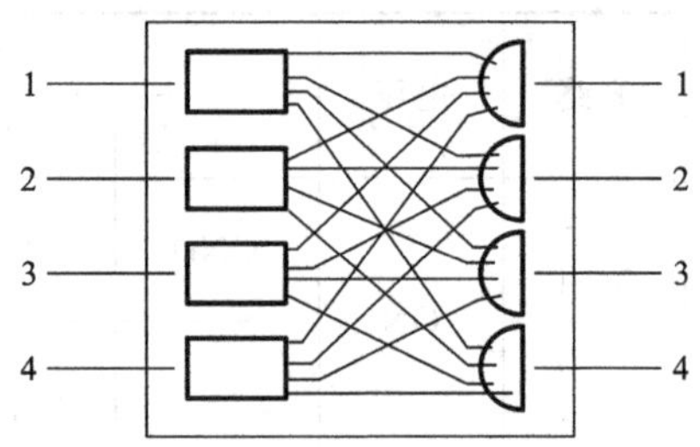

图 11-9 分配式的矩阵光开关示意图

分配式的矩阵光开关的损耗较大，可应用在多个接收系统同时共享 N 个发射系统信号的网络中。

⑥ 1×N×M 型光开关。

从前面可以看出，光开关可以自由组合，构成所需的光开关。这里再介绍由多级光开关构成的 1×N×M 型组合光开关，如图 11-10 所示。

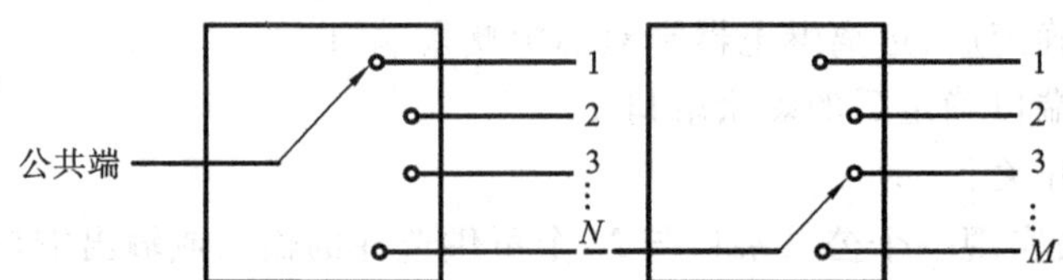

图 11-10 1×N×M 型光开关示意图

由此类推，也可以构成 L×N×M 型等类型光开关，以满足不同场合的需要。

11.2.2 光开关的用途

不同的光开关在不同场合中各有不同用途。

(1) 光纤测试中的光源控制：1×2 型光开关在光纤测试技术中主要用于控制光源的接通和切断。

(2) 光网络自动保护倒换：在光纤断裂或传输发生故障时，通过光开关可以改变业务的传输路径，实现对业务的保护，1×2 型光开关的典型应用就是光环路中的主备倒换。

(3) 光网络监控：使用 1×N 型光开关可实现对光网络监控。在远端光纤测试点通过 1×N型光开关把多根光纤接到一个光时域反射仪(OTDR)，通过光开关倒换，实现对所有光纤的监测，或者插入网络分析仪，实现网络在线分析。图 11-11(a)和图 11-11(b)分别表示通过单端和两端对光缆进行测试的组合方式。在单端测试系统中只需要一个 1×N 型光开关，双端测试系统中则需要两个 1×N 型光开关。

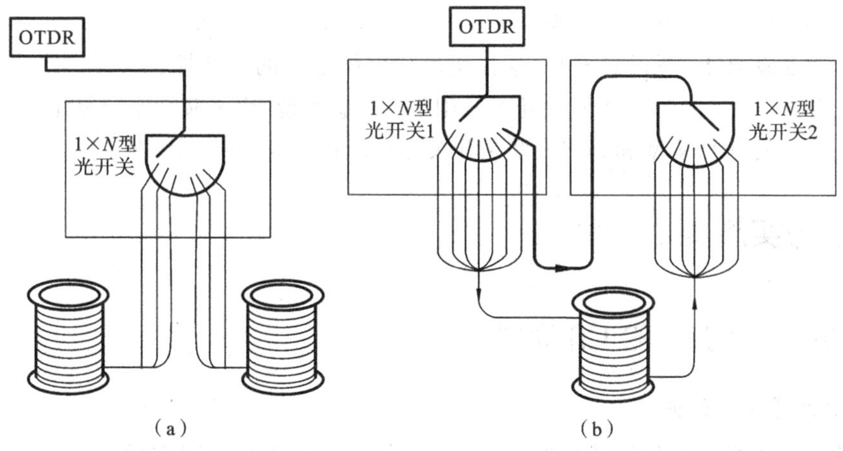

图 11-11 1×N 型光开关与 OTDR 组成的测试系统示意图

(4) 光纤通信器件测试:使用 1×N 型光开关可同时对多个光器件(如光源、光探测器、光纤光缆)进行测试,从而简化测试,提高效率。图 11-12 所示的即是一套利用光开关和微机组成的光器件或光纤光缆测试系统。其中,S_1 和 S_2 是两个不同波长的光源,经过一个 1×2 型光开关与一个 1×2 型耦合器连接。耦合器的一个输出端与一个 1×N 型光开关相连接,另一个输出端与另一个 1×N 型光开关相连接。这里使用耦合器是为了满足测量回波损耗的需要。在两个 1×N 型光开关之间可以连接多个测试样品,这些样品放置于试验箱内,最后用一台光功率计进行功率检测。这一系统可测试多个样品在同一环境下的回波损耗、衰减量,以及通过试验箱环境条件的改变,测出样品在不同环境下有关参数的变化值。这些样品可以是器件,也可以是光纤或光缆。

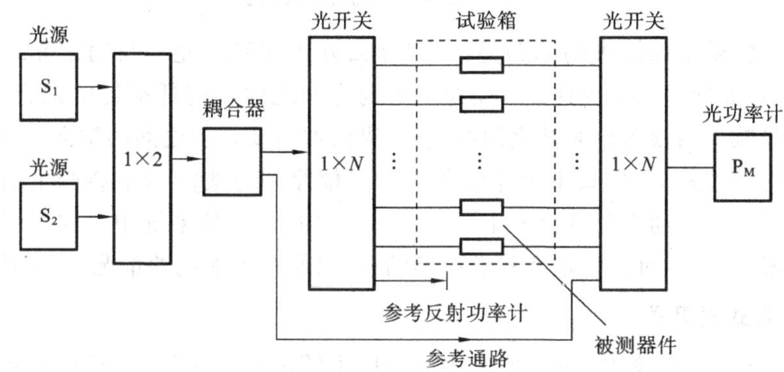

图 11-12 1×N 型光开关与功率计组合的测试系统示意图

为了保证测试结果的准确可靠,对光开关的隔离度、光耦合的方向性、光源的功率、谱线宽度及光功率的动态范围都有一定的要求,这些要求要根据被测样品的测试要求和相关标准来确定。

(5) 光交叉连接(OXC):利用 2×2 型开关单元可以组成诸如 8×8、16×16、32×32、64×64、256×256 等 N×N 型光开关矩阵,而这些光开关矩阵正是 OXC 的核心部件,OXC

主要实现动态的光路径管理光网络的故障保护,并可灵活增加新业务。

(6) 光插/分复用(OADM):OADM 主要用于环形的城域网中,用来实现单个波长和多个波长从光路自由的上/下话路。光开关矩阵是 OADM 的关键部分,用光开关的 OADM 可以通过软件控制动态上/下任意波长,这样将增加网络配置的灵活性。

(7) 光传感系统:1×N 型光开关还可应用于光传感系统,用来实现空分复用和时分复用。

(8) 光学测试:1×N 型和 N×1 型光开关还可组成光学扫描镜阵列。

11.3 任务实施

11.3.1 机械式光开关的工作原理

1. 移动光纤式光开关

在移动光纤式光开关的输入或输出端中,其中一端的光纤是固定的,而另一端的光纤是活动的。通过移动活动光纤,使之与固定光纤中的不同端口相耦合,从而实现光路的切换。活动光纤的移动可借助于机械方式,如直接用外力来移动,如图 11-13(a)所示;也可借助于电磁方式,如通过电磁铁的吸引力来移动,如图 11-13(b)所示;还可以利用压电陶瓷的伸缩效应来移动光纤,如图 11-13(c)所示。

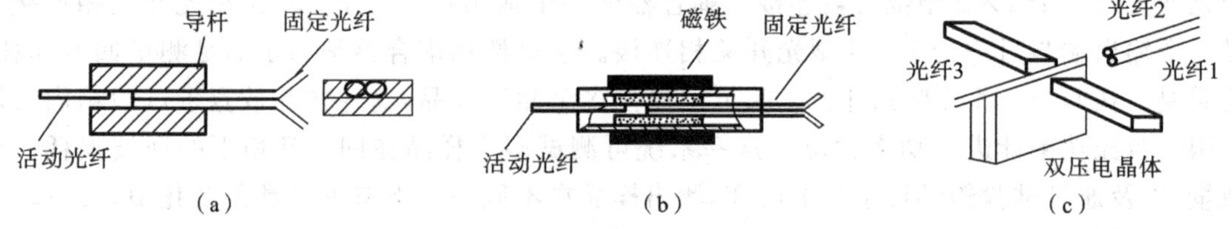

图 11-13 几种移动光纤式光开关

这类光开关需要重点解决的问题是:采用什么方式在移动光纤与固定光纤之间实现低损耗的耦合,以及如何提高开关速度。解决光纤与光纤之间实现低损耗的耦合问题,从理论上分析必须尽量减少两根耦合光纤之间的横向、纵向偏离及它们之间的轴向夹角。

在移动光纤的方式上,如果不依靠电驱动而仅依靠外力拨动则不会产生回跳抖动。但如果依靠电磁铁吸引移动光纤则会产生回跳抖动。因此在这类系统中要注意采取措施增大阻力以便减小回跳,应尽可能采取双稳态电路结构,以便在不加电的情况下,维持自保状态。

2. 移动套管式光开关

在光纤来回移动的过程中,光纤常会因为强度不够出现弯曲变形,从而引起较大的插入损耗,同时因为光纤太细通常难以定位。此问题可以通过如下方法解决:在光纤端部套上一个套管。这一套管的内孔直径的尺寸精度及其同心度都很高,既保护了光纤又便于安装。

移动套管式光开关的基本结构是:输入或输出光纤都分别固定在两个套管之中,其中一个套管固定在其底座上,另一个套管可带着光纤相对固定套管移动,从而实现光路的转换。这就要求活动套管以很高的精度定位在两个或多个位置上。这种定位方法可通过插针定位法来实现,下面以 2×2 型光开关为例介绍这种定位方式。

插针定位法是依靠插入定位销，使活动套管固定在不同的位置来实现开关的。图 11-14(a)、图 11-14(b)分别表示 2×2 型光开关动作前和动作后两种状态。开关动作前，1 与 3、2 与 4 接通；动作后，1 与 4、2 与 3 接通。这里用一个回环光路起光路搭桥作用。

还可以通过侧壁定位法实现定位。它靠活动套管中定位槽的槽宽和侧壁来决定套管移动的距离和定位精度。下面以 4 芯 1×2 型光开关为例介绍这种定位方式。

图 11-15(a)、图 11-15(b)分别表示一个包含 4 芯光纤的固定套管与包含 8 芯光纤的活动套管的互配。在开关动作前固定套管中 4 芯光纤与 8 芯光纤中某 4 芯光纤接通，在活动套管滑动后则与另外 4 芯光纤相通。它靠活动套管的侧壁来定位。

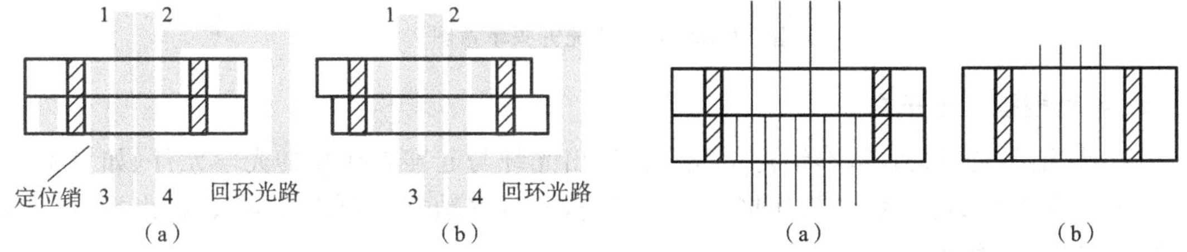

图 11-14 插针定位式 2×2 型光开关示意图

图 11-15 侧壁定位式的 4 芯 1×2 型光开关示意图

在这类光开关中，随着阵列中光纤数目的增加，可形成更复杂的光路转换。活动套管的移动与光纤的移动方式类似，可以靠机械外力拨动或电磁铁吸引，也可以做成双稳态移动结构。

为保证开关中套管的定位，对插针和定位槽的尺寸精度及材料的强度要求很高，以便获得较低的插入损耗和良好的稳定性。套管的结构一般有如下三种类型：硅 V 形槽型、塑料型和混合型。它们各自的特点如表 11-5 所示。

表 11-5 几种活动套管特点的比较

特性		硅 V 形槽型	塑料型	混合型
精度	光纤孔间距	很好	好	好
	定位插针间距	很好	好	很好
	转换精度	很好	中等	很好
定位部分的强度		很好	中等	很好
活动套管的加工方便性		中等	很好	好
光纤安装的方便性		中等	很好	很好
成本		中等	很好	好

3. 移动透镜型光开关

移动透镜型光开关的输入、输出端口的光纤都是固定的，它依靠微透镜精密准直而实现输入、输出光路的连接，即光从输入光纤进入第一个透镜后，输入光变成平行光。这个透镜装在一个由微处理器控制的步进机构或其他移动机构上，通过透镜的移动将输入透镜的光准直到输出透镜或零位置(无输出光的位置)上。在两透镜呈相互准直的状态后，光被输出透镜聚焦进入输出光纤。用微处理器控制的步进机构可实现精密的定位，使开关的插入损耗较小，速度提高且性能稳定。目前，这种类型的 1×N 型、2×N 型光开关已获得广泛应用。

4. 移动反射镜型光开关

与移动透镜型光开关相类似，在移动反射镜型光开关中，输入、输出端口的光纤都是固定的。它依靠旋转球面或平面反射镜，使输入光与不同端口接通，如图 11-16 所示。

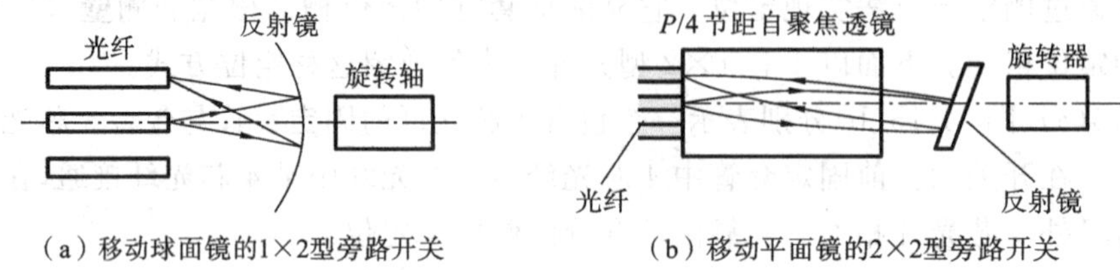

(a) 移动球面镜的1×2型旁路开关　(b) 移动平面镜的2×2型旁路开关

图 11-16　反射式光开关示意图

5. 移动棱镜型光开关

移动棱镜型光开关的基本结构是：输入、输出光纤与起准直作用的光学元件(如自聚焦透镜、平凹棒透镜、球透镜等)相连接并固定不动，通过移动棱镜而改变输入、输出端口间的光路，如图 11-17 所示。

6. 移动自聚焦透镜型光开关

自聚焦透镜特别适合用于光纤与光纤的远场耦合，因此广泛应用于各种光学器件中。在光开关中，除了 $P/4$ 节距自聚焦透镜可用于准直耦合之外，$P/2$ 节距自聚焦透镜还可以用做移动光束的开关元件，如图 11-18 所示。

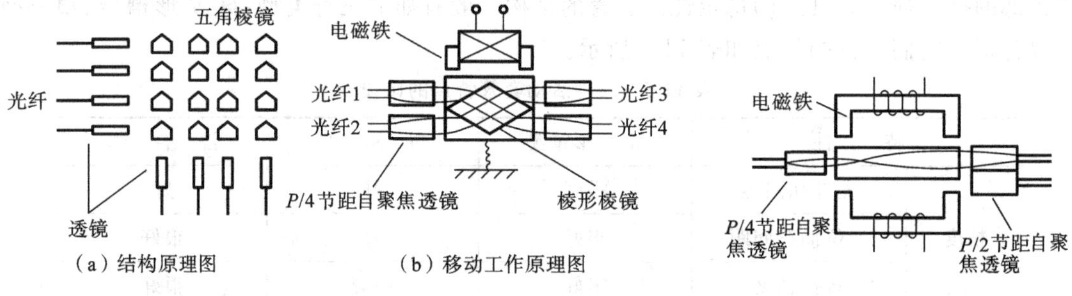

(a) 结构原理图　(b) 移动工作原理图

图 11-17　移动棱镜型光开关示意图

图 11-18　移动自聚焦透镜型光开关示意图

11.3.2　主要技术指标

光网络应用的光开关和光开关矩阵应满足下列主要要求：

(1) 开关速度快(开关时间)；

(2) 消光比大；

(3) 串扰小；

(4) 偏振损耗低；

(5) 驱动电压(或电流)小；

(6) 隔离度高；

(7) 尺寸小；

(8) 可大规模集成(对光开关矩阵);

(9) 成本低;

(10) 可靠性高。

11.3.3 光开关尺寸要求

对于封装好的 1×2 型光开关要满足如图 11-19 所示的尺寸要求。

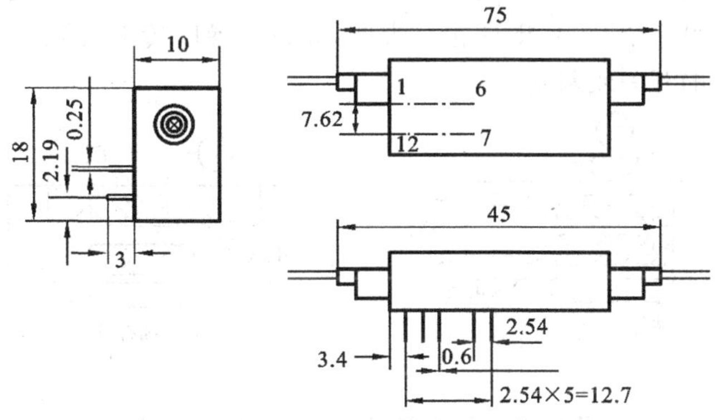

图 11-19 1×2 型光开关尺寸(单位:cm)

11.4 任务拓展

11.4.1 机械式光开关中的继电器式光开关

继电器是一种当输入量(电、磁、声、光、热)达到一定值时,输出量将发生跳跃式变化的自动控制器件。

继电器的继电特性是继电器的输入信号 x 从零连续增加,达到衔铁开始吸合时的动作值 xx 时,继电器的输出信号立刻从 $y=0$ 跳跃到 $y=y_m$,即常开触点从断开到导通。一旦触点闭合,输入量 x 继续增大,输出信号 y 将不再起变化。当输入量 x 从某一大于 xx 的值下降到 x_f 时,继电器开始释放,常开触点断开。继电器的这种特性称为继电特性,也称为继电器的输入-输出特性。

可以利用继电器的这种特性来活动光纤,使之与固定光纤中的不同端口相耦合,从而实现光路的切换。

11.4.2 非机械式光开关

相对机械式光开关来说,非机械式光开关研究和应用的历史要短一些,但这类光开关具有突出的优点。这类光开关利用一些材料具有电光、声光、磁光和热光效应,采用波导结构做成,另外也可以利用极化旋转器做成。

1. 波导型光开关

波导型光开关是在光波导传的基础上对波导内的光进行调制,从而实现对光信号的放大。

1) 利用电光、热光效应制作的波导型光开关

利用电光效应做成的开关中,使用最多的就是 Mach-Zehnder 干涉仪,如图 11-20 所示。图 11-20(a)所示的是由定向耦合器构成的光开关,图 11-20(b)所示的是由两个耦合器构成的平衡式光开关。这两种光开关都由一对平行的条波导及分布在条波导上面的表面电极构成。当电极加上电压后,两个波导内将分别产生大小相等、方向相反的电场分量,使一个波导的传播常数增大,另一个减小,出现相位失配,导致波导间传播的光功率在水平面内发生转换,从而实现对光的开关或调制。

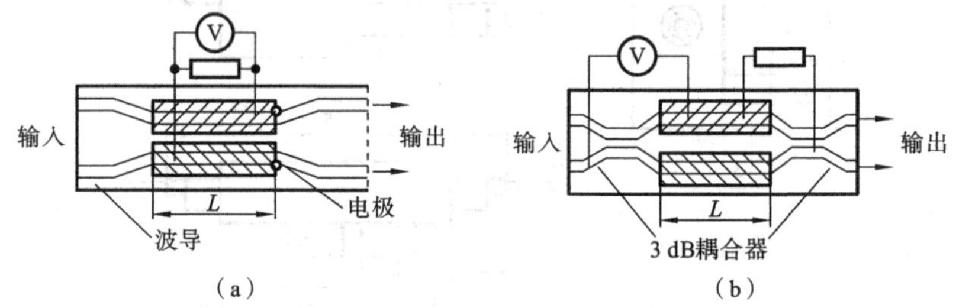

图 11-20 马赫-泽德干涉型光开关示意图

电光开关还可以采用电折变效应来实现对波导臂的光程差调制。由于 Si 材料为中心反演对称结构,泡克尔效应极弱,电光系数很小,因此难以利用场致折变效应,只能利用 Si 材料中的等离子色散效应,于是 Si 波导层中需要制备 PN 结,以实现高浓度载流子的注入。InGaAsP/InP材料因有较强的泡克尔效应和较大的电光系数而成为该类开关的研究热点。

热光开关是基于热光效应的光开关。所谓热光效应是指光介质的光学性质(如折射率)随温度变化而发生变化的物理效应。热光开关最大的优点是可制作光开关矩阵。对半导体的热光开关而言,典型的材料是 Si 和 SiO_2。SiO_2 基 MZI(指 Mach-Zehnder 干涉仪型,Mach-Zehnder Interferometer)热光开关是制作光开关矩阵的首选结构,图 11-21 示出了一个 SiO_2 基 MZI 热光开关的单元结构,利用这个单元结构可以制作出 $N\times N$ 型光开关矩阵。在这样的热光开光中,SiO_2 光波导是最基本的构件,利用它构筑 MZI 热光开关的单元结构;同时,还可构筑平面光波电路(PLC)的平台骨架。其 Mach-Zehnder 腔由 2 个 3 dB 耦合器和 2 个波导臂组成的,其中一臂上加有热光相移薄膜加热器。通过受热和非受热实现开关功能。

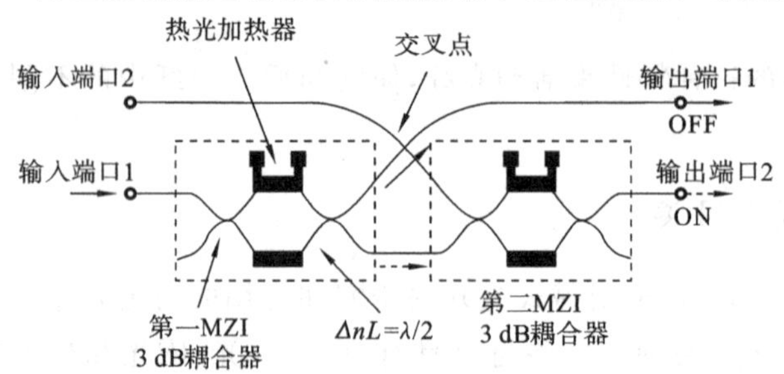

图 11-21 双 MZI 热光开关单元结构

SiO_2 光波导是通过火焰水解淀积(FHD)、光刻和反应离子腐蚀(RIE)等工艺制作的。热光开关的热光加热器是通过在波导上淀积 Cr 膜材料而制成的。

2）利用声光效应制作的波导型光开关

在声光型波导开关中，声光效应是指声波通过材料产生机械应变，引起材料的折射率周期性变化，形成布拉格光栅，衍射一定波长的输入光的现象。利用声致光栅使光偏转做成的光开关，其工作原理主要基于声光衍射效应，如图 11-22 所示。

2. 极化旋转器构成的光开关

这种开关由自聚焦透镜、起偏器、极化旋转器和检偏器组成，如图 11-23 所示。起偏器与检偏器之间的角度为 90°。当极化旋转器未加偏压时，不改变光束方向，光束不能通过检偏器，开关处于"关"状态；当偏压加到极化器上时，光的偏振方向发生 90°旋转，从而使光束通过检偏器，开关处于"通断"状态。

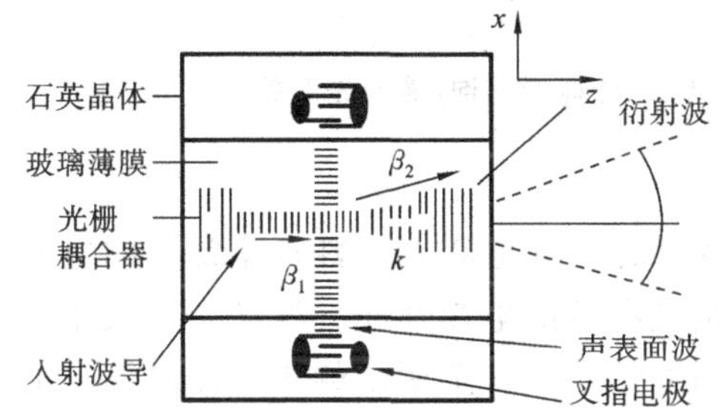

图 11-22　声光型波导光开关示意图

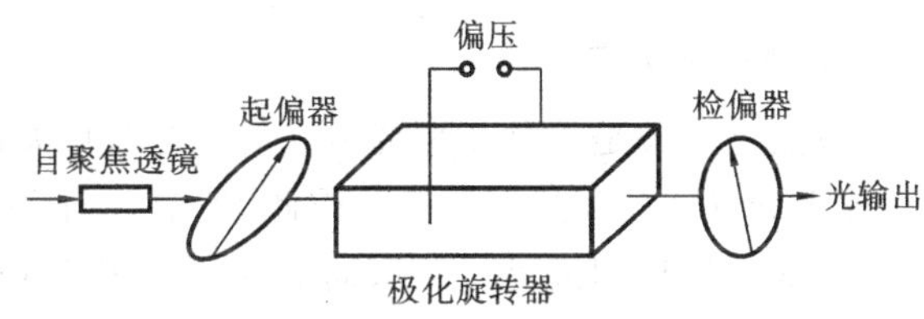

图 11-23　极化旋转器构成的光开关示意图

3. 气泡/液泡光开关

气泡/液泡光开关是一种利用波导与微波相结合的新设计思想的光开关。这是 Agilent 公司利用喷墨打印与 Si 平面光波导两种技术相结合开发出的一种二维交叉连接系统。该系统由许多交叉的 Si 基光波导和位于每个交叉点的刻痕构成。刻痕里填充一种与折射率相匹配的液体，其示意图如图 11-24 所示。该器件由上下两部分组成，上半部分是 Si 片，下半部分是硅底上的 SiO_2 光波导。上下部分之间抽真空密封，内充特定的折射率匹配液体，每一个小沟道都对应一个微型电阻，微型电阻通电时，匹配液被加热形成气泡，对通过的光产生全反射，如图 11-25 所示，从而实现关态；微电阻不加电时，光信号直接通过，从而实现开态。通过 V 形槽解决芯片与光纤的耦合连接。若把这些子系统连接起来便可以组成更加大的光交换矩阵。

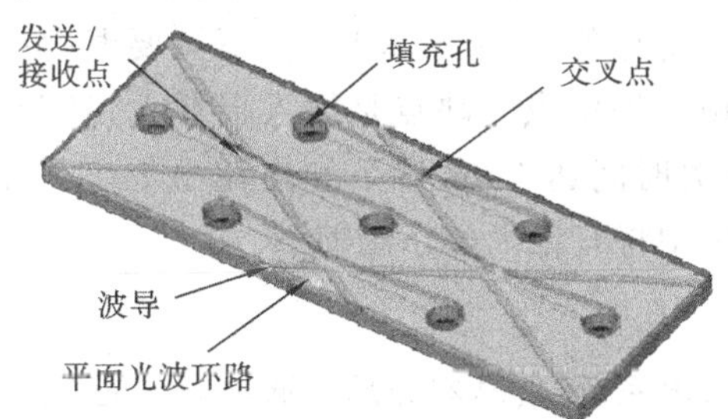

图 11-24　气泡/液泡光开关结构示意图

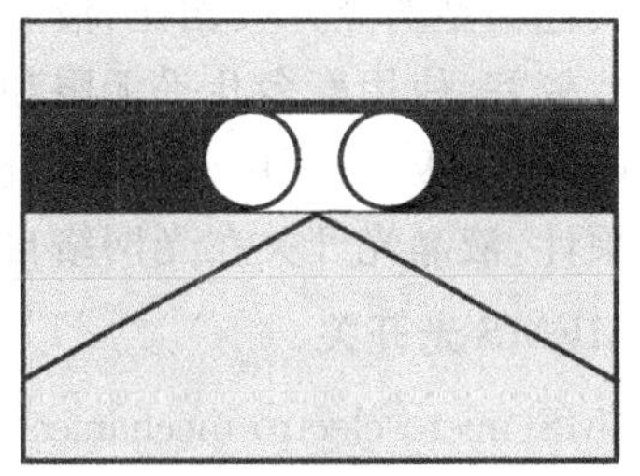

图 11-25　匹配液被加热形成气泡

气泡/液泡光开关最大的优点是：对偏振相关损耗(PDL)和偏振模式色散(PMD)都不敏感，而且容易实现大规模光开关阵列和大批量生产。此外，此器件本身没有活动部件，不需要准直镜等耦合装置,故可靠性很好,可以满足电信应用中的时间可靠性要求。这类开关的频率响应速度不高(开关时间为毫秒量级),但在对频率响应要求不太高的场合中有应用前景。

图 11-26 所示的是 NTT 公司研制的用于接入网 1×8 热微管气泡/液泡光开关。

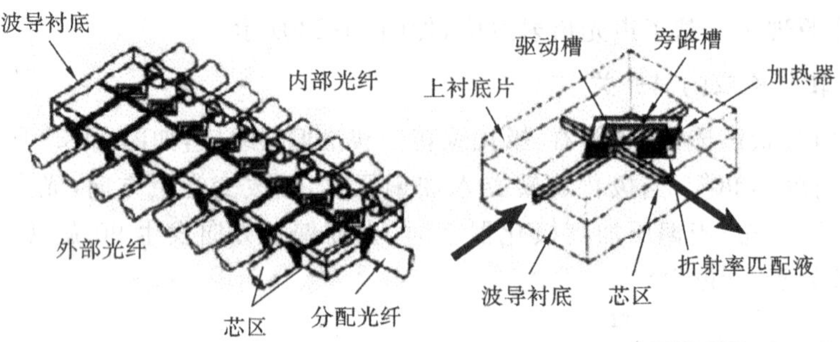

图 11-26 NTT 公司研制的用于接入网 1×8 热微管气泡/液泡光开关

4. 液晶光开关

液晶光开关是一种新型光开关,这类光开关最大的特点是液晶材料有非常高的电光系数,比 $LiNbO_3$ 的高几百万倍。因此,液晶光开关是最有效的电光开光。液晶光开关主要是利用外部电场控制液晶分子取向而实现光开关功能的。图 11-27 所示的是液晶光开关的工作原理示意图。

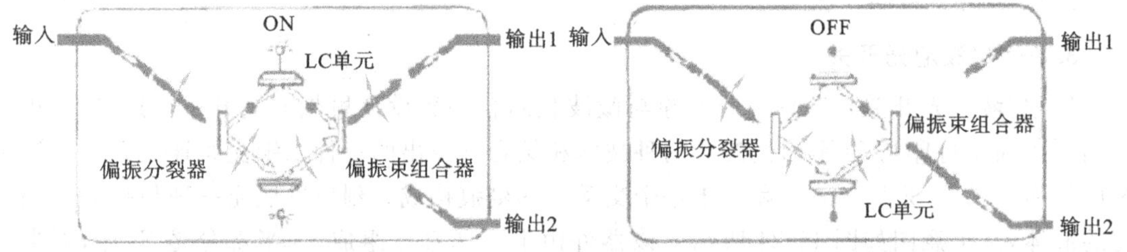

图 11-27 液晶光开关工作原理示意图

偏振束分裂器(PSB)首先把输入偏振光分裂成两路偏振光,起偏后射入液晶单元。然后在液晶上施上电压,使非常光的折射率发生变化,从而改变非常光的偏振态,本来是平行地经过液晶中的光变成垂直光,光被阻断;而液晶上不施加电压时,光直通。经过液晶后的光进入偏振束组合器,按其偏振态从预定的通道输出,从而实现开关的两个状态,即开关的通和断。

与其他类型的光开关相比,液晶光开关具有功耗低、频率隔离度高、不需要温度控制、网络重构性较好、使用寿命几乎无限和无偏振依赖性等优点。缺点是插入损耗大,且开关速度也不高(毫秒量级)。利用铁电液晶已制作出开关时间达 1 ms 以下和损耗小于 1 dB 的液晶开关。预计,液晶光开关在光网络自愈保护应用中将有很大的市场前景。

5. MEMS 光开关

MEMS(micro-electro-mechanical system,微机电系统)的基本原理是通过静电的作用使微型镜面发生转动,从而改变输入光的传播方向。一些公司正在积极开发三维光开关,实现微镜面连续转动,以实现更大的交叉连接。MEMS 光开关具有机械式光开关和波导光开关的优点,又克服了它们所固有的缺点,因为它采用了机械式光开关的原理,但又能像波导型开关那样,集成在单片硅衬底上,特别适合于光通信应用,将成为未来全光网络中的一种关键器件。

通常微反射镜的尺寸只有 140 μm×150 μm，驱动力可以利用热力效应、磁力效应和静电效应产生。这种器件的特点是体积小、消光比大(60 dB 左右)、对偏振不敏感、成本低、开关速度适中(约 5 ms)、插入损耗小于 1 dB。

下面介绍几种典型的 MEMS 光开关。如图 11-28 所示的为可升降微反射镜 MEMS 光开关。它采用简单的悬臂式结构，当上下电极之间的最大距离相对于电极长度较小时，即可近似为一个平行平板；当偏压施加在电容电极之间时，产生的静电力与板件呈线性关系；当不通电压时，悬臂由于自应力呈弧线，光纤直接出射；通过一定电压时，悬臂受静电力作用，向下接触绝缘层，入射光线被梁上的平面镜反射到另一个出射口。此种驱动器不需要很高的电压就可以达到大的角度转动，如 1999 年加州大学电子工程系研究出的 2×2 型自应力驱动微光开关，其工作电压只需要 20 V。其上连接的微反射镜悬臂的头部可向上移动 400 μm，其响应时间为 600 μs。另外可通过改变梁的物理结构及材料特性来得到所需要的梁的偏转最大值。

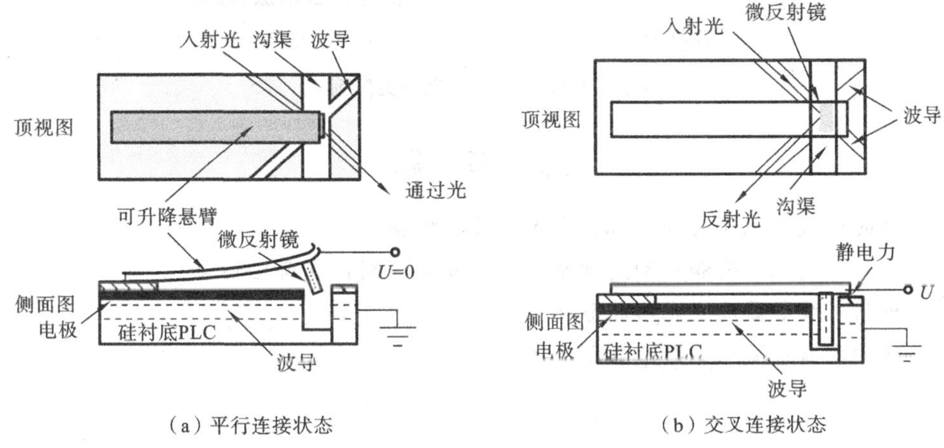

图 11-28　可升降微反射镜 MEMS 光开关

可旋转微反射镜 MEMS 光开关如图 11-29 所示，图中光纤交叉垂直放置。反射镜处于两光纤的交叉点上，且与两光纤均呈 45°夹角。这样，当光线从一根光纤中射出时，将通过反射镜反射到另一根与之垂直的光纤中。若移开反射镜，则光线将直接通过自由空间传至与之相对的光纤中。这样的结构很容易实现阵列化，可应用在大型的光交换系统中。

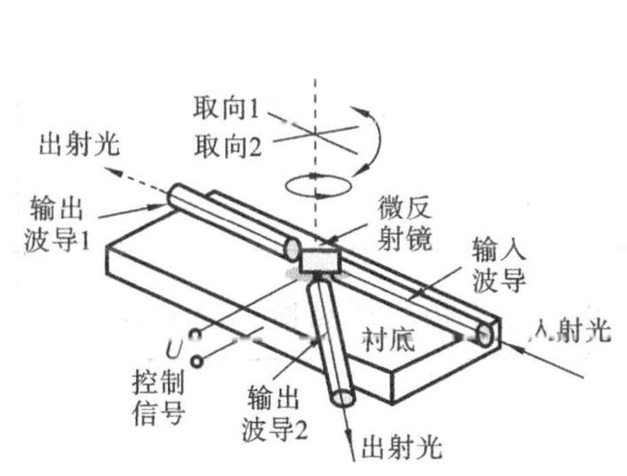

图 11-29　可旋转微反射镜 MEMS 光开关

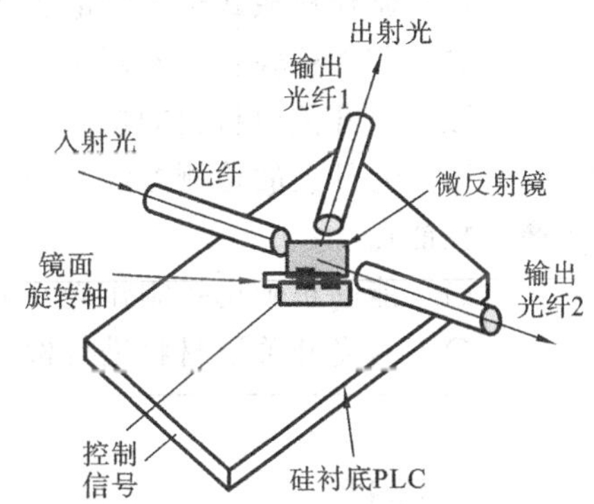

图 11-30　可立、卧微反射镜 MEMS 光开关

如图 11-30 所示的可立、卧微反射镜 MEMS 光开关，镜的上表面相当于一个上极板，镜的垂直下方有一个下极板,当在两个极板间施加足够的电压时,微反射镜受到静电力的作用,向下发生扭转,直至与水平面成90°。来自输入光纤的光束经镜面反射后改变方向,被耦合进与其位置垂直的光纤里,完成光开关由关到开的转换过程。

图11-31所示的为8×8型光开关阵列。

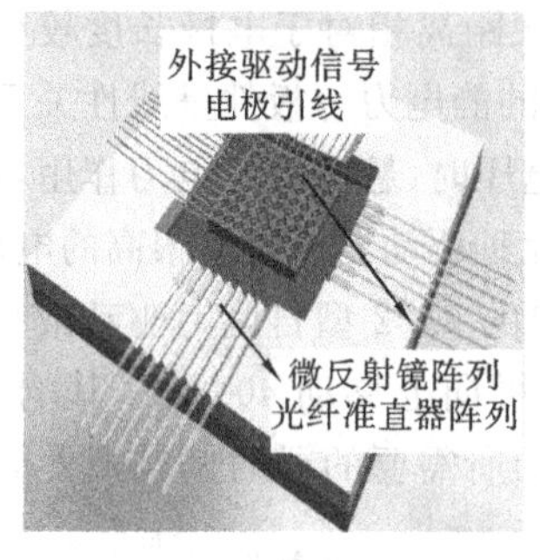

(a)工作原理图

(b)组装好的8×8型光开关阵列

图11-31　8×8型光开关阵列

思　考　题

1. 常用的机械式光开关和非机械式光开关有哪些?
2. 移动光纤式光开关和移动光学元件式光开关分别用在哪些场合?
3. 分析利用继电器改变光路的原理。
4. 怎样构成$L\times N\times M$型的组合光开关?

任务12　机械式光开关的元件选择及检验

◆ 知识点
- ¤ 制作机械式光开关的各元件用途
- ¤ 元件检验相关术语
- ¤ 光开关原材料的检测过程
- ¤ 光开关的检测方法及合格标准

◆ 技能点
- ¤ 能够正确选择制作光开关的元件
- ¤ 对光开关原材料进行检测并根据检测结果填写样品检验记录表

12.1 任务描述

主要以1×2型、2×2型机械式光开关为例介绍光开关的生产过程,该任务要求能够正确选择制作 1×2 型、2×2 型机械式光开关所需要的元件，了解各元件的用途。

同时要求根据 GB/T 2828.1—2003 标准对所选元件实施检验，提出合格与不合格的判定，并负责正确地对原材料进行检验状态的标识（含待检、合格品、不合格品），做好原材料的质量检验记录。

(1) 对全检的原材料，满足要求的予以接收，不满足要求的予以退货或者更换。

(2) 对抽检的原材料，根据国标的要求选择样品数量，合格率满足国标要求的即可接收，否则予以更换或者退货。

12.2 相关知识

12.2.1 机械式光开关各元件的作用

制作机械式光开关需要的元件主要包括活动夹块装配件、反射片、继电器、卡块、基座盒、盒盖、压片、垫片、盘头螺钉、透镜、光纤插针、尾套、尾纤座、包装尾套等。

活动夹块装配件：光开关的输入或输出端中，一端的光纤固定在基座盒上，另一端的光纤是活动的。通过活动夹块装配件来移动活动端光纤，使之与固定端光纤中的不同端口相耦合，从而实现光路切换。选择活动夹块装配件时要求小轴、长轴均无弯曲、变形，且小轴与长轴平行。

反射片：通过旋转反射镜，可以使输入光与不同端口接通。选择反射片时要求无脱金、无起层，且损耗不大于 4.0 dB。

继电器：利用继电器可以活动光纤，使之与固定端光纤中的不同端口相耦合，从而实现光路的切换。选择继电器时要求封装无破损，引脚整齐、无损坏；当频率设定为 15 Hz 时，要求继电器运行或经过修复后运行 1 min，无停顿、摆动不均匀现象发生。

卡块：卡块主要起到固定作用。选择时应保证槽内壁无变形、无划痕、无毛刺，且 U 形开口宽度、U 形槽深度尺寸要满足设计要求。

基座盒：基座盒用来固定反射组件、继电器、透镜等元件。选择基座盒时要求 V 形槽平整、光滑、无划痕、无毛刺；用 ϕ1.795 mm 的长通规可以顺利穿过 2 个透镜孔；继电器的槽外观无凸起、无划痕；盒体外观表面发黑处理均匀、无毛刺、无形变、无毛边，且长轴 V 形槽位置、长轴 V 形槽深度和长度、透镜孔位置、透镜孔直径、继电器槽长、继电器槽宽、螺丝孔尺寸要满足相关要求。

盒盖：盒盖用于封装。选择的盒盖要与盒基座相匹配。厚度尺寸要满足设计要求。

压片：压片起到辅助固定的作用。选择压片时要求表面光滑、无毛刺、无形变。

垫片：垫片起到辅助固定的作用。选择垫片时要求表面平整、无毛刺。

盘头螺钉：盘头螺钉起到固定的作用。选择盘头螺钉时要求符合对应的型号。

透镜：透镜起到聚焦的作用，使光能够进入输出光纤。选择透镜时要求无崩边、无划痕，且外径、长度要满足设计要求。

光纤插针：活动套管要以很高的精度定位在两个或多个位置上。这种定位方法可通过插针定位法来实现，依靠插入定位销，使活动套管固定在不同的位置来实现开关。选择的光纤插针要求无纤损、纤断，不允许任何瑕疵，无脱膜；插针孔间毛细管满足设计要求。

尾套:在光纤来回移动的过程中,光纤常会因为强度不够出现弯曲变形,从而引起较大的插入损耗,同时因为光纤太细通常难以定位。解决此问题可以在光纤端部套上一个套管。选择的尾套的外径、开口处内径、长度要满足设计的相应尺寸要求。

尾纤座:起定位光纤的作用。选择的尾纤套的外径、内径、外螺纹、螺纹长度要满足设计的尺寸要求。

包装尾套:用于包装出厂。选择的包装尾套要求长度、厚度、宽度满足各部件图纸的尺寸要求,且成套材料配合良好,无毛刺、凸起、裂缝。

12.2.2 检验相关术语

检验:检验是为了确定产品或服务的各特性是否合格,测定、检查、试验或度量产品或服务的一种或多种特性,并且与规定要求进行比较的活动。检验的方法主要分为抽检或全检两种,遵照的标准是 GB/T 2828.1—2003。

批:批是指汇集在一起的一定数量的某种产品、材料或服务;而批量是批中产品的数量。每个批应由同型号、同等级、同类、同尺寸和同成分,在基本相同的时段和一致的条件下制造的产品组成。批的组成、批量及供方提出和识别每个批的方式,应经过负责部门指定或批准。

样本(sample):样本是取自一个批并且提供有关该批的信息的一个或一组产品;样本量是样本中产品的数量。在进行抽检时,样本可在该批产品生产出来以后或在该批产品生产过程中简单随机抽样从批中抽取作为样本的产品。

接收质量限(AQL):当一个连续系列的批被提交验收抽样时,可允许的最差的过程平均质量水平,是抽样计划的一个参数。当为某个不合格或一组不合格产品指定一个规定的 AQL 值时,它表明如果质量水平(不合格产品或每百单位产品不合格数)不大于指定的 AQL,则抽样计划会拒收大多数的提交批。所使用的 AQL 应在合同中或由负责部门(或由负责部门按规定的惯例)指定。

抽检:在进行抽检时,在批量生产中或不同时期产品中,按简单随机抽样的方法抽取作为样本的产品。

首样检验:对于新的供方或使用新原材料的首件样品,除了对检验规程中规定的各个检验项目进行全检外,还要对相关的辅助项目进行检查,包括国家法律法规要求必须进行的检验项目(例如安全、环境方面的要求),必要时还需要按照相关的国际标准、国家标准或行业标准进行可靠性试验。最后对其进行工艺验证,并将上述各项检验(试验)过程的结果详尽记录于样品检验记录表中,必要时要附完整的试验记录。

原材料的再试验:按照有关文件中规定的对关键原材料再试验的频次对原材料进行再试验,以评价其持续满足设计要求的能力。

12.3 任务完成条件

在原材料检验过程中,需要使用到功率计、信号发生器、读数显微镜、游标卡尺、ϕ1.795 mm 通规、ϕ1.810 mm 止规、ϕ1.795 mm 长通规、螺纹塞规、千分尺、光纤端面检测仪等仪器。在使用专用工具、仪器、仪表时,要按照相关指导书操作,同时注意安全防护,避免伤害。

12.4　任务实施

对原材料及元件检验、检测采用抽检方式，抽检标准遵照 GB/T 2828.1—2003，具体检测方法描述如下。

12.4.1　活动夹块的检验

1. 外观检验

观察夹块，合格夹块各表面应平整无形变、无毛刺，镀金应均匀一致，无斑点、无缺金现象；夹板开口一致，内表面无凸起、无毛刺现象。

2. 尺寸测量

用游标卡尺检验夹块的孔径、U 形开口宽度，尺寸要满足设计要求。

3. 活动夹块装配的验证

分别将小轴和长轴装进活动夹块中，装配后要求小轴和长轴均无弯曲、变形现象，要求小轴与长轴平行。两轴位置关系的判定标准如图 12-1 所示。

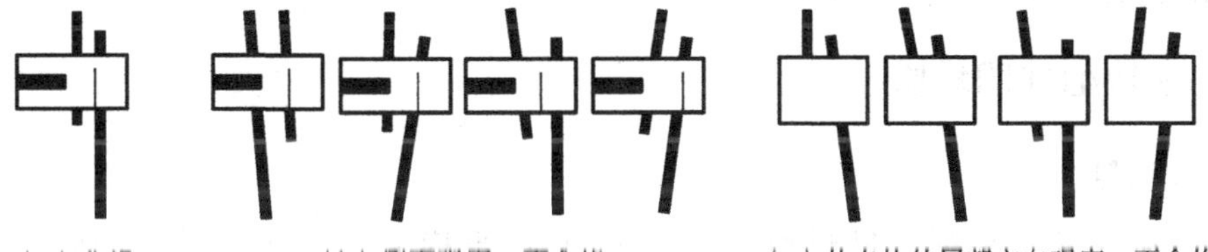

(a) 合格　(b) 侧面观察：不合格　(c) 从夹块的尾部方向观察：不合格

图 12-1　两轴位置关系

12.4.2　小轴的检验

1. 外观检验

合格的小轴要求各个位置直径尺寸均匀一致，且小轴无弯曲、变形现象。

2. 尺寸测量

用游标卡尺、千分尺及通规对小轴的孔径、长度进行检验，尺寸要满足设计要求。

12.4.3　长轴的检验

1. 外观检验

合格的长轴要求无弯曲现象，表面镀镍均匀，无镀镍层脱落或生锈的现象。

2. 尺寸测量

用游标卡尺和千分尺对小轴的直径、长度进行尺寸测量，合格的长轴尺寸要满足设计要求。

12.4.4　反射片的检验

1. 外观检验

用目测方法观察反射片，合格的反射片应通光面干净，无异物；面形均匀，无崩边，无毛边。

2. 镀层检验

镀金后的反射片检验,要求反射片镀金层均匀,无脱金、起层现象。

3. 损耗测试

镀金反射片的测试,在反射焊接工序中检测反射损耗值,要求损耗不大于 4.0 dB(含耦合器损耗值)。

12.4.5 继电器的检测

1. 外观检验

合格的继电器应封装完好,无破损,引脚整齐,无破损。

2. 运行测试

将开口后的继电器安放在信号发生器上,逐步调节信号发生器输出信号的频率,并观察继电器的运行情况,合格的继电器必须满足在相应的工作频率下,运行或经过修复后运行 1 min,要求运用灵活、切换自由,无阻力或卡住现象,继电器的各常开、常闭触点必须切换灵活,无黏死现象。

12.4.6 卡块组件的检验

1. 尺寸测量

用游标卡尺、千分尺对小 U 形槽开口宽度、小 U 形槽深度、立柱长度、立柱直径进行检验,尺寸要满足设计要求,如图 12-2 所示。

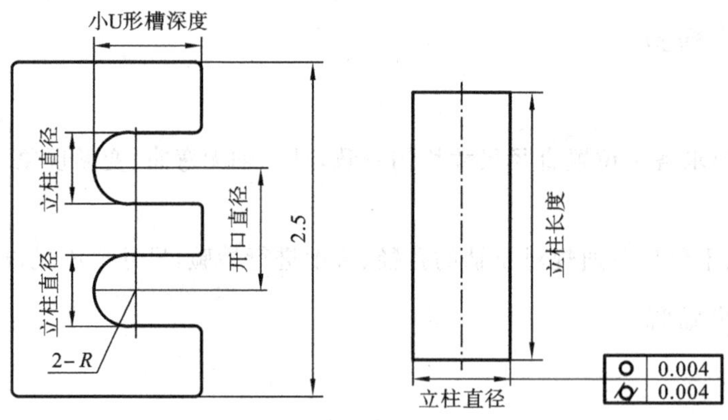

图 12-2 卡块与立柱尺寸

2. 外观检验

将立柱置于显微镜下,观察是否光滑,若有可见明显毛刺,则判定为不合格。

12.4.7 开关盒基座的检验

1. 尺寸测量

对长轴 V 形槽位置、长轴 V 形槽深度、反射组件摆放区域长度、透镜孔位置、透镜孔直径、继电器槽长、继电器槽宽、螺丝孔进行检验，尺寸要满足设计要求(使用的仪表工具包括游标卡尺、百分表、显微镜、通规、止规、长通规、螺纹塞规)。

2. 外观检验

合格的开关盒基座应满足如下条件。

(1) 长轴V形槽外观:V形槽两个斜面平整、光滑、无明显可见划痕，V形槽边缘无毛刺。

(2) 继电器槽外观:无凸起、无划痕。

(3) 2个透镜孔同轴度:使用ϕ1.795 mm的长通规可以顺利穿过2个透镜孔。

(4) 盒体外观:要求盒基座外观必须光滑无毛刺、无变形、无明显划痕，外观线条流畅，盒体表面发黑处理必须均匀一致。盒体内部各部分面形均匀，无毛刺、无划痕、无凸起或凹痕，切铣边缘不留毛刺和毛边。

12.4.8 盒盖的检验

1. 尺寸测量

用千分尺检验盒盖的厚度，尺寸要满足设计要求。

2. 装配验证

装配时要求盒盖与盒基座相匹配。

12.4.9 光开关包装的检验

1. 尺寸测量

合格的光开关包装盒尺寸应满足图纸各尺寸要求。

2. 装配验证

将成品光开关装入包装盒，要求成套材料配合良好，无毛刺、凸起、裂缝。

12.5 任务完成结果与分析

在本任务中需根据生产的开关类型正确选择元件，做好相关记录(主要包括OSW原材料检验清单和OSW生产流程卡)。同时检验员需根据GB/T 2828.1—2003抽检标准对1×1型、1×2型机械式光开关原材料实施检验，并提出合格与不合格的判定，同时做好对原材料质量检验的记录(主要包括采购品检验记录表、原材料检验记录(活动夹块装配件)、原材料检验记录(反射片)、原材料检验记录(继电器))。

思 考 题

1. 机械式光开关制作需要的元件有哪些？各元件的作用是什么？

2. 原材料检验要遵照的标准有哪些？

任务 13　光开关的机械装配与光路调试

◆ 知识点
- ¤ 装配操作流程
- ¤ 各项装配的要求及方法
- ¤ 各项调试的要求及方法
- ¤ 调试操作流程

◆ 技能点
- ¤ 熟练完成继电器开孔及反射组件装配
- ¤ 独立完成卡块黏结
- ¤ 熟练掌握机械部件的装配与测试方式
- ¤ 掌握紫外灯功率监测的方法及调整
- ¤ 能够完成反射调试与透射调试
- ¤ 能够完成重复性测试

13.1　任务描述

光开关的机械装配涉及继电器开孔，反射组件焊接及其垂直性、温度特性的检验，机械组件总装配等方面的内容。在完成各工序操作的同时，要求认真填写相关的记录文件。涉及使用烘箱的工序，在放入和取出物品时需做好烘箱老化使用记录。任务具体描述如下：

(1) 反射组件的装配、继电器开孔及装配；

(2) 卡块黏结；

(3) 能够独立对机械部件进行测试。

在光开关生产线光路调试工序中，要求能够独立进行光开关光路调试，涉及反射调试、透射调试、老化等方面的内容。任务具体描述如下：

(1) 完成紫外灯功率监控及调整；

(2) 完成反射调试；

(3) 完成透射调试。

13.2　相关知识

13.2.1　温度循环原理

温度循环试验是航空、汽车、家电、科研等领域必备的测试工序，用于测试和确定电工、电子及其他产品材料进行高温、低温、交变温度或恒定试验的温度环境变化后的参数及性能。使用的仪器是温度循环箱，如图 13-1 所示。

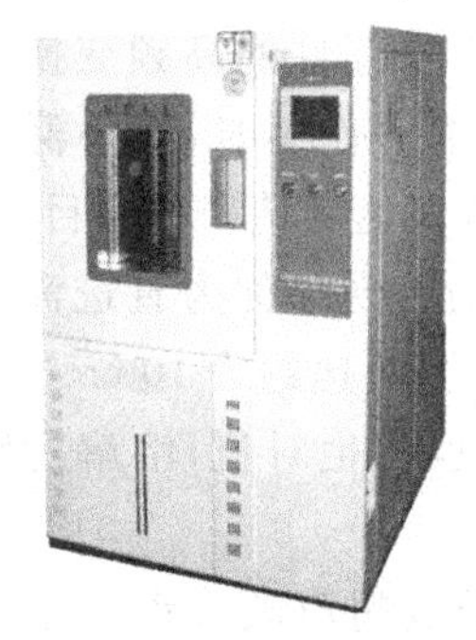

图 13-1 温度循环箱

图 13-2 老化烘箱

13.2.2 老化原理

老化试验主要是指针对橡胶、塑料产品、电器绝缘材料及其他材料进行的热氧老化试验，或者针对电子零配件、塑化产品的换气老化试验。老化试验分为温度老化试验、阳光辐照老化试验、加载老化试验，等等。

温度老化一般分几个等级进行，15 ℃一个等级，一般有 40 ℃、55 ℃、70℃、85℃几个等级，时间一般都是 4 h。使用的仪器是烘箱，如图 13-2 所示。工业级的高温老化一般用70 ℃，4 h。

13.2.3 超声波清洗原理

声波可以分为三种，即次声波、声波、超声波。次声波的频率为 20 Hz 以下；声波的频率为 20 Hz～20 kHz；超声波的频率则为 20 kHz 以上。其中的次声波和超声波一般人耳是听不到的。

超声波清洗原理：由超声波发生器发出的高频振荡信号，超声波换能器将高频振荡电信号转换成高频机械振荡信号，以纵波的形式在清洗液介质中辐射。超声波在清洗液中疏密相间地向前辐射，使液体流动而产生数以万计的微小气泡，在辐射波扩张的半波期间，清洗液的致密性被破坏，并形成无数直径为 50～500 μm 的气泡。这种气泡中充满着溶液蒸气，在声场的作用下振动，当声压达到一定值时，气泡迅速增大，在压缩的半波期间气泡迅速闭合，气泡闭合时在其周围会产生上百兆帕的大气压，局部液压撞击产生冲击波，这种微气泡不停地生长并做闭合运动，这种现象称为空化效应，就是超声波空化作用。

空化效应的连续作用破坏不溶性污物，而使它们分散于清洗液中，当固体粒子被油污包裹而黏附在清洗件表面时，油被乳化，固体粒子脱离，工件表面或隐蔽处的污垢爆裂、剥落。在超声波的作用下，清洗液的渗透作用加强，脉动搅拌加剧，溶解、分散和乳化加速，从而将工件彻底清洗干净，同时，可使液-液相界面加速相互分散和产生高速的微冲流，这就是空化的乳化作用和搅拌作用，这对清洗十分有利。因此，超声波清洗主要是利用超声波的空化作用。所以，当把金属件放入装有清洗液的清洗机中时，超声波发生器扫频的超声频率具有强劲的穿透力，即使是夹留在手不可触及的小洞穴或孔角等地方的污物，经过高频振荡后很快脱落,以达到器件清洗的目的。

超声波清洗有以下作用。

(1) 空化作用　超声波以每秒两万次以上的压缩力和减压力交互性的高频变换方式向液体进行透射。在减压力作用时,液体中产生微小群气泡;在压缩力作用时,微小群气泡受压力压碎时产生强大的冲击力,由此剥离被清洗物表面的污垢,从而达到精密洗净目的。

(2) 直进流作用　超声波在液体中沿声的传播方向产生流动的现象称为直进流。声波强度为 0.5 W/cm^2 时,肉眼能看到直进流,垂直于振动面产生流动,流速约为 10 cm/s。通过此直进流,被清洗物表面的微油污垢被搅拌,污垢表面的清洗液也产生对流,溶解污物的溶解液与新液混合,使溶解速度加快,对污物的搬运起着很大的作用。

图 13-3　超声波清洗机

(3) 加速度　指液体粒子被超声波推动产生的加速度。对于频率较高的超声波清洗机,空化作用就很不显著了,这时的清洗主要靠液体粒子在超声波作用下的加速度撞击粒子对污物进行超精密清洗。

超声波清洗机如图 13-3 所示,由超声波清洗槽和超声波发生器两部分构成。超声波清洗槽用坚固、弹性好、耐腐蚀的优质不锈钢制成,底部安装有超声波换能器振子;超声波发生器产生高频高压,通过电缆传导给换能器,换能器与振动板产生高频共振,从而使清洗槽中的溶剂受超声波作用对污垢进行洗净。

超声波清洗机的主要参数如下。

(1) 频率:不小于 20 kHz ,可以分为低频、中频、高频三段。

(2) 清洗介质:超声波清洗一般有两类清洗剂,即化学溶剂、水基清洗剂,清洗介质的化学作用可以加速超声波清洗效果,结合超声波清洗的物理作用,以对物件进行充分、彻底的清洗。

(3) 功率密度:功率密度=发射功率(W)/发射面积(cm^2),通常功率密度不小于 0.3 W/cm^2,超声波的功率密度越高,空化效果越强,速度越快,清洗效果越好。但对于精密的、表面很光洁的物件,采用长时间的高功率密度清洗会对物件表面产生空化腐蚀。

(4) 超声波频率:超声波频率越低,在液体中产生空化越容易,产生的力度越大,作用也越强,适用于工件初洗;频率高,则超声波方向性强,适用于精细物件的清洗。

(5) 清洗温度:一般来说,超声波在 30～40 ℃时的空化效果最好,温度越高,则清洗剂作用越显著;通常实际应用超声波时,采用 50～70 ℃的工作温度。

13.2.4　插入损耗测量

插入损耗的测量原理图如图 13-4 所示。其测量步骤如下:

图 13-4　插入损耗测量原理示意图

(1) 将光源输出端接入光功率计，存储光源输入功率 P_{in} 为参考功率；

(2) 将光开关的输入端与光源输出端连接，输出端接入光功率计；

(3) 光功率计的示数值即为该通道的插入损耗。

13.2.5 重复性测试

1. 重复性定义

通道重复性是指光开关在规定的切换次数(通常为 100 次)内，两个被测端口在连通状态下插入损耗的最大变化值，以 dB 为单位。具体定义为

$$\mathrm{REP}_{ij}=\mathrm{IL}_{ij\,\max}-\mathrm{IL}_{ij\,\min}$$

开关的重复性是所有通道的重复性的最大值，即

$$\mathrm{REP}=\max(\mathrm{REP}_{ij})$$

2. 示意图

重复性测试原理图如图 13-5 所示，重复性测试系统示意图如图 13-6 所示。

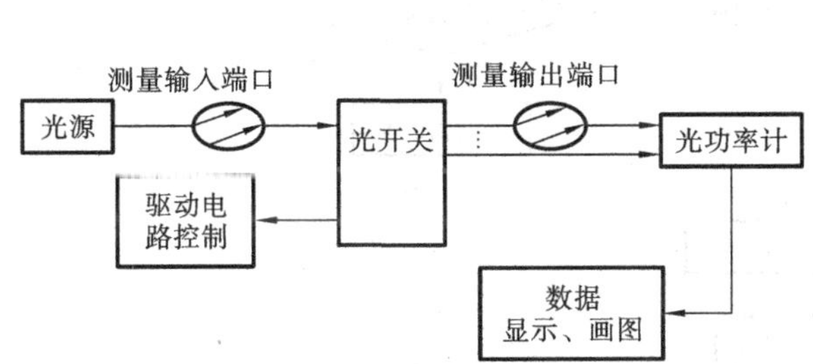

图 13-5 开关重复性测试原理示意图

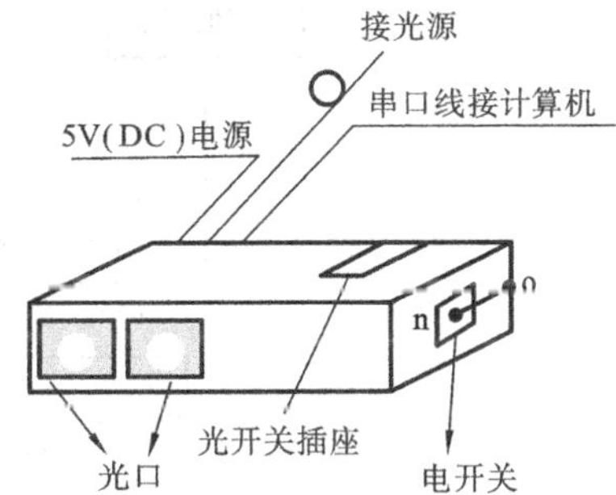

图 13-6 开关重复性测试系统示意图

3. 测试步骤

(1) 利用外部指令或控制按键，使开关的光切换开关不停地切换，测量并记录每次切换时反射端通路的插入损耗。

(2) 从测量的数据中任意连续选取 100 个数据。重复性(dB)为这连续 100 个数据中最大值与最小值之差，即

$$\mathrm{REP}=\mathrm{IL}_{\max}-\mathrm{IL}_{\min}$$

13.3 任务完成条件

在光开关的机械装配过程中：要注意高温烙铁，避免烫伤；在进行卡块黏结时，使用的胶对人体有害，要注意使用安全；同时，在装配过程中使用的激光器是强光源，要注意保护眼睛。需要使用的工具、仪器仪表包括五维微调架、烘箱、超声波清洗机、高低温试验箱、信号发生器测试板、手动冲压机、开孔专用夹具、电烙铁、镊子等。

在光路调试时需要用到的仪器包括紫外灯、手持式监测仪器、五维微调架、六维微调架等。严格遵守烘箱的使用步骤，在放入和取出物品时做好烘箱老化使用记录。使用机械工

具时，要注意操作安全。使用紫外照射装置时要注意防止紫外线泄露。废胶水是危险废弃物，要投放到危险废弃物回收装置中。使用激光器时，注意不要将光源直接对准眼睛。

13.4 任务实施

13.4.1 光开关的机械装配

1×1 型、2×2 型光开关机械装配工序流程图如图 13-7 所示。

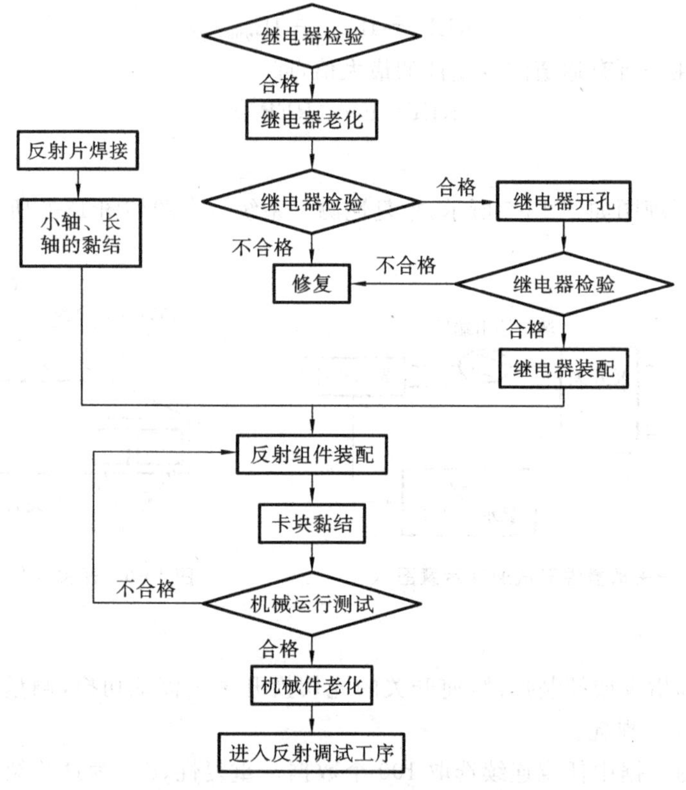

图 13-7 光开关机械装配工序流程图

1. 反射组件的装配

反射组件的装配包括反射片组件的焊接、反射组件与小轴和长轴的黏结、反射片组件循环三个环节。

1) 反射片组件的焊接

焊接前要先观察活动夹片上小轴、长轴是否平行且与活动夹片垂直，合格则放置待用，否则使用镊子进行修整，保证小轴与长轴平行且与活动夹片垂直。

然后进行装片。将合格的镀金反射片用镊子固定在五维微调架的夹具上，适度拧紧(不能使反射片破裂、崩边，整个过程中切勿划伤反射片表面)。检查活动夹片组件的 U 形卡槽是否平行，将内壁清理干净后安装在标准具 V 形槽上。将 U 形卡槽对着准直器的方向，保证与夹具平行，拧紧螺钉。

装片之后进行调光。切换辅助光开关到 He-Ne 光，调节五维微调架的角度手柄与位移手柄，使光斑在反射片上，然后切换辅助光开关到光功率计进行调试，通过改变反射片的位置与角度，使光功率计的显示数值小于 5.0 dB。将反射片从右至左缓慢推进夹块的 U 形卡槽中，推进过程中要不断适时调节，保证反射片与夹块壁无接触、无碰撞，推进结束后，适度调节微调架，使功率计的显示数值小于 5.0 dB。

最后进行焊接。打开电烙铁开关，将温度调节至 220 ℃，温度稳定以后挑取少量无铅焊锡膏，填充在夹块的小孔中使之熔化，焊嘴停留 10 s 后，将两小孔对称焊接，使缝隙中均匀布满焊锡。焊接结束后测得的损耗要小于 10 dB。焊接完毕后将烙铁放回原处，使反射镜组件自然降温，待温度降到室温后，松开反射片夹具螺钉，退出微调架。同时填写光开关反射片焊接工序日记表。

2）反射组件与小轴和长轴的黏结

在合格的反射组件上，在小轴与活动夹片交接处填充 ACQ-10 胶，然后放入 85 ℃烘箱中烘烤 40 min，使胶充分固化（注：调配好的 ACQ-10 胶使用时间不能超过 4 h，否则应更新胶再使用）。

然后，在长轴与活动夹片交接处填充 AC-6 胶，放入 85 ℃烘箱中烘烤 40 min，使胶充分固化（注：挤出的 AC-6 胶使用时间不能超过 4 h，否则应更新胶再使用）。

3）反射片组件循环

将焊接好的反射片组件集中装盒，并放入温度循环箱中，保持温度在 −40 ℃～85 ℃范围内，循环 3 d。

2. 继电器开孔及装配

在本环节的操作中要注意操作安全，避免烫伤、划伤。由于本环节中要用到挥发性的化学品，所以操作过程中要注意佩戴防护用品。

1）第一次继电器检验

将继电器放在信号发生器的测试板上，逐步调节信号发生器输出信号的频率，观察继电器的运行情况。通常，合格继电器要满足的要求：信号发生器输出频率为 120 Hz 左右时，双稳态继电器运行灵活、声音清脆、无阻塞或卡住现象，对单稳态继电器，其频率只需要 20 Hz 即可；继电器的各辅助点必须切换灵活，无黏死现象；继电器的运动铁芯的金属端面左右摆动平稳，与塑胶层的倾斜度最大不得超过 10°。

2）继电器的老化

将合格的继电器放烘箱中老化，老化的温度和时间要满足经验值要求。继电器老化的目的是剔除可能会出现早期失效的潜在不合格产品，通过磨合使合格品的指标更稳定。

3）第二次继电器检验

将老化后的继电器安放在信号发生器的测试板上，逐步调节信号发生器输出信号的频率，观察继电器的运行情况。合格的继电器要满足“第一次继电器检验”步骤中的要求。若继电器运行不合格，则要隔离放置，待继电器开孔后，手动调节继电器的辅助触点或簧片，如果修复合格，则转到“继电器的老化”步骤继续流转，否则按照报废品处理。

4）继电器开孔

将继电器放置在开孔专用夹具上，继电器的待开启面(运动铁芯的金属端面)朝上面对手动冲压机的刀口。用肉眼观察冲压机的刀口在压下时是不是处于预设位置，保证刀口位置标准。压动手动冲压机，一次切割继电器待开启面的底边和左右两边，然后用刀片刮去顶边。清理开孔边缘线条的毛刺，使线条光滑。最后用刀片轻轻刮掉继电器运动铁芯金属端面处的黑色胶体，清理落入继电器内部的碎屑、碎末，使继电器运行符合“第一次继电器检验”步骤的要求。

5）第三次继电器检验

将开孔后的继电器安放在信号发生器的测试板上，逐步调节信号发生器输出信号的频率，观察继电器的运行情况。合格的继电器要满足“第一次继电器检验”步骤中的要求。若继电器运行不合格，则要手动调节继电器的辅助触点或簧片以修复继电器，如果修复合格，则继续下一步，否则按照报废品处理。

6）继电器的装配

将检验合格的盒基座放在85 ℃烘箱中老化，老化的时间大于48 h，然后才能使用于生产中；将继电器放入开关盒的继电器卡槽内，适当调整继电器的位置，使之能自由运动，无阻塞、卡住现象，同时继电器的四面与开关盒的相应接触面平行，继电器引脚伸出 3 mm；然后将 AC-6 胶均匀涂敷于继电器的底部，放入盒基座，压紧并在继电器和基座之间的缝隙中塞一个厚约 3 mm 的纸块使继电器固定，保证继电器底部与盒子底部可靠接触；将固定完毕的盒基座送入 85 ℃烘箱中烘烤 100 min，使 AC-6 胶完全固化。

3. 卡块黏结

使用满足尺寸设计要求的弹片与垫片，将反射组件的长轴固定于盒基座的两个 V 形槽中。将卡块放入装有酒精的烧杯中，在超声波清洗机中清洗 10 min 后取出烘干；然后，用镊子夹住立柱，分别将两根立柱竖直无扭曲地卡入卡块相应的孔中，在立柱与孔接触的位置(卡块外表面)均匀涂抹一层 ACQ-10 胶，放入 85 ℃烘箱中烘烤 3 h 以上备用；最后，在卡块组件后端面均匀涂抹一层 ACQ-15 胶，用镊子夹住卡块，放在继电器运动铁芯表面，并慢慢移动位置，确保小轴竖直无扭曲地卡入卡块 U 形卡槽中，同时小轴伸入 U 形卡槽大约 1/2 处，然后轻轻按住卡块 5 s，使卡块与继电器运动铁芯黏在一起(注：挤出胶瓶的 ACQ-15 胶使用时间不能超过 2 h，否则应更换新胶再使用)。

4. 光开关机械件运行测试

将盒基座安放在信号发生器的测试板上，逐步调节信号发生器输出信号的频率，观察继电器的运行情况，要求双稳态继电器运行频率为 120 Hz 左右时，反射片组件应自由灵活，没有跳动、摆动现象。对单稳态继电器，其频率只需要 20 Hz 即可。继电器运行时，要求反射片组件运动到下方时，镀金反射片能完全挡住透镜端面，运动到上方时，能完全露出透镜端面。

5. 光开关机械件加固

光开关机械件在测试合格后，用 AC-6 胶将继电器引脚处的缝隙补平，并在卡块与继电器运动铁芯面交接处均匀涂抹 AC-6 胶。

6. 光开关机械件老化

将加固完成的光开关机械件放入 85 ℃烘箱中老化，老化时间大于 12 h 后取出。

13.4.2　光开关的光路调试

对于机械装配完成的光开关，要进行光路的调试，以满足其生产的技术要求。光路调试主要包括反射调试和透射调试，使用的光源是紫外固化灯，简称紫外灯，在进行光路调试之前首先要进行紫外灯功率监控及调整。

1. 紫外灯功率监控及调整

每个工作日，在使用紫外灯之前，要由专门人员对紫外灯功率进行测试。若紫外灯光功率过小(通常定义为小于 0.7 W/cm^2)，则停止使用，并申请更换紫外灯管，待更换灯管且满足条件时才能继续使用。具体的监测步骤如下。

1) 紫外灯功率监测

将监测仪放在桌上，入口朝上，监测仪开机，直到显示屏上显示“0.00 W/cm^2”。一般监测仪的横截面，如图 13-8 所示。将紫外灯管伸入监测仪的入口处，如图 13-9 所示。

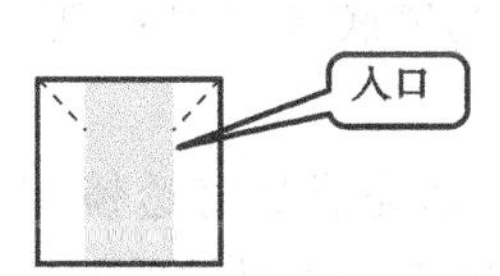

图 13-8　监测仪的横截面

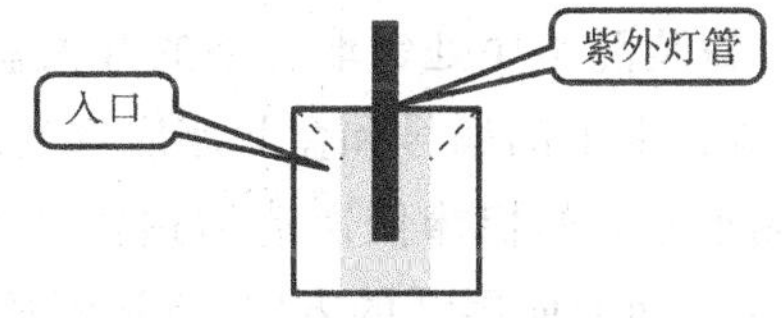

图 13-9　紫外灯管伸入监测仪

打开紫外灯的光源开关进行照射，照射完毕后，把监测仪取下并把监测值填入紫外固化灯光强与照射高度检测表。在监测另一个紫外灯之前，监测仪要清零。

2) 紫外灯管高度调节

将上道工序所测的功率值对照表 13-1 进行查询，根据所测的功率值，参照表 13-1 中对紫外灯管距离照射点的高度要求，调节紫外灯管的高度后紫外灯才可使用。

表 13-1　紫外灯光功率与照射高度对照表

序号	紫外灯光功率/(W/cm^2)	紫外灯管距照射点高度/mm
1	0.7～0.89	≤10.49
2	0.9～1.09	≤11.90
3	1.10～1.29	≤13.15
4	1.30～1.49	≤14.30
5	1.50～1.69	≤15.36
6	1.70～1.89	≤16.35
7	1.90～2.10	≤17.29

2. 反射调试

反射调试工序包括反射透镜预黏结、反射调试、上胶及固化、指标测试。光开关反射调试流程如图 13-10 所示。

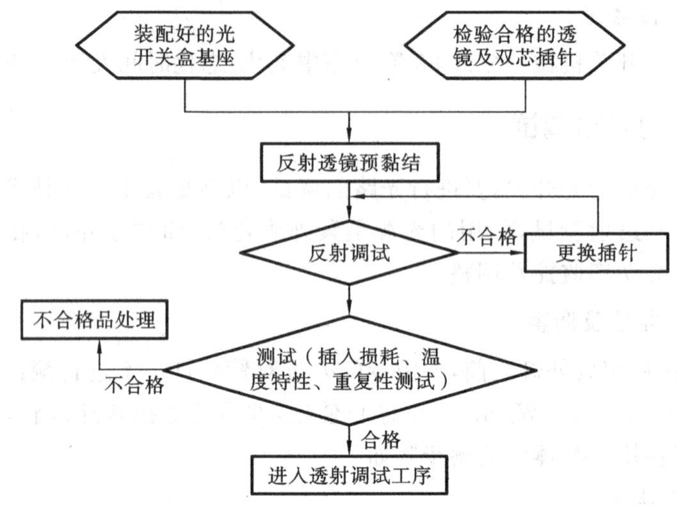

图 13-10　光开关反射测试流程

1）反射透镜预黏结

从前道机械装配工序处领取合格的开关盒底座，根据盒基座底部的编号填写 OSW 生产流程卡，要求流程卡上的编号和盒基座底部的编号保持一致。

用蘸有无水乙醇的棉棒依次清洁透镜孔及透镜球面，清洁完成后将透镜按照球面面向活动反射片、8°角面面向尾纤的方向，将透镜放入透镜孔中，使透镜球面与反射片之间的距离保持在 2.5 mm 左右，调整透镜，保证透镜的 8°角面最低点位于透镜的正上方。然后用点胶针挑少许 ACQ-10 胶，均匀涂在透镜孔上方的小孔内，将点胶针在小孔内旋转，尽量使 ACQ-10 胶流到透镜与盒基座的接触面上(注：调好的 ACQ-10 胶使用时间不能超过 4 h，否则应重新调配)。完成上述步骤后的工件放入 85 ℃烘箱中烘烤 30 min。

2）反射调试

按工作指令单选择相应波长的光源，光源输出的光功率值存入光功率计中作为参考值。再将光开关的引脚插在调试架固定插座上，切换手动开关几次，确认反射组件移动正常后，将光开关切换到反射状态。取一根检验合格的插针，用蘸有无水乙醇的棉棒依次清洁插针的 8°角面、柱面及透镜的 8°角面。

将插针从光开关反射端出纤孔(即远离继电器的出纤孔)穿入，放入五维微调架(见图 13-11)上插针夹具尖端的小槽内。用镊子调整插针轴向转动，使 8°角面的尖角朝上，用十字(或一字)旋具将位于夹具夹片上的螺钉旋紧，松紧度以插针不在槽内晃动为宜。然后调整五维微调架。

图 13-11　五维微调架

五维微调架的调整方法如下。先调整五维微调架的竖直和水平两个平移旋钮，使插针与透镜中心相对，然后用放大镜从俯视和平视两个角度观察插针与透镜的端面，调整五维微调架的两个角度旋钮，使插针与透镜的轴线重合，即插针与透镜的端面平行。如无法达到平行，需用镊子将透镜沿轴向转动少许，直至插针与透镜的8°角面平行为止。双芯插针的两根输出光纤各接一个标准连接器,一端与DFB光源耦合,一端与光功率计耦合。最后调整五维微调架的三个平行旋钮,使光功率计上显示的插入损耗值小于1.0 dB。在放大镜下观察插针和透镜的端面配合情况。要求在10倍放大镜下插针和透镜的端面基本靠拢且平行。调节过程中插针和透镜的距离由大变小,距离降到0.5 mm左右可使用微调旋钮。若不满足要求,则依次更换插针后重复上述步骤,直到满足要求为止。更换下来的插针要放入指定地点,集中后由专人进行二次检验。如更换插针三次都无法满足要求,则将盒基座取下由专人进行二次检验,确定不合格则返回上道工序进行返修。

3) 上胶及紫外(UV)固化

拉开透镜和插针的距离,使之达到5~7 mm,在透镜端面均匀涂上一层AC-13胶,重复"反射调试"步骤操作,使插入损耗满足合格要求(注:挤出的AC-13胶使用时间不能超过8 h,否则应更换新胶再使用)。

用紫外固化灯照射时,其操作要求如表13-2所示,固化前后,要求插入损耗变化不大于0.05 dB。

表13-2 紫外固化灯照射操作要求

灯头与工件的距离	固化时长	固化次数
1~2 cm	45 s	8次

用旋具旋动夹具上的螺丝,使夹具松开插针。先调五维微调架的竖直旋钮,使夹具下降少许,再调五维微调架的水平旋钮,使夹具尖端远离插针,再将光开关从固定夹具上取走,放入托盘。注意整个过程动作要轻缓,以免将插针和透镜的接缝处碰断。

将经过上述步骤的光开关半成品连同托盘放入烘箱中以75 ℃烘烤8 h以上,并做好烘箱老化使用记录。如果插入损耗值不合格则放到返修处,等待集中处理。

最后将热风箱的温度调至300 ℃左右,将吹风筒对准插针和透镜的接缝处,5~10 s后轻轻用镊子掰掉插针,清洗透镜与插针端面,重复"反射透镜预黏结"步骤操作,同时做好不合格品评审记录(注:吹风筒不可以对着反射片)。

4) 指标测试

将上胶及固化后的光开关从烘箱中取出,做好烘箱老化使用记录。待光开关降至室温后,进行指标测试。

(1) 插入损耗测试 对应调试时所用波长,测试反射端插入损耗。合格标准为:插入损耗满足合格要求,与调试值相比变化小于0.1 dB。合格品送入下一道工序,不合格品则放到返修处,等待集中处理。

(2) 温度特性测试 将待测光开关两个通道通过标准适配器分别与光源和光功率计连接,储存此时的光功率作为参考值。然后将光开关放置在85 ℃烘箱中超过10 min,并观察光功率计的读数,在没有特殊要求的情况下,若温度偏振损耗TDL≤0.3 dB,则判定为合格品,TDL>0.3 dB的判定为不合格品。对TDL的测试结果进行记录,合格品送入下一道工序,不合格产品放入指定区域集中处理。

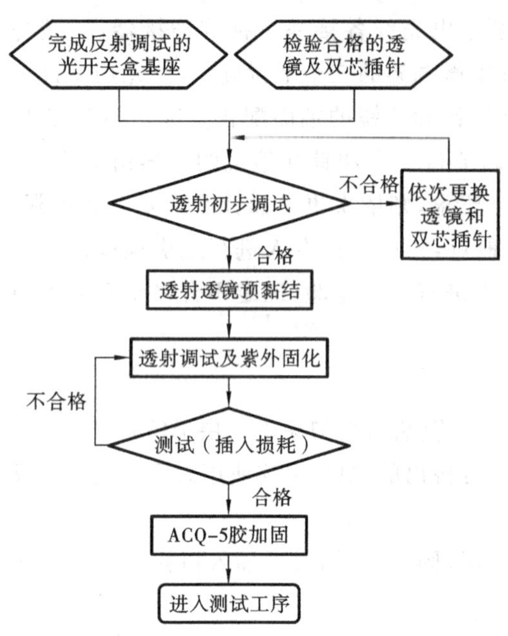

图 13-12　光开关透射调试流程图

(3) 重复性测试　将上步测试的合格品送到重复性测试区，放入有待检标识的区域测试重复性。

3. 透射调试

光开关透射调试可按图 13-12 所示流程进行。

1) 透射初步调试

透射调试分为 1×2 型、2×2 型两种类型。

首先按照工作指令单选择相应波长的光源，光源输出的光功率值存入光功率计中作为参考值。2×2 型和 2B 型的光开关透射调试需要 2 个光源，2 个光功率计。存储光功率值时光源 1 对应光功率计 1，光源 2 对应光功率计 2。

取上步骤的合格品，将光开关的引脚插在五维微调架固定插座上，切换手动开关几次，确认反射组件移动正常，最后将光开关切换到透射状态。取一根检验合格的插针，用蘸有乙醇的棉棒清洁插针的 8°角面及柱面(注意：1×2 型光开关选用单芯插针，2×2 型和 2B 型光开关选用双芯插针)。

将插针从光开关反射端出纤孔(即远离继电器的出纤孔)穿入，放入五维微调架上插针夹具尖端的小槽内。用镊子调整插针轴向转动，使 8°角面的尖角朝上，用旋具将位于夹具上夹片的螺钉旋紧，松紧度以插针不在槽内晃动为宜。

按照上述方法调节五维微调架。

双芯插针的两根输出光纤各接一个标准连接器，一端与 DFB 光源耦合，另一端与功率计耦合(单芯插针不必观察纤芯排列)，具体调试描述如下。

(1) 1×2 型开关透射调试。

调试准备：单芯插针的输出光纤接一个标准连接器，一端与 DFB 光源耦合，另一端与光功率计耦合。

调试步骤如下。

① 调整微调架的三个平行旋钮，使光功率计上显示的插入损耗值小于 0.90 dB。调节过程中插针和透镜的距离由大变小，距离降到 0.5 mm 左右可使用微调旋钮。达不到要求的转动前进旋钮使插针远离透镜，然后依次更换插针、透镜，并重复上述步骤，直到满足要求为止。

② 透射透镜预黏结。

③ 透射调试及 UV 固化。

(2) 2×2 型开关透射调试。

调试准备：六维微调架及 2×2 型透射调试专用夹具；2 个光功率计；2 个光源输出端口。

反射端的双芯插针的两根输出光纤各接一个标准连接器与光源耦合。透射端的双芯输出光纤各连接标准连接器，与光功率计耦合。

调试步骤如下。

① 调整微调架的平移旋钮，使2个光功率计读数均小于20 dB，然后依次调整平移旋钮和角度旋钮，使一个光通路的插入损耗调至最小，一般为1.00 dB以下。

② 先调整六维微调架手轮旋钮，然后依次调整平移旋钮和角度旋钮，使两个光路的插入损耗均在1.00 dB以下，并且两个光路插入损耗值相差小于0.15 dB。

③ 透射透镜预黏结。

④ 重复步骤①、②。

⑤ 将插针拉离透镜，在透镜端面均匀涂上一层AC-13胶，然后重复以上步骤，使两个光路插入损耗满足合格的要求(注：挤出胶瓶的AC-13胶使用时间不能超过8 h，否则应更换新胶再使用)。

⑥ 用5 V电源将光开关切换至反射状态，测试24通道插入损耗值，判断结果是否满足合格要求。

⑦ 再次将光开关切换至透射状态，测试12、34通道插入损耗值，合格判定标准与步骤②的相比调试值变化小于0.10 dB。12、34通道插入损耗值均满足合格要求时进入下道工序，否则重复步骤①～④一次。合格品进入下一步骤，对于仍不合格者，依次更换透镜、插针，重复步骤②，直到满足要求为止。

⑧ UV固化及后续工序同步骤②。合格品进入下道工序，否则重复本步骤一次；对于仍不合格者，依次更换透镜、插针，重复本步骤直到满足要求为止。

2）指标测试

对经过以上步骤后的半成品对应调试波长和类型，对插入损耗进行测试，合格品进入下道工序，否则重复上胶及固化步骤。合格判定标准如表13-3所示。

表13-3　指标测试合格判定标准

开关类型	1×2型光开关	2×2型光开关	2B型光开关
测试内容	透射通道12的插入损耗	透射通道12的插入损耗 透射通道34的插入损耗 反射通道24的插入损耗	透射通道12的插入损耗 透射通道34的插入损耗
允许误差	与调试插入损耗变化相比变化小于0.05 dB	与调试插入损耗变化相比变化小于0.05 dB	与调试插入损耗变化相比变化小于0.05 dB

3）老化

将上道工序得到的半成品放到(75+2) ℃的烘箱老化15 h。

4）反射及透射ACQ-5胶加固及老化

经过上胶及固化步骤，对指标合格的半成品，用蘸有乙醇的棉棒擦拭透镜和插针的接缝处，然后涂敷ACQ-5胶，呈圆柱状。用2 W的紫外灯从横向及纵向分别照射3次，每次10 s，使ACQ-5胶充分固化(注：ACQ-5胶使用的时间不能超过48 h，不使用时，应放置在冰箱冷藏区储存)。

5）紫外固化及老化

紫外固化后的半成品放入75 ℃烘箱老化15 h后取出，进行后续工序。

13.5 任务完成结果与分析

在本任务中,作业人员要完成光开关的反射组件的装配、继电器开孔及装配、卡块黏结、光开关机械件运行测试、光开关机械件加固、光开关机械件老化及光开关的光路调试工作(包括反射调试和透射调试)等工作,当前工序的加工件缺陷被确定后退到前一工序进行返工或在前一工序报废,若合格则送往下一工序,废旧物品要分类置于相应容器内,并注意安全风险,同时要做好相关记录(主要包括光开关机械装配工序日记表、光开关反射片焊接工序日记表、烘箱老化使用记录表、紫外固化灯光强与照射高度检测表、OSW 生产流程卡、不合格品评审单、光开关重复性测试及调整记录单等)。

13.6 任务拓展

利用分支光波导和半导体光放大器(SOA)组合构成的门控型光开关实质上是利用 SOA 作为光控门来进行信道的开/关的,在进行开/关的同时,还使光信号得到放大。图 13-13 示出一个 4×4 SOA 门控型光开关结构示意图。这种光开关的工作原理十分简单,利用 SOA 对光的吸收和对光的放大便可实现任意光路的切换。如图所示,为实现输入光纤 1 与输出光纤 2 之间的光连接,只要给第二个 SOA 注入一定电流,使第二个 SOA 有光放大即可,其余的 SOA 不注入电流。凡是未注入电流的 SOA 对光产生吸收,使光路切断,而注入电流的 SOA 的光路直通。

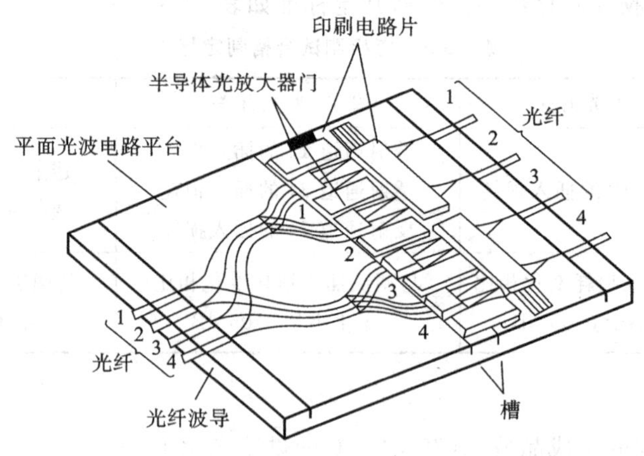

图 13-13　4×4 SOA 门控型光开关结构示意图

如果向所有 SOA 都注入电流,便可实现 1×N 发射模式的光连接。由于这种光开关制作在 PLC 平台上,故其制作工艺包括三个主要内容:一是 PLC 和 SOA 的制作;二是 SOA 在 PLC 上的组装/耦合;三是输入/输出光纤与 PLC 光波导的耦合。

思　考　题

1. 光开关的机械装配分哪几个步骤进行?

2. 怎么对继电器进行检测？

3. 为什么要对光开关进行反射调试？合格产品要满足哪些要求？

4. 为什么要对光开关进行透射调试？合格产品要满足哪些要求？

任务 14　光开关的测试与封装

- ◆ 知识点
  - ¤ 光开关重复性测试与调整的方法与步骤
  - ¤ 插入损耗、回波损耗、串扰的定义
  - ¤ 了解 09 纤封装及 025 纤封装
- ◆ 技能点
  - ¤ 对光开关的重复性测试及对不合格的器件进行调整
  - ¤ 插入损耗测试
  - ¤ 回波损耗测试
  - ¤ 串扰测试
  - ¤ 光开关引脚检验
  - ¤ 光开关参数指标测试
  - ¤ 循环测试，注意老化过程中的要求
  - ¤ 将产品包装入库，要求测试单、标签准确

14.1　任务描述

在光开关的测试工序中，要对生产出来的关开关进行重复性测试、调整，同时完成对其光学性能的测试。要求能够独立进行光开关的重复性测试，并对于不满足条件的光开关进行机械调整；同时独立进行损耗测试、串扰测试、连接器端面检测及引脚检查等，使之达到相关技术要求。当前缺陷被确认后的工件应退到前道工序进行返工或在前道工序报废。任务具体描述如下：

(1) 完成对光开关的重复性测试；

(2) 对不合格的机械式光开关进行机械调整；

(3) 完成对光开关的插入损耗测试，使之达到相关技术要求；

(4) 完成对光开关的串扰测试，使之达到相关技术要求；

(5) 完成对光开关连接端面的检测，使之达到相关技术要求；

(6) 完成引脚检查，使之达到相关技术要求。

封装工序进行前要明确最终产品的封装要求，涉及穿松套管、循环及测试、封盒盖等方面内容。该工序中缺陷被确认后的工件要退到前道工序进行返工或在前道工序报废。任务

具体描述如下：

(1) 穿纤；

(2) 进行循环测试；

(3) 将产品包装入库，要求测试单、标签准确。

14.2 相关知识

14.2.1 回波损耗

回波损耗是指从光开关的输入端口返回的光功率与输入端口输入的光功率之比，以 dB 为单位。

回波损耗与波长有关。通常测试以光开关的某输入端口返回的光功率与该输入端口输入的光功率之比作为该端口的回波损耗。具体定义为

$$RL_j(\lambda) = -10\lg[P_{jr}(\lambda)/P_{ji}(\lambda)] \tag{14-1}$$

式中：$P_{jr}(\lambda)$是从输入端口 j 输入的中心波长为 λ 的光功率，以 mW 为单位；$P_{ji}(\lambda)$是在某种开关状态下返回到同一输入端口 j 的中心波长 λ 的光功率。

光开关的回波损耗则通常取所有端口回波损耗的最小值，即

$$RL = \min(RL_j) \tag{14-2}$$

用回损测试仪直接测得光开关端口的回波损耗。

14.2.2 偏振相关损耗

通道的偏振相关损耗是指在工作波长带宽范围内，对于所有偏振态，由于偏振态的变化导致的插入损耗的最大变化值，以 dB 为单位。

偏振相关损耗与输入波长有关，也与开关状态有关，具体定义为

$$PDL_{ji}(\lambda) = IL_{max}(\lambda) - IL_{min}(\lambda) \tag{14-3}$$

光开关的偏振相关损耗通常取所有通道偏振相关损耗的最大值，即

$$PDL = \max[PDL_{ji}(\lambda)] \tag{14-4}$$

14.2.3 串扰

串扰是指光开关端口之间隔离度的一个指标，通常定义为光信号从输入通道 i 输入后，非输出端口 j 处所测量到的光功率(mW)与输入端口测量到的光功率(mW)之比，以 dB 为单位。

串扰与输入波长有关，也与开关状态有关，具体定义为

$$XT_{ij}(\lambda) = 10\lg[P_j(\lambda)/P_i(\lambda)] \tag{14-5}$$

式中：$P_i(\lambda)$为从输入端口 i 输入的中心波长为 λ 的光功率，以 mW 为单位；$P_j(\lambda)$为开关在断开的状态下，从非输出端口 j 接收到的中心波长为 λ 的光功率，以 mW 为单位。

光开关的串扰取所有开关状态下最差的值，即

$$XT = \min[XT_{ji}(\lambda)] \tag{14-6}$$

14.3 任务完成条件

光开关的测试工序岗位需使用锋利工具,要当心划伤割伤;使用机械工具要注意操作安全;同时使用激光器(强光源)时,要注意保护眼睛。涉及使用烘箱的步骤,在放入和取出物品时要做好烘箱老化使用记录。在光路调试时要依照 YD/T1689—2007 标准完成损耗测试、串扰测试、连接器端面检测及引脚检查等,使之达到相关技术要求。该工序中要使用到的仪器有 DFB 光源、光功率计、回损测试仪、测试电路板等。

封装工序执行过程中严格按照开关类型、出纤类型、长度连接器类型进行操作。在每次封装前都必须仔细检查光开关盒基座内的编号。如果有误,则需立即更正。需注意的事项如下:

(1) 废胶是危险废弃物,请投放到危险废弃物回收装置中;

(2) 废化学品是危险废弃物,请投放到危险废弃物回收装置中;

(3) 胶对人体有害,请注意使用安全;

(4) 本岗位有大功率的激光器,请注意保护眼睛;

(5) 本岗位有挥发性化学品,请注意佩戴防护用品;

(6) 能源是有限的,请注意节电(节能)。

14.4 任务实施

14.4.1 光开关重复性测试及调整

光开关重复性测试及调整可按流程进行,如图 14-1 所示。

1. 重复性调试初始化

首先打开直流电源,然后检查光开关重复性测试系统的电源、串口、光源是否连接可靠。

2. 重复性测试与调整

将待测光开关的继电器电引脚依次插入光开关重复性测试盒的继电器插座上,光开关光路的1、3 端口分别连接到测试盒的两个光端口上。打开测试盒上的电开关进行测试。测试过程中观察界面上的 max、min、rep 三个量的值和曲线图。测试中要求 max、min 的值小于 3 dB,整个测试过程中的 rep 值小于 0.1 dB,曲线平滑,无尖峰或者突变,且整个过程要求开关打动至少 5 000 次(注:生产流程中的第二次重复性测试即老化循环后的测试,需要开关打动 10 000 次)。

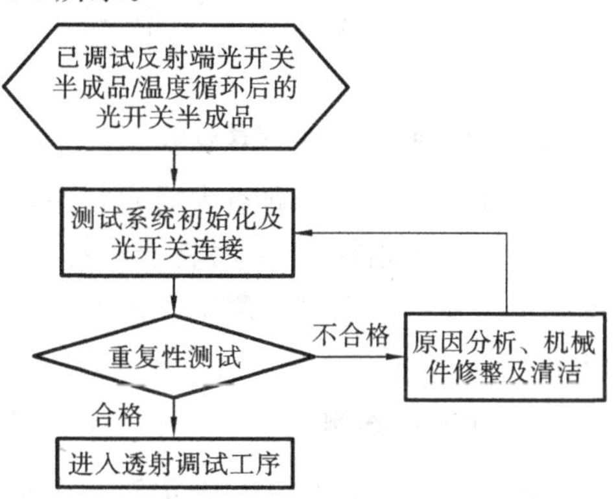

图 14-1 光开关重复性测试及调整流程图

对不满足上述条件的光开关,必须进行机械调整,具体方法是:对光开关进行速度测试,观察开关的运动情况;拧开固定长轴的后螺钉,观察轴在 V 形槽内是否摆动、跳动;松开前螺钉,取下反射组件,调节小轴,使之与长轴平行,用细砂纸将小轴的端头打磨光滑,将运动部位用酒精擦拭干净后装回,重复上步测试。

测试不满足要求的开关,不断重复前步操作;满足要求的光开关,可流入下一道工序。将重复性测试合格的开关放入合格品区,并做好相关记录,根据测试结果移交相应工序处理。

3. 光路调试插入损耗测试

插入损耗测试要在光开关反射端老化 15 h 工序后、光开关紫外光二次加固并老化 15 h 后、光开关温度循环 39 h 工序后,以及光开关封盖之前清洁工序、光开关装连接器各工序后进行。插入损耗值要满足合格要求。所需设备有 DFB 光源、光功率计、测试电路板。

1) *测试前准备*

首先开启光源、光功率计和测试电路板电源,根据要求选择 1 550/1 310 nm 波长的 DFB 光源,将光源输出端接光功率输入端,按"λ"键选择相对应的波长,并进行存光。然后用蘸有乙醇的擦拭纸清洁各连接器端面及测试跳线的端面。最后将光开关引脚固定在测试电路板的插座上,光开关的出纤方向与测试电路板上所示的出纤方向一致,如图 14-2 所示。

2) *测试方法*

本工序需对光开关所有通道的插入损耗进行测试。测试其中一个通道的损耗时,将这个通道两个端口的其中一个通过标准适配器与光源连接,另一端口通过一个标准适配器与光功率计连接。例如,对于 1×2 型光开关,要测试其 13 通道的插入损耗,光路连接图如图 14-3 所示。

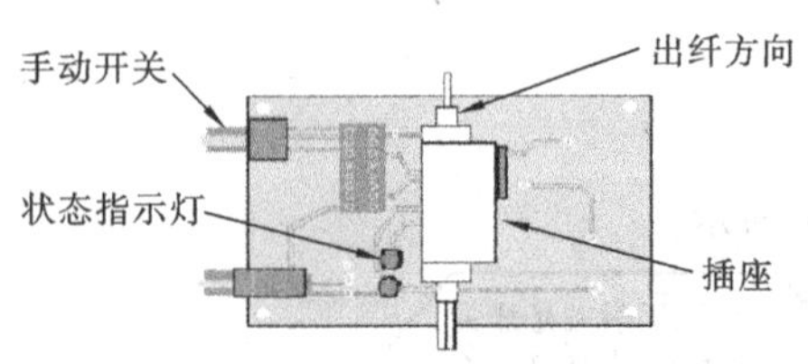

图 14-2 光开关测试电路板的固定

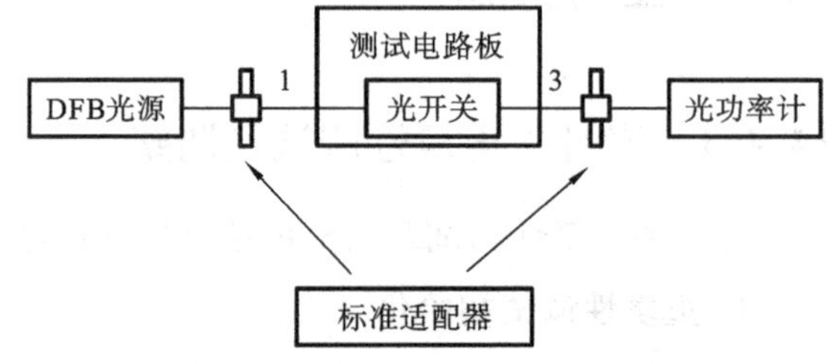

图 14-3 插入损耗测试连接图

切换光开关使该通道为通光状态,此时光功率计上的显示值即为该通道的插入损耗值。

记录插入损耗值,同时将合格品送入下一道工序,不合格品放置在指定位置,待修理或返回上一工序。在最终测试工序中测试插入损耗时,将各端口标识环穿在相应端口的 09 光纤上。

4. 回波损耗测试

测试回波损耗在光开关紫外二次加固并老化 15 h,并在与光开关装连接器后进行。回波损耗值要满足合格要求。

回波损耗测试所需设备有回损测试仪、测试电路板。

1) *测试前准备*

首先开启回损测试仪及测试电路板电源,依所测器件要求,按"λ"键选择波段(1 550/1 310 nm);对回损测试仪自带的标准跳线绕模,存光。然后用蘸有乙醇的擦拭纸清洁各连接器端面及测试跳线的端面。将光开关引脚固定在测试电路板的插座上,光开关的出纤方向与测试电路板上所示的出纤方向一致，如图 14-4 所示。

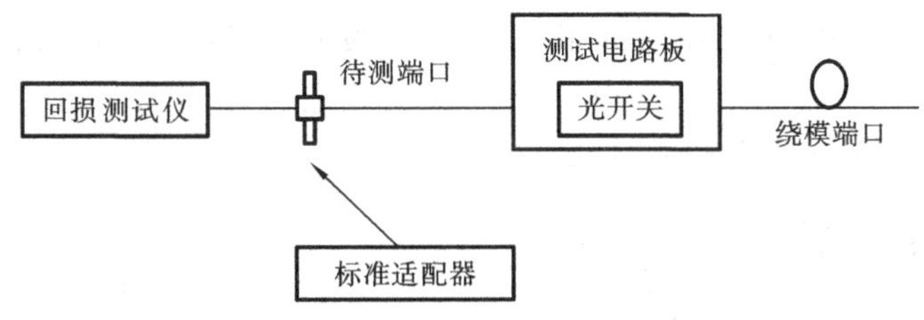

图 14-4　回波损耗测试连接图

2) 测试方法

本工序需对光开关在两种状态(反射、透射)下所有端口的回波损耗进行测试。通过测试电路板上的手动开关对光开关进行切换。手动开关置于"Ref"位置时光开关为反射状态，置于"Trans"位置时光开关为透射状态。对某一端口进行测试时，将待测端口通过一个标准适配器与回损测试仪相连，并对相应端口绕模，此时回损测试仪显示值即为该端口的回波损耗值。

记录回波损耗数值，同时将合格品送入下一道工序，不合格品放置在指定位置，待修理或返回上一道工序。

3) 测量步骤

将光源输出端接入功率计，存储光源输入功率 P_{in} 为参考功率；将光源的输出端与光开关输入端口 i 连接，将非连通输出端口 j 连接到光功率计，此时光功率计的示数值即为该非连通端口的串扰；所有非连通端口串扰值的最小值为光开关的串扰值。

5. 连接器端面表面粗糙度检验

连接器端面表面粗糙度检验是光开关的最终测试工序。连接器端面表面粗糙度要满足合格要求。

具体检验方法描述如下。

(1) 用无尘纸蘸乙醇轻轻擦拭连接器端面，保证无污物影响检查结果。

(2) 将连接器轻轻插入光纤端面检测仪前方适配器中，调节焦距使连接器端面通过 CCD 后在监视器上清晰成像。

(3) 参照相应合格标准进行判断。

(4) 光开关所有端口均合格的判为合格产品，送入下一道工序。不合格品用胶带纸在不合格端口做好标记，集中送回返修。

(5) 记录检验结果，签名并注明日期。

6. 光开关引脚检验

光开关引脚检验是光开关的最终测试工序。连接器端面表面粗糙度检验的合格判定依据以下两点：

(1) 手动开关位于"Ref"处，LED_1 灭，LED_2 亮；

(2) 手动开关位于"Trans"处，LED_1 亮，LED_2 灭。

具体测试方法描述如下：

(1) 将光开关引脚固定在测试电路板的插座上，光开关出纤方向与测试电路板上所示出纤方向一致；

(2) 拨动手动开关观察电路板上的状态指示灯,按照上述合格标准进行判断；

(3) 合格品送入下一道工序,不合格品放入不合格品区,做报废处理；

(4) 记录检验结果,签名并注明日期。

14.4.2 光开关的封装

光开关的封装工序可按流程进行,如图 14-5 所示。

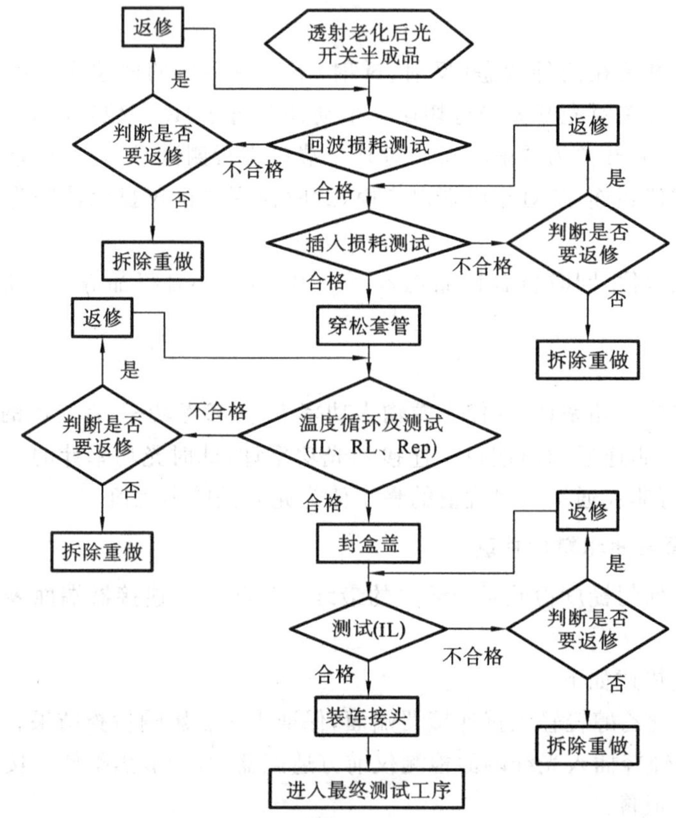

图 14-5 光开关的封装工序流程图

1. 指标测试

1) 回波损耗测试

按照“光开关生产线测试工序作业指导书”中的测试方法及合格判定标准测试老化之后的光开关半成品的回波损耗。

2) 插损测试

按照“光开关生产线测试工序作业指导书”中的测试方法及合格判定标准将测完回波损耗的光开关半成品取出,测试其插入损耗。合格品进入下一道工序,不合格品要做好记录后放入指定的不合格品区集中处理。

3) 半成品登记

测试合格的半成品如无客户需求,则直接放入半成品库,并做好光开关半成品记录。

2. 穿纤

1）材料准备

按工作指令单要求的出纤长度剪取松套管，要求剪取的长度比要求的出纤长度长10 cm；按光开关的类型选取单芯和双芯尾套，同时准备两个检验合格的纤尾。

穿纤需要的辅助材料及工具还包括封装泡沫、皱纹胶带、AC-6胶、乙醇、擦拭纸等。

2）封装方法描述

（1）09纤的封装方法。

① 清洁光纤。将老化后测试合格的光开关固定在封装泡沫上，小心地将插针尾纤与连接器的焊点剪断，并把光纤散开。用蘸有乙醇的擦拭纸清洁光纤上的胶等脏物。

② 穿松套。取两个尾纤座，在螺纹上涂适量的AC-11胶，固定在开关基座的出纤孔的螺纹孔内。将光纤穿入松套管中，注意动作要轻柔，不要拉扯光纤。松套管穿入位置为：伸入尾纤座后距离双芯插针尾部1 mm左右。注意要使双芯端的光纤尽量保持平行，不要让两根光纤有扭曲。在距离开关出纤部位7～10 cm处用皱纹胶带将松套管固定在白色泡沫上，注意要使松套管位于尾纤座出纤圆孔的中央。将后部的光纤盘成直径为4～5 cm的圈，并用皱纹胶带固定在白色泡沫上。

③ 上胶及烘烤。在开关外侧的尾纤座孔内填补AC-6胶，注意不能留有空洞。然后将光开关送入85 ℃烘箱烘烤1 h，并做好烘烤老化使用记录。

（2）025纤的封装方法。

① 清洁光纤。将老化后测试合格的光开关固定在封装泡沫上，小心地将插针尾纤与连接器的焊点剪断，并把光纤散开。用蘸有乙醇的擦拭纸清洁光纤上的胶等脏物。

② 穿松套。将插针尾纤与连接处的焊点剪断，并把光纤散开，每一根光纤均穿一个8 mm的白色松套，将后部的光纤盘成直径为4～5 cm的圈。

③ 穿小尾套。用镊子将有切口的双芯小尾套穿在开关内侧的尾纤座孔中，再将白色松套轻轻推入双芯小尾套。

④ 上胶。在开关内侧及外侧的小松套内填补ACQ-16胶，注意不要留空洞。常温放置1 h。

3. 循环及测试

1）循环

将半成品放入大透明盒，送入高低温循环箱中，在−40 ℃～85 ℃温度范围内循环39 h。

2）测试

将经过循环步骤后的开关半成品送至测试工序，测试插入损耗和重复性。合格产品送入下一道工序，不合格产品做好记录后放入指定的不合格品区，集中处理。

4. 封盒盖

在封盒盖之前需检验开关盒盖是否合格，要求盒盖与开关基座配合松紧适度，且接缝较严密。

同时需要准备的辅助材料有ACQ-16胶、洗耳球、棉棒、乙醇。

具体封装方法描述如下。

1) 清洁

用洗耳球吹去循环及测试步骤完成后的光开关内部的细屑,然后用蘸有乙醇的棉棒清洗开关盒的内部及盒盖,注意不要将棉花丝留在盒内。

2) 上胶及固化

选取配套的开关盒盖,用点胶棒在开关基座与盒盖内部黏结的部位均匀涂上 ACQ-16 胶(如为使用 09 松套封纤的光开关,还需要用点胶棒在尾纤座外围套筒上涂适量的 ACQ-16,将尾套轻轻套入尾纤座外围套筒上,注意尾套要直接压入尾纤座,不要旋转,以避免使双芯扭绞甚至断纤)。使用黑色绝缘胶带将封好的盒盖与盒基座捆绑在一起,然后将光开关半成品放置在温室下 2 h,使胶完全固化,然后拆下黑色绝缘胶带(注:如为 025 纤封纤的合格品送测试工序进行终测)。

5. 插入损耗测试

测试上述步骤后的光开关的插入损耗。将合格品进入下一道工序,不合格品做好记录后放入指定的不合格品区,集中处理。

6. 装连接器

如为 09 纤封纤的合格品,则按客户要求剪取相应长度,并送装相应的连接器,然后送入最终测试工序。

7. 成品包装入库

封盖测试合格的光开关如无客户要求,则直接放入成品库进行包装入库,并做好光开关成品记录。

1) 包装前检查

对符合下列要求者才可以进入包装程序:光开关实物与记录上的信息相符;各项指标测试完毕且符合工作指令单要求;开关基座无划痕,09 松套管无折痕、压痕。

2) 包装

(1) 清洁:用蘸有乙醇的棉棒清洁光开关盒体和松套管。

(2) 贴光开关内标签:将标签上的序号填入 OSW 生产流程卡,并将流程卡统一回收存档。光开关内标签式样如图 14-6 所示。

(3) 打印测试单:有特殊要求的,按照要求打印测试单,没有特殊要求的按工作指令单填写型号,按光开关内标签所示的序列号填写序列号,按终测结果填写测试指标。

(4) 盘纤:将光开关装入包装泡沫中(连接器的摆放位置如图 14-7 所示),图中数字代表连接器的端口号,盖上压板泡沫。

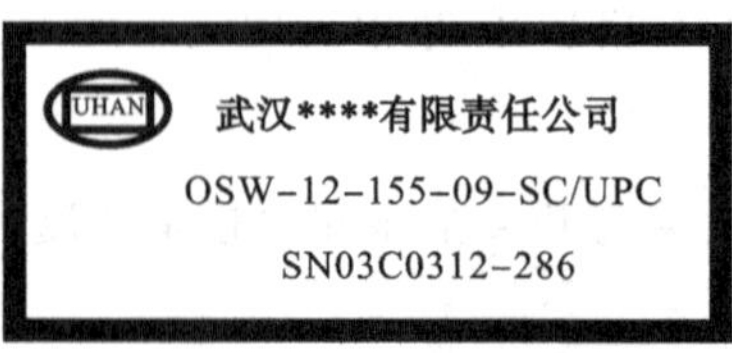
UHAN 武汉****有限责任公司

OSW-12-155-09-SC/UPC

SN03C0312-286

图 14-6 光开关内标签式样

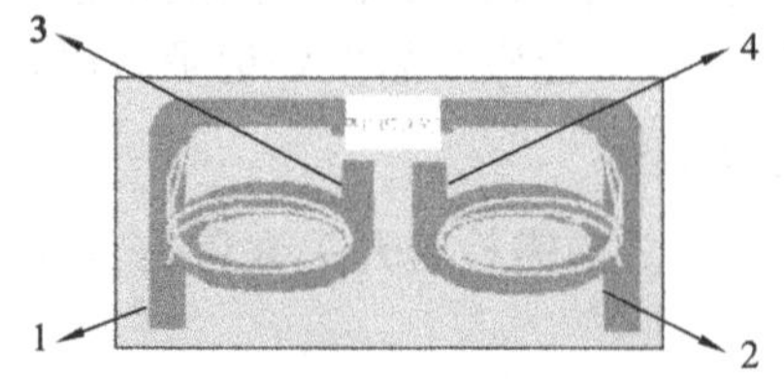

图 14-7 摆放位置

(5) 贴光开关外标签：按工作指令单号，将根据客户要求发放的外标识贴在包装纸盒上。将装有开关的内包装放入纸盒内，并放入对应的测试单。

3) 入库

一次检查所有终检内容，并作相应的记录。确认无误后填写成品入库申请单，由质量工程师检查，确认无误签字后方可交入成品库。

14.5 任务完成结果与分析

该工序作业人员要完成对生产成品的测试工作，包括重复性测试与调整、光学性能测试，同时完成对合格品的封装。工作人员应对本工序能否达到规定的要求负责，当前工序的缺陷被确定后有权将加工件退到前道工序进行返工或在前道工序报废。废旧物品要分类放置，并注意安全风险，营造安全可靠的作业环境和习惯，同时要做好相关记录（主要包括 OSW 生产流程卡、烘箱老化使用记录表、光开关半成品登记表）。

14.6 任务拓展

在光开关的性能测试中通常还包括如下测试。

14.6.1 偏振相关损耗测量

1. 测量原理

其测量原理如图 14-8 所示。

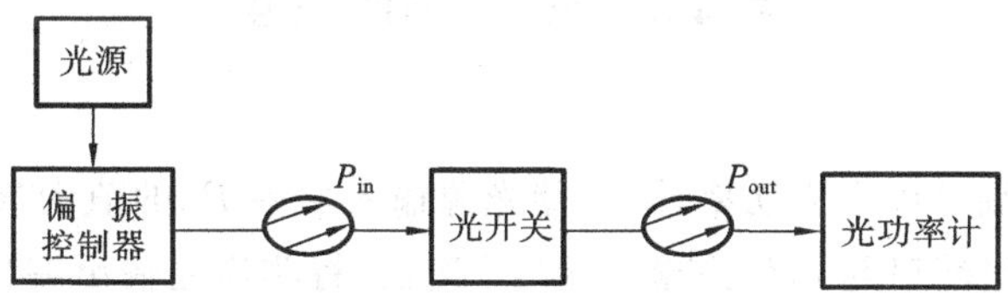

图 14-8 偏振相关测量原理示意图

2. 测量步骤

(1) 将光源的输出端连接到功率计，存储光功率值。

(2) 将光源的输出端与偏振控制器的输入端连接。

(3) 将开关的输入端与偏振控制器的输出端连接。

(4) 将开关的某输出端 j 接入功率计，同时启动偏振控制器，使之随机改变光源的偏振态，此时功率计测量的损耗的最大值与最小值之差即为偏振相关损耗(dB)。其表达式为

$$PDL = |IL_{max} - IL_{min}| \tag{14-7}$$

14.6.2 开关时间的测量

1. 测量原理

其测量原理如图 14-9 所示。

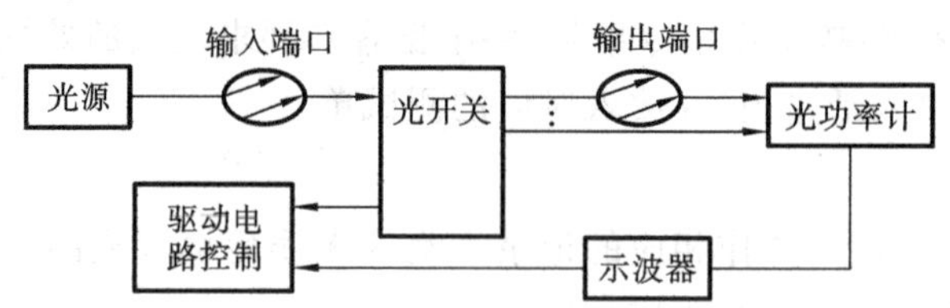

图 14-9　开关时间测量原理示意图

2. 测量步骤

(1) 光源从光开关输入端口输入,从任意一个连通端口输出,光电转换装置将探测到的光电流进行线性放大处理,并将电压信号送入示波器。

(2) 示波器的纵轴表示电压,横轴表示时间,示波器设为扫描方式。

(3) 测量每个通道的连通时间 ST_{onij},关断时间 ST_{offij}。

(4) 取所有通道中最大的连通时间和关断时间为开关的连通时间,分别表示为

$$ST_{on}=\max(ST_{onij}) \tag{14-8}$$

$$ST_{off}=\max(ST_{offij}) \tag{14-9}$$

14.6.3　串扰测量

1. 测量原理

其测量原理如图 14-10 所示。

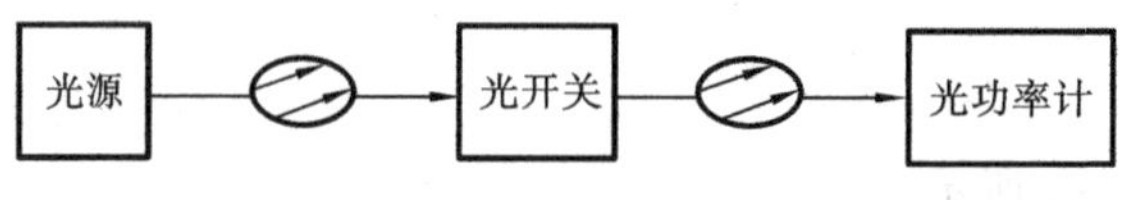

图 14-10　串扰测量原理示意图

2. 测量步骤

(1) 将光源输出端口接入光功率计,存储光源输入功率 P_{in} 的值为参考功率。

(2) 将光源的输出端口与光开关输入端口 i 连接,将非连通输出端口 j 连接到光功率计,此时光功率计的示数值即为该非连通端口的串扰。

(3) 所有非连通端口串扰值的最小值为光开关的串扰值。

思　考　题

1. 怎样进行光开关的重复性测试?
2. 重复性测试合格的光开关要满足哪些指标?
3. 什么是光开关的插入损耗、回波损耗、串扰?
4. 简要说明插入损耗、回波损耗、串扰的测试方法。
5. 09 纤封装方法和 025 纤封装方法有何不同?
6. 成品包装入库前要对哪些指标进行测试?

情境 5 有源光同轴器件的制造

封装即将器件和组件(模块)的管芯及其配套的电路(包括电源电路、控制电路和监视电路)密封在一个特制的管壳内。封装的目的主要是:① 使管芯各电路与外界环境隔离,避免外界有害气体的侵袭,同时提高其机械强度;② 为器件和组件(模块)提供一个合适的外延线;③ 提供散热和屏蔽。

对光电子器件和组件(模块)而言,封装更具它的特殊性,不仅提高器件的稳定性,而且还提高器件的可靠性。光电子器件和组件对封装的管壳有如下要求:具有良好的气密性;足够的机械强度;良好的电气性能;好的热特性;好的可焊性;外形尺寸符合标准化要求;价格低,适宜于大批量生产。

光电子器件和组件的封装,按其封装材料,可分为玻璃封装、金属封装、陶瓷封装和塑料封装;按其封装结构,可分为同轴封装(也可称为同轴组件)、双列直插式封装、蝶形封装、983小型器件封装、无源对准封装和表面封装等。

任务 15　认识有源光同轴器件与前处理

◆ 知识点
- ¤ 同轴封装的概念
- ¤ 封装零件选择
- ¤ 结构及材料

◆ 技能点
- ¤ 认识同轴封装器件及零件
- ¤ 根据不同类型器件,选择管座、管帽等构件和芯片
- ¤ 知道超声清洗原理和清洗的工艺要求
- ¤ 会零件清洗与前处理操作
- ¤ 能操作压配(手动压配、气动压配)管体(装管体)设备
- ¤ 能判定超声清洗、压配管体的质量

15.1 任务描述

了解有源光同轴器件的结构、材料，根据封装要求的型号选择相应的零件并将其按要求进行前期处理。

15.2 相关知识

15.2.1 TO 封装

1. 概念

TO(transistor-outline 圆柱式)封装亦称同轴封装，它是光发射和光接收器件最主要的封装结构。TO 封装有两个目的：一是保护芯片，二是便于组件、模块的组装。根据功能，TO 封装分为两大类：发射 TO 封装和接收 TO 封装。发射 TO 封装多采用 TO56(TO 座直径为 5.6 mm)，接收 TO 封装多采用 TO46(TO 座台阶直径为 4.6 mm)。根据应用和用户要求，其管脚数也不一样，发射 TO 封装多为 4 个管脚(也称 4 针)，接收 TO 封装有 2、3、4、5 针。无论是发射 TO 封装还是接收 TO 封装，芯片都必须位于轴中心，即发射 TO 封装的发射光区或接收 TO 封装的光敏区域必须位于轴中心。对发射 TO 封装，还要求非线性度(实际 *P-I* 偏离理论 *P-I*)不得大于 50%。对接收 TO 封装，还应根据其工作速率、带宽对管壳电容和芯片电容提出要求。TO 封装的光窗口有平面和透镜两种，透镜又有球面透镜和非球面透镜(亦称曲面透镜)之分。图 15-1 示出具有不同管帽的 TO 封装，图 15-1(a)和图 15-1(b)所示的分别是有球透镜和非球透镜的发射 TO 封装，图 15-1(c)和图 15-1(d)所示的分别是带球透镜和平面窗口的接收 TO 封装。图 15-2、图 15-3 所示的为 TO 封装产品实物图，图 15-4 所示的为 TO-激光器部件结构图。

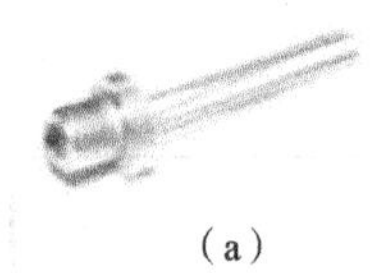
(a)

(b)

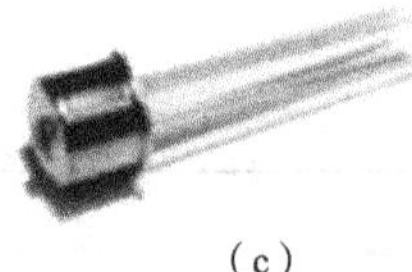
(c)

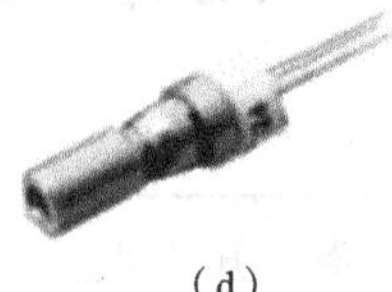
(d)

图 15-1　几种不同管帽的 TO 封装

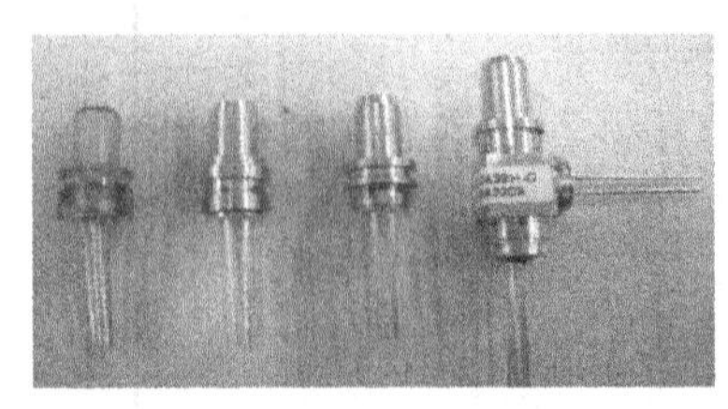

(a) 常见SC接口探测器

(b) 常见LC接口探测器

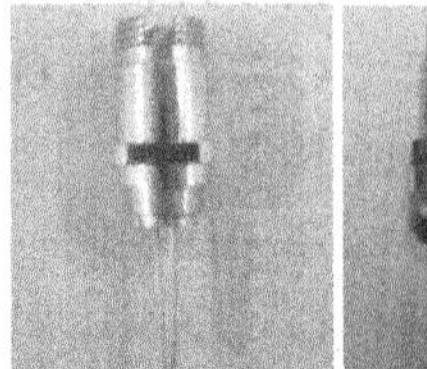

(c) 常见FC、MTRJ接口器件

图 15-2　TO 产品实物

低性能、较短距离与对成本相当敏感的器件采用低成本的封装模式。

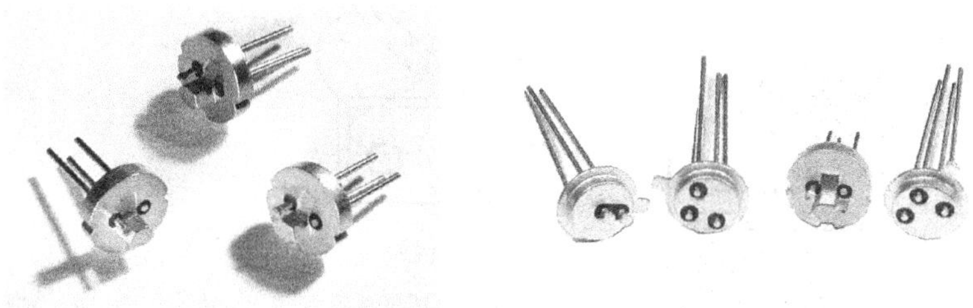

图 15-3 各种不同种类的 TO 管座

2. 管座、管帽等构件和芯片的选择

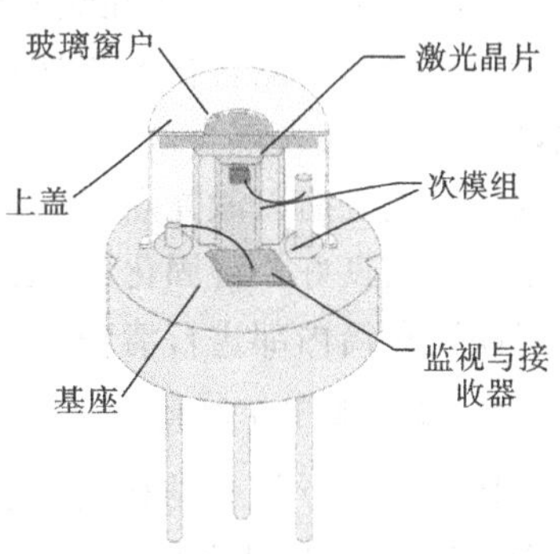

图 15-4 TO-激光器部件名称

由于发射 TO 封装和接收 TO 封装有不同的芯片和要求,故有不同的工艺流程。为得到达到设计要求的 TO 封装组件,TO 封装前必须对管座、管帽等构件和芯片进行选择。对发射 TO 封装来说,通常是选择直径为 5.6 mm 的管座(TO56);管帽的选择要看应用的情况和要求而定,可选择平面窗口管帽或透镜管帽(透镜又可分为有球透镜和非球面透镜),管帽可镀增透膜(增加某一波长范围的透射率);LD 过渡热沉的选择要依据热沉材料的热导率和热膨胀系数,通常选用 AlN 和 SiC,因为它们都具有很高的导热系数,300 K 下 AlN 的导热系数为 110～260 W/(cm·K),而 SiC 的为 5 W/(cm· K)。LD 芯片根据其应用的工作速率、要求的输出功率和背向透光(通常要求 15%～20%)进行选择。对接收 TO 封装来说,首先根据应用和要求,选择管脚数;管座通常选用 TO46,管帽选用 TO52;PD 芯片的选择应根据工作速率选择 PD 的光敏面尺寸和跨阻抗放大器(TIA),再根据 TIA 选择芯片电容和贴片电容。若芯片为 APD,则根据它的击穿电压来选择芯片电容。下面简单介绍发射 TO 封装和接收 TO 封装的工艺流程。

发射 TO 封装的工艺流程:PD 芯片组装→高温筛选→暗电流测试→LD 芯片→组装→内引线焊接→初测→封帽→老化→高温检测→中测→入库。

接收 TO 封装的工艺流程:PD 芯片、TIA 和电容的组装→内引线焊接→初测(暗电流、TIA 电流、噪声功率)→老化→检测→封帽→中测→入库。

15.2.2 TO 封装形式

TO 封装又可分为插拔型、尾纤型和单纤双向型。

1. 插拔型 TO 封装

插拔型 TO 封装通过外部连接头插入管壳体,经内部光学准直系统与光源或探测器管芯实现光耦合的输出/输入(O/I)。图 15-5 所示的为插拔式 TO 封装结构示意图。其管壳为不锈钢材料或可伐(也称 Kovar 合金)材料,整个结构由 TO 管座、内套、透镜座、外套及内部光学准直系统组成。结构上、下部有一致的同心度,各部件之间用环氧树脂胶黏结。

根据光接口的不同,插拔型 TO 封装又可分为 SC 插拔型、FC 插拔型、LC 插拔型、ST 插

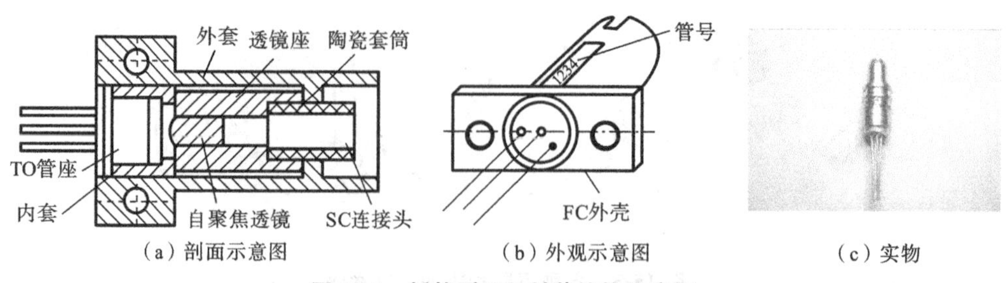

图 15-5 插拔型 TO 封装结构示意图

拔型等。

封装过程如下:首先在装有管芯的 TO 管座的周边涂上环氧树脂胶,然后将内套插入管座,经固化后,再黏合自聚焦透镜,并把透镜座黏结在内套上。透镜与光器件(发射)输出对准,以便获得最大耦合效率。为稳定光器件输出与透镜之间的耦合对准,对内套和透镜座之间的结合缝处施以激光点焊,接着在陶瓷套筒周围涂胶,然后再插入透镜座中并转动,使与透镜座黏结良好。待固化后,把 SC 连接头插入组装好的陶瓷套筒内,插拔应轻松自如,否则应对陶瓷套筒内部进行清理。

2. 尾纤型 TO 封装

尾纤型 TO 封装结构的主要部分与插拔型 TO 封装的大致相同,不同的是,这种封装带有尾纤。在工程应用中大多采用这种结构。图 15-6 所示的为尾纤型 TO 封装结构示意图。

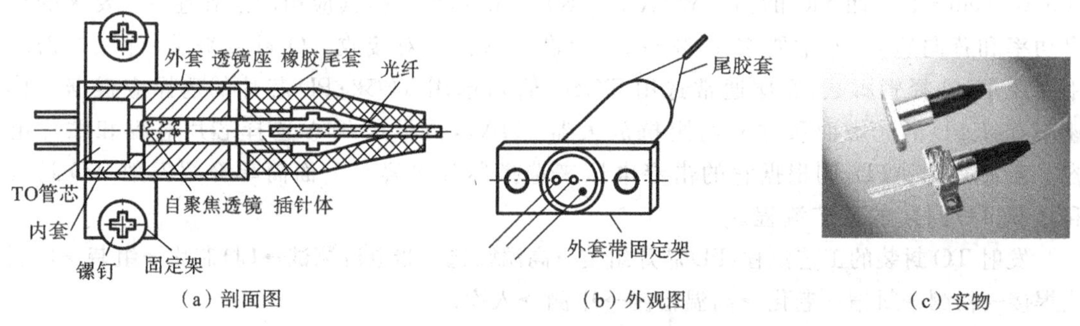

图 15-6 尾纤型 TO 封装示意图

其封装过程如下。先把组装好管芯的 TO 管帽周边涂上环氧树脂胶,套上绝缘套,经 100 ℃烘烤固化后,装配上环套。为确保管帽、绝缘套和环套的同心度和牢固度,再装配下环套。接着在光学对准下进行激光点焊。激光点焊之后,是尾纤封装。事先剥出光纤的一端,使之成为裸纤,纤端磨抛为一定形状,然后插入点有环氧树脂胶的插针体内,经固化后再进行光纤与光器件的耦合封装。在耦合封装过程中,把带有光纤的插针体插入下环,压紧,并置于 100 ℃的加热炉固化,最后套上橡胶尾套以保护光纤,同时装上金属外套,外套带有固定架。为了实现气密化的封装,也可将裸纤表面金属化,利用低温焊料使光纤与壳体形成完全气密的封装。

3. 单纤双向器件(BOSA)

单纤双向光电组件系列是由 TO 激光器和 TO PIN/TIA 探测器耦合在一个器件上形成

的光电器件，适用于光纤到户、光纤到大楼、光纤到小区等宽带光纤接入网，以及点对点短程距离局间 SDH、小型 PDH 和远程距离数据通信的低成本单纤传输。单纤双向器件工作原理与结构如图 15-7 所示，图中 OLT(optical line terminal)是光链路终端，OLT 设备包含一个或者多个 PON 接口，ONU(optical network unit)为光网络单元。

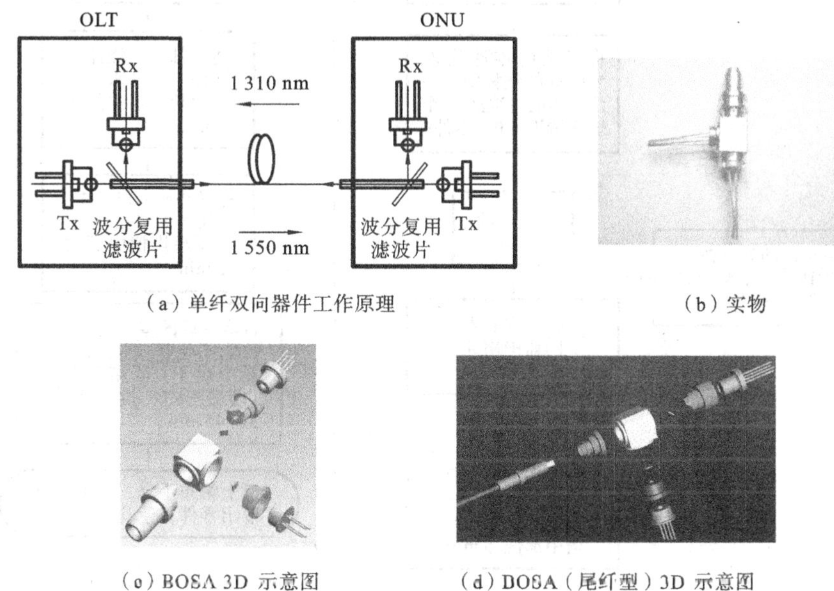

(a) 单纤双向器件工作原理　(b) 实物

(c) BOSA 3D 示意图　(d) DOSA (尾纤型) 3D 示意图

图 15-7　单纤双向器件

15.3　任务完成条件

15.3.1　仪器

使用仪器包括烧杯、超声清洗仪，超声清洗机如图 15-8 所示。

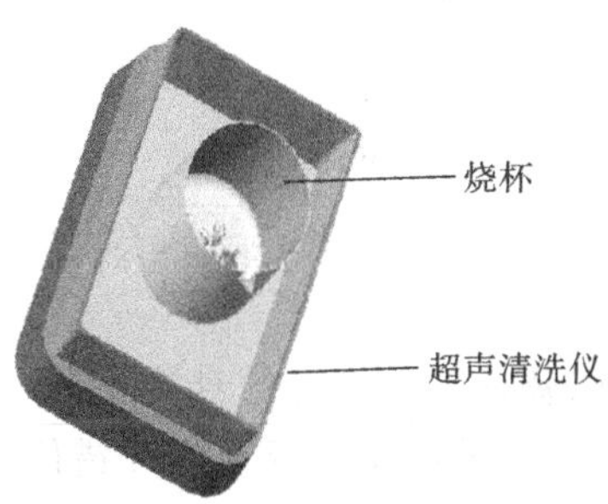

图 15-8　超声清洗机示意图

15.3.2　超声清洗流程

清洗整个的工序流程如图 15-9 所示。

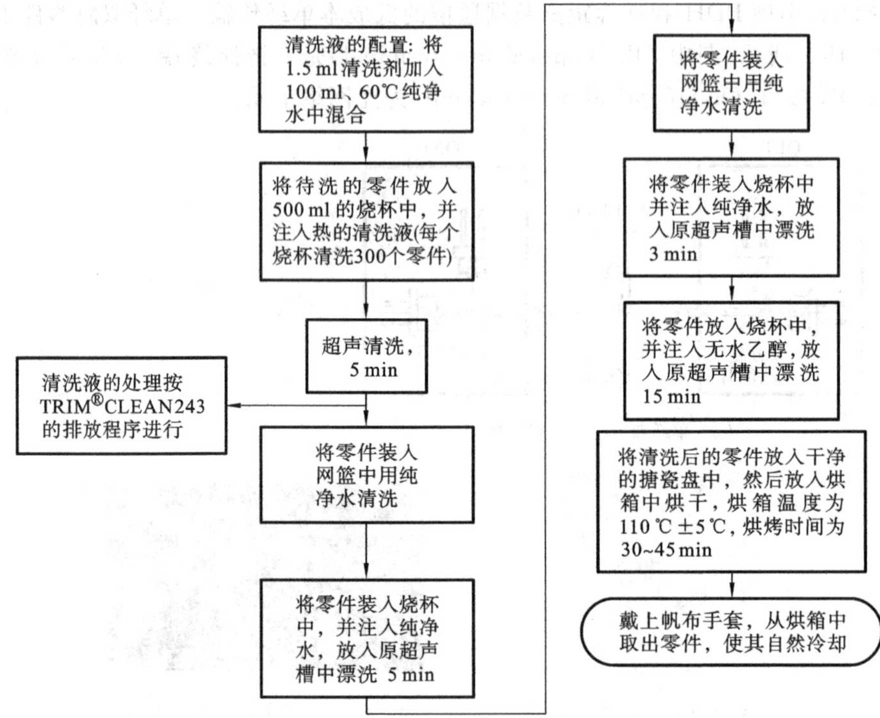

图 15-9 超声清洗流程图

15.4 任务实施

15.4.1 典型结构辨识

1. TO 器件的结构组成及各部分作用

1）插拔型 TO 组件

插拔型 TO 组件结构图如图 15-10 所示。

2）各部件功能

(1) 适配器：对接、定位。

(2) 开口陶瓷套筒：保证两陶瓷插针有良好的对接。

(3) 陶瓷插针：拉长光路，良好的外圆精度保证光纤错位最小。

(4) 插针座：相对管体耦合、焊接固化。

(5) 管体：封装 TO，以便耦合固化。

3）组装的方法和顺序

(1) TO 和管体封焊。

(2) 插针座和陶瓷棒进行压配(企业自己或供应商完成)。

(3) 开口陶瓷套筒套在陶瓷插针上。

(4) 管体相对插针座耦合完毕后进行激光焊接。

(5) 适配器套在插针座上进行激光焊接。

2. 有球透镜封装尾纤型器件的结构

1) 尾纤型器件结构

如图 15-11 所示,该种结构为尾纤型接收器件及绝大多数尾纤型发射器件的典型结构。

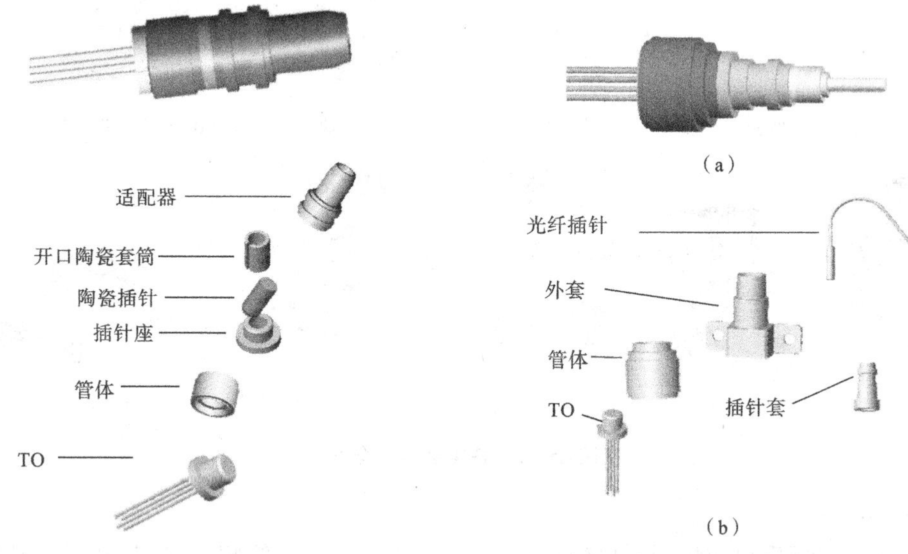

图 15-10　结构图　　**图 15-11　尾纤型器件结构图**

2) 各部件功能

(1) 光纤插针:导光、定位。

(2) 插针套:固化光路过程中的支撑部件。

(3) 管体:封装 TO,以便耦合固化。

(4) TO:器件核心。

(5) 外套:保护焊点、安装定位。

3) 组装方法和顺序

(1) TO 与管体先压配后激光焊接。

(2) 耦合完毕后,先对光纤插针与插针套进行激光焊接;调整功率后,再对插针套和管体进行激光焊接(若功率下降,则进行调整焊)。

(3) 对外套和管体进行压配。

15.4.2　材料辨识

1. 金属件类

1) 外套类

外套是尾纤型光器件和插拔型光器件常用的一种材料。其作用主要是保护激光焊接焊点、方便安装定位等。根据其外形,尾纤型光器件外套主要有水平外套、垂直外套、可焊外套、DFB 外套、住友外套、Ω 支架、同轴外套等。插拔型外套主要有 ST 外套、FC 外套等,其作用与适配器作用相同。各类金属外套如图 15-12 所示。

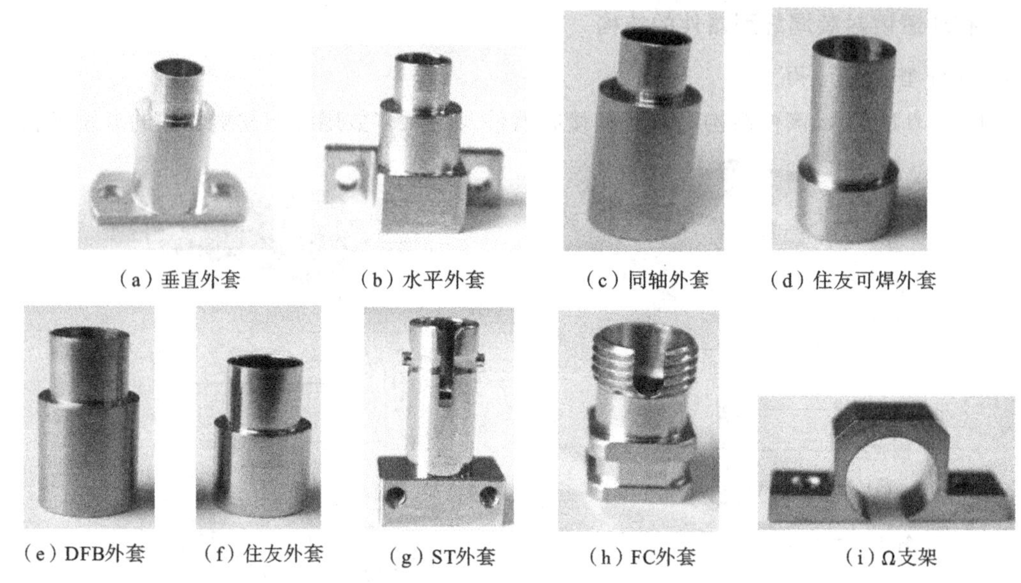

(a) 垂直外套 (b) 水平外套 (c) 同轴外套 (d) 住友可焊外套

(e) DFB外套 (f) 住友外套 (g) ST外套 (h) FC外套 (i) Ω支架

图 15-12 各类金属外套图

2) 适配器类

通过适配器可看出插拔型器件的接口类型,主要和光纤跳线相连接,起到连接光路的作用。常用适配器如图 15-13 所示。

(a) SC-LD适配器

(b) FC-LD适配器

(c) FC-PD适配器

(d) ST-PD适配器

(e) SC-PD适配器

图 15-13 适配器

(a) LD封焊管体

(b) PD封焊管体

图 15-14 管体

3) 管体类

管体是 TO 的主要材料,是封装在 TO 外面的一圈金属“外套”,起到保护 TO 稳定工作、支撑光纤插针等光学部件的作用,同时也能够方便焊接固化光路。图 15-14 给出两种管体实物。

4) 其他

其他金属件还包括短/长插针套(宝塔套)、开口陶瓷套筒等，如图 15-15 所示。

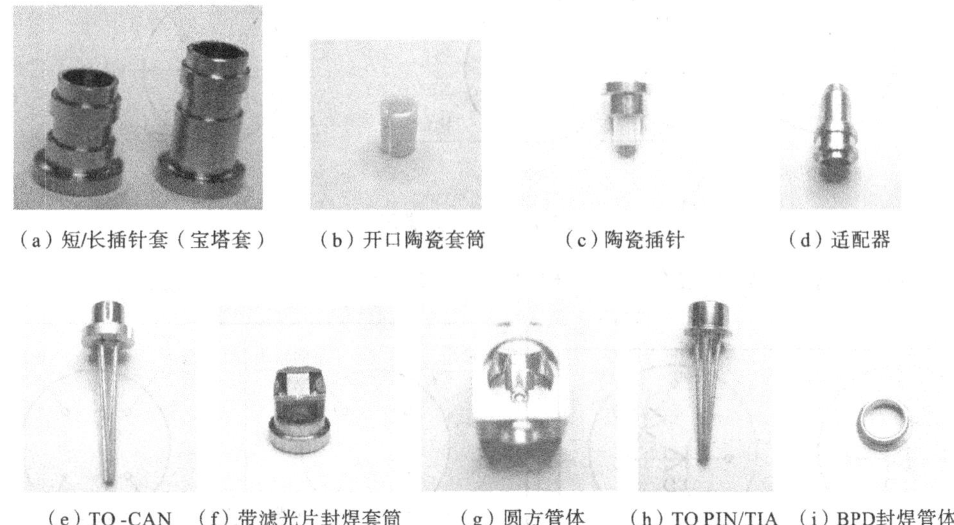

(a) 短/长插针套（宝塔套） (b) 开口陶瓷套筒 (c) 陶瓷插针 (d) 适配器

(e) TO-CAN (f) 带滤光片封焊套筒 (g) 圆方管体 (h) TO PIN/TIA (i) BPD封焊管体

图 15-15 其他金属件

2. 结构分类

PIN 是探测器，PIN/TIA 器件是将 PIN 输出的电流信号通过跨阻抗放大器 TIA 转换成电压信号的器件。其内部结构如图 15-16 所示。

单纤双向光电组件系列是由 TO 激光器和 TO PIN/TIA 探测器耦合在一个器件上的光电器件，适用于光纤到户、光纤到大楼、光纤到小区等宽带光纤接入网及点对点短距离局间 SDH、小型 PDH 和远程距离数据通信的低成本单纤传输。单纤双向光电内部组件如图15-17所示。

3. 接脚分类

从底面观察管脚，如图 15-18 所示。

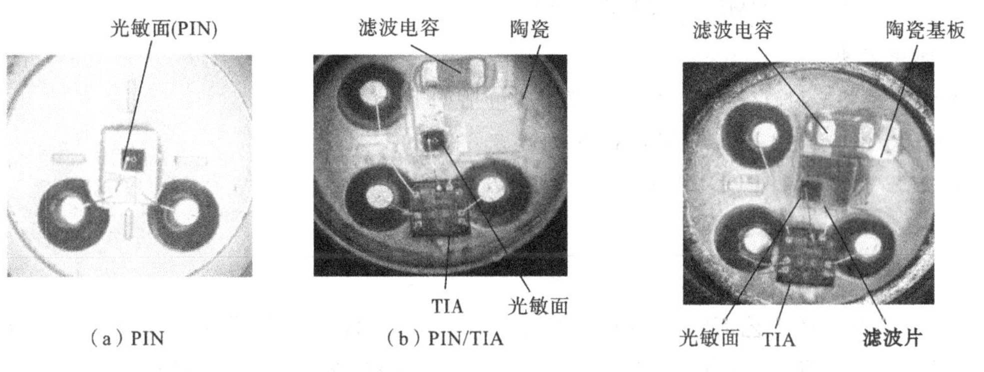

(a) PIN (b) PIN/TIA

图 15-16 结构分类图

图 15-17 单纤双向光电组件图

单纤双向激光器接脚形式有如下两种，如图 15-19 所示。

注：自制管芯 LD 上加了反向保护二极管。

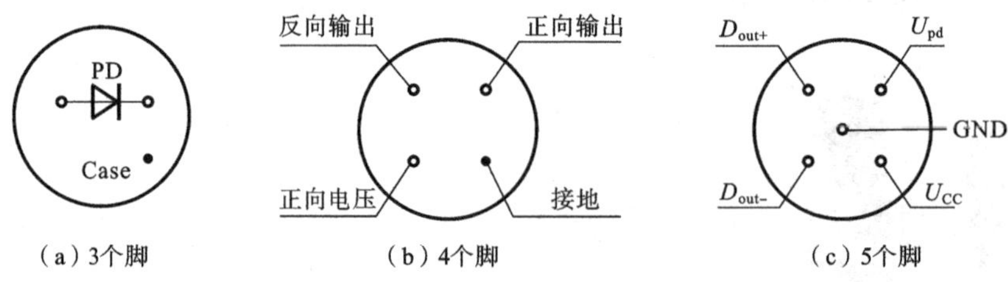

图 15-18　接脚分类图

单纤双向探测器接脚形式有如下两种,如图 15-20 所示。

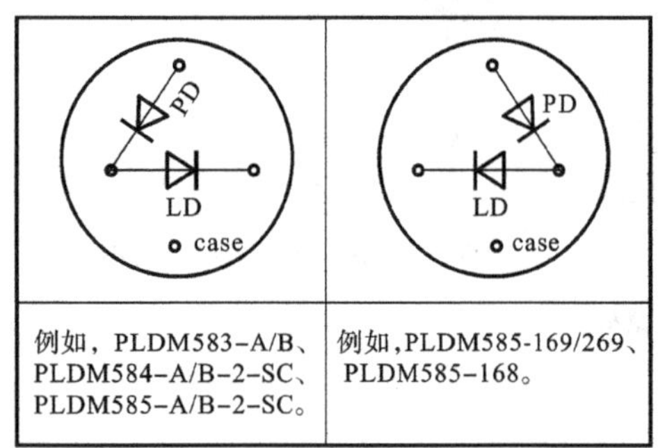

图 15-19　单纤双向激光器接脚图

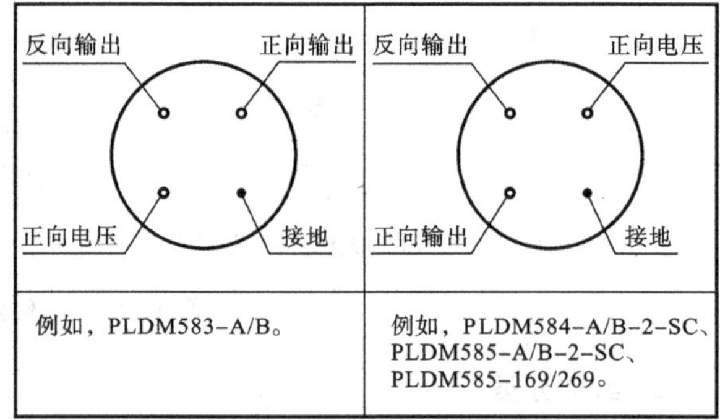

图 15-20　单纤双向探测器接脚图

1) 电压分类

根据选用 TIA 的型号不同,电压分别有 3.3 V、5 V、3.3 V/5 V(通用)三种。生产时应根据各型号要求设置相应电压值。

2) 波长分类

发射波长可分为 1 310 nm(如 PLDM583-A)、1 550 nm(如 PLDM583-B)。

接收波长可分为 1 310 nm(如 PLDM583/584/585-B)、1 490 nm(如 PLDM585-169/269)、1 550 nm(如 PLDM583/584/585-A)。

3) 速率分类

该速率定义是对 TO PIN/TIA 而言的,包括如下分类。

(1) 155 Mb/s,如 PLDM583-A/B-2-SC-3.3 等。

(2) 622 Mb/s,如 PLDM584/5-A/B-2-SC 等。

(3) 1.25 Gb/s,如 PLDM585-169/269 等。

4. TO 器件工艺流程

TO 器件的生产工艺流程主要分为准备、耦合、焊接、检验四大部分。其中各大部分又分为许多小的工序,TO 器件工艺流程如图 15-21 所示,TO 发射器件(TOSA)生产流程如图 15-22 所示,TO 接收器件(ROSA)生产流程如图 15-23 所示,单纤双向器件(BOSA)生产流程如图 15-24 所示。

例如,单纤双向器件工艺流程如表 15-1 所示。

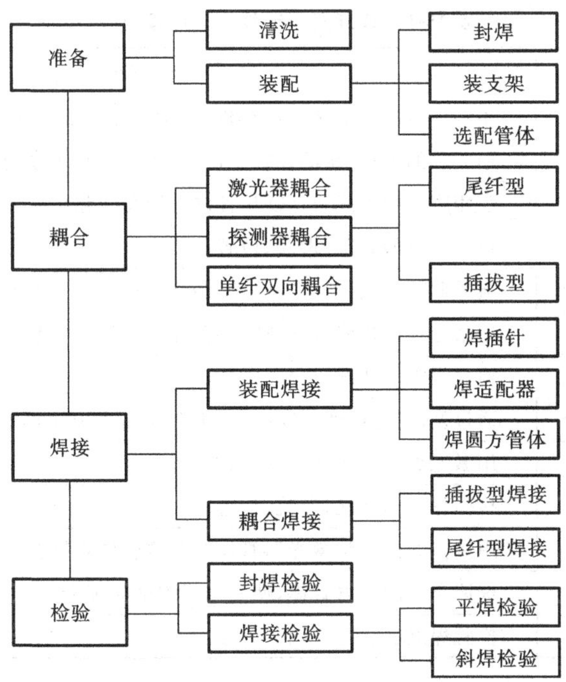

图 15-21　TO 器件工艺流程图

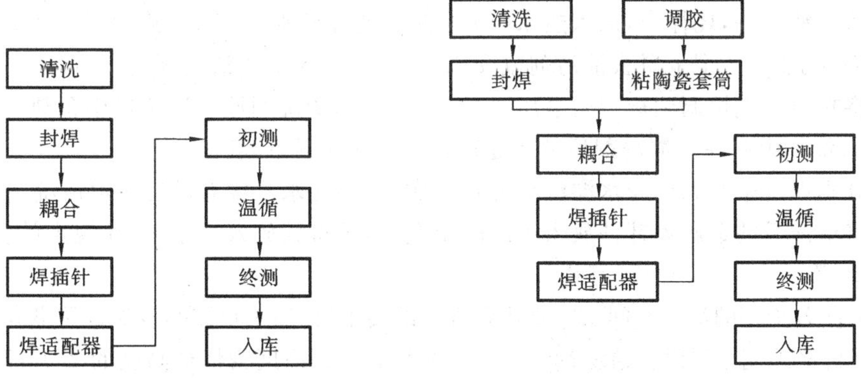

图 15-22　TOSA 生产流程

图 15-23　ROSA 生产流程

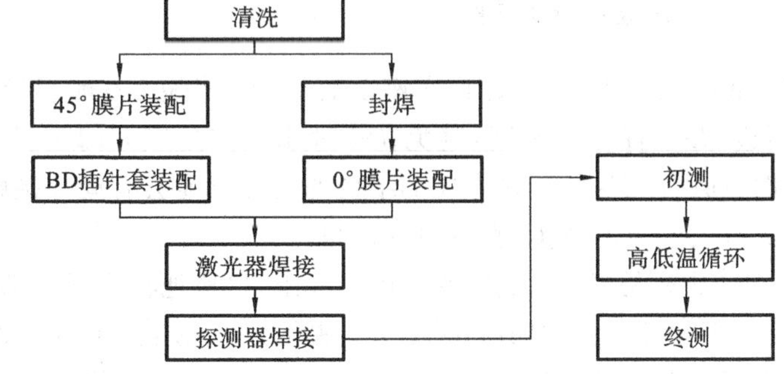

图 15-24　BOSA 生产流程

表 15-1　单纤双向器件工艺流程内容

操作项	操作名称	主要内容
1	同轴清洗	用超声清洗机清洗金属部件，清除油污与残余物
2	装镜片	用胶黏的方法，将滤光片、分光片固定在封焊套筒上
3	封焊	利用阻焊的方式将 TO 与管体焊接在一起
4	封焊检查	检验焊点的状况、形貌、位置
5	激光器耦合	通过调节夹具，使 TO-CAN、管体、光纤耦合至最大输出光功率
6	激光焊接	用激光焊接机将管体、插针套、光纤焊接在一起
7	焊点检查	检验焊点的状况、形貌、位置
8	探测器耦合	通过调节夹具，使 TO-CAN、管体耦合输出满足测试规范的输出信号
9	激光斜焊	用激光焊接机将管体焊接在一起
10	焊点检查	检验焊点的状况、形貌、位置
11	焊管体	用激光焊接机将激光器管体和圆方管体焊接在一起
12	选配管体	选取合适的圆方管体，使之与封焊套筒配合良好
13	焊点检查	检验焊点的状况、形貌、位置

15.4.3 零件清洗

(1) 清洗液准备，烧杯中，加入热水(60 ℃左右的纯净水)和清洗剂(按 1.5∶100 的体积比配置，溶质为 JPJ-5 型金属去油污剂或 TRIM® CLEAN 243 清洗剂)。

(2) 将超声清洗机调到规定的电压(180～200 V)，清洗剂放入清洗机中预热 30 min 后，将零件放入烧杯中并注入清洗剂后放入超声清洗机中清洗 5 min。

(3) 分别以自来水和纯净水漂洗零件各一次，再用无水乙醇做最后一道清洗。

(4) 将清洗后的金属零部件放入干净的搪瓷盘，再将其放入烘箱中，在规定的温度、时间下烘烤(110 ℃±5 ℃，30～45 min)。

注意：① 各步骤的清洗时间一定要达到规定的要求(依照工位图)，以保证可获得所需的洁净度；② 零件必须完全浸没在清洗剂中；③ 清洗剂的液面高度为烧杯高度的 2/3(即 400 ml)；④ 超声清洗机中自来水的液面高度为烧杯高度的 2/3。

15.4.4 探测器 TO 底座帽边剪/锉

由于探测器 TO 底座制作工艺的原因，底座上有突出的帽边，不能直接进行 TO 与管体的封焊，需要剪掉帽边，并且保证其圆度，避免在该处出现尖角或大的毛刺，图 15-25 所示的为探测器 TO 底座帽边剪/锉实物图，因为局部结构的突变可能会有局部接触电阻产生，从而在封焊的过程中造成过大电流的产生，影响封焊质量。

可以看出，实际剪帽边就是以 TO 底座的圆周为界限，尽量地将界限外部的剪去，使得 TO 和管体能够正常配合。但需注意：不要剪到圆周里面去了，避免损伤 TO 封帽时的熔接物。

本道工序操作难度不大，比较容易掌握。左手的拇指和食指捏住 TO 帽，中指或无名指夹住管脚，使 TO 处于一个平稳的状态，右手再用斜口钳直接卡住帽边，轻轻剪掉它(不要伤

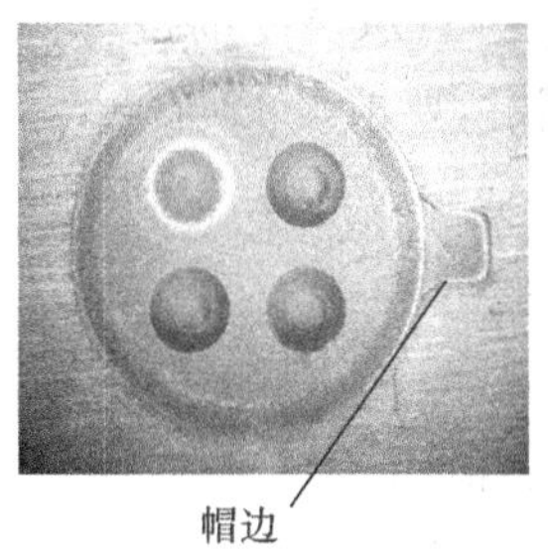

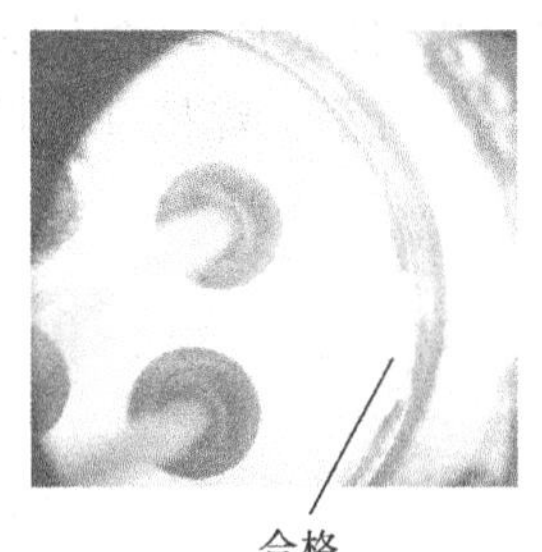

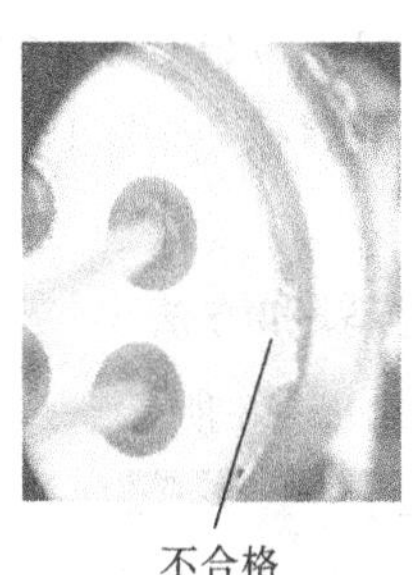

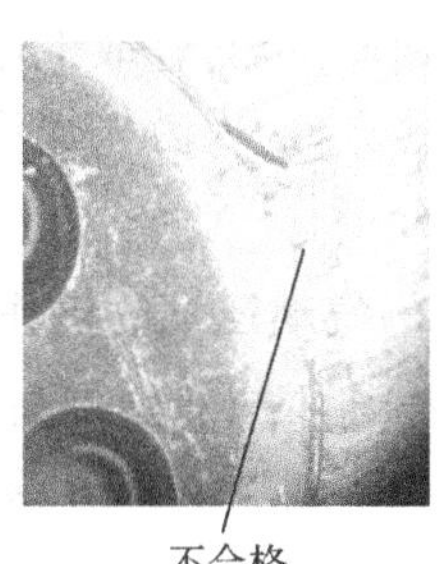

图 15-25 探测器 TO 底座帽边剪/锉实物图

到 TO)。

15.4.5 捏管脚

在进行封焊之前,都需要将 TO 的管脚捏起并拢(见图 15-26),这是为了保证在封焊过程中 TO 的管脚不会分叉,避免了被下行的上电极压伤。

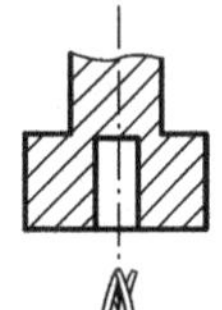

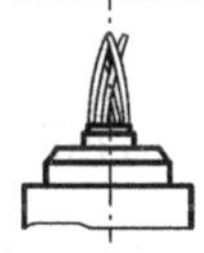

图 15-26 捏管脚

15.4.6 装配、压管体

在 TO 封装形式的 TO-CAN 中,除去以封焊工艺的加工以外,还有一种是以激光焊接工艺来加工制造的,而在激光焊接之前,需要将 TO 和管体通过机械方式压配在一起,这道工序就是“压配管体”。

装配、压管体分为手动和气动两种,其目的都是为了将 TO 和管体紧密配合到位,充分水平接触,且无明显缝隙。

1. 手动压配的操作步骤和方法

(1) 将压管体的套杆装上台式钻床夹头,上紧夹头,使套杆紧固且垂直,将装有管体的周转盒、装有 TO 激光器的周转盒放于工作台上,压配底座放于压配套杆正下方,如图 15-27(a)所示。

(2) 取一只管体,开口向上放入压配底座。取一只 TO-CAN,管脚向上轻放于管体开口上,并用左手扶住,右手缓缓压下套杆。在此过程中调整底座位置,使压配套杆套 TO-CAN 管脚且顶住外缘,如图 15-27(b)所示。同时,再次检查套杆、TO-CAN、管体三者位置,确保三者正对,下套杆,先用较小的力将 TO-CAN 压入管体,然后用较大的力将 TO-CAN 压配到位,先后转动约 120°两次,再用较大的力先后压配两次,将 TO-CAN 压入管体,右手放松,套

(a)

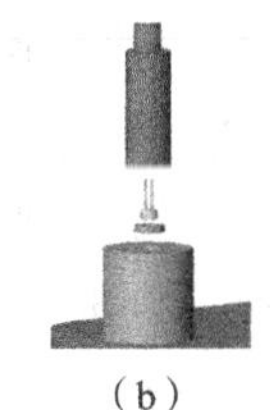
(b)

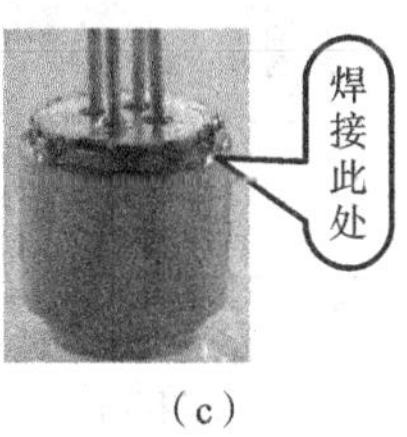

(c)

图 15-27 手动压配的操作图

杆升回原位,轻轻取下压配上 TO-CAN 的管体,插入周转盒中原来 TO-CAN 的位置。待全部压接完,送入激光焊接机焊接,如图 15-27(c)所示。焊接 TO 帽时,要求焊 12 个点,焊接点均匀分布。

2. 气动压配的操作步骤和方法

气动压配的操作如图 15-28 所示。

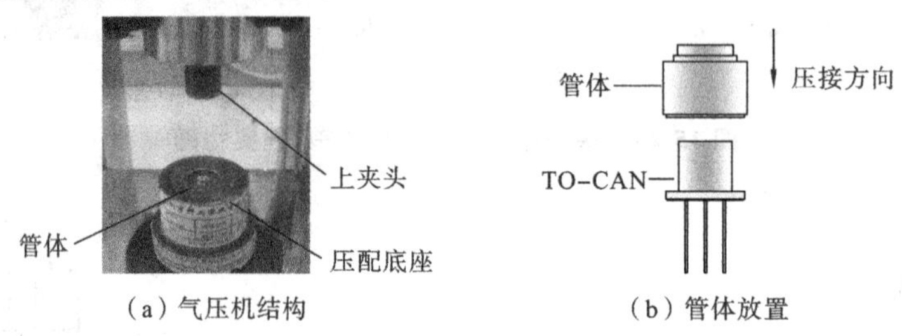

(a) 气压机结构　　(b) 管体放置

图 15-28　气动压配的操作图

(1) 气动压配的操作设备结构如图 15-28(a)所示,分别打开氮气源和冲压机的电源。在固定的上夹头正下方放上压配底座,并使其与上压头垂直,将装有管体的周转盒、装有 TO 激光器的周转盒放在工作台上。

(2) 取一只管芯,管脚向下放入压配底座的凹槽中,取一只管体,开口向下轻放于管芯上,如图 15-28(b)所示。将气压表调至 1.5 MPa 位置,用双手同时按下压力机的左右开关。将器件在底座中转动约 120°,用同样的方法先后再压配两次,然后将压配好的器件取出,插入周转盒中原来的位置上。

15.5　任务完成结果及分析

全部完成清洗工序后,还需要对金属件进行检验,在搪瓷盘中不同的位置抽样工件(不少于 10 只),进行目测检查,要求没有水迹印、无变暗、无变白。金属件表面在清洗后和没有清洗的时候用肉眼是无法识别的,所以,只能借助于其他方法来鉴别清洗后是否干净,通常采用白色滤纸来鉴别,将清洗完的金属件放在白色滤纸上,均匀抖动,观察滤纸上是否有油印,如没有,则表示已经清洗干净,否则,表示没有清洗干净。

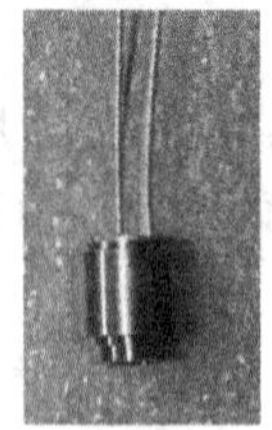

(a) 管体压损　(b) 压接不到位　(c) 合格品

图 15-29　压配管体图要求

管体压配的技术要求是需要满足单光束焊接和耦合工序。对于单光束焊接来说,需要被焊接的两个底面处于同一水平位置,以减少裂纹的产生,同时,由于焊斑的直径仅为 0.4 mm,故被焊接的两者之间若缝隙太大,则激光容易穿透过物体表面,伤及内部元件,从而导致器件失效;对于耦合来说,若 TO 和管体两者之间的同心度、垂直度等不能满足要求,就容易造成光路的偏移或瘫痪,导致无法进行耦合。所以,对 TO 和管体之间的压配状态要求如图15-29所示。

15.6　任务拓展

超声清洗除了可以清洗金属件外，还可以清洗哪些零件？

通常，只要用合适的清洗剂，一般物品都可以得到清洗。

思　考　题

1. TO 封装零件有哪些品种？
2. 用水超声可以清洗掉机械加工件上的油污吗？

任务16　同轴器件的耦合

◆ 知识点
- 耦合的原理与工艺
- 设备校对方法
- 耦合设备和夹具的操作与保养
- 耦合质量检验

◆ 技能点
- 会选择耦合光纤
- 能操作耦合设备并完成同轴器件耦合
- 会耦合设备和夹具的应用和保养
- 能对耦合产品质量进行判定与分析
- 会用设备、仪器比对方法矫正 PIV 仪器的准确性

16.1　任务描述

学习耦合原理和耦合工艺，用耦合夹具和设备进行器件与光纤的耦合，会操作，能根据要求判断耦合焊接后产品合格与否。

16.2　相关知识

光电子器件封装工艺的关键技术是光耦合，尤其是不同类型器件之间的光耦合。由于每个光器件都有三个定位和三个旋转的自由度，所以通常光器件耦合对准是个关键问题，特别是将许多光器件集成在一起时，更需要准确的耦合对准。光器件的光耦合效率主要取决于模场(光斑尺寸)匹配和小于 1 μm 的高精度光轴对准，所以高效率的光耦合更要求纳米精

度的光轴对准。

为获得高效率的光耦合,目前已开发的模场(光斑尺寸)匹配技术有如下几种类型:

(1) 通过刻蚀工艺将波导输出端做成锥形;

(2) 采用热扩散法扩大光纤前端;

(3) 采用刻蚀、热处理等工艺将光纤输出端加工成半球形透镜;

(4) 采用模场转换光纤(即制作形成中间为模场转换的锥形结构),使其一端可与光波导匹配;

(5) 激光器集成锥形波导;

(6) PD 集成锥形波导。

16.2.1 对准封装技术

光耦合对准是封装的关键技术,既要求高的对准精度,又要求对准技术简单化、低成本。若通过预定中心安装,使光器件仅沿光轴方向移动,则可简化对准过程。目前,已开发了有源对准技术、无源对准技术、自对准技术和自动化对准封装技术等。

1. 有源对准技术

在光电子封装技术中,传统的用于光器件或模块的有源对准是采用驱动 LD 或 PD,并用光学方法将光纤与透镜对准到精确位置,即发光与接收器件通过外加电压、电流在工作状态下进行光轴等对准。特别是当共平面 LD 与单模光纤耦合时,由于模场失配,从激光器耦合进光纤的光很少,需要采用微透镜或成透镜形的光纤增加耦合效率。然而,这种光器件的对准要求很严格,典型的 3 dB 对准公差为纳米级。有源对准的其他特点如下:

(1) 为保证组件的可靠性,需采用氮气作为气密性保护气体;

(2) 在光学对准时各部件都要进行调整、校正光轴,并进行固定,对准时间长,工作效率低;

(3) 在封装时需要监视光纤的耦合功率,需要尾纤连接光功率计,以便寻找最佳耦合位置,这不仅需要高级复杂的工具,而且限制了器件的大规模封装性,不适合大规模生产,导致成本高;

(4) 对于侧面驱动的光电器件,侧面调整光纤位置的有源对准有诸多不便。

2. 无源对准技术

无源对准是发光与接收器件在非工作状态下进行耦合封装的技术。只需通过光刻、机械加工等常规工艺形成物理对准结构,经简单的插入、嵌合即可使光轴自动对准,不需光学位置调整,同时省时省力,设备简单,可自动化生产。已开发了 V 形槽对准(精度可达±0.50 μm)、指示标记重合对准(精度可达±0.3 μm)、凸凹嵌合对准、导向插入对准、构件配合对准等。无源对准特点如下:

(1) 定位精度高,对准简单、快速,对提高 LD 器件特性也有促进作用;

(2) 在光元件组装过程中,可减少光轴对准,从而大量减少组装工序,利用一次工艺,可完成布线、散热、光耦合,并同时完成连接;

(3) 减少了组装设备,由于不要调整和校正光轴,所以不需要固定和调整各部件的设备、夹具、工具类；

(4) 无须监视被耦合的光，不需要光纤尾纤，可实现批量与自动化生产，进行自动化组装；

(5) 不用驱动光器件，可减少封装成本。

有源对准与无源对准的比较如表 16-1 所示。

表 16-1　有源对准与无源对准的比较

项　目	有 源 对 准	无 源 对 准
成品率判定	芯片选择加通电试验	批量检查
器件特性	耗电	节电
重复性	一般	好
寿命	一般	可靠
组装	校正调整	焊凸自动焊接
热设计	金刚石	Si 基板

无源对准技术多采用硅基平台封装，用一块掩膜版在硅片上形成各元器件的位置标记，就可完成高精度组装与光无源对准。硅基平台基本上由平面光波回路(PLC)区、光电器件装载区、电路布线区三部分组成。封装对准标记由光轴重合标记和旋转标记构成。采用硅基平台封装对准的特点是：硅材料成本低，工艺成熟；通过表面氧化形成 SiO_2 膜，易形成器件电极和安置器件位置的图形；利用硅基平台做出 PLC 等无源器件，实现与光电子器件的混合集成；利用硅的高热传导性能，使封装平台同时兼作 LD 热沉；利用硅材料固有的导电可变特性，通过掺杂，可灵活控制绝缘和导电特性，以便形成接地或降低寄生电容。图 16-1 所示的是 LD 与光纤耦合的无源对准简图。

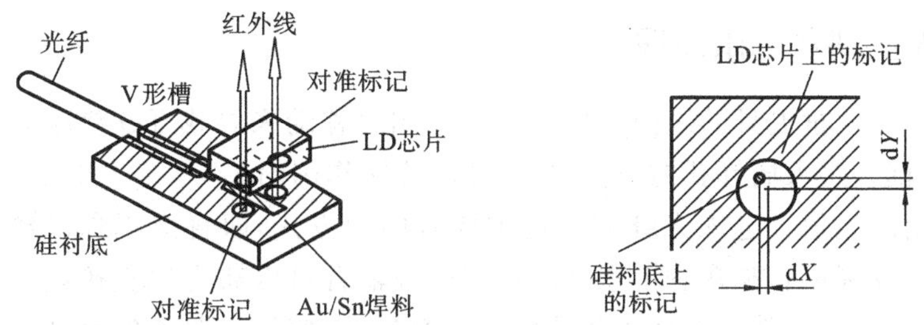

图 16-1　LD 与光纤耦合的无源对准简图

3. 自对准组装技术

在混合集成的光电模块封装中，最为关键的是将光元器件与波导的光轴高精度对准。特别是在多芯片和阵列芯片中，对准工艺是非常复杂和高成本的。如今，在光芯片中采用对准标记或机械导向的逐个对准光轴的传统对准技术已不适合大批量生产。为此开发了无源自对准组装技术。无源自对准组装方式大大简化了光耦合环节，减轻了工作量，降低了成本。图 16-2 所示的是采用焊凸的混合光集成模块的多芯片无源自对准组装技术。在制作有 PLC 和电子线路的公共平台上组装多个光芯片和电子元件(如用于驱动光器件的 IC)。这种结构需要特殊的精密对准技术和多芯片同时键合技术，即在波导和光芯片之间要求三维的

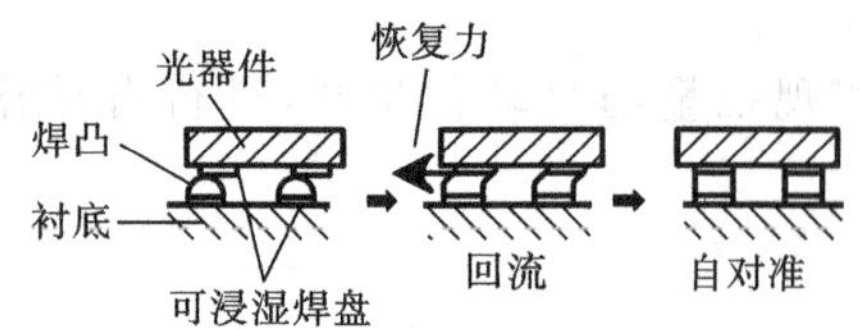

图 16-2 采用焊凸的自对准组装

光轴对准，并要求所有通道的定位精度为±1 μm。自对准组装有两种形式：一种是采用球形焊凸的自对准组装；另一种是采用条形焊凸的自对准组装。

1) 采用球形焊凸的自对准组装

采用球形焊凸的自对准组装的工艺过程如下。首先，将光芯片放置在衬底上形成的焊凸上面，当将衬底加热到焊料的熔点时，熔化的焊料浸湿了制作在光芯片上的焊盘。接着，熔化焊料的表面张力所产生的拉力，使光芯片移动到适当位置，并且由于是在一次回流过程中同时进行自对准，故大大减少了定位多芯片所需要的工艺步骤和时间。这种采用焊凸回流的自对准组装技术具有高精度的键合能力，特别适合于多芯片同时对准。

2) 采用条形焊凸的自对准组装

采用条形焊凸的自对准组装是一种新开发的三维高精度自对准组装，是为改进键合高度的精度而开发的条形焊凸自对准技术。图 16-3 示出条形焊凸自对准的简图。条形焊凸由 x 和 z 两个方向的条形构成。在条形焊凸点的自对准中，x 方向的条形焊凸产生一个 z 方向的拉力，而 z 方向的条形焊凸产生一个 x 方向的拉力。因此横向的自对准精度取决于纵横比(键合高度/条宽)。这种条形焊凸具有高的键合精度，在水平方向和垂直方向对准精度为±11 μm，且简单省时。此外，采用这种条形焊凸自对准技术，在回流工艺之前，既可获得高的横向键合精度，还可放宽芯片的位置公差，并可通过将条形焊凸变窄的方式来减少键合高度。

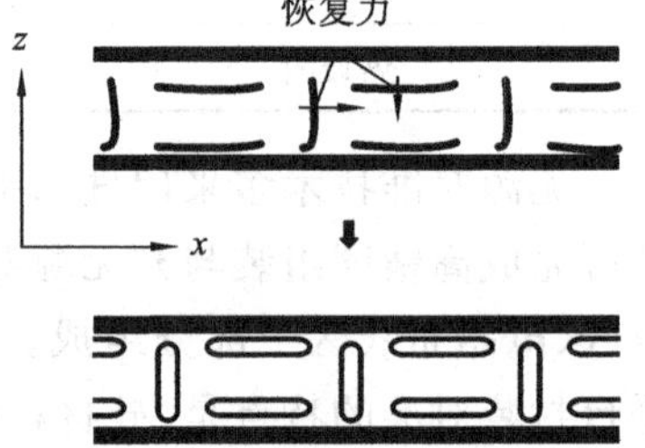

图 16-3 条形焊凸自对准的简图

16.2.2 激光器耦合基本原理

激光器耦合是通过夹具的纵向和横向坐标的相对移动来寻找 TO 焦距和光纤插针孔的对接，从而将光耦合进入插针孔内，达到 TO 光的传输作用的。

激光器发出的光信号进入光纤的途径主要有两种方式，即直接耦合、透镜耦合，其中透镜耦合又分为单透镜耦合和多透镜耦合。利用透镜耦合可以获得比直接耦合更高的耦合效率。而采用双透镜耦合，其主要优势就是可以分散公差，使得光路上的元件可以有更大的位移空间。

直接耦合可以使用劈形(cleaved)光纤或者锥形(tapered)光纤来实现。劈形光纤由裸纤直接劈开获得，光纤端面为平面，价格较便宜，但由于端面为平面所以反射较大，并且与激光器耦合时插入损耗也较大(一般为 9～12 dB)。

锥形光纤在光纤的末梢结合了一个透镜，磨成锥球面。透镜光纤具有高的耦合效率，特别是大锥角抛物面光纤，耦合效率可达 50%以上。

透镜光纤如图 16-4 所示，外形示意图如图 16-5 所示，图 16-5 中 A 为端头裸纤长，B 为金属化长度，C 为根部裸纤长，D 为剥纤总长。透镜光纤参数如表 16-2 所示。

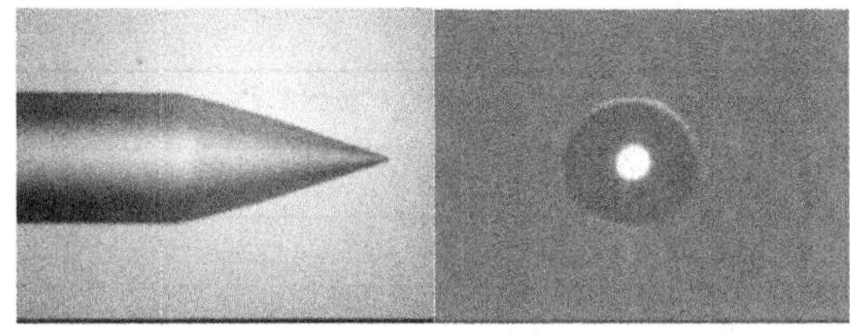

(a) 锥角θ=30°~33°，透镜半径r=7~8 μm

(b) 锥角θ=52°~55°，透镜半径r=7~8 μm

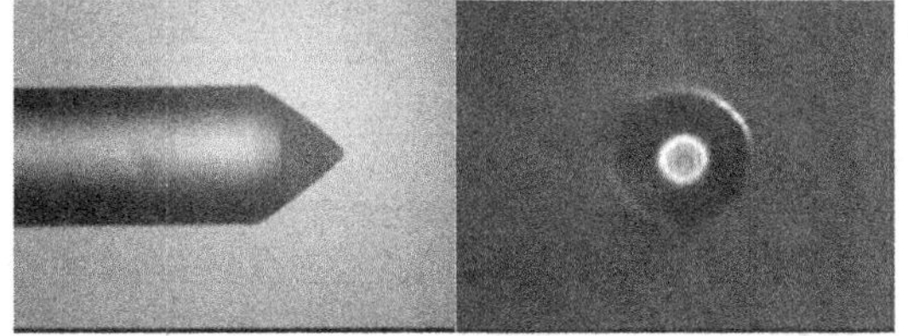

(c) 锥角θ=70°~80°，透镜半径r=7~8 μm

(d) 锥角θ=100°~120°，透镜半径r=7~8 μm

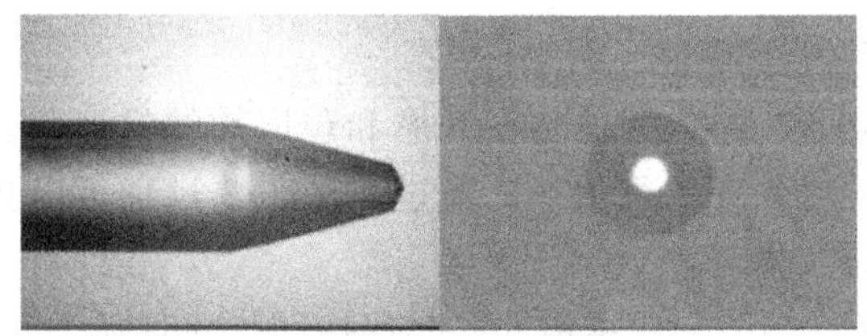

(e) 双锥度抛物面透镜光纤

(f) 金属化磨锥球面透镜光纤

图 16-4　透镜光纤

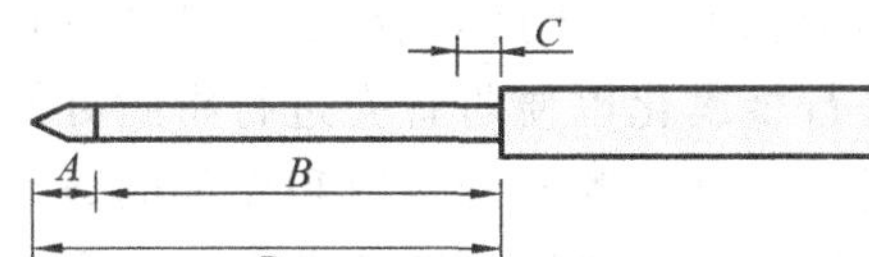

图 16-5　外形示意图

表 16-2　透镜光纤参数

参　　数	说　　明
光 纤 类 型	单/多模光纤； 250 μm/400 μm 保偏光纤； 客户要求/提供的特种光纤
锥角 θ	θ=30°～33°(标准)； θ=52°～55°(标准)； θ=110°～120°(标准)； 客户要求(30°～120°)±2°
透镜半径 r	7～8 μm(标准)或客户要求±1 μm
A 端头裸纤长	0.2～0.4 mm(标准)，或客户要求±0.2 mm
B 金属化长度	客户要求±0.5 mm
C 根部裸纤长	0 mm(标准)，或客户要求±0.5 mm

续表

参　数	说　明
镀层拉力	>10 N(条件:楚星公司热阻焊工艺)
D 剥纤总长	客户要求±0.5 mm
光纤总长	客户要求+0.5 m
镀镍层厚度	2～3 μm(标准)或 1～10 μm(客户要求)
镀金层厚度	0.1～0.2 μm
工作温度	－40 ℃～＋85 ℃
推荐焊接温度	280 ℃～300 ℃
推荐焊料	80%Au/20%Sn
端面镀膜	可根据客户要求镀膜
连接器类型	FC、SC 或客户要求

透镜光纤主要可以通过下面两种方法形成。

(1) 熔化并将光纤末端拉制成锥形。这一方法将使纤芯和包层均被锥形化。通常使用电弧或者将光纤伸入熔化的玻璃中去对光纤进行加热。通过控制工艺过程可以控制透镜的对称性。该方法可获得 2～3 dB 的插入损耗。

(2) 腐蚀或者打磨。该方法在光纤端面形成透镜的同时保持纤芯的直径不发生变化,而且可以获得其他一些剖面外形(例如抛物面)而不仅仅是球面。这种方法能够获得更好的耦合效率,在与激光器耦合时插入损耗可以低至 0.2～0.4 dB。

对于直接耦合,光纤末端一般安装在靠近激光器的地方。因此,光纤必须延伸进封装内部,此时,如果器件要求密闭封装,则还要对光纤进行金属化以便与管壳进行密封处理。此外,在直接耦合中影响光源到光纤耦合效率的主要因素是光源的发散角和光纤的数值孔径(NA)。另外,光源的发光面尺寸和形状、光纤端面尺寸和形状及光源的发光面和光纤端面间的距离等也都会影响耦合效率。

16.3 任务完成条件

16.3.1 材料

已封装管体的 TO-CAN、适配器。

16.3.2 设备和工具

PIV 测试仪、示波器、耦合夹具、稳定光源、万用表、调制光源、可变光衰减器、稳压电源、光功率计、光纤跳线、电源线、同轴电缆线、镊子、防静电周转架。主要设备的作用如下。

(1) 稳定光源:提供稳定输出的光信号,模拟光纤通信中传输到接收端的光信号。此种光源可根据需要调节其输出光功率。

(2) 万用表:将探测器输出的电流信号在万用表显示屏上显示。TO 耦合中用直流电压

200 mV 挡，以电压信号数字形式显示。

(3) 光纤跳线：转接、传输光/电信号。

(4) 调制光源：提供 8 Mb/s 调制光信号，模拟光纤通信中传输到接收端的光。根据波长的不同，调制光源可分为 1 310 nm、1 550 nm、850 nm、1 490 nm 几种，常用的为 1 310 nm、1 550 m。

(5) 可变光衰减器：将调制光源输出的光功率进行衰减，以检测探测器的具体灵敏度值。各种型号的器件灵敏度要求不同，而调制光源输出的光功率较大，值也是相同的，需用可变光衰减器将调制光源输出的光功率进行衰减，检测所耦合的器件是否满足相应的灵敏度要求。

(6) 稳压电源：向 TO 内的 IC 提供工作电压，根据 TO 耦合中要求的不同有 3.3 V 和3.5 V 之分。

(7) 示波器：将探测器输出的电压信号以方波形式在示波器的显示屏上显示。

(8) 光功率计：测量光信号的光功率。

(9) 耦合夹具：用于放置耦合材料，进行光路对准，上夹头采用了精密机床弹簧夹头，同心度高。耦合调整部分采用了专用导轨型微调架，耦合精度和稳定性高。该夹具采用模块化的结构设计，可针对不同器件进行变换，具备在一个平台上生产多种产品的功能。其实物照片如图 16-6 所示。

图 16-6 耦合夹具

16.4 任务实施(具体操作或实施)

16.4.1 耦合前准备过程

在生产前做好设备的校准，请仔细检查设备是否过期，是否能正常工作。

(1) 示波器：波形显示是否正常。

(2) 稳定光源：输出光功率变化是否稳定。

(3) 直流电源：是否能调试到所需电压。

(4) 响应度耦合盒：是否能进行耦合。

(5) 万用表：查看是否电力充足。

(6) 调制光源：出光是否在规定范围以内。

(7) 可变光衰减器：比对是否可以达到耦合要求。

如不正常应速通知线长或设备管理员处理。

耦合前对耦合夹具进行清洗并检查夹具是否能正常工作，检查上下夹头是否完整无变形，光纤是否损坏，调整耦合夹具螺杆是否有失调或其他异常情况，将耦合夹具放在焊接台上，用 CCD 检查其同心度，如有异常请及时送到夹具维修室进行维修。

16.4.2 探测器耦合操作系统框图

响应度耦合系统框图如图 16-7 所示。

灵敏度耦合系统框图如图 16-8 所示。

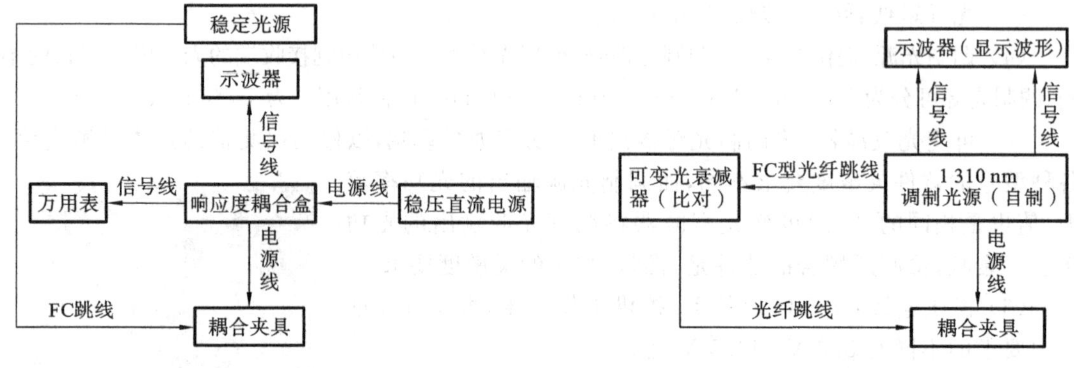

图 16-7 响应度耦合系统框图　　图 16-8 灵敏度耦合系统框图

16.4.3 耦合操作流程

耦合操作流程如图 16-9 所示。

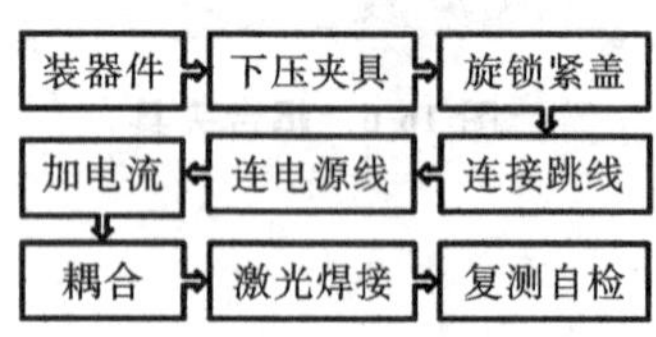

图 16-9 耦合操作流程

插拔型探测器耦合操作步骤:佩戴防静电腕带、指套,工作台设备接地,放置已焊管体的 TO、适配器,耦合,焊接,复测。

尾纤型探测器耦合操作步骤:佩戴防静电腕带、指套,工作台设备接地,放置 TO、外套、光纤插针、插针套,耦合,焊接,复测。

BD 器件(单纤双向光电器件)PIN/TIA(差分输出)探测器的耦合操作步骤:佩戴防静电腕带、指套,工作台设备接地,放置 PD-TO、插拔型或尾纤型 LD,耦合,焊接,复测。

16.4.4 耦合操作

将插针插入夹具上夹头,如图 16-10(a)所示,装好管体的 TO 按正确接脚方向插入夹具下夹头电极套,如图 16-10(b)所示。下压夹具如图 16-10(c)所示,旋紧锁紧盖,调节丝杆使插针和管体对齐,如图 16-10(d)所示,连接光纤跳线,如图 16-10(e)所示。正确缠绕耦合夹具光纤,如图 16-10(g)所示,错误缠绕方式如图 16-10(h)所示。

连接电源线如图 16-10(f)所示,去除保护,将 I_f 调至要求值后调节丝杆耦合,其耦合 *P-I-U* 合格曲线如图 16-10(i)所示,不合格曲线如图 16-10(j)所示。

若有过焦,则加适当的垫片,如图 16-10(k)所示,重新耦合到满足要求,否则为不合格品。耦合完后经传送带送入焊接。

焊接完成后,复测光功率,合格后将 I_f 调至 0,取出器件,将合格器件放入周转架,不合格器件按不合格品程序进行处理。

端面控制。耦合过程中,每做 5 个器件,要求对光纤跳线端面用无纤纸擦拭(方法:在无纤纸上从左到右、从上到下轻擦,且无纤纸不能重复使用);每个夹具每做 5 个器件,要求对上夹头陶瓷端面进行擦拭;耦合调整插针角度控制功率时,严禁在压紧状态下旋转上夹头。

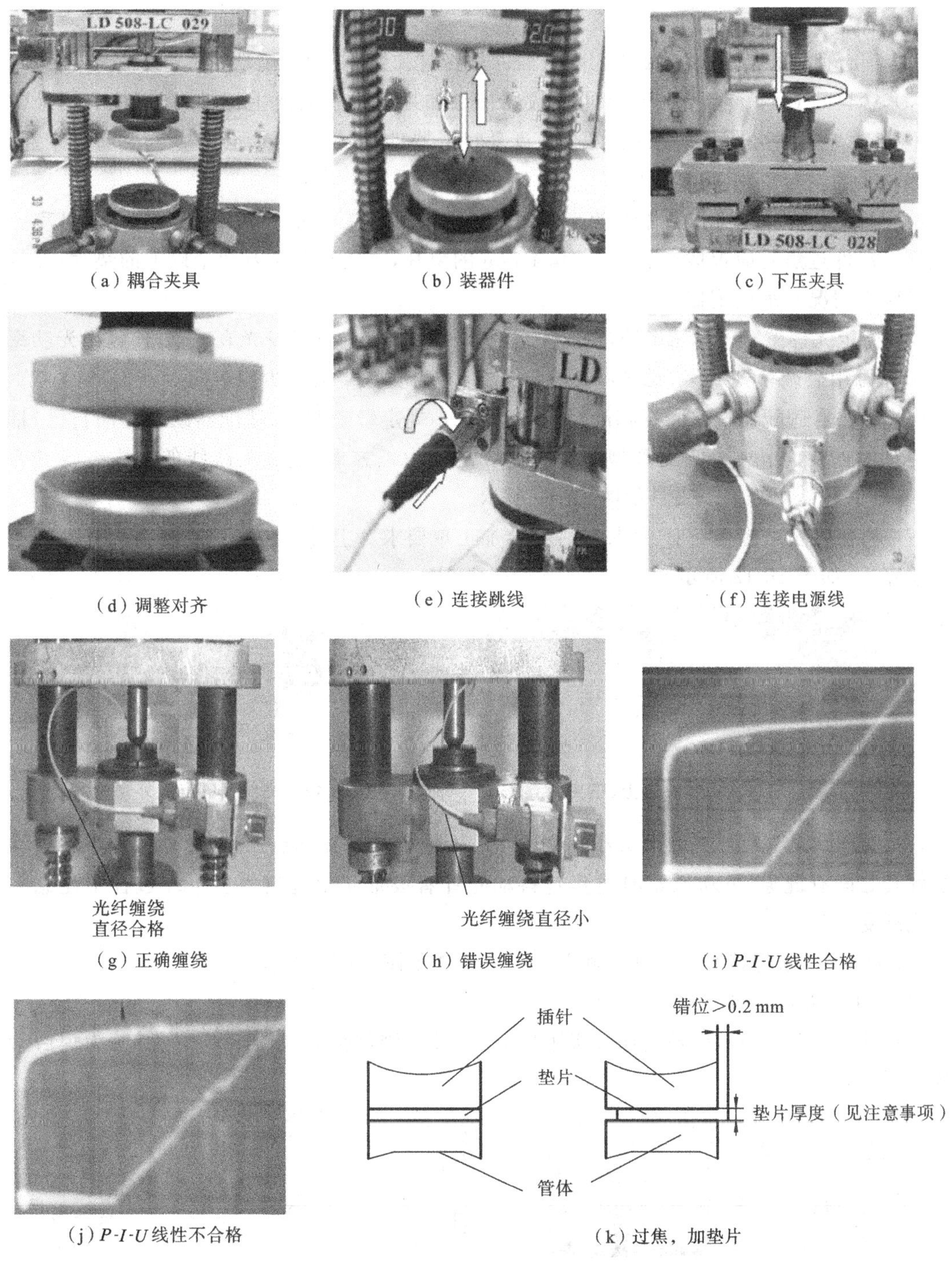

（a）耦合夹具　（b）装器件　（c）下压夹具

（d）调整对齐　（e）连接跳线　（f）连接电源线

（g）正确缠绕　（h）错误缠绕　（i）*P-I-U* 线性合格

（j）*P-I-U* 线性不合格　（k）过焦，加垫片

图 16-10　操作相关图

16.4.5　注意事项

（1）不能带电插拔器件，即需将电源关闭才能插拔器件。不能使用有缺陷的材料，如有

缺口的垫片等。

(2) 耦合前要检查夹具上夹头的陶瓷插针是否有弹性,要上适配器试。

(3) 夹具的上、下夹盘要松开后再插拔器件。如果在夹盘紧时上器件,则可能有的地方接触不好,影响耦合及焊接效果;如果在夹盘紧时下器件,则器件可能会跟着上夹头被带起,看不出真实的波形变化。

(4) 耦合前使适配器和管体的相对距离为 0.5 mm 左右。耦合好未焊接时不要触动相关丝杆。器件过焦时应视情况加 0.1～0.4 mm 的垫片,不能加两个及两个以上的垫片;器件欠焦时应视情况车削适配器。

(5) 稳定光源置于 LASER 挡,调整 I_f 至 40～60 mA,调整可变光衰减器,使输出光功率为 1 μW;万用表调整到 DCV 挡 200 mV 位置。经常比对,半天至少比对两次。

(6) 要注意适配器缺口和管脚的对应关系,统一规定管脚左下、适配器缺口面向自己;耦合前注意检查夹具下夹头四支管脚插孔的连线是否为正方形,上夹头跳线的接头卡槽是否对中,否则夹具需要维修。夹具如图 16-11 所示。

(7) 耦合前注意检查外套、纤长是否符合加工单要求。上外套时光纤插针要从外套的小口径端穿入,如图 16-12 所示。

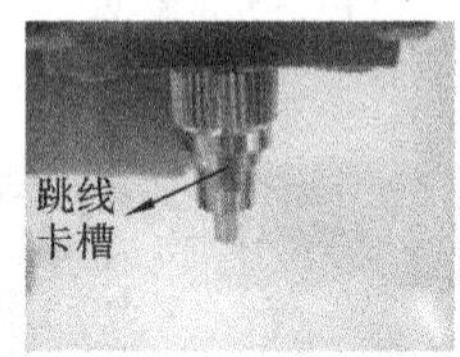

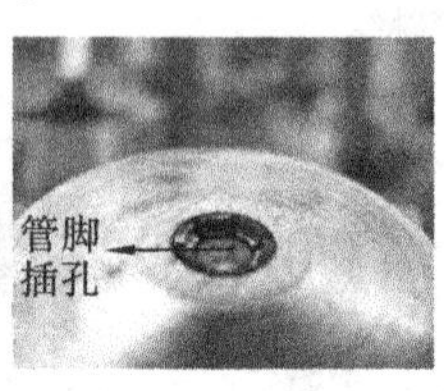

图 16-11　耦合夹具上、下夹头

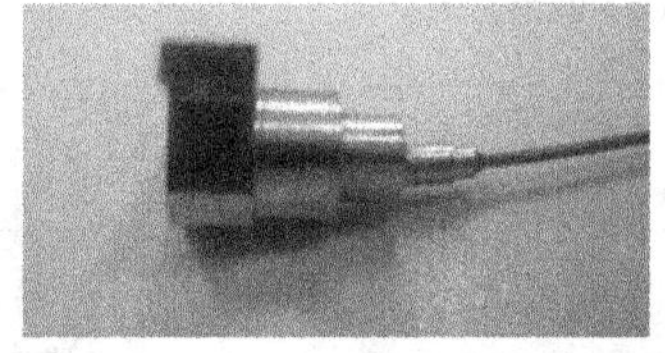

图 16-12　光纤插针穿入外套

(8) 耦合到最大时要在波形大小不变的基础上向上稍微提一点(为避免焊接两点后管体与插针套之间有缝隙,重新压紧时过焦);抖动光纤看波形是否稳定。上下纤过程中注意不要让光纤受损。

(9) 耦合好,未焊接时不要触动相关丝杆。操作如图 16-13 所示。

(10) 注意夹具接脚方式。

(11) 焊后检查管脚是否歪,超过极限样品,应及时维修夹具。图 16-14 所示的为焊后管脚检查图示。

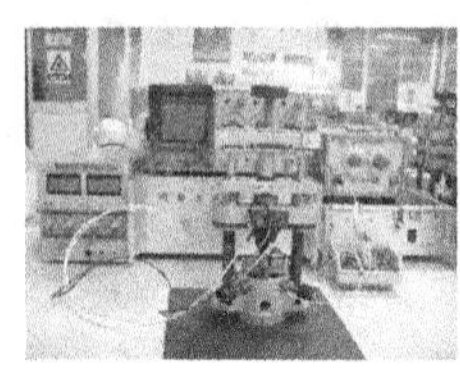

图 16-13　耦合后操作

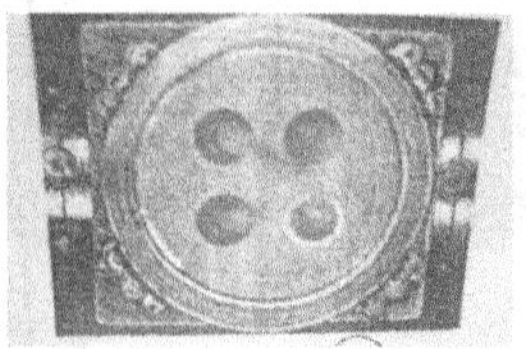

(a) 合格

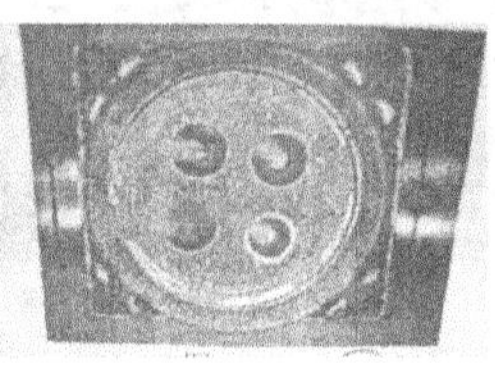

(b) 临界状态(极限样品)

图 16-14　焊后管脚检查

(12) 每耦合完 5 支器件,需用无纤纸擦拭光纤跳线端面一次。

(13) FC 型要注意焊接能量,有异常现象应及时反映。

16.5　任务完成结果及分析

16.5.1　主要问题分析

1. S 小(焊接前)

(1) 耦合无 S(灵敏度)时,将器件管脚挑开一点再插入夹具重新耦合。

(2) TO 材料本身 S、R(响应度)小。同一个夹具换个器件,如果 S、R 能耦合变大是前一个器件本身的问题,此器件需清洗透镜后再试。

(3) 夹具的光纤跳线接触不好、脏或受损。同一个夹具换个器件,如果 S、R 还是不能耦合变大就换个夹具,如果换个夹具后耦合变大,则是前一个夹具的问题,需清洗夹具的光纤跳线端面、转换器,如果清洗后还是耦合不大,则应维修夹具。

(4) 耦合设备有变动或连接设备的光纤跳线脏损。换器件、换夹具后还是耦合不大,再用其他设备测试,如果合格,检查电压、比对管、万用表(是否是低点状态,需更换电池)是否有变动,检查、清洗设备接口及连接设备的光纤跳线端面。

2. 离焦

(1) 过焦:管芯焦距不合格,焦距过长,主要是插拔器件,在耦合时将适配器提起,使适配器与管体之间的距离大于等于 0.05 mm,在耦合压紧过程中若示波器显示方波的峰-峰值由小变大再变小,即说明器件过焦,需加垫片,根据峰-峰值由大变小的多少加合适厚度(0.1～0.4 mm)的垫片,且不能加两个垫片。当过焦超过 0.4 mm 时,器件按不合格品处理,加垫片压紧后的值要与加垫片前耦合过程中的最大值相等。

(2) 欠焦:管芯焦距不合格,焦距过短,主要是插拔器件、加适配器耦合的最大 S 值小于不加适配器空对的最大 S 值时,器件欠焦。根据欠焦的大小车适配器,车适配器一般不超过 0.3 mm,个别器件需要车管体。

3. 焊后 S 小

(1) 检查器件外观是否有严重缺陷,如管体上端面是否有炸磨等。

(2) 耦合不到位,没有压好。

(3) 夹具的原因,如不同心等。同一个夹具制作有两个器件焊后 S 还小,而别的夹具无时,需维修夹具。

(4) 焊接造成。

① 四光束焊接机的光束焦点和管体圆心不重复,合力不为零。

② 四光束能量不均匀,合力不为零。

③ 不水平。

④ 管体错位。

4. 管芯偏

(1) PD 装管装偏。

(2) 封焊封偏。

(3) 换夹具,适配器还错位时,按不合格品处理。

16.5.2 耦合夹具常见问题

1. 器件耦合功率小

两个陶瓷端面夹具跳线，如图 16-15 所示，可能会造成耦合功率小。解决方法：用无尘纸对夹具两个陶瓷端面进行擦拭。

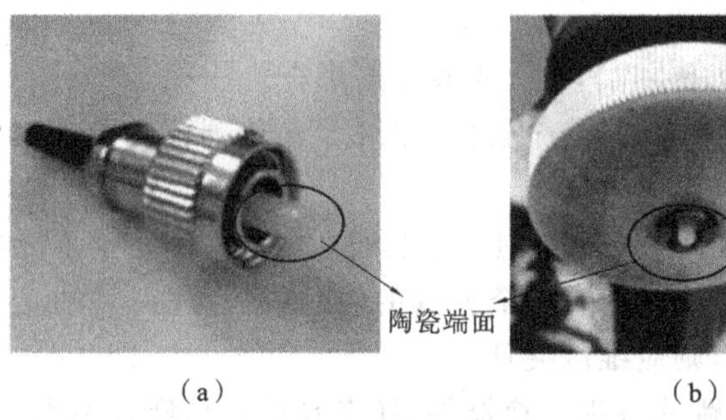

(a) (b)

图 16-15 跳线两个陶瓷端面

图 16-16 检查夹具适配器

检查夹具适配器(见图 16-16)内的开口陶瓷套筒是否完好，如破损，则会影响器件的耦合功率。解决方法：更换适配器中的开口陶瓷套筒。

检查夹具跳线外观是否有折断或损坏的痕迹，纤损会导致器件耦合功率受到影响，严重时会导致耦合无光功率 P。解决方法：更换夹具、光纤跳线。

2. 线性异常

器件插入夹具加电后，示波器上线性曲线闪烁，可能原因为：电极套老化变形；器件管脚未挑开。解决方法：送夹具维修，更换电极套；将管脚挑开。注：按上述方法仍未解决线性异常，请将夹具送修。

3. 不好调光

检查夹具下夹头内是否有异物(一般垫片、材料掉入下夹头，使下夹头不易移动，导致不好调光)。解决方法：及时将掉入下夹头的异物取出，如自己无法取出，则将夹具送修。

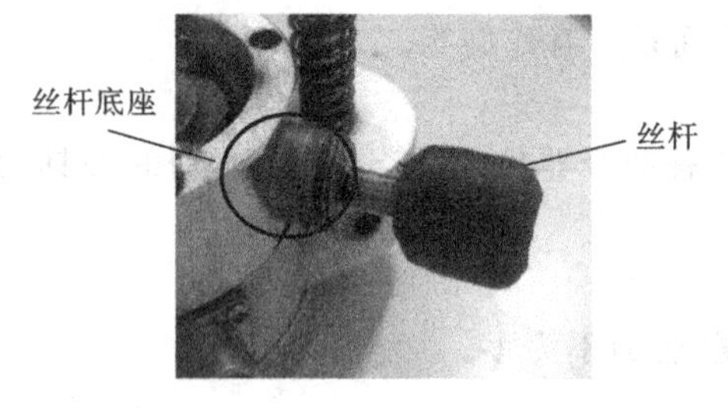

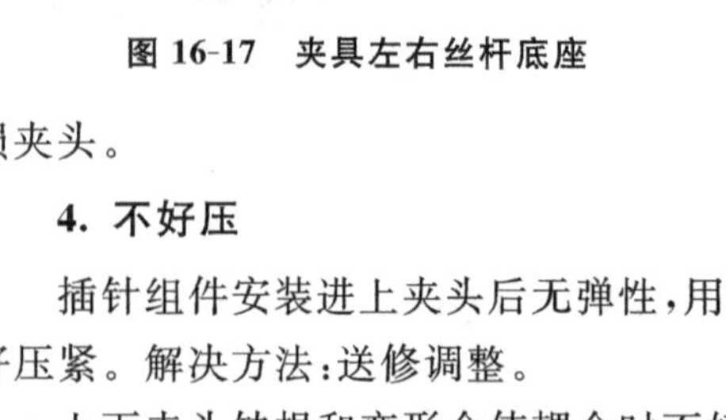

图 16-17 夹具左右丝杆底座

夹具左右丝杆底座(见图 16-17)是否松动，如果底座松动，则将导致耦合中调光困难。解决方法：送修。

夹具丝杆损坏(无法正常转动)。解决方法：更换夹具丝杆。

上下夹头缺损和变形。解决方法：更换变形缺损夹头。

4. 不好压

插针组件安装进上夹头后无弹性，用手指向上抬插针组件感觉无反作用力，则耦合时不好压紧。解决方法：送修调整。

上下夹头缺损和变形会使耦合时不好压。解决方法：更换变形缺损夹头。

5. 耦合盒子出现异常的初步判断

(1) 耦合没反应时查看盒子是否有烧焦的气味。

(2) 耦合时示波器显示的点突然不跳，查看耦合盒与示波器信号线连接端口是否有问题。

16.6 任务拓展

在操作过程中要注意以下几点。

(1) ESD 防护、耦合之前进行设备校对。

(2) 在使用夹具、设备、比对管、量具之前，请检查是否在有效期内。

(3) 戴上指套、合格防静电腕带并使之接地。

(4) 垫片厚度要求：垫片厚度不能超过 0.4 mm。

在激光器耦合前要进行设备的比对，来矫正仪器的准确性，从而确保耦合出来的产品是符合要求的，不存在误判的情况。

思 考 题

1. 如何比对设备吗？

2. 当出现线性异常的时候如何处理？

3. 器件与光纤的耦合有哪些方法和形式？

4. 耦合过程中会出现哪些问题？

任务 17 同轴器件的封焊、激光焊接、焊点检验

◆ 知识点

- 懂封焊、激光焊接的基本原理和特点
- 知道封焊的气密性检漏类型与原理
- 懂同轴器件封装工艺流程

◆ 技能点

- 熟练操作封焊、激光焊接机，掌握参数的调整方法
- 能正确选配、装配圆方管体
- 会用检验标准检查尾部焊点、圆方管体焊点
- 会分析影响同轴器件产品质量的主要工艺因素

17.1 任务描述

了解封焊、激光焊接的基本原理和特点，熟练操作封焊机与激光焊接机，进行同轴器件

封装、参数调整,分析焊点质量并作出判定。

17.2 相关知识(相关理论)

17.2.1 电阻焊

在 TO 封装中,通常使用金属电阻焊封装工艺,图 17-1 所示的为用于 TO 封装的封焊设备。封焊设备可以是直接能量式电阻焊接,也可以是储能式电阻焊接。采用直接能量式电阻焊接时,元器件转换成热能的那部分焊接电流是通过电网上转下载的,而采用储能式电阻焊接时元器件转换成热能的那部分电流是通过中转站(变压储存众多的电容器)得到能量的。图 17-2 分别示出这两种电阻焊接的工作原理图。焊接时,工作环境可以是真空的,也可以填充特殊气体,对光电子器件而言,通常是在充氮下进行焊接。这种焊接还可以用做 DIP 管壳的焊封。此外,只要提供特殊的模具和电极,这种焊接机还适用于无法进行平行焊接的封装,且具有特殊形状的盖板或管壳的焊接。

图 17-1 用于 TO 封装的电阻式焊接机

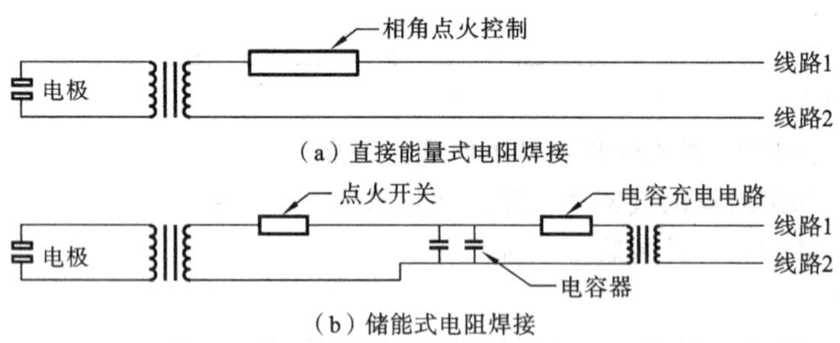

图 17-2 电阻焊接的工作原理图

通过充电回路对储能电容器充电至设定能量$\frac{1}{2}CU^2$,同时,汽缸驱动上电极向下运动完成对被焊接元件的夹持、加压。当达到预定压力后开始放电,经过焊接变压器的电流转换,被封焊工件瞬时通过大电流(数千至数万安培电流)产生大量热量,熔化焊接区域,压力保持一定时间后,升起上电极,一个焊接过程结束,熔融 TO 底座和管体接触部分,从而达到固定的目的。

17.2.2　激光焊接

激光因具有单色性、相干性、方向性与高输出功率等特点，特别适合用于材料焊接加工，激光焊接工艺通过将激光束聚焦在材料上，焦平面上的功率密度可达到100～1 000 W/cm^2。激光焊接就是利用激光束聚焦在很小区域、极短的时间内，使被焊处形成一个局部热源区，从而使被焊物熔化并形成牢固的焊点和焊缝。激光焊接可分为脉冲激光焊接和连续激光焊接。在光电子器件的制作中，激光焊接主要应用于器件芯片与光纤间的耦合固定（或构件间的连接固定）和器件的气密焊接。前者采用的是激光点焊，后者采用的是激光缝焊。在TO封装及双列直插式或蝶形封装中，均可分别采用储能式电阻焊和平行缝焊来完成气密封装。

1. 激光焊接的特点

激光焊接与大多数传统焊接方法相比，具有突出的优点。

（1）激光能量高度集中，加热、冷却过程极其迅速。

（2）在激光焊接过程中无机械接触，容易保证焊接部位不因热压缩而发生变形，同时排除了无关物质落入焊接部位的可能。

（3）采用大焦深的激光系统，可以实现特殊场合下的焊接，如远距离在线焊接、高精密防污染的真空环境焊接等。

（4）在不发生材料表面蒸发的情况下，通过熔化最大数量的物质，可实现高质量焊接。

（5）激光加工系统与计算机数控技术相结合可构成高效自动化焊接设备，特别适用于自动化焊接工艺。

（6）激光焊接无噪声，对环境无污染。

（7）由于激光能量密度高，故对高熔点、高反射率、高热导率和物理特性相差很大的金属焊接特别有利。

（8）激光束可被光学系统聚焦成直径很细的光束，完成精密焊接工作。

（9）激光焊接为非接触式焊接，即与组件不会直接接触，因而材料质地脆弱也不要紧，还可以对远离的组件作焊接，也可以把放置在真空室内的组件焊接起来。

（10）可焊材料广泛，如碳钢、不锈钢、难熔金属、高温合金、钛合金、铝合金、铜合金等。由于激光焊接有这些特点，所以它在微电子和光电子工业中尤其受欢迎。

2. 激光焊接机

激光焊接机如图17-3所示，主要由激光系统、对准系统、光学头和控制系统等组成，图17-3(a)示出焊接机示意结构，图17-3(b)所示的为激光焊接机实物图。在光电子和微电子焊接系统当中，大多采用Nd:YAG激光器、调QYAG激光器和脉冲CO_2激光器，常采用脉冲激光焊。焊接方式可分为对接焊、搭接焊和平行焊等。

激光焊接机的操作步骤如下。

开机步骤：循环水→电源→锁→冷却→预燃→主电源→参数设定（电压值脉冲频率和脉宽）→乒乓开关→出光。

关机步骤：开机步骤的逆过程。

参数设置范围：脉宽为4.0～10.0 ms，电压为400～550 V，频率为0～3 Hz。

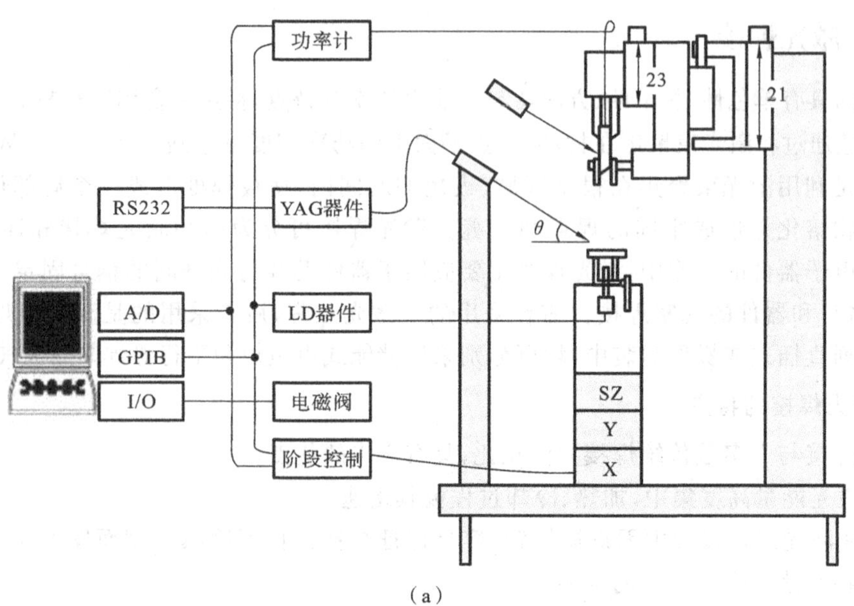

(a)

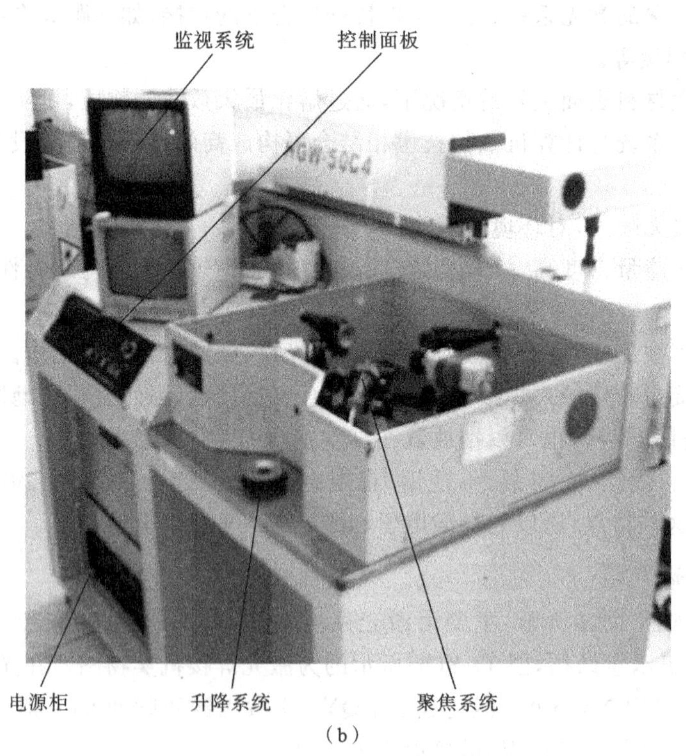

(b)

图 17-3 激光焊接机结构原理及实物

1) 激光系统

在光电子和微电子器件焊接中所采用的激光器多为 Nd:YAG 激光器,有两光束的,也有三光束的激光系统,激光平均功率在数十瓦(如 15～50 W),下面给出一个激光系统的参数。

激光工作物质:Nd:YAG 晶体。

激光波长：1.06 μm。

输出能量：60 J。

脉冲频率：1～100 Hz。

脉冲宽度：1～20 ms。

能量不稳定度≤±5%。

连续工作时间≥16 h。

2）光学系统

光学系统由主光路系统、分光系统、光纤传输系统、聚焦系统等构成，光学系统是激光焊的重要组成部分。光学系统发出小于等于0.5 mm的聚焦光斑直径，各束光之间的能量偏差小于等于±3%。

3）实时监视系统

实时监视系统由CCD、监视器和图像分割装置组成，通常用于焊接过程的实时监视，可以准确地对工件所需焊接部位运行对位，从监视器中可以看到各个焊点的形状和结构。通过图像分割装置可在监视器上分别呈现各CCD所摄制的画面。

4）控制系统

通常采用微机系统控制，例如Windows NT。

5）指示光源系统

指示光源系统由He-Ne激光管、电源及精密调整架组成。

3. 脉冲激光焊接

在脉冲激光焊接中，影响焊接质量的工艺参数主要有激光功率密度、脉冲波形、脉冲宽度和离焦量。

1）激光功率密度

激光功率密度是激光焊接的一个主要参数，对同一种金属，激光功率密度不同时，材料达到熔点和沸点的时间也不一样。图17-4示出了两种功率密度下金属表层及底层的温度与时间的关系。表17-1列出几种金属材料的临界激光功率密度。

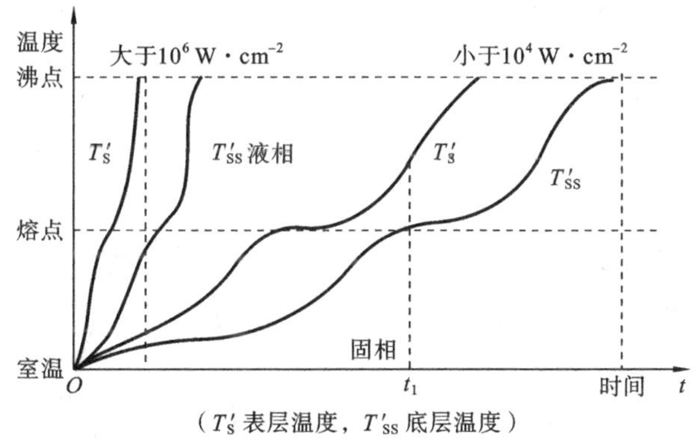

图17-4 两种功率密度下金属表层及底层的温度与时间的关系

表 17-1 几种金属材料的临界激光功率

金　属	$L_v/(J\cdot cm^{-3})$	热扩散率/$(cm^2\cdot s^{-1})$	脉宽/s	$F_c/(W\cdot cm^{-2})$
Cu	42.88	1.12	10^{-3}	1.4×10^6
钢	54.76	0.15	10^{-3}	6.2×10^5
Ni	55.30	0.24	10^{-3}	7.5×10^6
Ti	44.27	0.06	10^{-3}	3.4×10^6
W	95.43	0.65	10^{-3}	2.4×10^6
Mo	69.05	0.55	10^{-3}	1.6×10^6
Cr	54.17	0.22	10^{-3}	8.4×10^6
Al	28.09	0.87	10^{-3}	8.6×10^6

在实际应用之中,激光功率密度需要根据材料本身的特性及焊接技术要求来选取。

2) 脉冲波形

激光束射至材料表面时,部分能量被吸收,部分能量被反射,且反射率随温度不同而变化。激光脉冲开始作用时反射率高,当材料表面温度升至熔点时,反射率迅速下降,表面处于熔化状态时,反射率稳定于某一值,当表面温度继续上升到沸点时,反射率又一次下降,如图 17-5 所示。

对于波长为 1.06 μm 的激光束,大多数金属材料在初始时刻的反射率都很高,因此常采用带有前置尖峰的激光波形,如图 17-6 所示。它利用开始出现的尖峰迅速改变金属表面状况,使其温度上升至熔点,从而在脉冲到来时表面反射率较低,光脉冲的能量利用率大大提高。

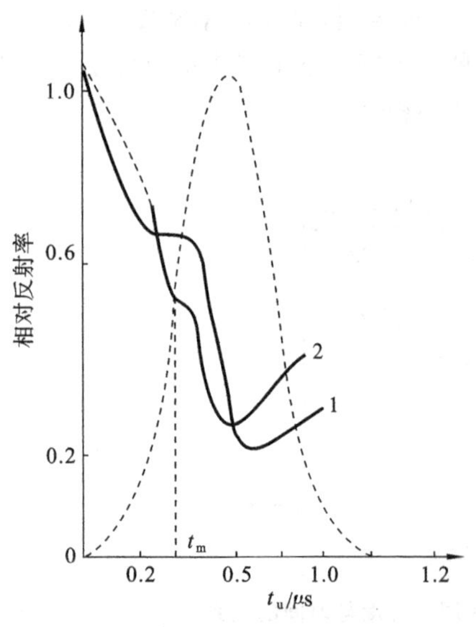

图 17-5 金属的反射率与时间的关系

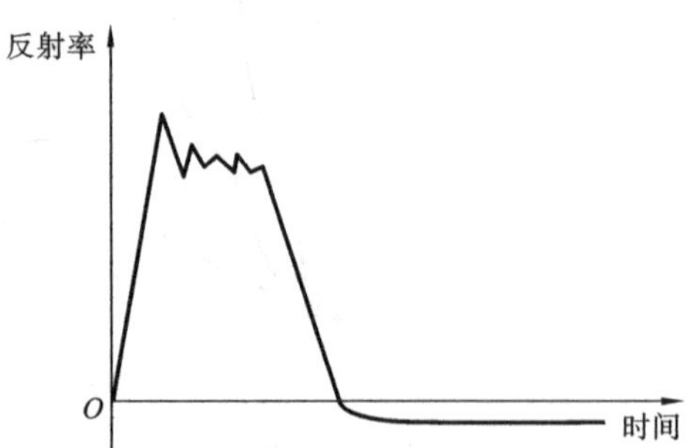

图 17-6 带有前置尖峰的激光波形

这种波形不适合高重复率缝焊，因为在焊接时，焊缝由大量的熔斑重叠组成，在重复率很高时，重叠区可能仍处于熔融状态，使用这种波形，最初期尖峰可使表面出现高速气化，使金属产生飞溅，在熔斑中形成不规则孔洞。这在对气密性有较高要求的缝焊中应尽量避免。故在缝焊中宜采用矩形波或较缓衰减波形。

3）脉冲宽度

激光脉冲宽度（脉宽）是脉冲激光焊接的重要参数之一，它是决定材料是否熔化的重要参数。为了保证激光焊接过程中材料表面不出现强烈气化，达到沸点的作用时间（t_v）为

$$t_v=\pi K^2 T_v^2/(4Kf_0^2) \tag{17-1}$$

令 $t_v=t_p$，则此时的激光功率密度为

$$F=\frac{KT_v}{2}\left(\frac{\pi}{kt_p}\right)^{1/2} \tag{17-2}$$

由式（17-2）可得到最大熔深（F）正比于脉宽的 1/2 次方。对大部分金属而言，要求熔深小于 0.1 mm 时，可采用 1 ms 左右的脉宽，为不使表面局部气化，也可将脉宽取为 3 ms 左右。通过激光焊接时的温度分布可以看到材料中的温度与 F 成正比，与脉宽的 1/2 次方成反比，因而在给定的激光能量下，要达到特定的温度，缩短脉冲比延长脉冲更有效。为了达到某一温度，能量的输入速率也是相当重要的，对同一种金属而言，焊接同样厚度的金属材料，脉宽越短，所需激光功率密度越高，激光参数可焊范围越窄。在要求很窄的焊接中，脉宽应尽量窄些。

4）离焦量

在脉冲激光焊接中，光束的聚焦特性（包括焦距和离焦量）对焊接质量也有较大影响，在脉冲激光焊接中常采用短焦距或大离焦量。

微电子和光电子器件需要对壳体和壳盖进行脉冲激光密封焊接。所谓密封焊接是指脉冲激光光斑连续重叠而构成的缝焊。这类焊接要求气密性在 10^{-8} ml/s 以上，压强在 2.4×10^3 N/cm^2 以上。

激光密封焊接的方式有脉冲激光齐缝焊、脉冲激光搭接焊、脉冲激光重叠接缝端焊和脉冲激光重叠穿透焊，图 17-7 示出这些激光密封焊接方式。

对光电子器件（组件）而言，密封是最主要的要求，其次是焊缝的强度。一般说来，焊缝深度愈大，焊点重叠度要求愈大，焊缝强度也愈大。

激光密封焊通常采用脉冲重复 YAG 激光器。表 17-2 列出脉冲重复 YAG 激光密封焊的数据。通常采用的聚焦斑尺寸为 0.6～0.7 mm，即光斑重叠直径的 1/2，无论是齐缝焊还是重叠端焊都可获得高达 10^{-13} ml/s 的较佳气密性。

在激光气密焊接中必须注意的问题是气泡，因为这会影响到焊缝的气密性。焊缝中的气泡数量与被焊接已镀有的保护膜（如镀 Ni、Cu 和 Au 等）的膜层厚度成正比。最好选择镀 Au 膜。若被焊件镀的是 Ni 膜，则在脉冲激光缝焊之前，最好将其在 450 ℃温度下退火 1 h。为了保证密封焊的质量，要求被焊件各边的弯边高度不得小于 0.2 mm，且不得大于 0.5 mm，对接空隙不得超过 0.05 mm。

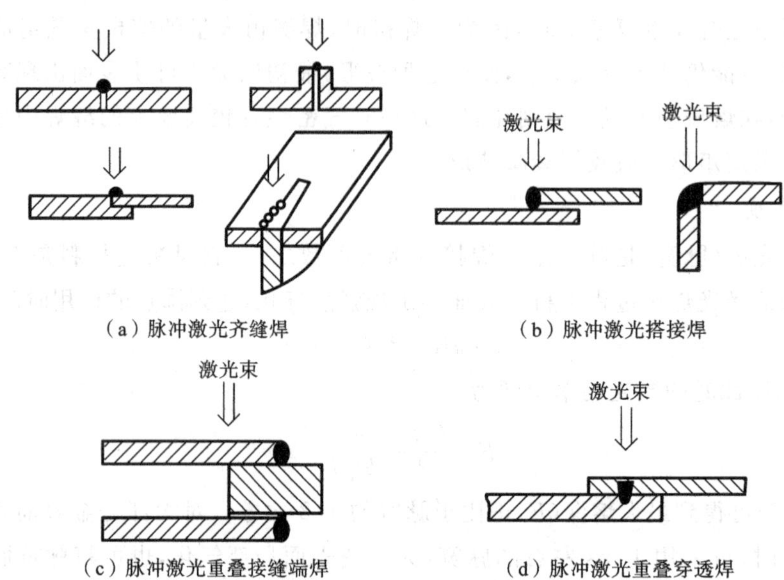

（a）脉冲激光齐缝焊

（b）脉冲激光搭接焊

（c）脉冲激光重叠接缝端焊

（d）脉冲激光重叠穿透焊

图 17-7 激光密封焊接方式

表 17-2 脉冲重复 YAG 激光密封焊的数据

材料	焊接方式	厚度/mm	速度/(mm/min)	焊接深度/mm	纵横比	平均功率/W	脉冲速率/Hz	脉宽/ms	峰值功率/kW	峰值功率密度/(kW/cm²)	平均功率峰值功率/W
AM 350	角密封焊	0.05×0.15	1 524	0.15	0.50	120	300	1.1	0.36	126	0.33
Cu-Ni 合金对柯伐合金	角密封焊	0.05×0.38	1 016	0.25	0.37	160	200	1.1	0.73	50	0.22
镍合金	搭接焊	1.27	381	1.13	1.0	200	130	2.2	0.70	138	0.29
CP 钛	齐缝焊	0.5	1 524	0.5	0.65	200	200	1.1	0.91	63	0.22
银铜	对焊	0.5	508	0.5	0.71	400	40	2.2	4.5	287	0.09
304 不锈钢	包端管封焊	0.5	3 835.4	0.43	0.8	400	200	1.1	1.8	146	0.11
304 不锈钢	包端管封焊	1.65	508	1.52	0.8	400	20	6.1	3.3	29	0.12
1100 铝 6061 铝	角密封焊	0.05×0.635	508	1.27	1.0	400	27	3.7	4.0	79	0.10
304 不锈钢		2.26	1 016	2.26	3.2	400	200	1.1	1.8	394	0.22
304 不锈钢		1.27	1 752	1.27	2.0	400	200	1.1	1.8	394	0.22

17.2.3　封焊的气密性检漏

1. 检漏的定义

所谓密闭就是器件采用气密封或机械密封结构后，器件内腔中含有的单一气体或混合气体不会逃逸，或者不会与器件外部周围环境中的气体或液体进行交换。然而，实际上这种情况是不存在的。因为在足够长的时间内，气体或液体还会通过器件本身的材料或密封材料进行渗透或扩散。因此，只能根据器件特定的工作环境和应用情况确定一个器件允许的最大漏气速率，并通过相应的检漏手段去验证器件的漏气速率是否在允许的最大漏率范围内。

2. 光电子器件(组件、模块)检漏

光电子器件(组件、模块)在密封焊接后必须进行气密性检漏，通过检漏可以剔除漏气的不合格品，同时找出漏气的原因。

无论是发射 TO 或是接收 TO，都要求有好的气密性，所有经封装的器件都要进行氦质谱检漏，其漏气速率必须优于 10^{-8} mbar Ls^{-1}(其中，1 mbar＝10^{2} Pa)。为达到这样的漏气速率，要求管座和管帽的漏气速率必须优于 10^{-9} mbar Ls^{-1}。除此之外，在 TO 的储能式电阻焊之前，还应对管座和管帽等构件进行真空烘烤，以去除构件中的气体，例如，接收 TO 管帽内的气含量要求低于 $1\,000\times10^{-6}$。为确保 TO 的气密性和器件长期可靠性，TO 的封焊是在氮中进行的，对氮的纯度和露点应有严格要求。气密性检漏的方法有多种，不同的方法有不同的工作原理。

1) 负压检漏法

气密性检漏最简单的方法是负压法，这种方法只能用于气密性的粗检漏。将待检器件浸没在乙醇中并加上盖板，然后用机械泵抽空存放样品的容器。这样容器内的气压小于器件管壳内的气压。假如器件管壳的焊缝有漏孔，管壳内的气体从漏孔中通过乙醇漏出来。若容器的压力小于 110 毫米汞柱(1 毫米汞柱约为 133 帕斯卡，下同)，由于被检器件表面吸附的气体逸出，故看不清漏气孔了，需放气重检。负压检漏法的缺点是检漏灵敏度不高(约 10^{-3} Pa・cm^{3}/s)容易漏检或误检。

2) 氟油检漏法

氟油检漏法又称氟碳加压法，是目前采用得最多的一种粗检漏方法。它是先将低沸点的氟油在加压情况下压入有漏孔的待检器件内，然后在高温下观察它是否从漏孔中逸出的检漏方法。其检漏过程如下。

(1) 将待检器件用纱布套装好，放入加压锅内，倒入低沸点的三氟三氯乙烷 F113 氟油(沸点为 47.6 ℃)，并浸没待检器件。

(2) 加压至 5 个标准大气压(1 个标准大气压＝1.013×10^{5} Pa，下同)，时间不少于 2 h，随后将待检器件取出，在空气中凉 5 min 才可进行检漏。

(3) 在排风橱内把全氟三丁胺 FC43 高沸点氟油(沸点为 170 ℃～180 ℃)倒入小烧杯内。

(4) 用油浴锅(烧杯浸入盛有扩散泵油的大烧杯内)，加热到 120 ℃±5 ℃，并自动控温和恒温。把待检器件逐个放入 FC43 容器内约 30 s，仔细观察封口周围和外壳芯柱等部位是否有连续气泡逸出。

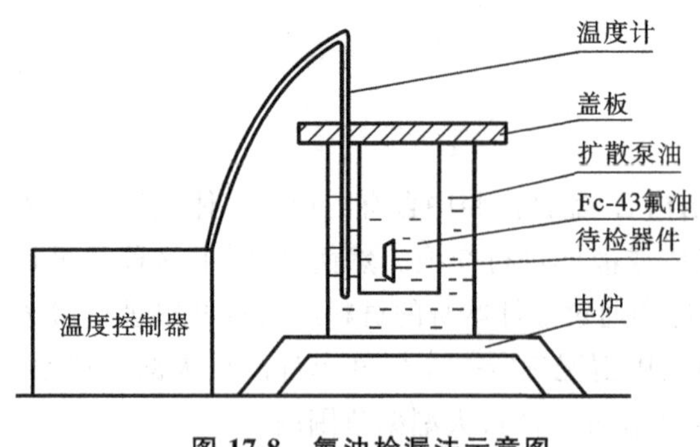

图 17-8 氟油检漏法示意图

(5) 由于作为示漏剂的包封体积不变，温度升高，故器件管壳内部压强增加，急剧膨胀的气体会从漏隙中溢出，形成明显的气泡。这样就可以将不合格品剔除或另行处理。氟油检漏的灵敏度在 10^{-5} Pa·cm^3/s。图 17-8 所示的为氟油检漏法示意图。在粗检漏中氟油检漏法的灵敏度和可靠性较其他几种粗检漏法的高，实验设备简单，且氟碳化合物具有良好的化学惰性及热稳定性，不会对被检器件有任何电性能的影响和破坏作用，所以使用较广泛。

3) 氦质谱检漏法

氦质谱检漏法是以氦气作为示漏气体，通过质谱分析方法，以测定真空系统中氦气分压的变化来检查微小漏孔的一种特别灵敏的检漏方法。氦气在大气中含量极少，氦的原子量和黏度小，通过漏孔的能力比其他气体的强，保证了氦质谱检漏的高灵敏度，一般可达 10^{-7} Pa·cm^3/s 以下。由于氦离子的质量小，并和其他气体离子质量相差较大，容易和相邻谱线分开，因而也保证了氦质谱检漏法的高可靠性。同时，氦又是惰性气体，不会产生化学反应，无毒性，使用较安全。正因为氦质谱检漏法具有以上几方面优点，所以在半导体器件和外壳检漏中被广泛采用。

氦质谱检漏专用仪器的结构和原理，如图 17-9 所示。在检漏前，对待检器件进行清洁处

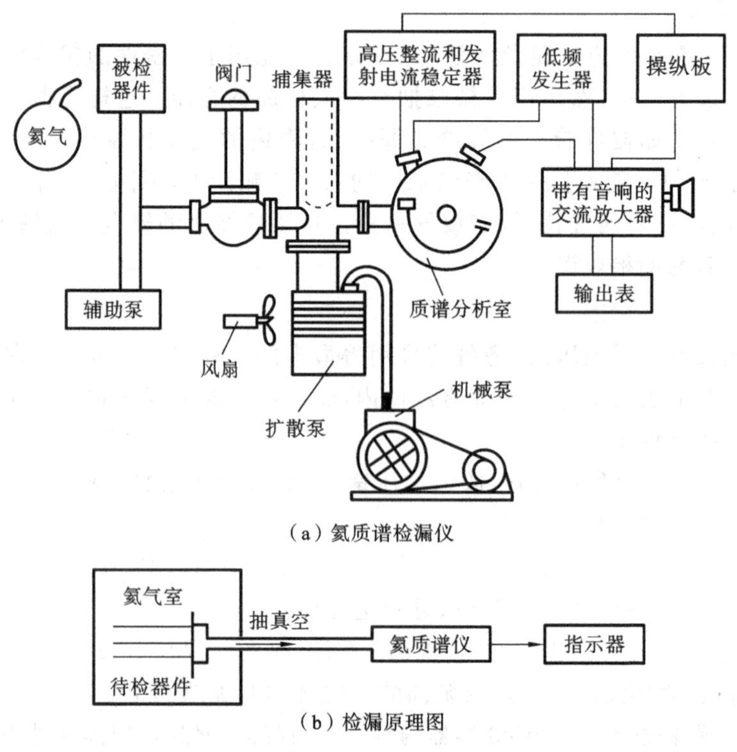

(a) 氦质谱检漏仪

(b) 检漏原理图

图 17-9 氦质谱检漏仪的结构和原理

理，然后用辅助泵进行抽空，再用细小的氦气流在待检器件的漏气可疑处喷吹，如该处有微小漏隙，则氦气便通过节流阀进入真空系统，并扩散到保持高真空度的质谱分析室。如果漏孔较大，进入质谱分析室的氦分子也较多。在质谱分析室里，灯丝发射的电子在电离区内与氦分子相撞，产生电离。在磁场作用下，氦离子流被阴极板收集后，经交流放大器进一步放大。在放大器终端的输出指示器可以相对比较漏隙（或漏气速率）的大小。

若用氟油检漏法进行粗检，再用氦质谱检漏仪进行细检，就可以构成一套较完整的密封性半定量检漏方法，这种方法可以判别 $10^{-4}\sim10^{-8}$ Pa·cm^3/s 数量级的漏气速率。图 17-10 所示的是ALCATEL氦质谱检漏仪（精检漏）的实物图。

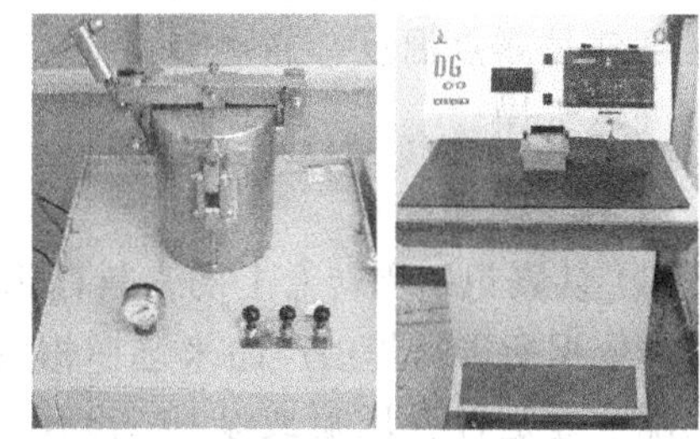

图 17-10　ALCATEL 氦质谱检漏仪（精检漏）

检验方法：先将器件置于加压罐内，在一定的时间和压力下，用纯氦气对器件进行加压（轰击），然后去除压力，用干燥空气或氮气对器件表面进行冲洗后，将器件放入与氦质谱检漏仪相连的真空室中进行检漏。

4）其他检漏法

针对更小漏气速率的检漏方法是氪（Kr^{-85}）同位素检漏。氪是一种原子序数为 36，平均原子量为 83 的惰性气体。氪的同位素 Kr^{-85} 是氪的 13 种同位素中的一种，尽管数量较少，但其半衰期最长（约 16 年）。检漏方法如下：将待检器件置于一定压力的 Kr^{-85}、N_2 混合气体中，经一定时间后取出，测量压入该器件的 Kr^{-85} γ 射线的强度，便可折算出漏气速率。该测量检漏方法的优点是不污染腐蚀设备和器件，且检漏灵敏度可达 1×10^{-10} Pa·cm^3/s。

17.3　任务完成条件

（1）使用仪器：封焊机、显微镜。
（2）文件：《封焊操作指导书》、《封焊检验规范》。

17.4　任务实施（具体操作或实施）

17.4.1　封焊

1. 封焊的作用

封焊工序是将 TO 与 TO 管体通过封焊机焊接在一起的工序，即在 TO 的外部加上一个保护套（管体）。这里引进管体主要原因为：TO 底座和 TO 帽之间的结合强度不高，当与光路耦合完毕时，无法用工艺来固化这一段光路；给 TO 增加一个管体（封焊），其目的是耦合过程中插针和 TO 能够很好地固定光路，为固化下一道工序中的光路做铺垫，就可以在管体上来进行光路的固化了（激光焊接）。

2. 封焊的工艺流程

封帽前镜面检查→在 100 ℃的条件下烘烤 4 h→设置封焊电压、气压、露点值→调整电极平整度、同心度→5只PQC检查→批量生产→封帽后镜面检查→转入下道工序。

露点全称为露点温度,形象地说,就是空气中的水蒸气变为露珠时候的温度。露点温度本是个温度值,可为什么用它来表示湿度呢?这是因为,当空气中水蒸气已达到饱和时,气温与露点温度相同;当水蒸气未达到饱和时,气温一定高于露点温度。所以露点与气温的差值可以表示空气中的水蒸气距离饱和的程度。在100%的相对湿度时,周围环境的温度就是露点温度。露点温度越小于周围环境的温度,结露的可能性就越小,也就意味着空气越干燥。

3. 封焊步骤

(1) 认真识别周转盒上的来料标识,确定型号、加工单号等信息。

先依据所需封焊的产品来选择相应的电极,找到电极后,检查其端面是否平整、与TO管体的配合处是否有压痕或杂质,若有,需用细砂纸打磨(打磨后需用乙醇清洗并用氮气吹干),直至其平整光滑。

(2) 做好准备工作后,将上、下电极分别装入封焊机的上、下夹头之中,在使用前需要调整两电极的相对平行度,如图17-11所示。先驱动两个电极来压一张复写纸,观察压痕内环的圆周是否清晰,若某处模糊不清或有缺口,则说明这种状态下的压配会产生间隙,此时,可以通过调整上、下电极相对方向(旋转电极)的方法来使得压痕成为一个清晰饱满的圆环。图17-11(a)所示的为合格的情况,图17-11(b)所示的为不合格的情况。

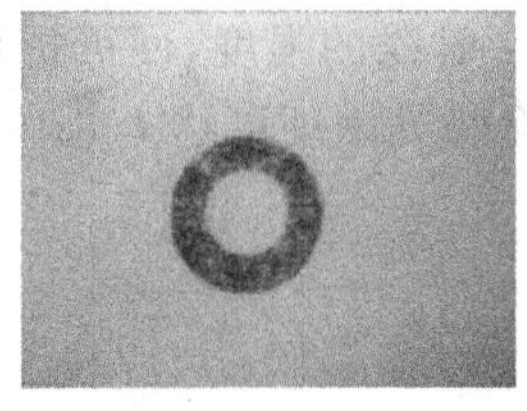
(a) 合格

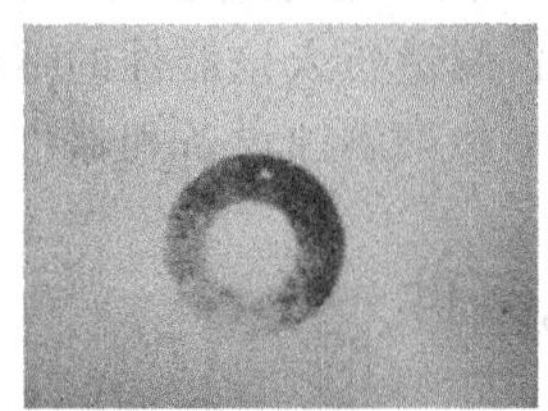
(b) 不合格

图17-11 调整两电极的相对平行度

(3) 调整好电极后,用锁紧螺母将它们各自锁紧。通过试封焊几只废的TO,观察其封焊后整体是否有变形、是否有明显的熔融物溢出,来调整封焊机的电压和气压参数,直至达到要求为止,这也就是通常所说的首检程序。

(4) 首检合格后,便可开始进行封焊作业。这时将管体和TO(管脚朝上)依次放入下电极中,双手同时按下封焊按钮,观察上电极运动,一旦发现其与管脚要相碰,就按下急停按钮,中断上电极运动,再次捏好管脚并使其对中,重复以上步骤,完成器件的加工。封焊机操作箱如图17-12所示。电压与气压表如图17-13所示。

4. 封帽机的使用注意事项

(1) 封帽机内腔露点要求为不大于−20 ℃ 。

(2) 传递TO时,内外门不能同时打开。

(3) 每天工作前,一定要对电极的平整度进行调试。

(4) 严格控制焊接电流、焊接气压之间的关系,达到最好的焊接效果。

(5) 工作时,调节手套箱补气量,保证工作腔体内氮气流通。

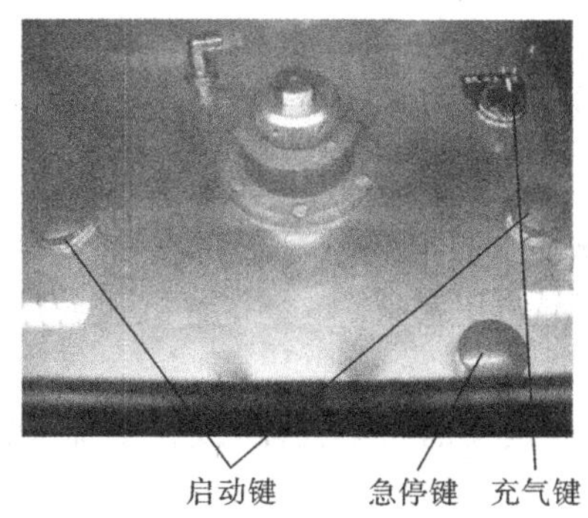

图 17-12　封焊机操作箱

图 17-13　电压与气压表装置

5. 封帽机腔体内露点的控制

(1) 加大封帽机操作箱内充氮气体的流量，尽量把箱内残留空气排出，在正式封装前先在操作箱内通一段时间的氮气。

(2) 对封帽机操作箱进行密封性检查，堵住可能的一切缝隙和漏洞。

(3) 加大进入操作箱的氮气流量，使操作箱与外界保持正气压。

6. 影响焊接质量的因素

1) 电极工件表面异物

工件和电极表面有高电阻系数的氧化物或脏物质层，会使电流遭到较大阻碍。过厚的氧化物和脏物质层甚至会使电流不能导通。解决方法是用乙醇棉球擦拭电极接触端。

2) 电极工件表面平整度

在表面十分洁净的条件下，表面的微观不平整使工件只能在粗糙表面的局部形成接触点。在接触点处形成电流线的收拢。由于电流通路缩小而增加了接触处的电阻。解决方法是更换新电极，磨损的电极应送去打磨。

3) 电极形状及材料

由于电极的接触面积决定着电流密度，电极材料的电阻率和导热性关系着热量的产生和散失，因此，电极的形状和材料对熔核的形成有显著影响。随着电极端头的变形和磨损，接触面积增大，焊点强度将降低。解决方法是打磨电极。

4) 电极压力

电极压力对两电极间总电阻 R 有明显的影响，随着电极压力的增大，R 显著减小，而焊接电流增大的幅度却不大，不能影响因 R 减小引起的产热减少。因此，焊点强度总是随着焊接压力增大而减小的。解决的办法是在增大焊接压力的同时增大焊接电流。

5) 电流

电流对产热的影响比电阻和时间两者的都大。因此，在焊接过程中，它是一个必须严格控制的参数。解决方法是通过实验找出每种产品最适合的电流参数。

6) 焊接时间

为了保证熔核尺寸和焊点强度，焊接时间与焊接电流在一定范围内可以相互补充。为了获得一定强度的焊点，可以采用大电流和短时间(强条件，又称硬规范)，也可采用小电流和长时间

(弱条件,也称软规范)。选用硬规范还是软规范,取决于金属的性能、厚度和所用焊接机的功率。不同性能和厚度的金属所需的电流和时间都有一个上下限,使用时以此为准。

7. 焊接循环中的参数改善

(1) 加大预压力以消除厚工件之间的间隙,使之紧密贴合。

(2) 用预热脉冲提高金属的塑性,使工件易于紧密贴合,防止飞溅。

(3) 加大锻压力以压实熔核,防止产生裂纹或缩孔。

(4) 采用回火或缓冷脉冲消除合金钢的淬火组织,提高接头的力学性能,或在不加大锻压力的条件下,防止裂纹和缩孔。

17.4.2 激光焊接

1. 激光焊接首检

1) 操作步骤

(1) 注意:此工序在每天生产之前进行。

(2) 把工件放于夹具上,如图 17-14(a)所示,调节焊接机到规定电流、脉宽,对工件进行焊接如图 17-14(b)所示。

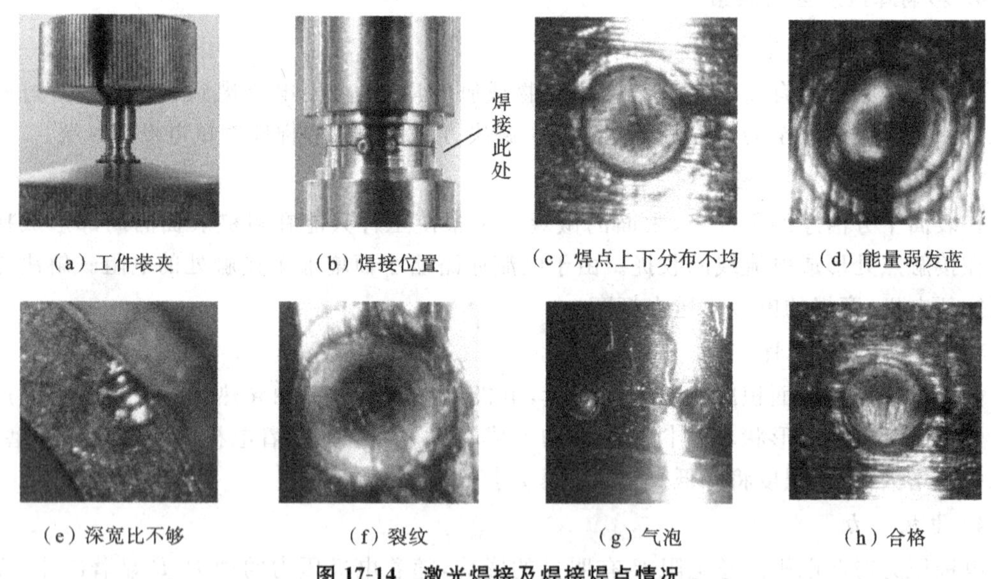

(a) 工件装夹　(b) 焊接位置　(c) 焊点上下分布不均　(d) 能量弱发蓝

(e) 深宽比不够　(f) 裂纹　(g) 气泡　(h) 合格

图 17-14　激光焊接及焊接焊点情况

(3) 在显微镜下检查焊接好的工件:先检查焊接表面,再用返工棒将焊接界面分开,观察焊点(焊径不小于 0.4 mm,熔焊点圆整光亮,中间略有凹槽,深宽比大于 0.6 为合格)。

(4) 合格则填写首检记录表;如果焊点如图 17-14(c)至图 17-14(g)所示,则通知维修人员对焊接机进行调整维修,维修后的首检重复步骤(2)至(4),直到检验合格。

(5) 正常工作过程中,仔细观察设备运行状态、焊接焊点情况,如出现异常,立即通知维修人员维修。维修后的首检重复步骤(2)至(4),直到检验合格。

2) 工艺质量分析

激光焊接的各种实际状况如图 17-15 所示。

放大

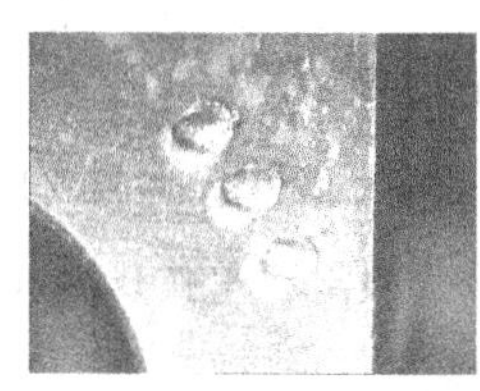

（a）焊点表面

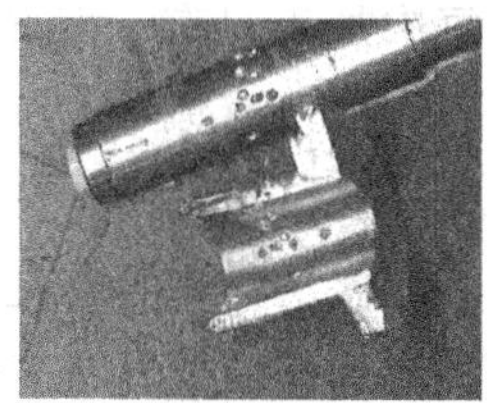

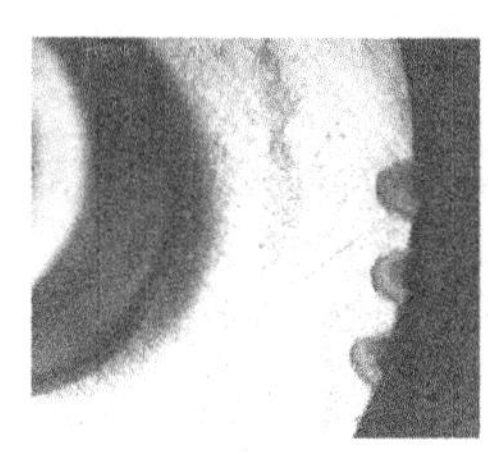

（b）焊点剖面

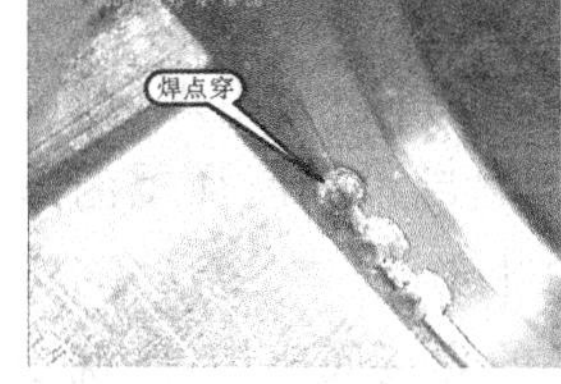

（c）焊点穿

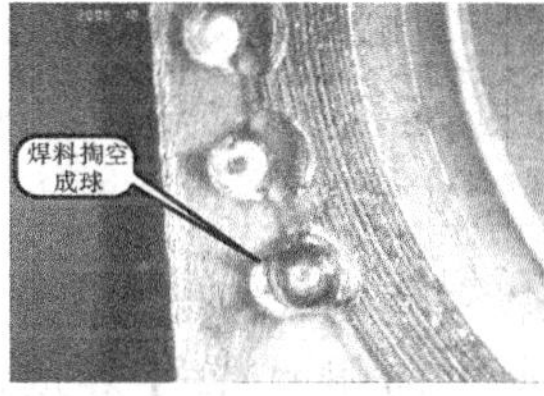

（d）焊料掏空成球

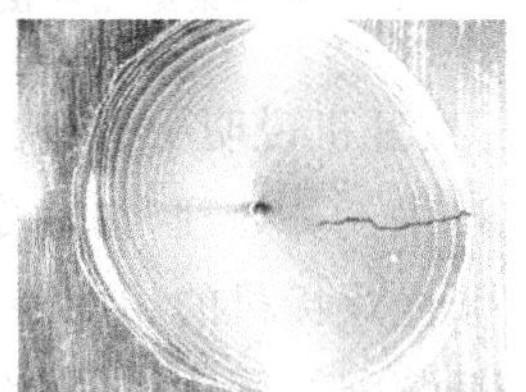

（e）激光焊点开裂

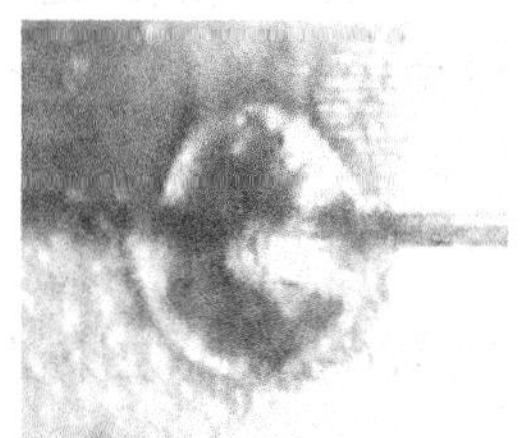

（f）焊点位置过低

（g）光焊点位置过高

（h）光焊点开缝

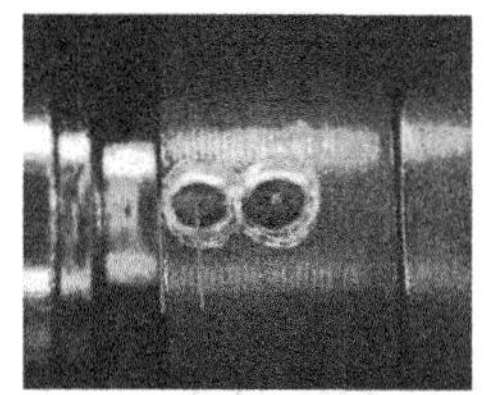

（i）激光焊点离ZBushing太近

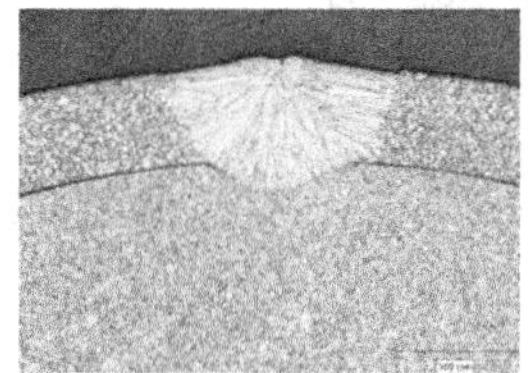

（j）穿透焊点过浅

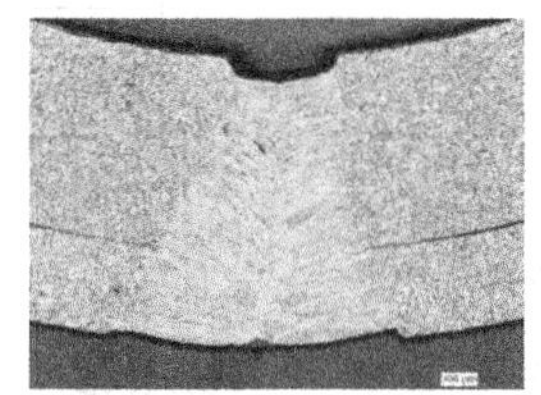

（k）穿透焊点过深

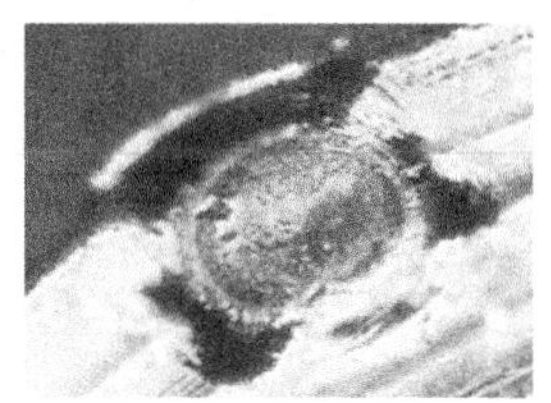

（l）焊点变色

图 17-15　激光焊接状况照片

2. 单光束激光焊接

TO和管体压配完毕后(仅对同轴插拔型器件),为了保持这种物理状态,需要对它们进行激光固化,这里采用的是单光束激光焊接。这是一种YAG型激光焊接机,与日常耦合焊接所使用的激光焊接机在工作原理方面都是相同的,只是在光束数量和出光方向上有所不同。顾名思义,"单光束"就是每次加工只有一路光路被激发及用于焊接,出光方向为垂直方向(以水平大地为参照),其操作图示如图17-16所示。

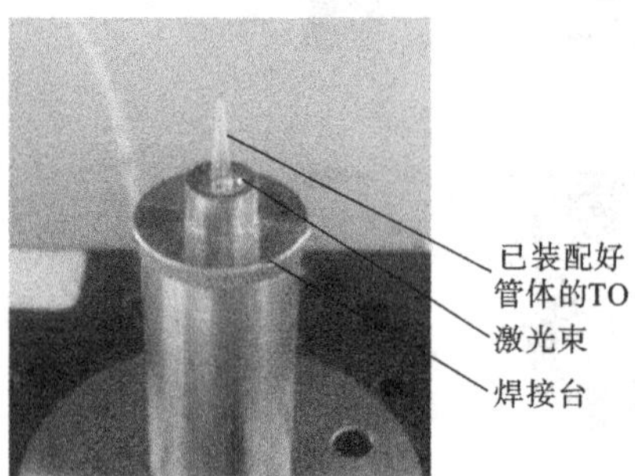

图17-16 单光束激光焊接

单光束激光焊接的规范操作是在开机之前需要仔细阅读单光束激光焊接机左边盖板上的开机说明和注意事项,按要求佩戴好防激光辐射眼镜和防静电腕带、指套。

首先,按开机说明中的步骤开机,一旦发现异常情况应立即停止使用焊接机,并通知在线线长或技术人员处理,在确定设备正常后方可开始加工。然后根据所加工的器件型号调整单光束激光焊接机的相关参数和焊接底座(具体参数见工位图)。一切准备就绪后,便可将一只已经装配好管体的TO(管脚方向朝上)置于焊接台上的焊接底座中,并确定其水平无晃动;摇动把手调节焊接台的水平高度,使焊接标记(激光光束)对准焊接缝隙处,踩动脚动开关,一次焊接完成后,转动底座,沿焊缝圆周均匀焊接8个点(至少8个点),则一次焊接加工程序完成。

3. 三束激光对称焊

以TO-CAN类型激光二极管封装为对象,封装结构如图17-17(a)所示,三束激光对称焊如图17-17(b)所示,激光焊接系统简图如图17-18所示。

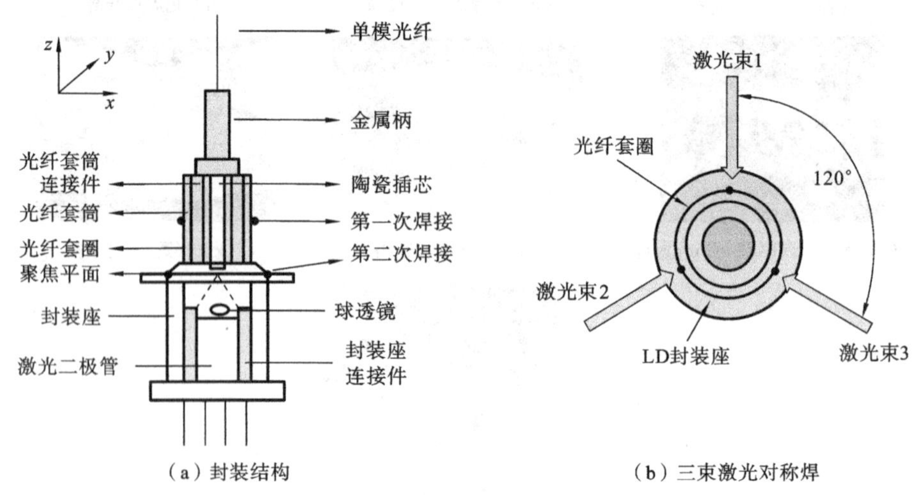

图17-17 TO-CAN型LD的封装结构

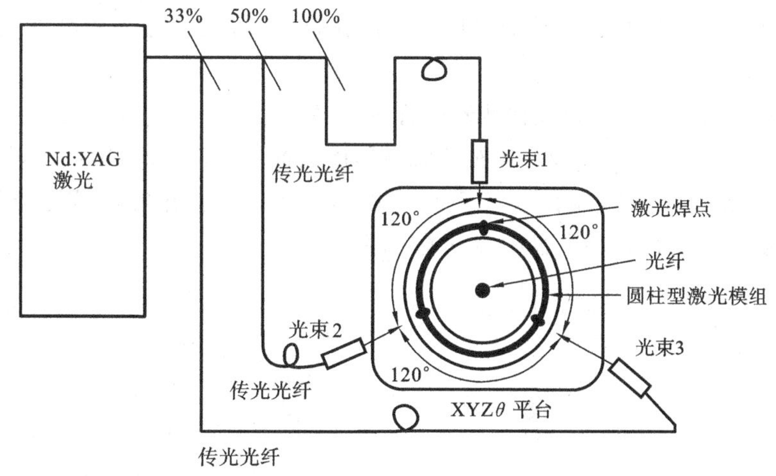

图 17-18　激光焊接系统简图

1) 探测器焊接

工艺要求(合格与不合格)操作如图 17-19 所示。其操作步骤如下。

(1) 两手提住夹具的两侧上端,将夹具轻轻垂直放入焊接机定位托盘中,使其平稳。

(2) 转动夹具,使夹具一端与焊接机聚焦筒前端成 25°或 65°夹角,如图 17-19(b)所示。

(3) 从监视器中检查夹具上工件的吻合状态,图 17-19(e)所示的为合格产品,图 17-19(c)、图 17-19(d)所示的为不合格产品,应退回负责耦合的操作人员。

(4) 缓缓升降定位托盘,使荧光屏上的基准线对准图 17-19(a)中第 1 点,进行焊接,焊两次,要求焊斑上下分布 30%～70%在第一点。

(5) 缓缓升降定位托盘,使荧光屏上的基准线对准图 17-19(a)中第 2 点,进行焊接,焊两次,将耦合夹具取出交由耦合人员。

(6) 耦合好后,交由耦合焊接人员,重复步骤(1)、(2),缓慢升降定位托盘,使光斑中线对准焊缝,对准图 17-19(a)中第 3 点,进行焊接,转动夹具约 45°,再次焊接,要求焊斑上下分布 35%～65%在第 3 点。

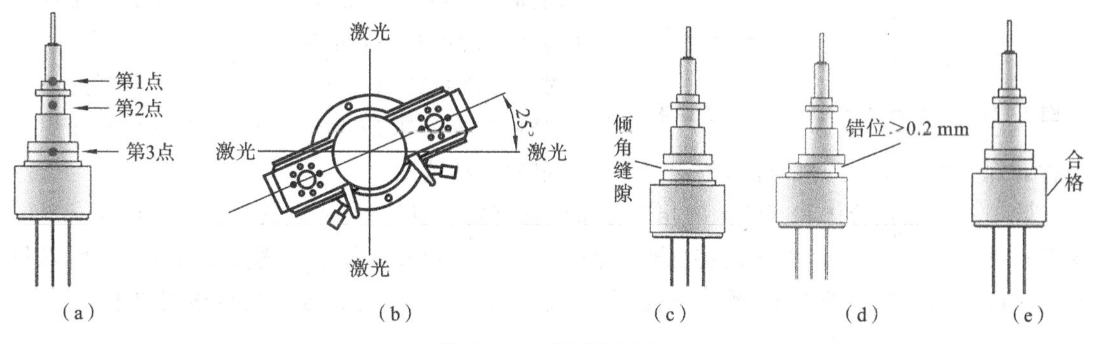

图 17-19　探测器焊接

2) 焊接外套

工艺要求及操作如图 17-20 所示。其操作步骤如下。

(1) 将管体焊接夹具安放在激光焊接机定位托盘上,将激光器或探测器放入焊接夹具内,如图 17-20(a)所示。

(2) 将可焊外套套在激光器或探测器的管体上,如图 17-20(b)所示。

(3) 转动焊接机上下转盘,通过监视器观察焊接位置,如图 17-20(b)所示,将焊接处移动到激光焊接机的指示光位置,如有图 17-20(c)、图 17-20(d)所示情况,则需进行调整,如无就进行焊接,焊两次,再放回防静电盘中转下道工序。

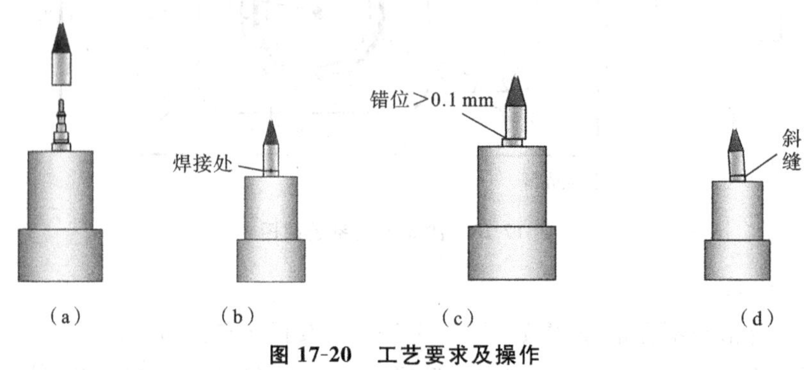

图 17-20 工艺要求及操作

17.4.3 四光束尾部焊接

压配型管体采用的是单光束焊接的固化方式,而对于封焊型 TO-CAN 来说,当熔融物不足或管体和 TO 之间的缝隙超过标准时,需要采取补救措施,这时就可以采用四光束焊接再进行一次固化(探测器用单光束补焊),以保证 TO 与管体两者有足够的连接强度,这道工序称为"四光束尾部焊接"。

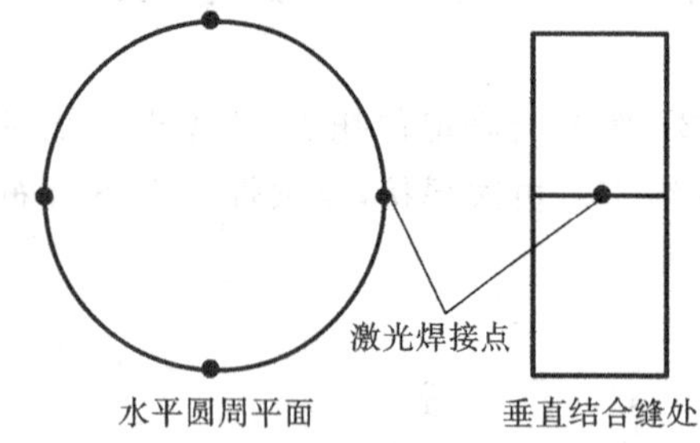

图 17-21 四道激光光束在空间上的要求

与单光束激光焊接机一样,四光束尾部焊接使用的是 YAG 型激光焊接机,同轴使用的焊接机绝大部分都是四光束的。顾名思义,四光束焊接机每次可以同时发出四道激光光束,同时要求其在空间同一圆周面上成均分 4 点,而在与工件的结合缝垂直处亦需尽可能地对中,如图 17-21 所示。

对于焊斑直径只有 0.4~0.6 mm 的激光光束来说,这样的分布要求是非常严格的,所以在实际焊接操作和焊接检验中,焊点的分布位置允许有一定的波动范围。

除了对焊点在管体和 TO 上的相对分布位置有要求以外,对焊点的形貌特征也有一定的检验标准,由于激光焊接工艺的特殊性,无法直接地得到其焊接强度等方面的信息,所以只有通过肉眼观察焊斑的大小、颜色、熔深等方式来判断焊点的连接强度是否达到要求。

17.4.4 选配圆方管体和焊接

在前面的介绍中提到了一种单纤双向器件。这是一款集接收、发送功能为一体的并且只需通过一根光纤来传输信息的器件。它在圆方管体上分别集成一个探测器和一个激光器，构成两条互不窜扰光路。而选配圆方管体就是指将封焊上套筒的激光器 TO 与圆方管体进行配合并通过激光焊接组合在一起。其装配剖视图如图17-22所示，图示状态下即已经装配到位。

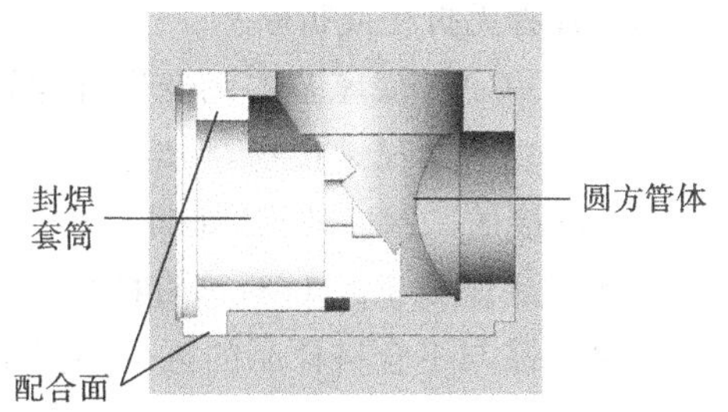

图 17-22 圆方管体装配剖视图

1. 选配圆方管体的方法

首先，备好封焊上了套筒的激光器 TO，并确定其已经通过封焊焊点检验且为合格品，同时确定圆方管体也已经清洗完毕了。然后按照图17-22所示方向将两者进行装配。下面介绍一下如何进行定位：将圆方管体平放在工作台上，耦合探测器的洞口朝上，然后将封焊套筒以其切削平面为水平方向压入进圆方管体(半径大的洞口为装配封焊套筒的一方)，由于加工偏差的存在，有可能出现过盈配合的情况，即无法手工地将两者完全装配紧密，这时就有两种处理的方法。① 更换一个或几个圆方管体来与 TO 配合(完全无法压配时)。② 通过使用压力杆来进行压配(手工可以进行一定的压配，但无法使两者紧密接触)。而如果出现间隙配合的情况，即 TO 和圆方管体两者配合比较松，可以发生相对的转动，这时，如果更换了几个其他圆方管体后还是有这种情况，那就需要在装配好圆方管体和 TO 后，在垂直于两者结合缝的方向上用记号笔做一条标示线，以便即使在传输过程中出现了转动或脱离的情况，焊接人员也能够在焊接时通过监视器发现，并依照标示线重新对两者装配定位后再进行激光焊接。

2. 圆方管体的激光焊接

圆方管体与 LD TO 之间采用的是四光束激光焊接工艺，激光焊接机的基本原理和操作与以上完全一样，就不再赘述了。

下面来讨论如何进行焊接。按要求打开焊接机，并设置好参数和进行首检，一切正常后便可开始了。将圆方管体耦合插针的那一面竖直向下放置入焊接夹具中，调接焊接底座的升降台，使激光焊光斑对准圆方管体和 TO 的结合缝处(需要缝隙不大于 0.05 mm 且保证标示线对齐，否则不能进行焊接)，同时保证四激光光束相互均分。按下激光“发射”开关，直到在结合缝处焊接上 4 个焊点；然后转过 135°再次焊接，保证在结合缝处的圆周方向上均匀分布 8 个点，具体示意图如图 17-23 所示。

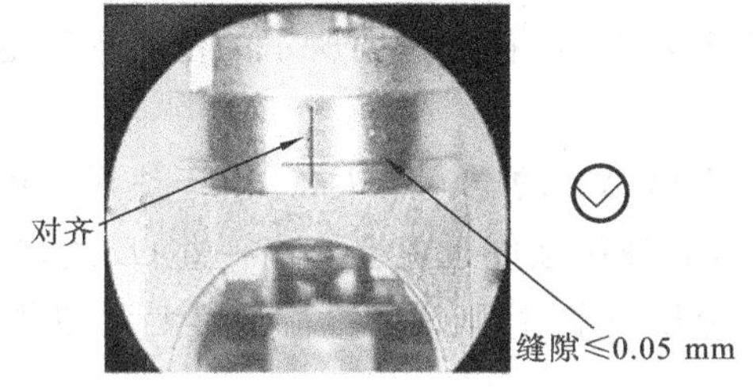

图 17-23 圆方管体的激光焊接焊缝要求

17.5 任务完成结果及分析

17.5.1 封焊的检验标准

封焊型 TO-CAN 的一般检验标准如下。

(1) 管脚无折伤或折断。

(2) TO-CAN 底座基本无变形且与管体紧密接触,TO-CAN 底座和管体熔焊的 1 周内,至少 2/3 圈内有明显熔接物,且熔接物无氧化变色,呈光亮金属银白色。

(3) 熔接的一圈内若有“炸洞”,其长度超过 1 mm,且宽度超过 0.5 mm,则直接报废,底座沾污超过底座面积的 1/3,则直接报废。

合格样品与不合格样品的区分如图 17-24 所示。

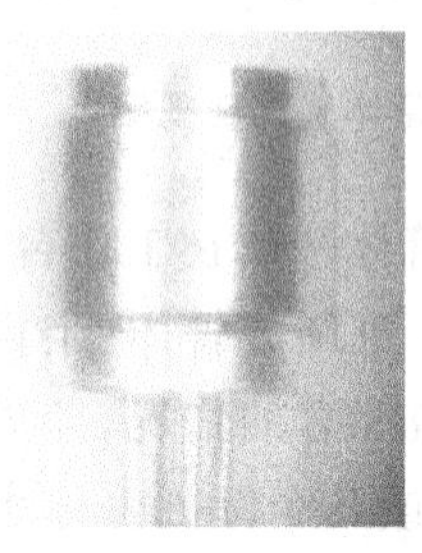

(a) 合格

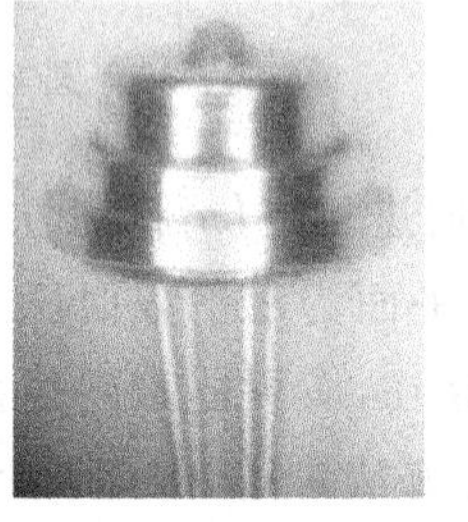

(b) 不合格品图示(炸磨)

(c) 不合格品图示(氧化)

(d) 不合格品图示(炸磨)

(e) 不合格品图示(氧化)

(f) 不合格品图示(脚损)

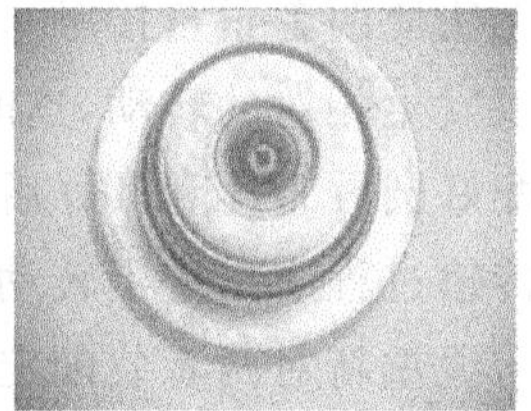

(g) 不合格品图示(封反)

图 17-24 合格品与不合格品图示

17.5.2 封焊参数的调整方法

当封焊加工后 TO-CAN 的熔接物不能满足标准要求时,需在工位图所示的范围内对电压、气压进行微量调整,调整的一般原则如下。

(1) 熔接物不足时,需加大电压,那么瞬时通过 TO-CAN 的电流增大了,由于热量与电流的平方成正比,故在熔接处产生的熔化物就增多了,其焊接强度也就会更高一些;反之,当熔接物过多,在其表面形成了块状或已将 TO 底座部分熔空了时,则说明电流加得太大,需要降低电压了。

(2) 气压的大小与上电极向下压紧 TO 底座时的锻压压力的大小成正比。当 TO-CAN 出现缝隙时,说明锻压力不够大,导致 TO 和 CAN 之间压配得不够紧密,需加大气压;反之,锻压压力过大时,会将 TO 压入管体内孔中去,需降低气压。

实际调整时,不能一味地只增加或降低某一种参数,还需综合考虑电压、气压的相互匹配。这样才能有效地保证得到良好的封焊质量。

17.5.3 单光束激光焊接的检验规范

用单光束激光焊接加工 TO 与管体后,需要对焊点进行目检,确保两者之间的连接强度达到要求，而不至于发生松动、脱落等形式的失效。其检验标准如下。

1）未加垫片的器件的检验标准

(1) 以焊点直径为标准，30%～70%的焊点同时焊在管体和 TO-CAN 底座，焊点无裂纹，焊斑光亮、圆形、完整。其状态如图 17-25 所示。

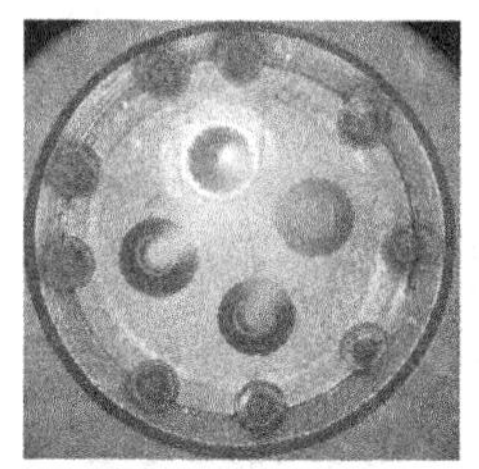

(a) 合格品图例

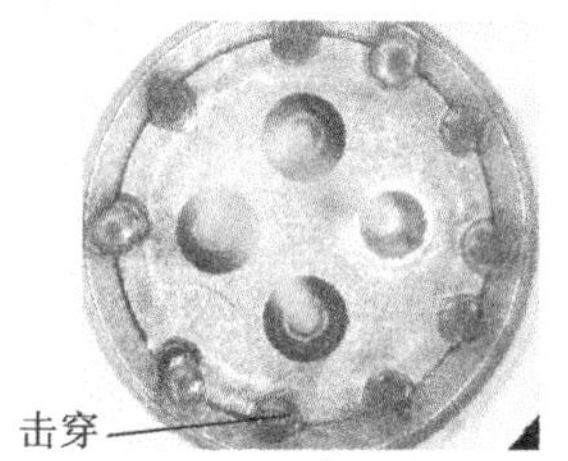

(b) 不合格品图例

图 17-25　焊点状态

(2) 管体与适配器或插针体的偏移不超过 0.2 mm，适配器与插针体的偏移不超过 0.1 mm，管体与适配器或插针体的倾斜缝隙不超过 0.05 mm。

(3) 所有缝隙对应的合格焊点数不少于 6 个。

2）加垫片的器件的检验标准

(1) 对于加 0.1 mm 垫片的情况，以焊点直径为标准，35%～65%的焊点焊在管体或适配器上。

(2) 对于加 0.2 mm 及以上垫片的情况，以焊点直径为标准，35%～65%的焊点焊在垫片上；任一焊接体之间的偏移不超过 0.3 mm。

(3) 其余要求与未加垫片器件的要求相同。

17.5.4　尾部焊点的检验标准

尾部补焊是为了加固 TO 与管体的连接强度的，所以对于尾部焊点有着同样的质量要求（与耦合焊点一样），但是由于一方面 TO 与管体已经进行了一次电阻焊接，其管体的金相组织已经发生了变化，金属颗粒的结构与性能（如强度、硬度等）已不适宜进行电阻焊接了；另一方面，由于 TO 与管体这两者是由不同的材料制造而成的，两种材料的收缩率、散热性和可焊性等焊接性能指标也存在着显著差异，可焊接性较差。基于以上原因，尾部补焊很难保证 8 个焊点全部都合格，在焊点分布位置合格的情况下，一般只要求有 4 个合格焊点，具体的合格焊点数标准因各型号规范要求的差异而略有所不同。但是，对于合格焊点的形貌及分布的要求与其他耦合焊点是完全一致的。如图 17-26 所示的为实际生产中 508 系列器件尾部焊点的形貌。

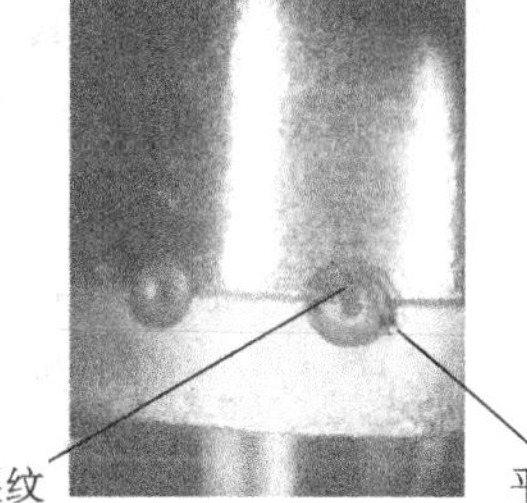

图 17-26　器件尾部焊点的形貌

从图 17-26 中可以清楚地看出焊点上存在平行的和垂直的两道裂纹（相对于焊缝），一般说来,认为垂直于焊缝的裂纹可以忽略不计,而影响焊缝连接强度的是长度超过焊点直径1/4的平行裂纹,所以图 17-26 中的尾部焊点是不合格的。

17.5.5 圆方管体的装配检查

圆方管体的装配检查如图 17-27 所示。

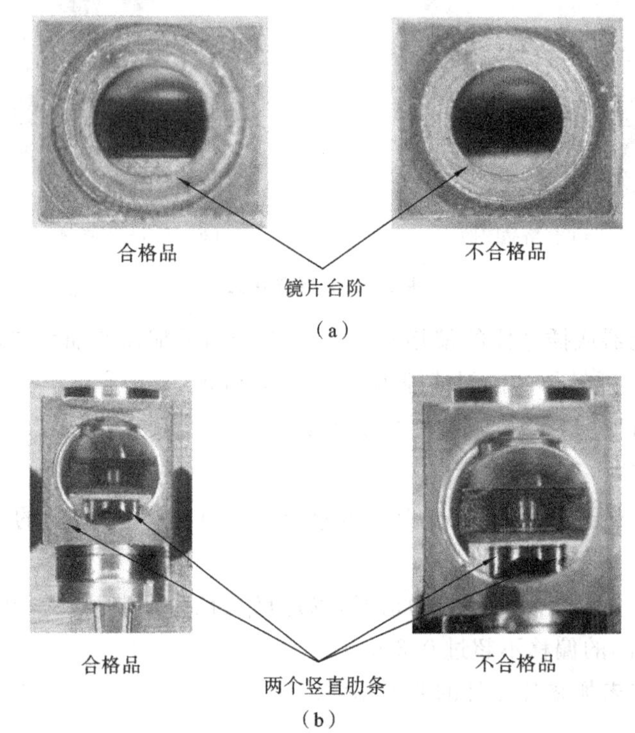

图 17-27 圆方管体的装配检查

1. LD TO 与圆方管体相互装配状态的检查

当把 LD TO 与圆方管体紧密压配在一起以后,需要对其相互的位置关系进行的检查。因为设计需要的是 LD 套筒上的滤波片能和水平面成 45°角,满足折射光线垂直进入 PD 芯片的需求(当然这其中是有一定范围保证的),这就需要能够最大限度地达到这个要求。那又如何才能够检验出这种差别呢?可通过目检这两者之间的某些相对关系来判断。

将圆方管体水平放置,由插针耦合口这边观察,若镜片台阶与圆方管体的底线平行,可以认为是合格品;反之,则为不合格品,需要将镜片从圆方管体中退出重新压配,具体情景可参见图 17-27(a)。

另一种检查方法也是将圆方管体水平放置好后,通过 PD 耦合的洞口观察镜片的两个竖直肋条,看两者是否水平,从图 17-27(b)所示图例可以清楚地看到,装配合格时,通过圆方管体看到的两个竖直肋条的面积几乎是相等的;而当装配不合格时,就会发现看到的两个竖直肋条的面积不相等,有着明显的差别。以上所述的两种方法都可以用于判别圆方管体的装配是否到位。

2. LD 管脚的检查

当圆方管体激光焊接完毕后，不仅需要检查其焊点情况，还需要检查其 LD 的管脚是否偏移。因为这关系到 BIDI 器件运用到模块时，若 LD 的四个管脚不是水平分布的，就有可能超出了“弯管脚”夹具的行程导致其无法进行，另外，管脚分布的一致性较差也会影响产品的美观。

具体的规范要求是：LD 的接地脚处于圆方管体的右下角，四个管脚无扭折、损伤且水平分布。合格与不合格品分别如图 17-28 所示。

(a) 合格品

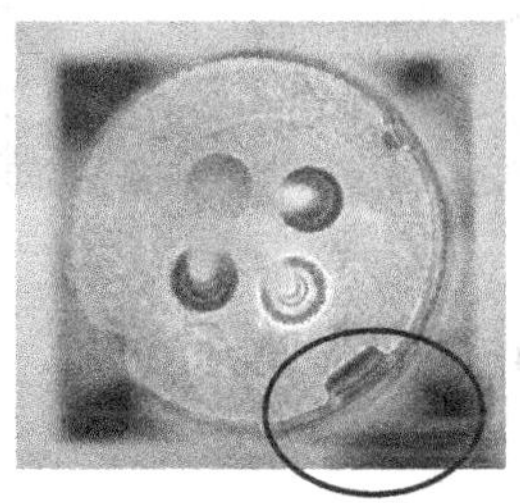

(b) 不合格品

图 17-28 LD 管脚的检查

图 17-29 激光警告标志

17.5.6 圆方管体激光焊接的焊点检查

焊接完毕后，还需要对焊点进行检查，这里对焊点分布、形貌等的要求与常规的焊点要求是一致的。但有一点需要特别注意：由于本焊点要求有且仅有 8 个好点，所以如果焊点出现了缺陷，则只能够在原点上进行补焊，不可以再引入新的焊点。

本工艺使用大功率 YAG 激光焊接机进行焊接，务必戴上激光防护眼镜。其警告标志如图 17-29 所示。

17.5.7 同轴发射器件(TOSA)/同轴接收器件(ROSA)常见问题

在同轴器件制造过程中会出现各种问题，需要在工作中不断发现和总结。图 17-30 所示的是 TO-CAN 的一些常见问题。图 17-30(a)所示的为镀金层划伤、缺损或黏有焊锡等，图 17-30(b)所示的为管脚黏有焊锡或镀金层缺损的情况，图 17-30(c)所示的为镀金层氧化的情况，图 17-30(d)所示的为 TO-CAN 封盖开缝的情况，图 17-30(e)所示的为 TO-CAN 封盖焊带缺陷的情况，图 17-30(f)所示的为 TO-CAN CAP 玻璃开裂的情况，图 17-30(g)所示的为 TO-CAN 玻璃封装碎裂或脱落的情况。

17.5.8 影响同轴封装的因素

(1) 金属件、插针等组件的尺寸；

(2) LD 精配的垂直度；

(3) 表面粗糙度；

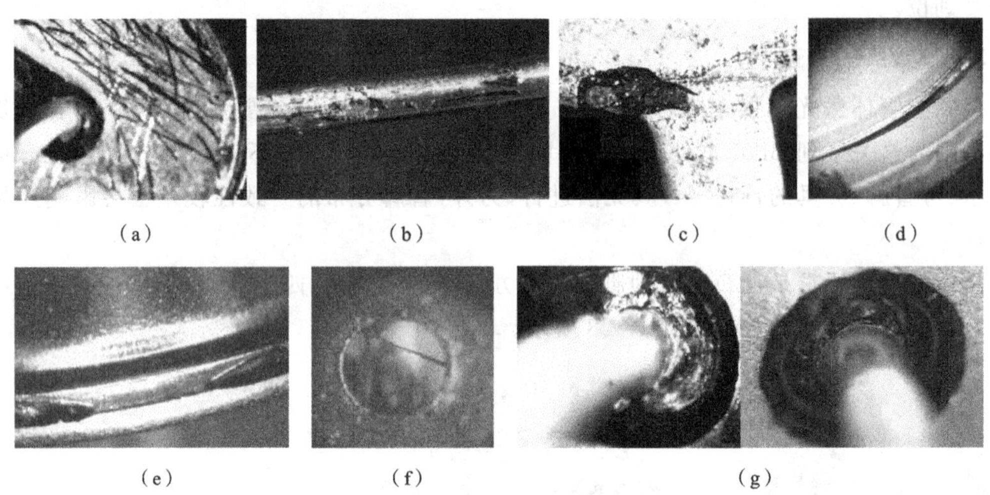

图 17-30 TO-CAN 常见问题

(4) 金属件平整度;

(5) 光轴(焦距、垂直度);

(6) 工件的固定;

(7) YAG 激光是否成 120°;

(8) YAG 激光焊接枪能量是否平衡;

(9) 夹具与激光焊接光束之间的同心度。

17.6 任务拓展

17.6.1 标签的粘贴

(1) 佩戴合格的防静电腕带、指套。

(2) 标签要保持字迹清晰,且外观不被损伤及污染。

(3) 标签首尾定要粘紧粘牢,字迹不能被覆盖,且标签不能出现倾斜。

(4) 标签号的宽度要控制在规定的范围内。

(5) 尾纤器件摆放时缠绕半径大于 30 mm。

17.6.2 技术要求与自检

标签的粘贴方式及要求如图 17-31 所示。

思 考 题

1. 为什么封焊要在氮气条件下焊接,而激光焊接要在大气环境下焊接呢?

2. 为什么 TO 和管体的焊接要采用封焊焊接,而耦合焊接则要采用激光焊接方式呢?

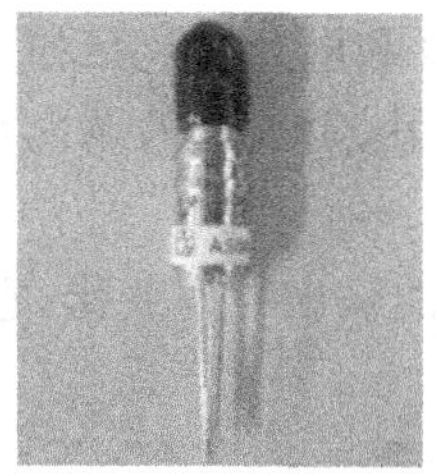
(a) SC型二维码标签

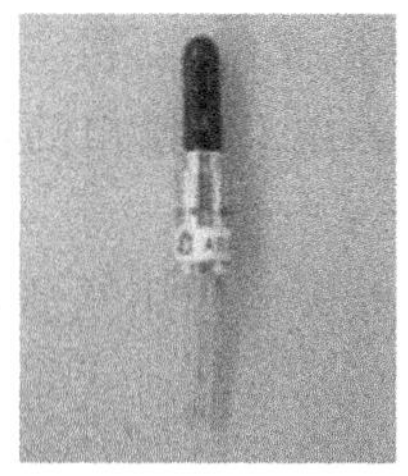
(b) LC型二维码标签

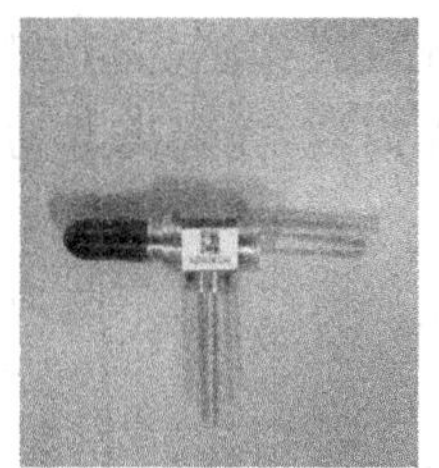
(c) BD型二维码标签

(d) 标签倒贴

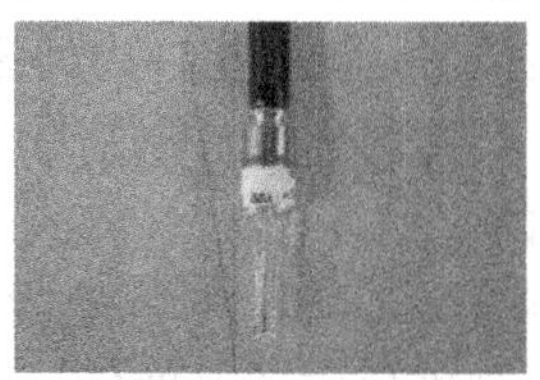
(e) 标签倾斜、覆盖字

图 17-31 合格与不合格图示

任务 18 同轴器件的高低温温度循环、测试

- ◆ 知识点
  - ¤ 高低温温度循环的目的
  - ¤ 温度循环(温循)的原理
  - ¤ 测试方法
  - ¤ 激光器主要参数要求
- ◆ 技能点
  - ¤ 能够测试参数
  - ¤ 能根据 *P-I-U* 曲线图形来判定产品的合格与否

18.1 任务描述

了解为什么要经过温循，知道测试的基本操作方法，搭建测试平台，看懂 *P-I-U* 曲线并根据图形来判定产品的合格与否。

18.2 相关知识(相关理论)

18.2.1 激光器组件

激光器组件是指在一个紧密结构中(如管壳内)，除激光二极管(LD)芯片外，还配置其他元件和实现 LD 工作必要的少量电路块的集成器件。其他元件和电路应包括如下几类。

(1) 光隔离器:光隔离器的作用是防止 LD 输出的激光反射,实现光的单向传输,它位于 LD 输出端。

(2) 监视光电二极管:监视光电二极管的作用是监视 LD 的输出功率变化,它位于 LD 背出光面。

(3) 尾纤和连接器。

(4) LD 的驱动电路(包括电源和 LD 芯片之间的阻抗匹配电路)。

(5) 热敏电阻:其作用是测量组件内的温度。

(6) 热电制冷器(TEC):热电制冷器是一种半导体热电元件,通过改变热电元件的极性达到加热和冷却的目的。

(7) 自动温控电路(ATC):ATC 和热敏电阻相接,组件内需要恒定温度的区域和热敏电阻相接,其作用是在组件内恒定的温度(如 25°)下,保证 LD 激光参数的稳定性。当组件内因 LD 过热而升温或因环境变化产生温度变化时,位于组件管壳内的热敏电阻随温度变化而改变其电阻值,通过电阻值变化控制具有双向输出的 ATC 的电流大小和极性,并通过 TEC 迅速地达到并维持 LD 的恒定工作温度。例如,当组件管壳温度大于 25 ℃时,TEC 加正偏置,制冷过程发生;当组件管壳温度小于 25 ℃时,TEC 加负偏置,加热过程发生。

(8) 自动功率控制电路(APC):自动功率控制电路的作用是使 LD 有一个恒定的光输出功率,当其 LD 的输出光功率因环境温度变化或因 LD 芯片退化时,LD 光输出功率都会发生变化。通过设置在 LD 背出光面的监视光电二极管(一般采用 PIN-PD)监视 LD 的光输出功率,并将监视光电二极管的输出反馈给驱动电路,当光输出功率下降时,驱动电流增加,当光输出功率增加时,驱动电流下降,始终使 LD 保持恒定的光输出功率。

最简单的激光器组件是包括 LD/PD 和尾纤的激光器组件,单纤双向传输的 LD/PD 组件就是一个例子。无制冷激光器组件不包括热敏电阻和 ATC 的激光器组件。高级的激光器组件基本上包括上述元件和电路块的集成。由于激光器组件除 LD 芯片外,还包含其他元件和少量电路块,因而激光器组件的参数除单管激光二极管的参数外,还包括与上述元件和电路块相关的参数,例如监视输出的光功率、电流和暗电流及电容、组件制冷能力、制冷器电压/电流、热敏电阻的阻值和跟踪误差等。

18.2.2 激光二极管和激光器组件的常用参数及其测试方法

1. 激光器件的绝对最大额定值

绝对最大额定值是指在任何情况下都不能超过的极限值,超过这些额定值可能导致器件的立即破坏或永久损坏。所有光电参数的绝对最大额定值是在 25 ℃大气环境温度下确定的。

1) 贮存温度

当器件贮存在一个非工作条件中时,绝对不能超过的温度(大气环境)范围称为器件的贮存温度(T_{srg})。

2) 工作的管壳温度

当器件处于工作状态时,绝对不能超过的管壳温度范围称为器件工作的管壳温度(T_{op})。

3）光输出功率

从一个未损伤器件可辐射出的最大连续光输出功率称为光输出功率，P_o 是从器件端面输出的光功率，P_f 是从带有尾纤器件输出的光功率。

4）正向电流

可以施加到器件上且不产生器件损伤的最大连续正向电流称为正向电流（I_f）。注意：若正向电流超过 P_o 或 I_f 可能损伤器件。

5）反向电压

可以施加到器件上且不产生器件损伤的最大反向电压，用 U_r 表示。

6）光电二极管反向电压

可以施加到监视光电二极管上且不产生器件损伤的最大反向电压称为光电二极管反向电压（U_D）。

2. 激光器件的光学和电学特性参数（或术语）及其测试（或确定）方法

激光器件的光学和电学特性通常是在 25 ℃管壳温度下（或在带有热电制冷器组件的激光器芯片上）确定的，除非另有详细说明。

1）正向电压

正向电压是指当正向驱动电流为一确定值（如 F-P 型 LD，$I_f = I_{th} + 20$ mA）时，对应的激光二极管的电压值。

2）电压-电流（U-I）特性

激光二极管的 U-I 特性可以反映出其结特性的优劣，通过大电流下的正向 U-I 特性可估算出串联电阻值。图 18-1 和图 18-2 分别是激光二极管 U-I 特性曲线和 U-I 特性的测试线路图，R_c 为保护电阻。通常用伏安特性图示仪来测量 U-I 特性曲线。

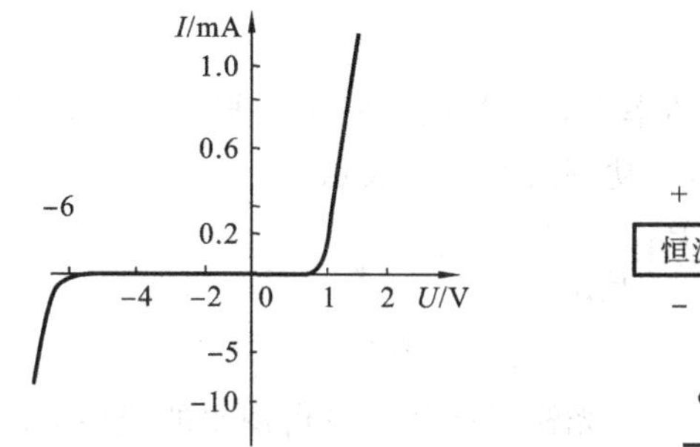

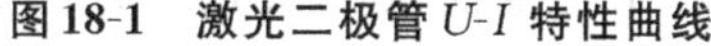
图 18-1　激光二极管 U-I 特性曲线

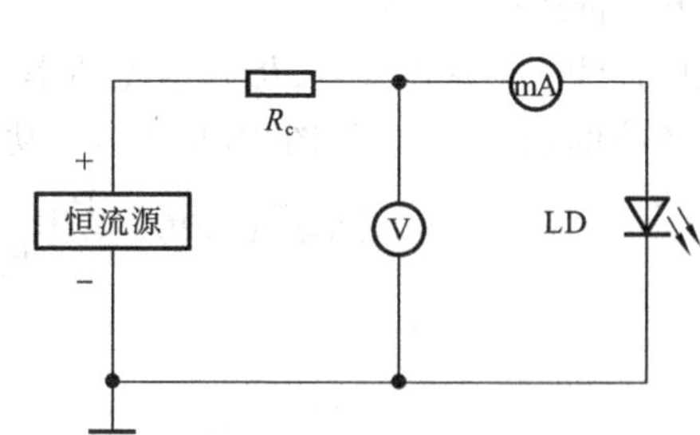

图 18-2　激光二极管 U-I 测量线路

3）P-I 曲线

激光二极管的总发射光功率（P）与注入电流（I）的关系曲线称为 P I 特性曲线，如图 18-3所示。随注入电流增加，激光二极管首先是渐渐地增加自发发射，直至它开始发射受激辐射。最感兴趣的参数是开始发射受激辐射时的精确电流值，通常把这个电流值称为阈值电流，它是一个正向电流值，并用符号 I_{th} 表示。对一个 LD 来说，总是希望有低的 I_{th}。图18-4示出 P-I 特性曲线的测量方法。

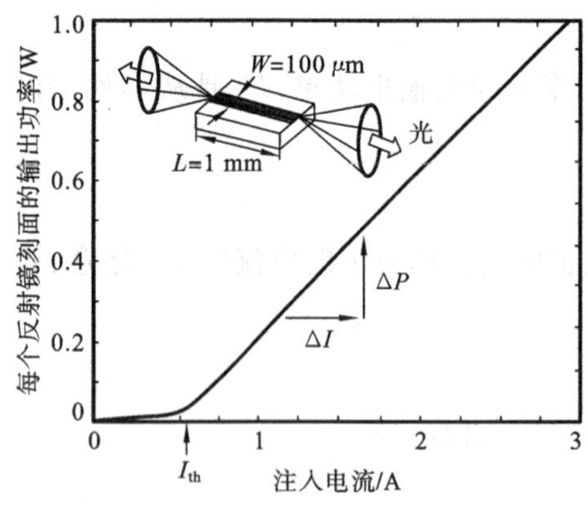

图 18-3 典型的 P-I 特性曲线

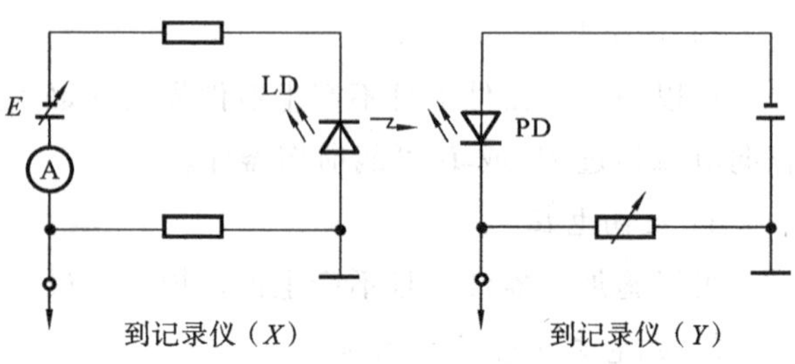

图 18-4 P-I 特性曲线的测量方法

4) P-I 特性曲线的线性度

P-I 特性曲线的线性度,即功率线性度,是衡量实际光输出功率偏离理论光输出功率的一个量,用百分数表示。有三种可接受的方法测试 P-I 特性曲线的所有线性,第一种方法优先。

(1) 一次微分法(dP/dI 法)。

通过对光电曲线微分并规定限制微分变化测量所有线性。测量过程可与拐点测试一起完成。

(2) 谐波法。

通过把光电曲线变换为频谱曲线,能识别出非线性。通过把激光器偏置设置在 50%最大额定光输出功率处,并在整个运行范围内用正弦调制来扫描可以完成这种变换。必须使用线性探测器来探测光输出。探测器电输出被送到频谱分析仪。二阶(或更高阶)谐波是非线性的证据。

(3) 图形分析法。

标出光电曲线上对应的 10%及额定光功率点,通过两点画一直线并测量实际 P-I 特性曲线偏离这条线的最大变化,如图 18-5 所示。功率线性度可表示为

$$功率线性度=\frac{P_{理论}-P_{实际}}{P_{理论}}\times 100\% \tag{18-1}$$

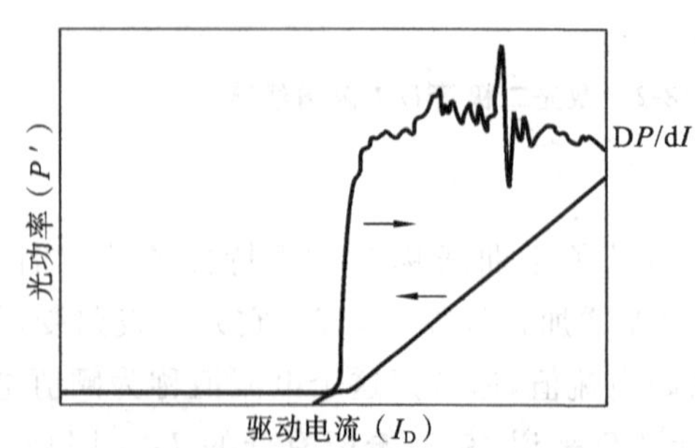

图 18-5 有缺陷的 P-I 和 dP/dI 曲线示例

5) 光输出饱和度

光输出饱和度是指理想的线性响应光输出的跌落。如果在光电曲线上有过多的弯曲(也称“翻转”),则认为该激光器的光输出是饱和的,通过 dP/dI-I 特性曲线上的最大跌落可以测量出光输出饱和度。

6) 拐点

P-I 特性曲线上光功率出现非线性变化的点称为拐点。拐点的确定有两种方法:一种是模拟方法,这种方法要求有一个足够短的响应

时间，足以探测到拐点；第二种方法是计算机方法，该方法是数字化的，要求最大电流的步长不得大于0.25 mA，只有这样，才能探测到拐点。图18-5所示的曲线是带有拐点的典型例子，导数 dP/dI 曲线图说明曲线 P-I 线性度的范围确定。

7）激光二极管的驱动电流

激光二极管驱动电流是指在额定输出光功率下所需的总电流，即阈值电流和调制电流之和。

8）阈值电流密度

阈值电流密度(J_{th})不仅取决于制作激光二极管的半导体材料的质量，而且也取决于激光器件的尺寸和面积。仅从阈值电流的大小不能判定一支激光二极管的优劣，例如，当比较两个激光二极管时，一个激光二极管的 I_{th} 可能比另一支的 I_{th} 高得多，但仍可认为它是一个好的器件。一个较宽或较长的激光二极管，显而易见需要更大的电流才能达到较小面积激光二极管开始产生激光的工作状态。因此，当比较不同激光二极管的 I_{th} 时，最好查阅它的 J_{th}，而不要轻信 I_{th} 值。J_{th} 等于 I_{th} 和激光器面积之比。对一个激光二极管来说，总是希望它具有低的 J_{th}，因为 J_{th} 是直接衡量制作器件材料的质量好坏的参数之一。在计算激光二极管的 J_{th} 时，必须精确地测量正在注入电流的激光器的面积。用条宽下的面积代表激光二极管的面积是不可靠的，因为注入电流的扩展性往往使真正流过电流的面积扩大，尤其是对只有几微米条宽的脊形结构的激光二极管。

9）阈值电流

阈值电流(I_{th})是激光二极管开始振荡的正向电流。测量 I_{th} 的方法很多，主要有如下三种方法。

（1）P-I 关系法。

利用激光二极管的 P-I 特性曲线可以找到 I_{th}，其做法有三种：第一是双斜率法，它是将 P-I 特性曲线中两条直线延长线交点所对应的电流作为激光二极管的 I_{th}，如图 18-6(a)所示；另一种做法是光输出功率延长线与电流轴的交点作为激光二极管的 I_{th}，如图 18-6(b)所示，这是一种比较常用的方法；第三种做法是在 P-I 特性曲线中，将光功率对电流求二阶导数，求导数波峰所对应的电流值为 I_{th}，这种方法的测量精度较高，如图 18-6(c)所示。

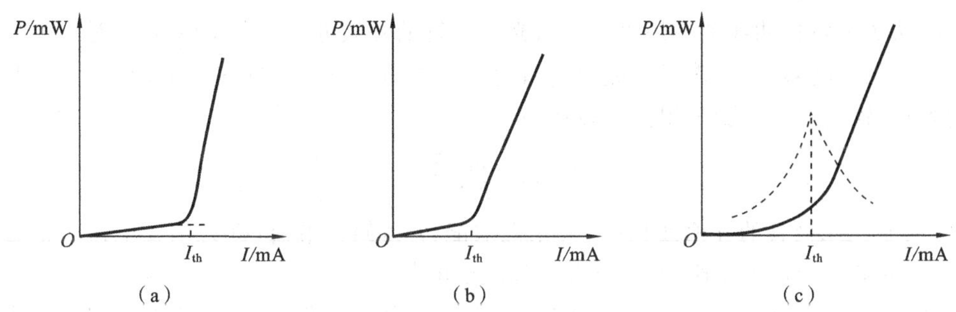

图 18-6 利用 P-I 特性曲线求出 I_{th} 的三种方法

（2）远场法。

远场法就是观察激光二极管远场图变化的方法。当注入电流很小时，变像管荧光屏上显示出均匀的弱光(荧光)，电流继续增加时，出现超辐射。当注入电流进一步增大时，荧光屏上出现一条(或几条)垂直的亮条,突然出现亮条时的电流就是阈值电流。

(3) 光谱法。

光谱法就是从激光二极管发射光谱图上确定阈值电流的方法。当注入电流低于阈值电流时光谱很宽,当注入电流达到阈值电流时,光谱突然变窄并出现单峰(或多峰),这时的电流就是阈值电流。

10) 阈值光输出功率

把电流为阈值电流时发射的光输出功率规定为阈值光输出功率(P_{th})。

11) 光输出功率

在阈值电流以上所加正向电流达到规定的调制电流(I_{mod})时,从激光二极管光窗输出的光功率定义为 P_o。对带有尾纤的激光二极管来说,把从光纤末端发射出的光功率定义为 P_f。光输出功率的单位为 mW,有时也用 dBm 表示,光输出 mW 和 dBm 间的换算公式为

$$\text{dBm}=10\lg(P_o) \quad 或 \quad P_o=10\exp(\text{dBm}/10) \tag{18-2}$$

dBm 可以为正($P_o>1$ mW),也可以为负($P_o<1$ mW)或为零($P_o=1$ mW),dBm 和 mW 等值关系如下:

4 dBm=2.5 mW, 0 dBm=1 mW, −10 dBm=100 μW

3 dBm=2 mW, −3 dBm=500 μW, −20 dBm=10 μW

2 dBm=1.6 mW, −6 dBm=250 μW, −30 dBm=1 μW

1 dBm=1.3 mW, −9 dBm=125 μW, −40 dBm=100 nW

12) P-I 特性曲线的斜率

对于用户而言,除希望低的 I_{th} 外,还希望使用很小的电流就能得到越来越大的光输出功率。换言之,用户不仅能慢慢地增加注入电流,而且还能获得快速增加的光功率。一支具有好的电/光转换速率的激光二极管,肯定是一个性能好的器件。表示这种能力的直接的量值是 I_{th} 以上 P-I 特性曲线的斜率,用 $\Delta P/\Delta I$ 来表示,如图 18-3 所示,单位是 W/A 或 mW/mA。在 I_{th} 以上 P-I 特性曲线的斜率表示每安培(或每毫安)注入电流有多少瓦(或毫瓦)的激光输出。

13) 外微分量子效率

直接从 P-I 特性曲线斜率还可求出激光二极管的外微分量子效率(η_d),它是一个以百分数(%)量度的性能系数,它表示激光器件在把注入的电子空穴对(注入电荷)转换成从器件发射的光子(输出光)的效率,用公式表示为

$$\eta_d=\frac{\lambda_p e\Phi}{KIch} \tag{18-3}$$

式中:λ_p 为激光二极管的峰值波长;K 为光视效能;I 为偏置电流;Φ 为偏置电流下的输出总光通量;c、h 和 e 分别为光速、普朗克常数和电子电荷。

一个把 100%以上注入电流转换成输出光的理想假设器件(即器件没有以热形式消耗),在理论上应有 $\eta_d=100\%$。当然,这样的器件在现实中是不存在的。通过测量 I_{th} 以上 P-I 特性曲线的斜率 $\Delta P/\Delta I$ 就可确定激光二极管实际的 η_d。为什么在现实中不可能获得 100%的 η_d 呢?在一个理想的激光二极管中,每个电子空穴对的复合导致一个光子的产生,该光子在经受住它在激光器波导结构中行进的考验后才从器件发射出来,贡献于输出的光功率。在

一个实际激光器中，大部分的电子空穴对的复合产生光子，而部分电子空穴对以不希望的形式(例如热)产生，此外，并非产生的光子都能从器件发射出来，有些光子可能被激光器结构吸收，如图 18-7 所示。因此，在一个理想的激光器中，1 C 的电荷导致 $h(c/\lambda)$焦耳的输出光能量。这意味着每秒产生的库仑电荷所形成的电流(A/s)导致 $h(c/\lambda)$ (焦耳)的光功率(瓦)。

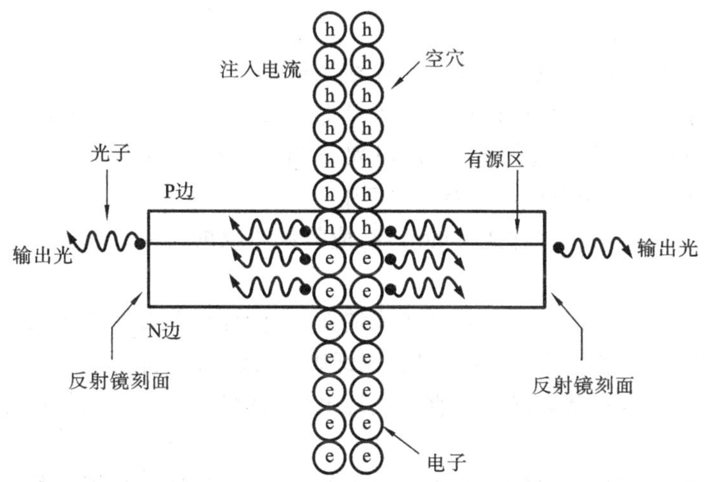

图 18-7　激光二极管内电子空穴对的复合过程和光子的产生

18.2.3　探测器测试

1. 测试台的搭建

探测器的灵敏度测试设备连线如图 18-8 所示。

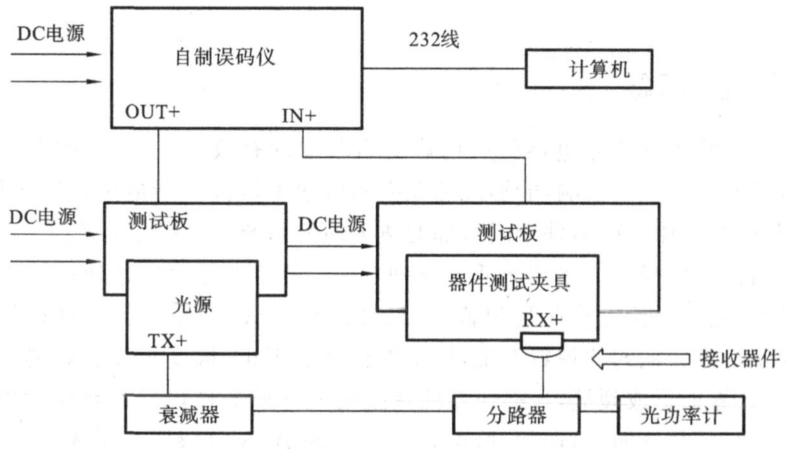

图 18-8　探测器测试设备连线图

2. 探测器的灵敏度测试

打开与被测 PD 对应的测试软件(具体情况根据各企业使用的软件)，并进行设置，根据光源波长，在光功率计上选择相同的波长(1 490 nm 选择 1480 除外)。

将待测试器件插入测试夹具并接入光纤，开启测试板开关，调节衰减器旋钮，使其刚好出现误码，然后将灵敏度略微调低，使其刚好处在没误码的范围，将显示器上“测试模式”设置，单击“测试”，观察显示屏无告警或无误码出现，此时光功率计上显示值为该器件灵敏度并将该值记录。如果测试过程内出现误码，再将灵敏度调低直至不出现误码(注：每次上下器件必须将测试板电源关闭)，其灵敏度为 $S_E=(P_1-P_2)/(I_1-I_2)$ (mW/mA)。

3. 注意事项

(1) 误码仪、测试板的供电电压要求的标称值相符。

(2) 在测试前要对测试台进行对比，每班最少两次(每天早上上班和下午上班)。当更换测试器件速率时，也需对测试进行比对，同时要对测试用纤进行端面检查和擦损测试，当擦损大于 0.3 dBm 时，光纤需报废，不能继续使用。

(3) 盘器件之后，需切换器件速率的时候，应将误码仪的跳帽更换过来，同时保证两个点都要被跳帽盖上。

(4) 接入探测器之前，需先清洗光纤跳线端面，确认分路器 2 路出光大小应相等(允许误差 0.3 dB)后，方可插入各连接设备中，以免光纤脏，造成测试指标异常。

(5) 测试台搭建之前，请务必检查直流电源电压与测试板电压一致，以免因电压过大，烧坏误码仪、测试板等。

(6) 在测试时必须保证测试五次，擦一次光纤断面，保障测试的器件的正确性，具体方法如下：湿擦，先将无尘纸沾上酒精，将测试跳线陶瓷插针端面垂直于沾酒精的无尘纸向同一方向不同的地方多次擦拭，不能来回地擦；干擦，湿擦后同同样的方法将测试跳线在干燥的无尘纸上面再擦拭一次。

18.3 温循试验

18.3.1 温循试验概念

温循试验是检测半导体光电器件结构热应力匹配的有效方法，它的优点就是在试验过程中不会引入任何电应力的影响，能够准确地揭示因热不匹配性造成的热应力诱发的失效。在温循的作用下，半导体光电器件会因内部的热不匹配性产生热疲劳失效。

热应力对器件造成损伤的主要表现有两种：一是半导体芯片在这种热不匹配性产生的热力作用下破裂，或在焊接处产生层界面裂缝，即脱层失效；二是焊料在这种热应力作用下发生蠕变。对于熔点较低的软焊料系统，依据焊料蠕变理论，蠕变将导致焊料层内产生空洞和裂纹，并同时在界面形成裂缝，最终使器件热阻增大并使器件局部过热而发生热烧毁。对于熔点较高的硬焊料系统而言，比如，熔点为 280 ℃的 AuSn 焊料，在循环热应力的作用下，焊料本身不会发生疲劳失效，热应力对器件的损伤则主要表现为第一种形式。与一般的焊接不同，由于半导体芯片尺寸较小，芯片破碎的几率很小，但芯片与钎料之间存在的热应力会对芯片的性能产生很大的影响，严重时也会使器件失效。应当指出，上述失效是循环热应力累积作用的结果，因此这两种失效行为是影响半导体光电器件长期可靠性的主要因素之一。

综上所述，只有提高焊接的质量和选择合理的钎料，并设计良好的散热通道，避免热量积累，才能使多层结构因温度变化产生的热应力降至最低，从而提高半导体光电器件的可靠性。

18.3.2 温循的基本原理和目的

温循是通过产品在高温和在低温的不同状态转换过程中，将产品由于焊接过程产生的金属分子间的热应力加以释放，从而确保产品在未来的一定时间内，其机械结构(即产品的光路)不会发生改变，以达到通信畅通的目的。

18.4 任务完成条件

使用的用具、仪器、设备如下：防静电腕带、指套、无纤纸、单模跳线(FC-SC)、防静电周转盒、LD 测试系统、标准管、测试夹具、防静电泡沫、打印机。

18.5 任务实施

18.5.1 温循步骤

(1) 将产品放入温循箱。

(2) 设置循环次数。

(3) 设置最低温度为－40 ℃。

(4) 设置最高温度为 80 ℃。

(5) 设置低温和高温的保持时间为各 30 min。

(6) 设置升温和降温速率为 1 ℃/min。

(7) 关闭温循箱，启动温循。

(8) 记录进入温度循环的时间。

18.5.2 测试步骤

(1) 打开激光器驱动源，进入测试界面，取标准样管，按要求进行比对测试，把测试数据记录在校准记录表上，满足系统比对误差许可要求时，方可进行测试。

(2) 根据器件的型号选择相应的测试程序和夹具。

(3) 对于尾纤型器件，将器件管脚接地脚的方向按要求插入测试夹具中。

(4) 对于插拔型器件，取单模跳线，将跳线的 FC/PC 端接入探头中，另一端与激光器适配器连接(SC 型，用 FC/PC-SC/PC 跳线的 SC 端插入；FC 型，用 FC/PC-FC/PC 跳线的另一端插入；LC 型，用 FC/PC-LC/PC 跳线的 LC 端插入；MUJ 型，用 FC/PC-MUJ/PC 跳线的 MUJ 端插入)。

(5) 连接好器件后，选择 Start 开始测试，当 *P-I* 特性曲线和测试数据满足测试要求时选择 Save 保存结果。

(6) 在确定器件端面合格的情况下,若 P-I 特性曲线出现扭折,将跳线端口在无尘纸上按从上到下、从左到右的方向轻轻擦拭或换新跳线再测,若 P-I 特性曲线还是扭折,则判断为不合格品。

(7) 重复步骤(4)~(6),直至所有器件测试完毕并戴好防尘帽。

(8) 打开器件的测试数据,根据测试规范的要求,对各项参数数据进行逐一筛选。任意一项参数不合格则判定此器件为不合格,单独挑选出来并标识其不合格的原因。

(9) 测试完毕后填写好加工单信息,转入下道工序。

18.5.3 测试时注意的问题

(1) 在使用夹具、设备、比对管、量具之前,检查是否在有效期内,若逾期应通知线长,按ESD防护要求戴防静电腕带、指套。

(2) 测试时注意器件接地脚和跳线的方向。

(3) 不允许带电插拔测试夹具上的待测器件。

(4) 每测试一个器件,用无尘纸擦拭光纤连接器的端面(将端面从左至右、从上到下轻轻擦拭,擦拭过的地方不许重复擦拭。无尘纸整面擦拭完后必须更换干净的无尘纸)。

(5) 在测试过程中,更换跳线就必须重新对跳线进行比对并做记录。

(6) BOSA器件初测、终测比对需用同一台位、同一根跳线,且测试前都需对跳线进行比对,合格后方可进行测试。

(7) 若连续三个或一批测试中多于五个器件的 P-I-U 特性曲线非线性或无光,应立即停止测试,报告组长或技术负责人。

18.6 任务完成结果及分析

以LD为例,经过如图18-9所示的测试系统测试,得到如图18-10所示的曲线,判断其是

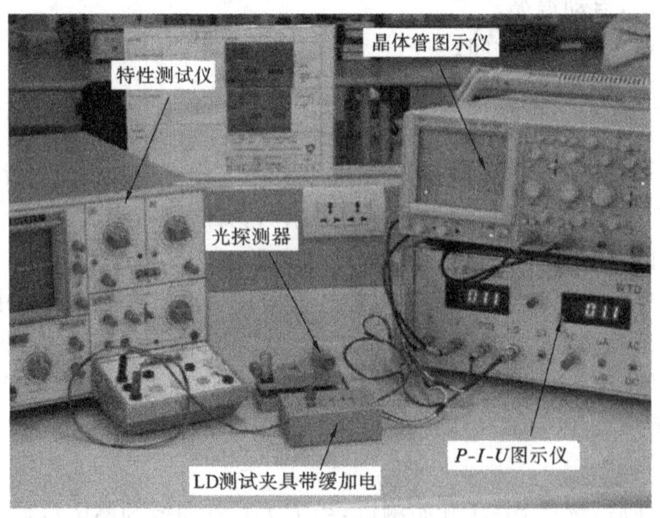

图 18-9 测试系统

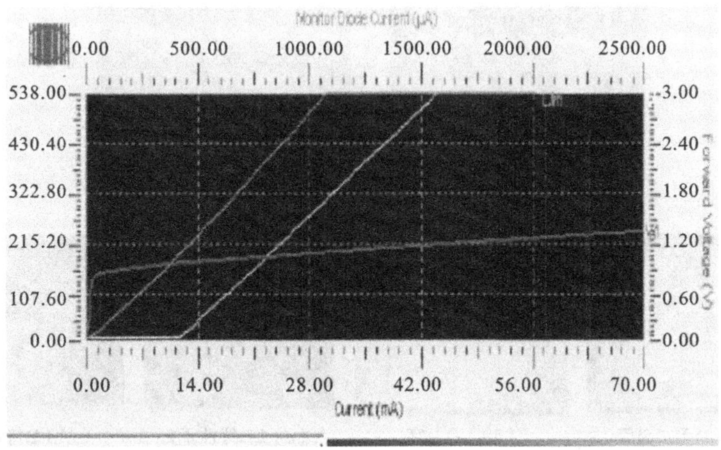

(a) 合格的*P-I-U*特性曲线

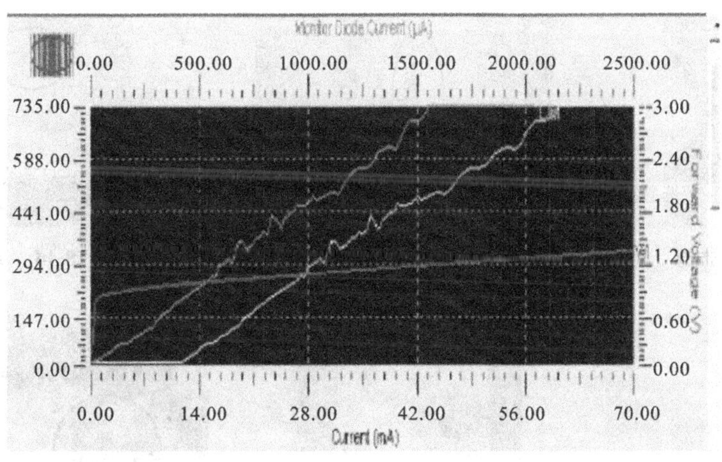

(b) 不合格的*P-I-U*特性曲线

图 18-10 *P-I-U* 特性曲线

否合格，图 18-10(a)所示的为合格的情况，图 18-10(b)所示的为不合格的情况。根据测试结果，判定为合格的包装入库，对如图 18-11 所示的测试结果进行分析。

(1) LD 击穿：① 金丝塌陷，导致短路(见图 18-12)；② 大电流冲击导致 MPD 管芯内部击穿。

(2) LD 测试无光或光小：① 反光条磨损(见图 18-13)；② 阈值超过最大值；③ 有源区损伤(见图 18-14)。

(3) LD 开路：① 金丝弹起或断开(见图 18-15)；② 大电流冲击导致有源区烧焦(见图 18-16)；③ 操作人员漏焊、错焊。

(4) LD 测试无二极管特性：① 金丝弹起或断开；② 操作过程中对保护二极管造成损伤(见图 18-17)。不合格的产品按不合格品处理流程处理。

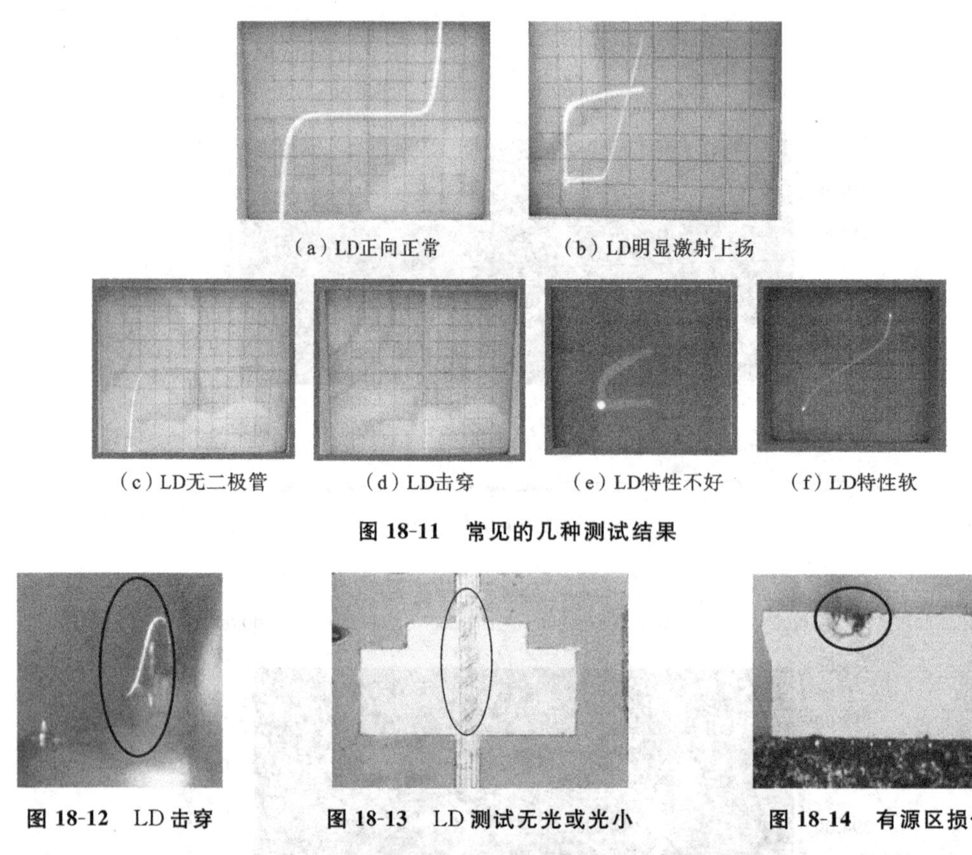

(a) LD正向正常　(b) LD明显激射上扬

(c) LD无二极管　(d) LD击穿　(e) LD特性不好　(f) LD特性软

图 18-11　常见的几种测试结果

图 18-12　LD 击穿

图 18-13　LD 测试无光或光小

图 18-14　有源区损伤

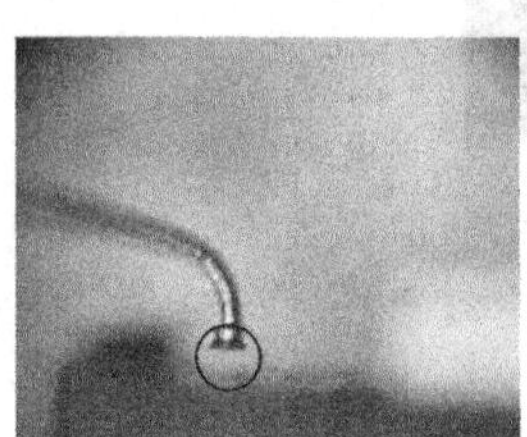

图 18-15　LD 开路 1

图 18-16　LD 开路 2

图 18-17　LD 测试无二极管测试

18.7　任务拓展

光电子器件在实际工作中，由于各种因素而失效，尽管这种失效带有一定的偶然性，是事先无法预测的，但在大量的偶然性中必然包含着一定的规律性。大量的使用和试验结果表明，器件意外失效与时间的关系曲线是一种浴盆曲线，即器件的失效率与时间的关系分为三个阶段：第一个阶段为早期失效期，这阶段的失效率较高，但随着时间的增加而迅速下降，该阶段的失效多数是由于器件设计和制造工艺上的缺陷所造成的，通过合理的筛选，尽可能把在交付使用前的这些早期失效器件淘汰掉是一项十分重要的工作；第二个阶段为偶然失效期，该阶段的失效率低且变化不大，是器件的良好使用期，该阶段的失效往往是若干偶然随机因素所造成的，可以认为是某一时刻内器件中所积累的应力超过了本身所能承受的程度；第三个阶段为损耗失效期，它是由器件的损耗、老化和疲劳所造成的，改善损耗失效的办法是不断提高器件的工作寿命，延迟老化期的到来。这里所谈的不合格器件的剔除是指器件制作好后，通过筛选把那些属于早期失效的器件剔除，以确保大批产品具有较高的可靠性。

由于光电子器件在制造过程中不可避免地会在器件中引入各种缺陷，如 DLD、DSD 和应力，而这些缺陷的发展和恶化都与温度和所加的电流密切相关，因此筛选通常是在过应力条件下进行的，即在高温和过电流下考核器件，使那些有潜在缺陷的早期失效产品充分暴露出来，把不合格器件剔除。

按筛选性质分，筛选内容包括目测检测和光电流测试，前者的目的是目检器件的外观结构，剔除那些器件镜面不干净、同热沉接触不好、引线键合不好、有损伤痕迹的器件，后者被认为是筛选的核心内容，所有的器件必须按 Bellcore 983 所规定的要求进行筛选。

18.7.1　LED 和 LED 组件的筛选

LED 和 LED 组件的筛选是在高温、高驱动电流下进行的，具体做法是在 85 ℃温度下（在热沉上测量）加 150 mA 驱动电流，进行 96 h 的老化试验，失效判据是在最大额定电流（或最大额定输出功率）时的光输出功率下降大于等于 10%。

18.7.2　LD 的筛选

LD 的筛选过程是一个两步老化过程，即用一个自动电流控制步骤来稳定器件的性能和用一个自动功率控制步骤来监视持续变动或退化的器件。自动电流控制使用 150 mA 自动恒电流控制量在 100 ℃温度（热沉温度）下进行 96 h 老化。自动功率控制是在 70 ℃温度（热沉温度）下使用自动功率控制使之达到最大额定输出光功率，老化时间为 96 h。两个过程的失效判据是阈值电流或驱动电流增加大于等于 5%，或斜率减少大于等于 5%。

18.7.3　激光器组件模块的筛选

激光器组件筛选的最低要求包括两个内容：第一个内容是在 −40 ℃至 +85 ℃极限温度之间作 20 个温循，失效判据是前后跟踪比和/或耦合效率变化大于等于 5%，且阈值电流无明显变化；第二个内容是在 85 ℃环境温度下和最大额定输出光功率时恒定功率老化 96 h，失效判据是阈值电流或驱动电流增加大于等于 5%。筛选前后应测试光电曲线及其微分，有任何“主要的”变化，都将列入不合格。

18.7.4　PD 的筛选

PD 的筛选包括所有器件的老化，老化过程如下：在最大额定温度下，给 PD 施加 2 倍 U_{op} 偏置时老化 96 h(PIN PD)或在最大额定工作温度和施加 100 μA 反向电流老化 96 h(APD)，失效判据是根据暗电流（I_d）和/或击穿电压（U_{br}）变化的特定限制，有任何“关键的”变化（由设备供应商定义），PD 都将列入不合格。

18.7.5 PD组件模块的筛选

PD组件模块的筛选包括所有单元的温度循环和老化。筛选的最低要求包括：－40 ℃至＋85 ℃之间作20个温度循环，失效判据是暗电流(I_d)和/或击穿电压(U_{br})变化的规定范围；在最大额定工作温度和2倍工作电压(U_{op})偏置下老化96 h(pinPD组件(模块))，或者在最大额定工作温度和施加100 μA反向电流下老化96 h(APD组件(模块))。有任何"关键的"变化(由设备供应商定义)，PD组件模块都将列入不合格。

思 考 题

1. 在温循过程中，应力是如何得到释放的？释放应力对于测试有什么影响？
2. 测试过程中出现批量不合格怎么办？
3. 温循的步骤有哪些？器件摆放方式是否会影响效果？

情境 6

光模块的制造

光模块是在光组件基础上实现的具有实用化的多功能组件。模块和组件在其英文词意(module)上没有多大的区别，然而，业内人士为了对单管、组件和模块能够清晰划分，故把单管、组件和模块注以量和质的概念。单管器件好理解，而组件和模块难以区分，区分的依据是在一个相对紧密的结构中包含了多少元器件或电路块，即相对紧密结构的集成单元数量，集成单元数小的称为组件，集成单元数大的称为模块。以光发射为例，把在一个相对紧密结构中包含了激光二极管、监视光电二极管、光隔离器、热电制冷器、温度传感器、控制电路、尾纤或连接器等，且具有光发射功能的部件称为激光器组件；而激光器模块是指在激光器组件内还包含一定量的电路部分(如驱动电路、AGC电平检测电路、VCA电路、电路状态监视电路等)的激光器组件。模块一出现，便受到欢迎，因为它使器件功能更加完善，器件性能更加优异，用户使用更加方便，系统设计更加简便。因此，器件的模块化已成为发展的必然趋势。GBIC(gigabit interface converter)收发合一模块如图19-1所示、SFP(small form-factor pluggable)收发合一模块如图19-2所示。

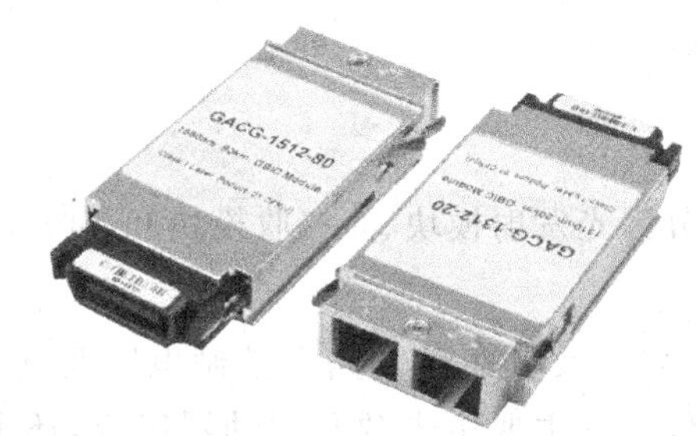

图 19-1 GBIC 收发合一模块

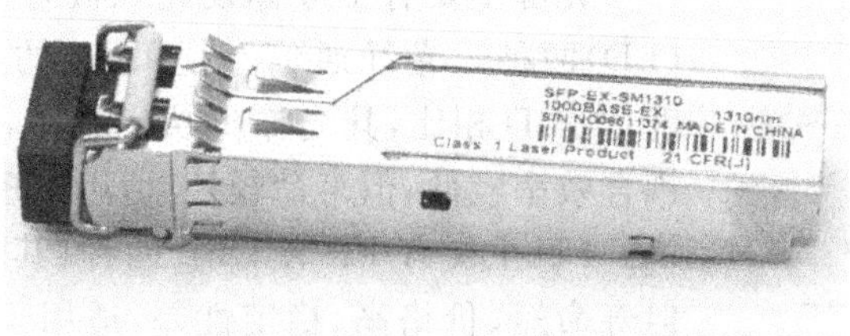

图 19-2 SFP 收发合一模块

任务 19 认识光模块

◆ 知识点
- ¤ 光模块的分类
- ¤ 各类光模块的构成及工作原理
- ¤ 光模块的生产工艺流程

◆ 技能点
- ¤ 掌握光模块的功能应用
- ¤ 掌握光模块的生产流程

19.1 任务描述

光模块是光端机中的关键部件，在光端机(发)中要实现线路编码、扰码和数字调制，在光端机(收)中要实现光接收放大、时钟提取和判决再生。本任务是认识各类光模块，了解其特点和应用。

19.2 相关知识

19.2.1 光模块的分类

1. 按工作方式分

光模块按其工作方式可分为光发射模块、光接收模块和光收发一体模块。

1) 光发射模块

光发射模块是指将 LD(LED)及其驱动电路和控制电路及其他光学元件集成在一个管壳内并具有光发射功能的器件。它主要由光源和驱动器组成，还可能包括 ATC、APC、内部光功率监视控制电路、接口电路，等等。图 19-3 所示的是光发射模块的原理框图。

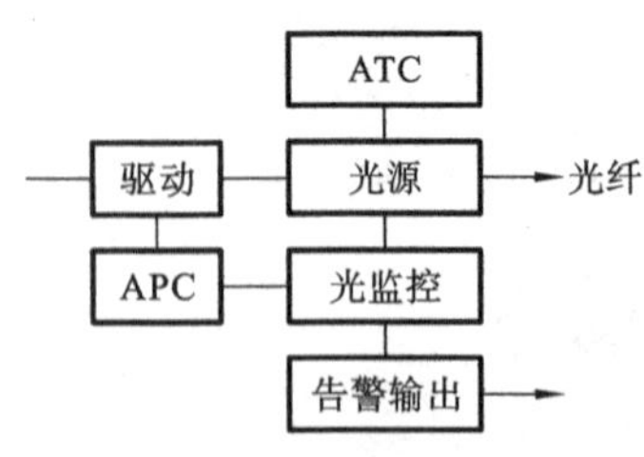

图 19-3 光发射模块原理框图

光源主要有半导体发光二极管(LED)和半导体激光器(LD)两种。光纤通信专用 LED 的特点是高亮度、高响应度，与 LD 相比，其光输出功率较小，发射角较大，与光纤的耦合效率较低，但寿命较长，适用于短距离、小容量低速率系统。LD 主要有 FP 和 DFB 两种，其光输出功率高、谱线窄，但寿命短、价格高、稳定性差，适用于长距离、大容量的传输系统。

由于不同的应用和不同的 LD，其驱动电路各有差异，但都必须具备电流慢启动/关断、最大峰值和偏置电流调节和监视、自动分析数据信号并确定占空因子、标志密度监视等功能。驱动电路除具备必要的功能外，还必须进行环境保护，其做法是调整好驱动电路并安装在氧化铝衬底的电源滤波器上后，用聚酰亚胺涂敷微调电阻和电源滤波器。为防止由于机械碰伤引起的损伤，将驱动电路和 LD 芯片放置在密封的镀金镍桶内，这样做尽管未达到气密封装，但可承受高温和高湿。

激光二极管的许多关键参数（如激射波长、阈值电流、效率和寿命等）都与二极管的结温有着密切的关系，要求有尽可能低和稳定的温度。通常，由 ATC 中的温度传感器（如热敏电阻器）控制供给温控装置组件电流的大小和极性。通过调节补偿具有双向输出的温度控制器，能迅速地达到并维持一个稳定的激光二极管的工作温度。温度控制还需要考虑温度传感器类型、传感器的校准和凹路增益的优化。

为保证激光二极管有一个恒定的光输出功率，必须配置 APC。通过设置在激光二极管后出光面的光电二极管（一般用 PIN PD）监视激光二极管的光输出功率，当光输出功率下降时，驱动电流增加，反之则驱动电流下降，使光输出功率始终保持为一恒定值。

2）光接收模块

光接收模块主要由光检测器和放大器、均衡器、判决器组成，集成在一个管壳内并形成具有光接收功能的器件。时钟恢复是可选的。根据应用不同，光接收模块分为模拟光接收模块和数字光接收模块。光接收模块原理框图如图 19-4 所示。

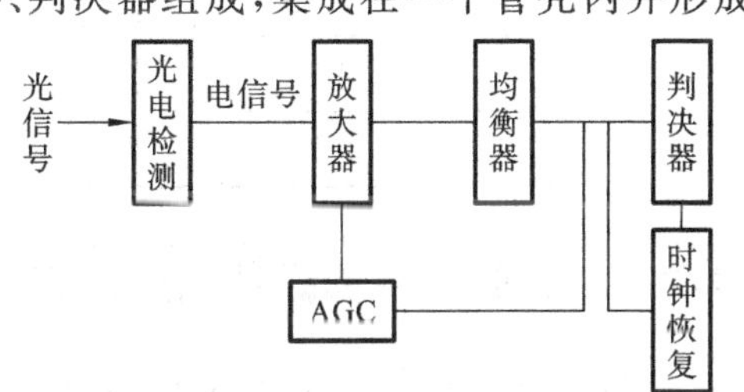

图 19-4　光接收模块原理框图

光检测器有 PIN 和 APD 两类。PIN 光电二极管只需 10～20 V 偏压即可工作，不需偏压控制。APD 需要几十伏至 200 V 偏压，由于温度变化对增益影响大，故需对偏压进行控制或温度补偿。APD 需要较高的工作偏压，而且其倍增特性受温度的影响较严重，因此使用起来也比较复杂，但其接收灵敏度比 PIN 的高。

放大器根据功能应用分为前置放大器和主放大器。经光电检测的微弱信号电流在负载上建立信号电压，由前置放大器放大。前置放大器必须是低噪声的宽带放大器，输出一般为毫伏量级。主放大器提供高的增益，放大到适合于判决电路所需的电平，输出信号一般为1～3 V。

均衡器的作用是对主放大器输出的失真数字脉冲进行整形，使之成为有利于判决码间干扰最小的升余弦波形。

判决再生与时钟恢复是为了确定是“1”码或是“0”码，需要对某时隙的码元（此处是升余弦波）作出判决。若判决结果为“1”，则由再生电路重新产生一个矩形“1”脉冲；若判决结果为“0”，则由再生电路重新输入一个“0”。为了精确地确定判决时刻，需要从信号码流中提取准确的时钟信息作为标定，以保证与发送端一致。

将由余弦波组成的数字脉冲信号取出一部分送到峰值检波器进行检波，检波后的直流信号再送到 AGC 放大器（实为一个运算放大器）进行比较放大，产生一个 AGC 电压。AGC 电压有两个功用，一是控制光电探测器（APD）的反向偏置电压，二是控制主放器的工作点（目的是控制主放大器的增益），从而使均衡器输出幅度是稳定的升余弦波。

3) 光收发一体模块

光收发一体模块是将传统的分离发射、接收组件合二为一,密封在同一管壳内的新型光电器件。它由三大部分组成,分别是插拔型光电器件、电子功能线路和光接口。光发射部分由光源、驱动电路、控制电路三部分构成,具有发射禁止和监视输出的功能。模块内部的驱动电路包括对输出波形进行整形的缓冲级以及保证功率和消光比稳定的 APC 温度补偿电路。光接收部分主要由前放组件和主放电路两部分组成,并具有无光告警功能。

2. 按工作速率分

光模块的工作速率可分为 155 Mb/s、622 Mb/s、1.25 Gb/s、2.5 Gb/s、4 Gb/s、10 Gb/s 等。表 19-1 所示的是光模块工作速率标准表。

表 19-1 光模块工作速率标准表

SONET 标准	SDH 标准	速　　率
OC1	—	51.84 Mb/s
OC3	STM1	155.52 Mb/s
OC12	STM4	622.08 Mb/s
OC48	STM16	2.488 3 Mb/s
OC192	STM64	9.953 3 Mb/s

19.2.2 光收发一体模块封装的形式

光收发一体模块封装有着比较规范的标准,目前主要有以下一些形式:1×9、2×9、GBIC、SFF(small form factor)及 SFP。其中 1×9 和 2×9 两种封装为大封装,小封装的有 2×5和 2×10 SFF 两种。光接口有 SC、MTRJ、LC 等形式。

1) 1×9 和 2×9 大封装光收发一体模块

2×9 的前一排 9 个管脚与 1×9 的完全兼容,另外 9 个管脚有激光器功率和偏置监控及时钟恢复等功能(2×9 封装虽然有很多功能,但由于无国际标准支持,为非主流产品,使用较少,生产厂家也少,且目前部分厂家已停产)。光接口一般采用无尾纤 SC 接头,但也有少量厂家生产 ST 接口和带尾纤的 FC、SC 接头。模块内部主要由两大部分组成:发送部分和接收部分。发送部分由同轴型激光器、驱动电路、控制电路等几部分构成,有些模块还具有发送使能、检测输出及自动温度补偿等;接收部分主要由 PIN-FET 前放组件和主放电路两部分组成,并具有无光告警功能。模块如图 19-5 所示,图 19-5(a)所示的是大封装模块的典型外形图,图 19-5(b)所示的是两个不同厂家模块的内部结构图(1×9 封装和 2×9 封装模块的外形一样)。

2) GBIC 光收发一体模块

由于部分系统需要在运行中更换光模块,为了不影响系统的正常运行,出现了不需关掉系统电源而直接插拔的光模块。目前支持热插拔的光模块主要有 GBIC 和 SFP 两种。图 19-6 所示的是 GBIC 光收发一体模块的典型外形和内部结构图,从图中可知,GBIC 模块和 1×9及 2×9 大封装的模块在光接口类型、内部结构、外形尺寸等方面都相同。GBIC 模块的

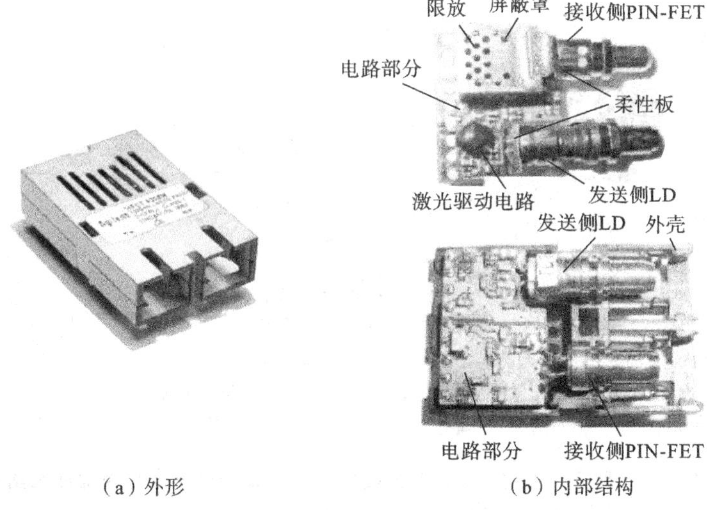

（a）外形　　（b）内部结构

图 19-5　1×9 SC **收发一体模块外形和内部结构**

光接口类型也属于SC型，外形也是大尺寸的，内部也包含发送和接收两部分。它们不同之处在于GBIC模块的电接口采用的是卡边沿型电连接器（20-PIN SCA连接器），以满足模块热插拔时的上下电顺序，另外，模块内部还有一个EEPROM，用来保存模块的信息。

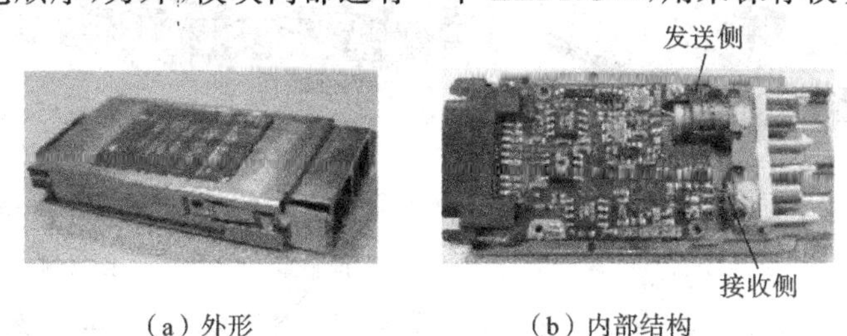

（a）外形　　（b）内部结构

图 19-6　GBIC **收发一体模块外形及内部结构图**

3）SFF小封装光收发一体模块

SFF小封装光收发一体模块外形尺寸只有1×9大封装的一半，有2×5和2×10两种封装形式。2×10的器件前面2×5个管脚与2×5封装的器件完全兼容，其余2×5个管脚有激光器功率和偏置监控等功能。小封装光收发模块的光接口形式有多种，如MTRJ、LC、MU、VF-45、E3000等。图19-7所示的是SFF型2×10封装LC型光接口收发一体模块的典型外形和内部详细结构图，从图中可知它由接收光学子装配（结构参见同轴光接收器）、发送光学子装配（结构参见同轴光发送器）、光接口、内部电路板、导热架和外壳等部分组成。MTRJ型光接口的2×5封装SFF模块和LC型的SFF模块只有光接口部分不同，其他部分都一样，如图19-8所示。

4）SFP小型可插拔式光收发一体模块

SFP为支持热插拔的小型光收发一体模块，光接口类型主要有LC和MTRJ两种，其体积是1×9大封装的一半，因此单板上可以获得更高的集成度。SFP收发一体模块采用的是卡边沿型电连接器，以满足模块热插拔时的上下电顺序。另外，模块内部还有一个EEPROM，用来保存模块的信息。图19-9所示的是SFP型封装LC型光接口收发一体模块的外

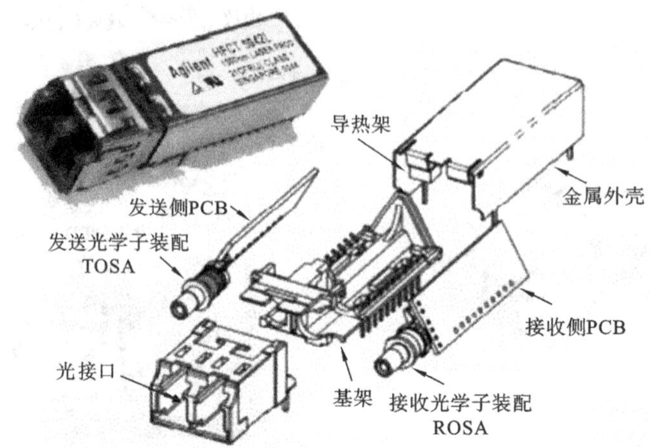

图 19-7 SFF 型 2×10 封装 LC 型光接口收发一体模块外形和内部详细结构图

图 19-8 SFF 型 2×5 封装 MTRJ 型光接口收发一体模块外形和内部结构图

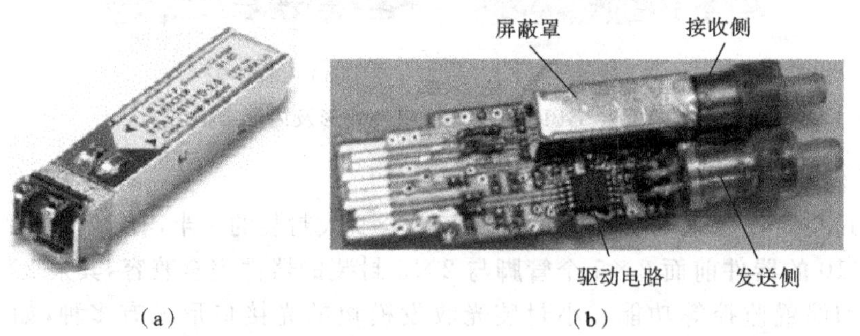

图 19-9 SFP 型封装 LC 型光接口收发一体模块外形和内部结构图

形和内部结构图。

19.2.3 光模块的优点

器件的模块化已成为使用的趋势和要求，而常见的光发射模块、光接收模块和光收发一体模块，目前已有许多型号的产品正在工程中应用。相比较而言，光收发一体模块具备光发射模块和光接收模块所有的功能和特点，同时在小型化、低成本、高可靠、好性能等方面表现出更多优势，使用更广泛。

(1) 小型化　在组件中采用高集成度的集成电路来分别完成发射模块的 APC、温度补偿、驱动、慢启动保护等功能，以及接收模块的前置放大、限幅放大、信号告警等功能，其尺寸和光发射模块或光接收模块的相当或更小。

(2) 低成本 光收发合一模块不仅较以前分离的光接收和光发射模块节省了原材料，而且节省了工时，加之可采用塑料管壳封装。因此，光收发一体模块是实现低成本双向传输和光互联的最佳方案。

(3) 高可靠性 在组件内采用了IC并进行了隔离，提高了电路可靠性，同时采用TO管壳的同轴封装，保证光电器件管芯的使用寿命。在制作工艺中，采用激光焊接工艺，提高了可靠性。在组件考核中，遵从Bellcore 983的可靠性试验，保证模块整体的可靠性。

(4) 好性能 光收发一体模块内部的发射和接收部分是完全独立的，且电源接地，均单独使用，减少了两者之间的串扰。

上述优点使之非常适合用于数据通信传输，可以满足计算机网络用户的需要。此外，在接入网中，光收发一体模块是不可缺少的核心部件随着其品种不断完善，光收发一体模块在数据通信和电信传输中均有广阔的应用前景。

19.3 任务实施

19.3.1 关键技术

(1) 总体方案设计 为实现光电器件、印刷电路板(PCB)、光接口的混合集成，需在总体结构设计中解决面积配合问题。由于器件总长(不包括管脚长度)均超过20 mm，故留给光源驱动电路的面积非常小。为此，应尽量采用短的光电器件以给PCB留出尽可能大的面积，在PCB设计时可采用封装好的IC块进行自动化表面组装技术(SMT)工艺。

(2) 发射部分 为满足发射模块对光功率、可靠性、光反射、光路长度的要求，需解决相应同轴激光器的耦合工艺设计的问题。为此，应采用全金属化耦合封装工艺，避免采用分离的自聚焦透镜，优化光路设计并采用光纤适配器的原理以提高激光器插拔重复性，并减小光反射。

(3) 接收部分 为满足接收部分的灵敏度、抗干扰和稳定性要求，应采用集成前放的技术，以减小寄生参量的影响并提高抗外界干扰的性能。采用严格屏蔽技术提高整个接收模块的抗干扰性能。

(4) 电路功能实现 应采用专用IC来实现发射部分的APC、温度补偿和接收部分的2R或3R等功能。

19.3.2 工艺流程

图19-10所示的是光收发一体模块制作工艺流程。首先是选择光电器件，主要是选用满足性能的光电器件，发射器件光功率必须大于模块标称发射功率的2倍。接收组件与光收发模块工作速率之比应大于等于0.7。接着是组装，主要是将光电器件、SMT电路板、管壳三者按要求组装在一起，在组装之前必须对发射、接收的外结构件进行清洗，并进行芯片组装、金丝键合和气密封装检漏，然后进行发射和接收光器件的耦合对准，再按电路板要求将光电器件管脚(已按要求剪到适当长度)焊接到电路板的适当位置上。组装好的光收发一体模块

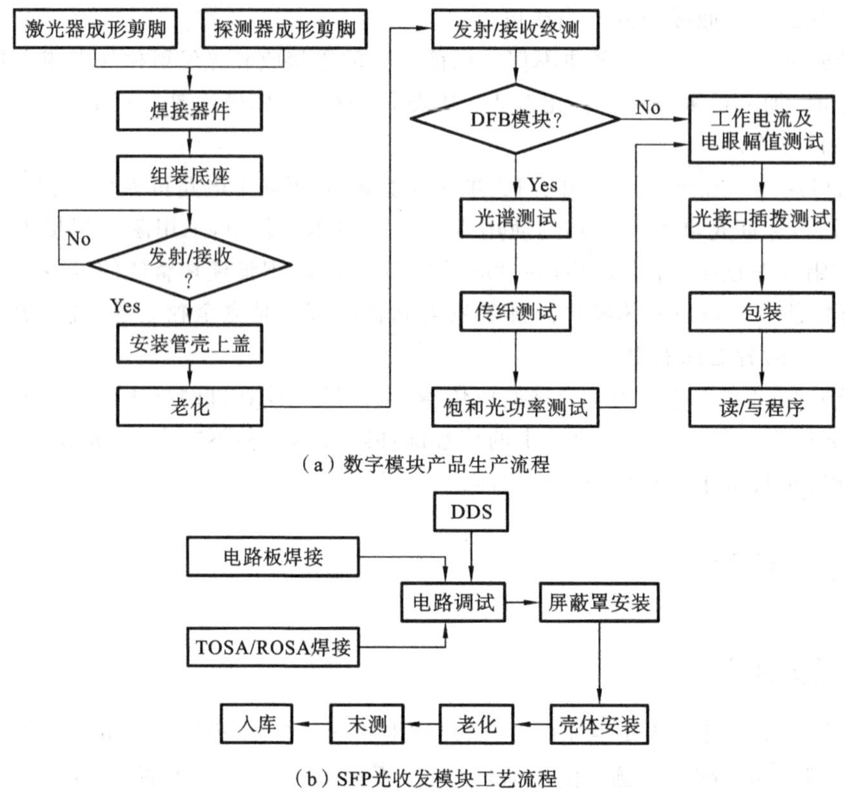

(a) 数字模块产品生产流程

(b) SFP光收发模块工艺流程

图 19-10　光收发一体模块制作工艺流程

必须进行参数测试:对发射模块,应测参数包括发射光功率、消光比、电源电流;对接收模块,应测参数包括接收灵敏度、饱和光功率、H→L 告警、L→H 告警和电源电流等。测试后是封盖,即将测试合格的模块用胶将盖板封上。接下去是对模块进行加电老化,具体做法是将封好盖的模块插在老化电路板上,在 85 ℃高温下老化 12 h(或更长时间),观察老化前后的发射功率及接收灵敏度变化(如变化小于 1 dBm),以此作为判据。老化后的模块还应重新测试各项参数,并对照产品性能表判定是否合格,合格即送下道工序,不合格则返修。包装是最后一道工序,将测试合格的模块贴上产品标牌及产品出厂号,并将管脚插到防静电海绵上,在包装盒的外封口边贴上防静电标签。

以下以 1×9 光收发一体模块(见图 19-11)为例,详解其生产工艺流程,如图 19-12 所示。

图 19-11　1×9 光收发一体模块

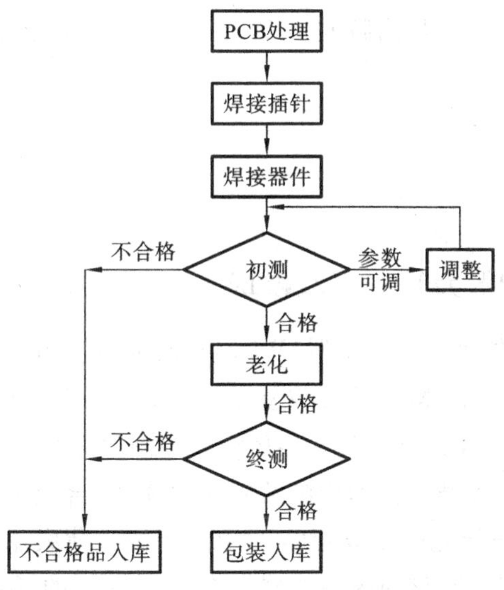

图 19-12　1×9 光收发一体模块生产工艺流程

19.3.3　性能指标

（1）光输出功率(optical output power)，即光信号之平均功率。其测量方法是以标准跳线连接模块光发射端口与光功率计，其值直接由光功率计读出，单位通常为 dBm。

（2）消光比(extinction ratio)，即信号中“1”与“0”部分光功率大小的比例。可由 $ER=10\lg(P_1/P_0)$ 计算而得，其中 ER 表示以 dB 为单位的消光比，P_1 和 P_0 分别为逻辑“1”及“0”时的光功率大小。

（3）眼图，是由各段码元波形叠加而成的，眼图的中央表示最佳抽样时刻，上升沿和下降沿交汇处是判决门限电平。

（4）灵敏度，是指在一定的误码条件下，接收器所能接受的最低接收光功率，单位通常是 dBm。

（5）SD 信号(LOSA/LOSD)，是一个接收器输出的电信号，其电平高低反映接收器所接收的光信号强度是否足够，其值由光功率计直接读取，常以 dBm 为单位。当接收的光功率衰减到一定程度的时候，模块就会发出无光警告，这时输入模块的光功率的值就是低关断。当模块发出无光警告，再增大光输入功率，直到模块不再发出无光警告时，输入模块的光功率的值就是高关断。

（6）光接收过载点，也称为饱和光功率，是在保证特定的误码率的条件下所需要的最大接收光功率，单位为 dBm。

19.3.4　应用

光收发一体模块主要用于三个领域，它们分别是光纤接入网、ATM 交换机和 SDH 系统。根据应用不同，波段可分为 850 nm(光源主要是 VCSEL)、1 310 nm(光源有 LED、FP-LD、DFB-LD)和 1 550 nm (光源有 FP-LD 和 DFB-LD)。光收发一体组件可以选择单模光纤或多模光纤做尾纤，封装多用 1×9 或 2×9 SIP 管壳。电源多采用+5 V 单电源、PECL

逻辑接口。传输速率可以为几兆比特每秒到几吉比特每秒，传输距离可从几十米到 100 千米。

19.4 任务拓展

19.4.1 混合集成光学波分复用收发模块

如果在普通收发机中加进波分复用器(WDM)，便可增加用户接入网的灵活性。采用基于 SiO_2 平面光波回路(PLC)的 M-Z 干涉仪复用器和光源、PIN 光电二极管的混合集成可以制作出集成光学收发一体模块。这种收发一体模块是制作在 Si 衬底上的，它由 SiO_2 PLC 平台上的 Y 分支波导、沟槽和安装在沟槽中的薄膜滤波器、Si 台地及 Si 台地上安放的点尺寸变换激光二极管(SS-LD)和波导光电二极管(WG-PD)组成。薄膜滤波器由在聚酰亚胺薄膜上蒸发的 SiO_2/TiO_2 多层膜组成，该薄膜滤波器具有 1.31 μm 的通带波长和 1.55 μm 的阻带波长。这种在波分复用器中嵌入了滤波器的集成光路尺寸比常规 PLC M-Z 干涉复用器集成光路尺寸小，而且它的波长响应十分平坦和灵敏，这是安放在平台沟槽中的薄膜滤波器中的多个干涉的结果。因为薄膜滤波器的通带波长为 1.31 μm，阻带波长为 1.55 μm，当 1.55 μm 波长光从公共端口进入波导后，受到交叉点的滤波器的反射，并从反射端口输出，而当 1.31 μm 波长光从公共端口进入波导后，1.31 μm 波长光通过滤波器后被 Y 分支波导分成两束光，一束光被 PD 探测。Y 分支波导的另一个输出波导用做 LD 的输出波导。这种建立在 SiO_2 PLC 平台上的光收发一体模块还可在 PLC 平台上制作电学布线和电子器件。

Si 衬底上的 Ge 掺杂 SiO_2 波导是通过火焰水解淀积相反应离子腐蚀技术的组合制作的，波导芯和包层间的折射率差为 0.30%～0.75%。波导交点处的沟槽是用金刚石切割锯制作的，沟宽为 20 μm，沟深为 150 μm。最后用黏合剂将 14 μm 厚的多层介质滤波器固定到沟中。光电器件(包括 LD、PD 和监视 PD)安装在 Si 台地上，组装区由 Si 台地和电极组成。使用波导光探测器(WGPD)作为 LD 自动功率控制的监视光探测器(MPD)和接收机的光探测器(RPD)，WGPD 具有边缘耦合的波导结构。Y 分支波导分别对 PD 端口和 LD 端口有 65%和 35%的不对称分支比。为使光源与 SiO_2 光波导(或光纤)之间有好的匹配，使用了光斑尺寸转换的 LD(SS-LD)，这种 SS-LD 与光波导(或光纤)有低的耦合损耗(约 2.5 dB)和±2 μm 的容差。使用两步法将这些光电器件安装在 Si 台地上，首先用无源调准 LD、MPD 和 RPD，并预联结在最佳位置上，在这个步骤中，PLC 平台保持在氮气中，温度控制在焊料熔点温度以下(约 100 ℃)。在 300 ℃温度下和氮气中将三个光电器件安装在 PLC 平台的小面积(2.0 mm×1.3 mm)中，实现 LD、MPD 和 RPD 的高密度集成。最后，将这些芯片密封在透明的硅酮树脂中。

为了测试光收发一体模块的性能，将组装好的光收发一体模块与单模光纤连接。为了考验光收发一体模块的可靠性，需要在－40 ℃～＋85 ℃经受 1 200 个循环的冲击。这样的混合集成光学光收发一体模块可以应用于光网络装置和光互联系统，其响应度可达到0.35 A/W 以上，输出功率达到 0 dBm 以上。

19.4.2　单片集成的双向收发模块

通常集成光学的双向通信收发模块是建立在使用平面光波回路(PLC)的混合集成基础上的。然而,混合集成光学双向收发一体模块存在着封装成本高、PLC 长度不利于整个组件尺寸减小及需要匹配的激光芯片等问题。

下面介绍一种单片集成光学双向收发一体模块,LD 和 PIN PD 是竖直地集成在 InP 衬底上的,即 PIN PD 集成在常规隐埋异质结 LD 的多量子阱(MQW)有源层的前端,PD 和 LD 之间是公用的 P 接触层。这种收发一体模块 PIN PD 芯片尺寸仅为 300 μm×400 μm,PD 的光敏区尺寸为 55 μm×60 μm,LD 已获得(11.0±0.5) mA 的阈值电流和(0.27±0.2) mW/mA的斜率效率。此种 PD-LD 单片集成收发一体模块的一个重要问题是收发一体模块芯片与光纤间的光耦合。为了解决这个问题,使用了带有 V 沟槽的 Si 光学平台,并将收发一体模块芯片叩焊在 Si 光学平台上,这时 PD 在 LD 下方,将光纤置于 Si 光学平台的 V 沟槽中,并与芯片的 LD 对准实现 LD 与光纤的耦合,而来自光纤的接收光遵从 Snell 定律向下折射,并经金属涂敷的 V 沟槽边壁反射之后被 PIN PD 光敏区吸收。为了减少来自光纤端面 LD 光不利的后向反射,在 PD-LD 单片集成芯片和光纤之间施加折射率控制介质,并将光纤端磨成一定角度(如 35°)。

组装程序如下:首先在尺寸为 2.5 mm×1.3 mm 的 Si 光学平台上焊接监视的 PD,然后调准并叩焊收发一体模块芯片,接着进行电连接线焊接,将芯片与驱动电路连接。按照这样的工艺可获得−7～10 dBm 的输出功率和(0.45±0.05) A/W 的响应度。

19.4.3　光收发模块的发展

1. 发展的方向之一:小型化

收发一体模块作为光纤接入网的核心器件推动了干线光传输系统向低成本方向发展,使得光网络的配置更加完备合理。光收发一体模块由光电子器件、功能电路和光接口等结构件组成,光电子器件包括发射和接收两部分:发射部分包括 LED、VCSEL、FPLD、DFBLD 等几种光源,接收部分包括 PIN 型和 APD 型两种光探测器。

小封装光收发一体模块以其外观封装体积小的优势,使网络设备的光纤接口数目增加了 1 倍,单端口速率达到吉比特量级,能够满足互联网时代网络带宽需求的快速增长。可以说小封装光收发一体模块技术代表了新一代光通信器件的发展趋势,是下一代高速网络的基石。国外各大光模块供应商已生产了各种用于不同速率和距离的小封装光模块,国内一些光器件供应商(像上海大亚光电)也开始研发和生产各速率 SFF 小封装光模块。

2. 发展的方向之二:低成本、低功耗

通信设备的体积越来越小,接口板包含的接口密度越来越高,要求光电器件向低成本、低功耗的方向发展。目前光器件一般均采用混合集成工艺和气密封装工艺,下一步的发展将是非气密的封装,需要依靠无源光耦合(非 X-Y-Z 方向的调整)等技术进一步提高自动化生产程度,降低成本。随着光收发一体模块市场需求的迅速增长,功能电路部分专用集成电路的供应商也逐渐增多,供应商在规模化、系列化方面的积极投资使得此类 IC 的性能越来越完善,成本也越来越低,从而缩短了光收发一体模块的开发周期,降低了成本。尤其是处理高速、小信号、高增益的前置放大器采用的是 GaAs 工艺和技术,SiGe 技术的发展使得这类芯片的成品率及制造成本得到很好的控制,同时可进一步降低功耗。另外采用非制冷激光器也进一步降低了光模块的制造成本。目前的小封装光模块也都采用低电压 3.3 V 供电,保证了端口的增加不会提高系统的功耗。

3. 发展的方向之三:高速率

人们对信息量要求越来越多,对信息传递速率要求越来越快,作为现代信息交换、处理和传输主要支柱的光通信网,一直不断向超高频、超高速和超大容量发展,传输速率越高、容量越大,传送每个信息的成本就越小。长途大容量方面,当前的热点是 10 Gb/s 和 40 Gb/s。据 ElectroniCast 最新的市场研究,10 Gb/s 数据通信收发一体模块的全球总消费量从 2001 年的 1.57 亿美元增长到 2010 年的 90 亿美元。2001 年早期使用 10 Gb/s 数据通信收发器的数量不到 10 万个,但到 2003 年,10 Gb/s 数据通信收发模块将增加到 200 万个。在接下来的几年内,这一数据仍在猛烈增长。在整个消费领域,继 10-gigabit 光纤通道之后,10-gigabit以太网将会有强烈的影响。目前 SDH 单通道光系统正向 40 Gb/s 冲击。高速系统和器件方面,很多公司推出了 40 Gb/s 系统。40 Gb/s 方面目前的重点产品技术是大功率波长可调/固定激光器、40 G 调制器(InpEAM、$LiNbO_3$EOM、PolymerEOM)、高速电路(InP、GeSi 材料)、波长锁定器、低色散滤波器、动态均衡器、喇曼放大器、低色散开关、40 Gb/s PD(PIN、APD)、可调色散补偿器组件(TU-DCM)、前向纠误(FEC)等。

从现阶段电路技术来说,40 Gb/s 已接近"电子瓶颈"的极限。速率再高,引起的信号损耗、功率耗散、电磁辐射(干扰)和阻抗匹配等问题将难以解决,即使解决,也要花费非常大的代价。

4. 发展的方向之四:远距离

光收发一体模块的另一个发展方向是远距离。如今的光纤网络铺设距离越来越远,这要求用远程收发器来与之匹配。典型的远程收发器信号在未经放大的条件下至少能传输 100 km,其目的主要是省掉昂贵的光放大器,降低光通信的成本。基于传输距离上的考虑,很多远程收发器都选择了 1 550 nm 波段(波长范围为 1 530~1 565 nm)作为工作波段,因为光波在该范围内传输时损耗最小,而且可用的光放大器都工作在该波段。

5. 发展的方向之五:热插拔

未来的光模块必须支持热插拔,即无须切断电源,模块即可以与设备连接或断开,由于光模块是热插拔式的,网络管理人员无须关闭网络就可升级和扩展系统,对在线用户不会造成什么影响。热插拔性也简化了总的维护工作,并使得最终用户能够更好地管理其收发一体模块。同时,由于具有这种热插拔性能,该模块可使网络管理人员能够根据网络升级要求,对收发成本、链路距离及所有的网络拓扑进行总体规划,而无须对系统板进行全部替换。支持这种热插拔的光模块目前有 GBIC 和 SFP。由于 SFP 与 SFF 的外形大小差不多,SFP 可以直接插在电路板上,在封装上较省空间与时间,且应用面相当广,因此,其未来发展很值得期待,甚至有可能威胁到 SFF 的市场。

思 考 题

1. 光模块与光器件、光组件有什么区别和联系?

2. 简述光收发一体模块的优点。

3. 简述 1×9 光收发一体模块的工艺流程及注意事项。

任务 20 光模块的封装

◆ 知识点
- ¤ 封装工艺的要求
- ¤ 几种封装形式的特点和步骤

◆ 技能点
- ¤ 能够熟练使用烙铁
- ¤ 能完成组装工艺操作

20.1 任务描述

把经过组装和电互联的光电器件芯片与相关的功能器件和电路等封入一个特制的管壳内，并通过管壳内部的光学系统与外部实现光连接，这一工艺即称为光电器件封装工艺。

20.1.1 封装的主要目的

(1) 使管芯和电路与外界环境隔绝，避免外界有害气体的侵袭，并保证其表面清洁。

(2) 为器件提供一个合适的外引线。

(3) 能更好地经受各种恶劣环境的考验，提高器件的机械强度。

(4) 器件借助封装来提高电、光学性能。对于大功率和高速器件，外壳结构要起散热和屏蔽作用。

因此，光电子器件的后部封装是非常重要的工序，它不仅关系到器件的稳定性和可靠性，而且不同的管壳结构和封装形式还会影响器件的性能参数。

20.1.2 封装技术的主要要求

(1) 气密性好，确保管芯与外界隔绝。

(2) 足够的机械强度。结构牢固可靠，能承受机械振动、变频振动、机械冲击等各项试验；外引线与管壳之间的连接、尾纤与壳体之间的固定要牢固，经过引出端强度试验和抗力试验后，不应出现断裂或机械损伤，尾纤不应发生耦合对准位移。

(3) 热性能好。要求管壳化学稳定性和散热性能好，经过 85 ℃高温存放试验，以及高温 85 ℃和低温 −40 ℃循环冲击试验 20 次后，要求性能稳定。

(4) 可焊性好。内引线容易压焊，并有一定的拉力强度；外引线(管脚)易上锡，易焊接。

(5) 管壳外形尺寸符合国际标准，有利于产品的标准化、通用化和系列化。加工尽可能简便,低成本,适合大批量生产。

根据不同性能、不同器件、不同用途要求,光电子器件封装的结构和方式也不同,并且由于技术的发展,封装结构正趋向于小型化和多功能模块化。目前,主要有同轴封装、双列直插式封装、蝶形封装、带射频接口的封装及正在发展中的各种微型封装。

20.2 相关知识

20.2.1 封装形式

1. 同轴封装

同轴封装在任务 15 中已经讲解,这里就不再介绍。

2. 双列直插式封装

双列直插式封装结构是一种十分普遍的形式,电极引线呈双列分布在管壳底部两侧,垂直向下,如图 20-1 所示。这种管座使用、检查、调换方便,引线强度高。管壳与盖板均使用密封性好、方便焊接的镀金材料,管壳为长方形腔体,通过冲压而成。与同轴管壳相比,空间大、可用做各种光收/发组件与模块。

图 20-1 双列直插式封装的光模块

双列直插式 LD 发射组件封装结构有不带制冷器和带制冷器两种。不带制冷器的封装过程如下。先用少量环氧树脂胶涂于管壳内平面的一边,将托环放于管壳内涂胶处,然后在 85 ℃高温烘箱中烘烤 0.5 h 取出。再将通过考核的同轴激光器输出监视用光电二极正负极管脚和 LD 正负极管脚剪至适当长度,并将它们按管壳的管脚正负极方向弯曲。然后将同轴 LD 的尾纤从管壳的层纤金属导管穿出,再把环氧树脂胶涂于同轴 LD 的内套处,让管子平躺于托架上,各管脚与相应的管脚对齐,放入 85 ℃高温烘箱中烘烤固化。最后用 350 ℃烙铁分别把 LD、PD 正负极与管壳的管脚焊牢,把橡胶热缩套管穿过尾纤,套在管壳导管上,并封上盖板。

带制冷器的 LD 组件封装过程如下。首先将低温焊料置于管壳内的适当位置,加热焊料熔化后把制冷器放在上面,轻压、焊牢,并取离加热台或快速降温,使制冷器牢牢焊在管壳内。然后与无制冷组件一样操作,剪断 LD 和功率监视用 PD 管脚,弯曲成适当角度,从管壳导管穿出尾纤。向同轴 LD 器件内套处涂环氧树脂胶后把管子平置于制冷器上。各管脚相应对齐,经 85 ℃烘烤固化后,用环氧树脂胶将热敏电阻黏在同轴 LD 内套上,然后焊接各元器件与管壳管脚,并把热缩橡胶套管套在管壳的导管上。

最后一道工序是盖板的封焊,即平行滚焊封装。平行滚焊的工作原理是用两个圆锥形滚轮电极压住维持封装的金属盖板和管壳金属焊框。焊接电流从变压器次级线圈一端经其中一锥形滚轮电极分为两股电流。一股流过盖板,另一股流过管壳,经另一锥形电极,回到变压器次级线圈另一端。整个回路的高阻点在盖板与管壳接触处。由于电流在此产生大量热量,使接触处呈熔融状态。焊接采用脉冲电流,在滚轮电极压力下,凝固后即形成一连串焊点。这些焊点相互交叠，就形成了气密填充装焊缝。在焊好盖板的两条对边后，再将外壳相对电极旋转90°，在垂直方向上再焊两条对边，这样就完成了整个外壳的封装。

要使平行焊接达到良好的气密封装效果，必须注意金属盖板和管壳焊框应设计成圆弧角；底座或管壳焊框厚度应略大于一般底座或管壳的焊框厚度，以利于焊轮调节对准；盖板周围应无毛刺；金属板和管壳镀层应无氧化、无划痕，封焊前应进行清洁处理。

3. 蝶形封装

蝶形封装是在双列直插之后，为适应更高性能光发射和接收组件与模块的要求发展的一种新型封装形式。蝶形封装的光模块如图20-2所示。与双列直插式相比，两者最直观的区别是管壳的管脚引出线。由于其外形近似于蝶形，因此称之蝶形封装。

图 20-2 蝶形封装的光模块

蝶形封装结构的主要特点如下。① 把管脚和陶瓷电路板分布在管壳腔体两旁的边壁上，充分利用腔内空间，节省了使用面积，为内部组装电路设计与布局留下了更大的空间和灵活性。② 利用多层陶瓷板增加了线路布局与功能，提高了封装器件的电学与光学性能，如利用陶瓷基板厚膜电路的微带线，提高电路的频响特性，可用于高速光收/发组件与模块封装。③ 管脚引线从两旁引出来，减少连接线长度，且改作偏平形状，方便了使用时的连接、检测和安装焊接。

蝶形封装管壳结构主要由五个部分组成，分别是钨钢材料底板、腔体、连接管脚和厚膜电路的陶瓷板及盖板。整个管壳结构组装首先对加工好的多层陶瓷板进行金属化，以增加管脚和内部电路引线的可焊性，然后把管脚插入陶瓷体，在780 ℃下用银铜(2/8)钎焊固定，接下来把陶瓷板插进腔体，用同样温度进行密封性钎焊，即装模。经过对管脚间绝缘性能检验合格，在840 ℃下对腔体与底板、腔体与尾纤导管实施钎焊。在对整个管壳进行气密性检漏后做金属化电镀，至此管壳加工完毕。

蝶形封装根据应用条件不同，可以带制冷器也可以不带。通常在长距光通信系统中，由于对光源的稳定性和可靠性要求较高，因此需要对激光器管芯温度进行控制而加制冷器，对于一些可靠性要求较低的数据通信或短距应用的激光器就可以不加制冷器。图20-3所示的是蝶形封装的常见结构，它在一个金属封装的管壳内集成了半导体激光器、集成调制器、背光检测管、制冷器、热敏电阻等部件，然后通过一定的光学系统将激光器发出的光信号耦合至光纤。一般光路上有两个透镜，第一透镜用于准直，第二透镜进行聚焦，当然也可以使用锥形光纤或者在尾部制作了透镜的光纤进行耦合。光纤的耦合可以在壳体外部完成，也可以采用伸入壳体内部的结构，如图20-4所示。

20.2.2 烙铁的使用

1. 烙铁头的类型

烙铁头按头部形状分为尖嘴烙铁、斜口烙铁、刀口烙铁等。尖嘴烙铁用于普通焊接；斜口烙铁主要用于CHIP元件焊接；刀口烙铁用于IC或者多脚密集元件的焊接。

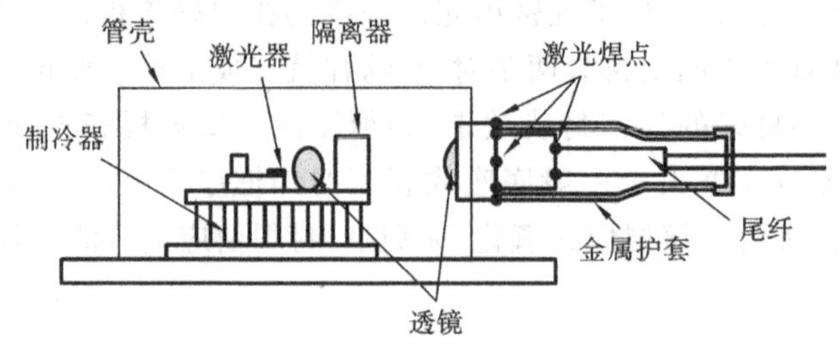

图 20-3　带制冷器的蝶形封装光发送器件外形和内部结构图

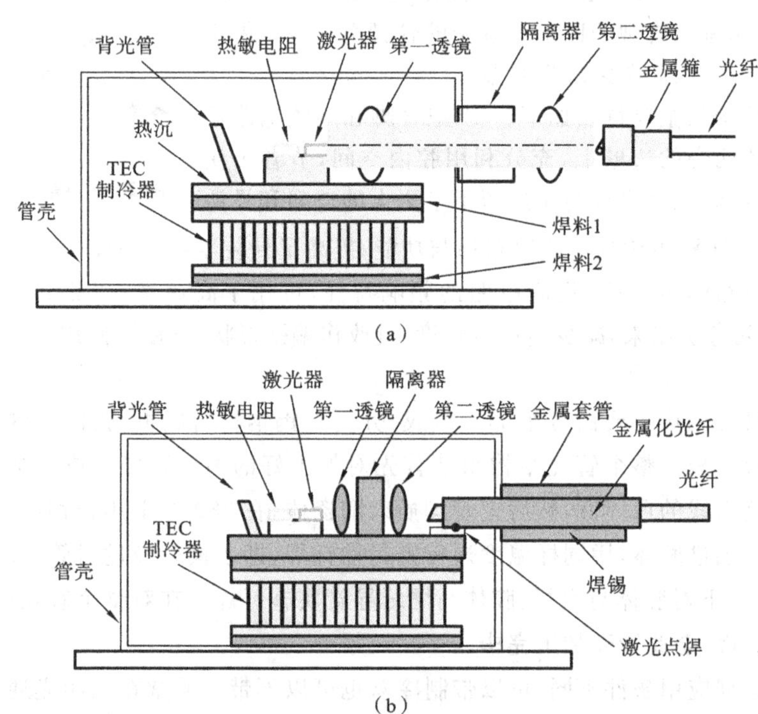

图 20-4　两种不同耦合方式的蝶形封装光发送器件结构图

2. 烙铁的使用方法

烙铁的握法根据烙铁头的温度有所不同。如果是低温烙铁，则手执钢笔写字状，如图 20-5(a)所示；如果是高温烙铁，则手指向下抓握，如图 20-5(b)所示。

新烙铁头在加热之前，先擦拭掉上面的污物。加热后，立即均匀地加锡，以免长期遇热氧化、腐蚀，同时降低了其使用寿命及焊点的质量。烙铁头与焊盘的理想角度为 45°。适当地使用烙铁头和经常注意烙铁头的清洁保养，不但大大增加烙铁头的寿命，还可以把烙铁头的传热性能完全发挥。

3. 注意事项

(1) 尽量使用低温焊接，高温会使烙铁头加速氧化，降低烙铁头寿命。如果烙铁头温度超过 470 ℃，它的氧化速度是 380 ℃下的 2 倍。

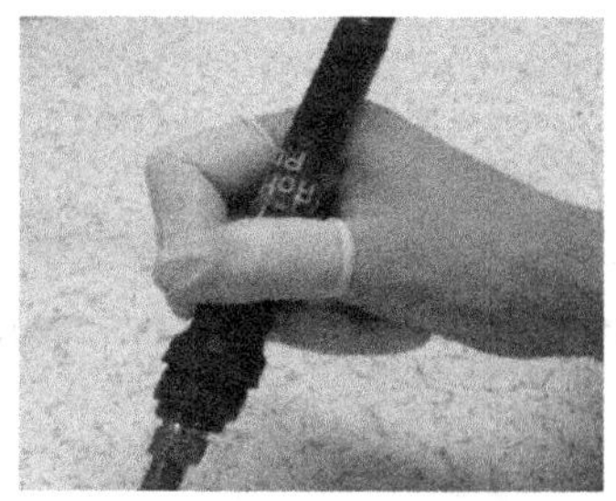

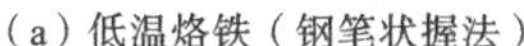

(a) 低温烙铁（钢笔状握法）

(b) 高温烙铁（手指向下握法）

图 20-5 烙铁握法示意图

(2) 在焊接时勿施压力过大,否则会使烙铁头受损变形。只要烙铁头能充分接触焊点,热量就可以传递。另外选择合适的烙铁头也能帮助传热。

(3) 经常保持烙铁头上锡,这可以减低烙铁头的氧化机会,使烙铁头更耐用。使用后,应待烙铁头温度稍降低后才加上新焊锡,使镀锡层有更佳的防氧化效果。

(4) 保持烙铁头清洁及即时清理氧化物。如果烙铁头上有黑色氧化物,烙铁头就可能会不上锡,此时必须立即进行清理。

(5) 选用活性高的助焊剂或腐蚀性强的助焊剂,在受热时会加速腐蚀烙铁头,所以应选用低腐蚀性的助焊剂。

(6) 不使用烙铁时,应小心地把烙铁摆放在合适的烙铁架上,以免烙铁头受到碰撞而损坏。

20.2.3 器件内部焊接使用焊锡

光电子器件内部广泛使用焊锡作为黏结材料,这样的好处有:一是有较宽的加工温度范围;二是不含有机材料,这一点对于有源器件的封装尤其重要。表 20-1 列出了有源光器件内部常用焊锡材料的熔点。图 20-6 给出了某有源光器件装配过程中,各点所使用的焊锡情况,从图中可以看出器件内部各点使用的焊锡熔点是不一样的,这样有利于装配。

表 20-1 有源光器件封装常用焊锡及熔点

焊　　锡	熔点/(℃)
Au 10Ge	310
Au-10Sn	295
Au-20Sn	280
Sn-37Pb	183
Sn-58Bi	138
Sn-52In	118
In	93

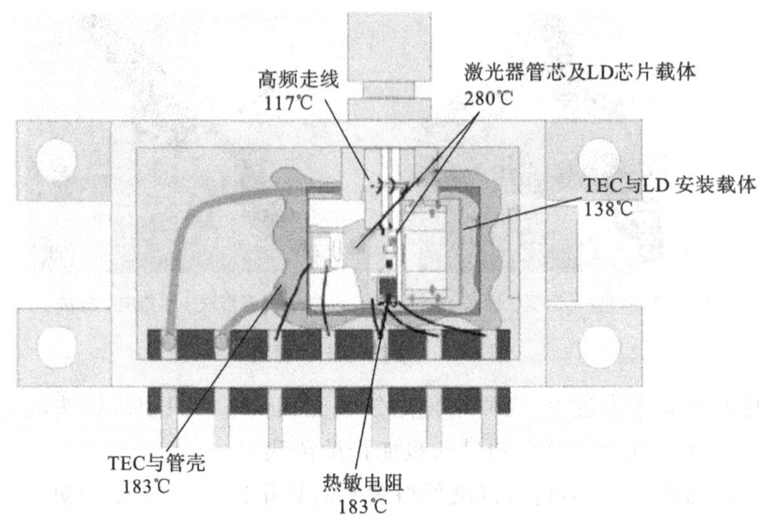

图 20-6　某有源光器件装配过程中各点使用的焊锡与熔点

20.3　任务实施

由于光收发一体模块集发射和接收于一体,故其应用广泛,封装形式多样。尾纤可以选择单模或多模,管脚线有单列和双列,管壳分塑料和金属,光源有 LED、F-P LD、DFB LD 等,可用于不同速率和距离。但根据普遍采用的管壳材料、外观结构及连接方式划分方法,光收发一体模块大致可分为双 SC 插拔式封装、带尾纤全金属化封装及 SFF 封装。具体介绍前两种。

20.3.1　双 SC 插拔式塑料封装

这种封装是将发射和接收集为一体的双 SC 连接方式,管壳以金属管壳和塑料外壳为基本形式。塑料管壳连接方便,封装成本低。塑料管壳分上下两部分,均采用高分子合成树脂,加上配料(如填充料、催化剂、增型剂、颜料等),加热加压一定时间,使其固化定型,并将发射组件、接收组件、PECL 逻辑接口等电路与相关元器件封装在一起,构成光收发一体模块。管壳采用塑料并胶封,节省了贵重金属,减轻了重量,降低了管壳的成本(一般比金属的可降低 30%～60%)。缺点是机械性能较差,导热能力弱,对电磁不能屏蔽,因而需对内部组装的电路部分采取屏蔽措施。

塑封光收发一体模块的内部结构由三部分构成,即 PCB、光发射组件、光接收组件。第一步是将装好的 PCB 插到塑料支撑板上,再将支撑板装配到下盖板上。第二步是组装光电器件,激光器和光电二极管都是事先封装好的组件,其结构必须适合模块的插拔式特点。先将光电器件或组件的管脚剪至适当的长度,并弯成 90°,插入 PCB 过孔中焊接到相应的位置上,然后用洗板水将焊点清洗干净,吹干后在电路板上装上屏蔽罩。第三步是插入激光器组件和光接收组件橡胶过渡套。最后是上盖板黏结封装。

20.3.2　带尾纤全金属化封装

带尾纤的光收发一体模块通常采用金属化封装结构。管壳上、下盖板的材料为钢镀铜和镍，支撑板为塑料，连接板为不锈钢。电路板的安装过程与双 SC 插拔式塑料封装的相同，只是光发射和接收器件的封装形式要适合带尾纤的金属化封装形式。

发射器件的封装以激光二极管为例简介。首先给带球透镜的同轴激光器管芯装好内套，然后在耦合台进行同轴发射光耦合。在接通光路的条件下，将带插针体的光纤端插入光纤座，调节 Z 向，使管芯内套与光纤座之间完全吻合，再仔细调节耦合器上 X、Y 方向及光纤夹头所提供的 Z 方向上的调节旋钮，使耦合光功率显示达到最大，然后挑起一滴胶点于光纤插针体与光纤座之间的连接缝上。胶干后用手术刀在垂直于内套与光纤座的缝隙的方向上划一道记号。取下管芯和与光纤黏在一起的光纤座。接下来实施激光器耦合。在同轴耦合台的 XOY 平面内夹具上夹好与光纤永久固化的光纤座，在 Z 轴方向夹持臂上夹好管芯，然后接通耦合光路，仔细调节耦合台 X、Y、Z 方向的调节旋钮，使同轴耦合光功率达到最大，而且管芯内套边沿与透镜座上边沿完全吻合(缝隙最大不得超过 0.05 mm)，用胶在其接缝处均匀地点上 4 点，等待 1 min，胶干后，松开夹具观察功率应是点胶前的 80%以上，否则要拆掉重新耦合。

完成耦合后，进行发射组件的外套组装和激光点焊。光接收组件的封装类似一般同轴封装。在完成光发射和接收组件的封装后，采用与双 SC 插拔式同样方式组装。将 LD(或 LED)和 PD 组件的管脚剪至适当长度并弯成适当的角度，把尾纤从管壳的导管穿出，然后将管脚焊接到 PCB 上相应的点。最后是封盖。

20.4　任务拓展

以任意光收发一体模块为例，详细生产组装工序如下。

1. 接收物料

检查实际所发的物料是否与制造单一致，如数量、模块型号、激光器和探测器型号、速率、制造单号、贴片板型号等。图 20-7 所示的为生产制造清单。

制造单号		生产部门		
产品名称	155 Mb/s 1 310 nm 插拔式收发一体模块	制造数量		220 只
产品型号	MTR-033S131(05.1.01.0200)	要求完工日		
材料明细				
编码	名称规格	单位	数量	备注
04.1.01.5247-W	SC 插拔式同轴激光器 DLD-F03311PXB-Z-G	只	220	
04.1.02.3008-W	SC 插拔式同轴探测器 DPD-P0331P-Z-G	只	220	
B321029-DZ-L	155M-SC 收发合一管壳底座	套	220	
B321029-SG-L	155M-SC 收发合一管壳上盖	根	220	
C360003-W	9 针排针	根	220	
B360205-L	贴片板 PMTR12XA	片	220	

图 20-7　某型号光收发一体模块生产制造清单

图 20-8 分离好的单个小板

2. PCB 处理

(1) 用分板机分离贴片板四周板边;

(2) 用分板机依次分离贴片板单个小板,如图 20-8 所示。

(3) 分离的单个小板周边若有毛边,用砂纸处理毛边,用氮气枪处理板上的附着物。小板周边毛刺处理前后如图 20-9 所示,注意贴片板在处理过程中不能叠放,处理的小单板应整齐地摆放在 PCB 盒内。

图 20-9 小板周边毛刺处理前后

3. 针脚焊接

针脚焊接步骤如图 20-10 所示。

(1) 把针脚的长端插入焊针脚夹具,放上 PCB。注意 PCB 不能放反,如图 20-10(a)所示。

(2) 焊接针脚并保持 PCB 的平整,然后用刀口进行拖焊,如图 20-10(b)所示。

(3) 针脚的焊接透锡量应达到通孔长度的 3/4 处,焊点应呈光滑圆锥状,如图 20-10(c)所示。

(4) 焊好针脚的 PCB 应摆放整齐,并放置在 PCB 盒内,如图 20-10(d)所示。

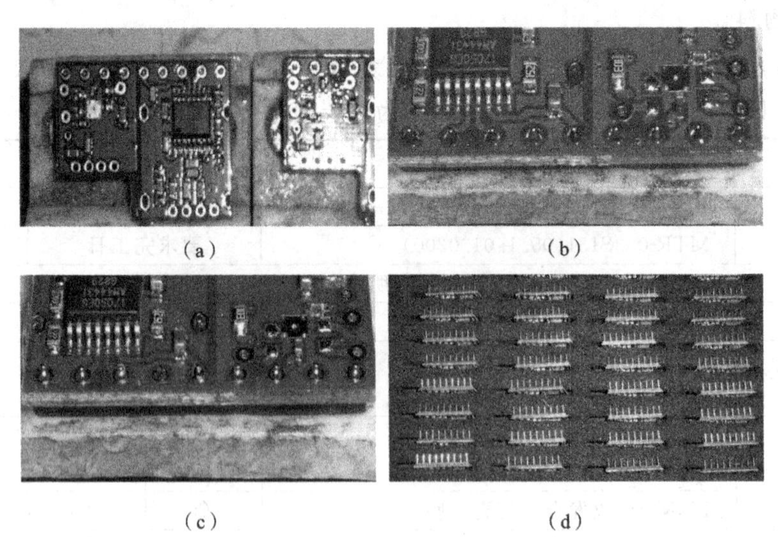

(a) (b)

(c) (d)

图 20-10 针脚焊接步骤示意图

4. 激光器剪脚和成形

以 LC 激光器剪脚成形为例,如图 20-11 所示。

(1) 把激光器按方向放入激光器成形夹具中，使激光器管脚成形。确保器件为合格品，清洁夹具，器件插入夹具时要保证器件放置平整、无歪斜，如图 20-11(a)所示。

(2) 将成形后的激光器剪去管脚，再从实心脚的根部剪去实心脚的管脚。实心脚剪完要无毛刺，不能剪错，如图 20-11(b)所示。

(a)

(b)

图 20-11　LC 激光器剪脚成形示意图

5. SC 探测器成形、剪脚和器件焊接

(1) 器件成形时注意器件管脚的方向，管脚弯好后再剪脚。

(2) 器件装入管壳，要检查器件是否装平，确认好后焊接器件。

(3) 器件管脚的焊点不能过大，焊点不能和其他组件焊连。

6. 成品装盒

按模块编号顺序，将成品放置在防静电包装盒内，如图 20-12 所示。防静电盒内保持干净整洁，不能有灰尘、纸屑、电阻等。

图 20-12　成品模块装盒示意图

思　考　题

1. 光模块的封装有哪几种形式？各有什么特点？

2. 烙铁操作中有哪些注意事项？

3. 光模块组装工艺有哪几个步骤？需要注意什么？

任务 21 光模块的测试

◆ 知识点
¤ 测试设备的使用
¤ 测试的工序和步骤
◆ 技能点
¤ 会分析和判断所测参数指数
¤ 能根据眼图情况分析原因

21.1 任务描述

光模块封装完成以后,为了保证信号正常、正确地传输,必须对光模块进行检验,只有符合标准的光模块才能达到使用的要求。通过发射测试、光谱测试、饱和测试、接收测试、校准测试等环节,检测光功率、消光比、交叉点、中心波长、边模抑制比、谱宽、高告警阈值、低告警阈值、迟滞、灵敏度、发射光功率、接收光功率饱和光功率、输入电平、输出摆幅、上升/下降时间等参数指标以及眼图。表 12-1 所列举的参数指标都是实际应用中常见的,通常依此进行光模块设计。

表 21-1 光收发一体模块的主要指标

参数名称	描 述	数 值
工作电压	光收发模块的工作电压	5V
工作温度	光收发模块的正常工作温度	−40 ℃～85 ℃
	光接收部分	
迟滞	光接收部分高低两个判决电平之商	1～4 dB
灵敏度	当误码率为 10^{-12} 时的输入光功率	<−35 dBm
饱和光功率	输入的最大光功率	>0 dBm
输出摆幅	光接收部分的输出电平要求	600～800 mV
告警电平	光接收部分的告警端口输出电平	PECL、TTL、CMOS
上升/下降时间	信号从平均幅度的 20%上升到 80%的用时	<1 ns
丢失告警解除输入	接收部分由工作到不工作的门槛光功率	比灵敏度小 1～4 dB
	光发射部分	
发射光波长	光发射部分发出的激光波长	1 310 nm、1 550 nm
平均光功率	光发射部分发出光的平均光功率	−20～3 dBm

续表

参数名称	描　述	数　值
消光比	输入为“1”时的光功率和输入为0时的比	>8.5 dB
输入电平	光发射部分输入端电平	PECL
上升/下降时间	信号从平均幅度的20%上升到80%的用时	<1 ns
眼图要求	眼图应满足的SDH规范	ITU-G957

21.2 相关知识

主要的测试参数如下。

1. 平均发射光功率

平均发射光功率是发送器耦合到光纤的伪随机数据序列的平均功率，给出平均发射功率的一个范围，以便允许某种程度的成本优化，并包括在标准工作条件下的运用容限、发送器/连接器劣化、测试容差及老化影响，这些数值允许用来计算在参考点 R 上的接收器灵敏度和过载点的数据。

2. 消光比

习惯采用的逻辑光功率级是“1”，表示光发射；是“0”，表示无发射。消光比(EX)规定为

$$EX-10\lg(A/B) \tag{21-1}$$

式中：A 为逻辑“1”的平均光功率级；B 为逻辑“0”的平均光功率级。

3. 眼图

眼图是评价光收发一体模块数据处理能力的一种非常有效的测量方法，是指利用实验的方法估计和改善传输系统性能时在光示波器上观察到的一种图形。具体方法是用一个光示波器跨接在接收的输出端，然后调整示波器扫描周期，使光示波器水平扫描周期与接收码元的周期同步，这时示波器屏幕上看到的图形像人的眼睛，故称为眼图。

通过观察眼图，可以知道该光模块的信噪比、时间抖动等相关参数，从而获得该光模块性能优劣的信息。另外也可以用此图形对接收端的特性加以调整，以减小码间串扰和改善模块的传输性能。光模块的眼图测试系统如图21-1所示。

图21-1　光模块的眼图测量示意图

对于眼图模框，国家没有统一的标准，不同速率的模框一样，它们之间的区别在于长、宽等参数的不同，眼图模框如图21-2所示，模框的参数如表21-2和表21-3所示。

眼图是由图21-3所示虚线分段的接收码元波形叠加组成的，中央的垂直线表示取样时刻。当波形没有失真时，眼图是一只“完全睁开”的眼睛。在取样时刻，所有可能的取样值仅有+1或-1两个。当波形有失真时，在取样时刻信号取值分布在小于+1或大于-1附近，

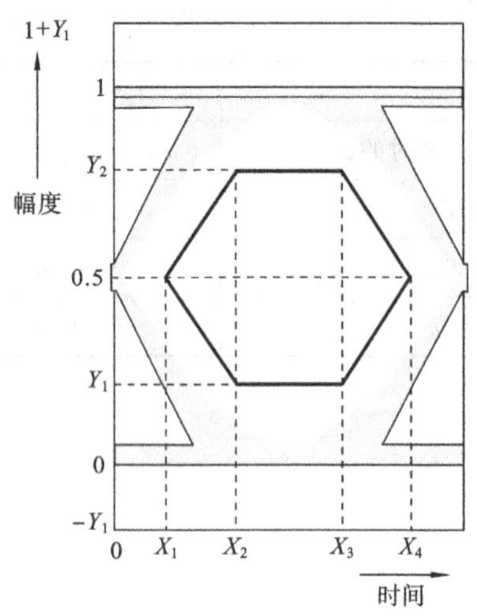

图 21-2 标准光眼图模框

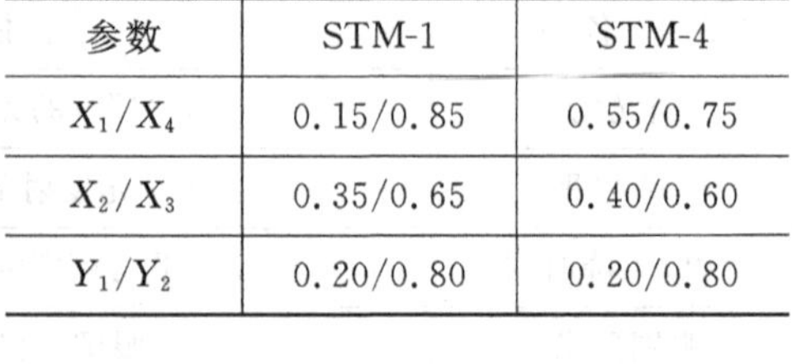

表 21-2 STM-1 和 STM-4 标准眼图模框参数

参数	STM-1	STM-4
X_1/X_4	0.15/0.85	0.55/0.75
X_2/X_3	0.35/0.65	0.40/0.60
Y_1/Y_2	0.20/0.80	0.20/0.80

表 21-3 STM-6 标准眼图模框参数

参数	STM-16
X_3-X_2	0.2
Y_1/Y_2	0.25/0.75

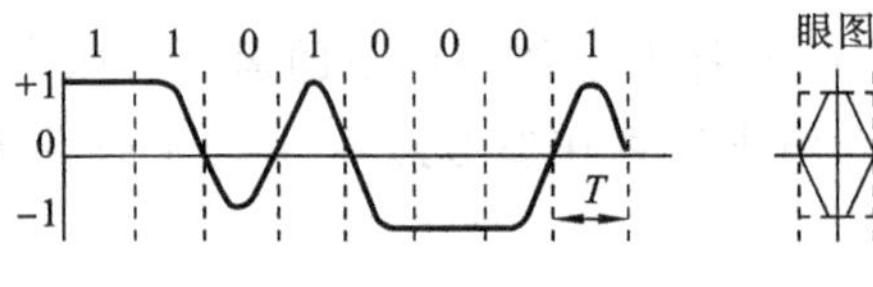

(a) 无失真时

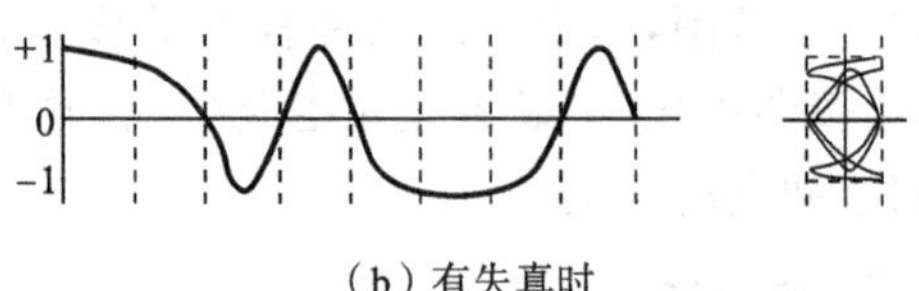

(b) 有失真时

图 21-3 眼图形成原理图

“眼睛”部分闭合。这样,保证正确判决所容许的噪声电平就减小了。换言之,在随机噪声的功率给定时,将使误码率增加。“眼睛”睁开的大小就指明失真的严重程度。

分析眼图,可以得到如下信息。

(1) “眼睛”睁开的宽度决定接收信号的抽样间隔,在此间隔内抽样能抵抗码间串扰不发生误码。

(2) 接收波形的最佳抽样时间在“眼睛”睁开的最大处。由于数据信号的幅度失真,“眼睛”睁开的高度会降低,“眼睛”睁开的顶端与信号电平的最大值之间的垂直距离表示了最大失真,“眼睛”越小,鉴别信号的“1”和“0”就越困难。

(3) 在抽样时间上,“眼睛”睁开的高度表示了噪声容限或抗噪声能力。噪声容限定义为:纵向眼开度的高度与最大信号电平的比值。

(4) 眼图斜边的斜率决定系统对定时误差的敏感程度,当斜率较小时,出现定时误差的可能性增加。

(5) 在光纤系统中,由于接收机噪声和光纤的脉冲畸变,会产生时间抖动。如果取样时间正好在信号电平与判断阈值水平相交的时刻的中点,则判断阈值电平处失真量表示了时间抖动大小。

(6) 上升时间定义为上升沿从幅度的 10%上升到幅度的 90%所需要的时间。当进行光信号的测量时,这些点经常由于噪声和抖动效应变得模糊,因此用比较清晰的 20%~80%幅度作为测量值。

(7) 如果完全随机的数据流通过一个理想的线性系统,所有眼图应是相同的,并且保持对称。而如果信道传输过程中存在任何非线性效应都会使眼图产生不对称。

4. 接收灵敏度

接收器的灵敏度规定为了获得平均接收功率的最小允许值，它考虑了由于使用在标准运用条件下，具有最坏情况消光比的发送器、脉冲上升和下降时间、光回波损耗、接收器/连接器的劣化和测量容差所引起的功率损失。接收灵敏度不包括与色散、抖动或来自光通道的反射有关的功率损失，这些影响在最大光通道损失分配中单独规定，对老化影响没有单独作出规定，因为它们是在网络提供者和设备制造者之间的问题。在正常温度下，接收器开始使用和它的寿命终止之间典型的余度，希望在 2～4 dB 范围内。

5. 接收过载

接收过载是指最大可接收的平均功率数值。

21.3　任务实施

1. 准备测试设备

直流供电电源、光示波器、信号发生器、光可变衰减器、误码分析仪、GBIC 测试板、SFP 测试板、光功率计、光纤跳线、单模分路器、多模分路器等。

主要测试设备的功能如下。

(1) 信号发生器：发射伪随机码。

(2) 光示波器：看光眼图，如图 21-4 所示。

(3) 误码检测仪：检测误码率。

(4) 光分路器：保证光功率计读出的光功率为光接收端所接收到的光强。

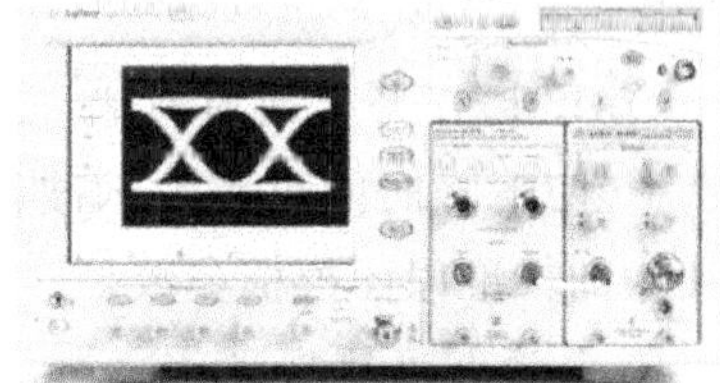

图 21-4　光示波器

(5) 直流供电电源：能从电源上读出电压和电流。

2. 测试台搭建

将设置好的模块与外围相关设备和器件进行连接，就构成测试系统，如图 21-5 所示。

测试条件：电路电源电压为 5 V，环境温度为 25 ℃。

调试是一个复杂烦琐的过程，调试主要通过对电阻和电容值的改变优化模块的性能，使其达到最佳状态。另外，还有可能因为需要而设置一些跳线，以此适当对电路结构进行细小优化。

3. 光发射部分的测试

主要测量指标为光功率、消光比、上升/下降时间、电源电流。

1) 光功率的测试

光功率可由光功率计读出。功率电阻变大，功率值变小；反之，功率电阻变小，功率值变大。

2) 消光比的测试

消光比可由光示波器直接读出。消光比电阻变大，消光比值变小；反之，消光比电阻变

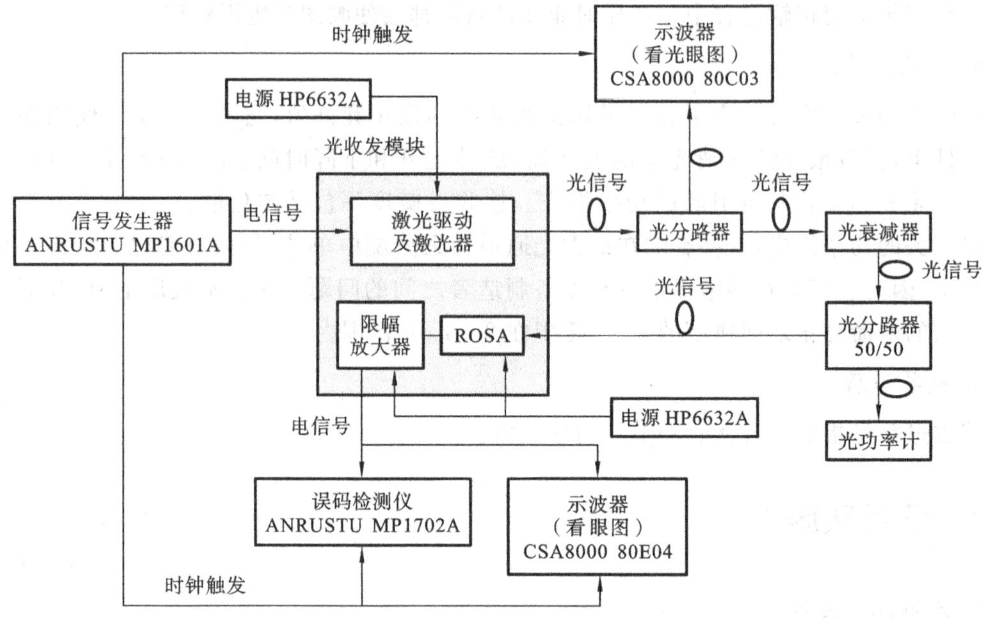

图 21-5 模框测试系统框图

小,消光比值变大。但需要注意的是功率电阻变大,消光比值也变大;反之,功率电阻变小,消光比值也变小。

3) 上升/下降时间的测试

上升/下降时间可由光示波器直接读出。通过输出的眼图,判断是否符合表 21-3 和表 21-4 中的标准眼图模框参数。

4) 电源电流的测试

电源电流是衡量模块功耗的重要标准,测量的电流值一般都是在无输入信号时取得的。

发射部分测试注意事项如下。

(1) 光眼图交叉点大于等于 40%以上,测试指标满足测试规范要求。观察"1"、"0"电平是否有噪点,若有,清洗器件及光纤,若不良现象仍不能排除,则做不良品处理。

(2) 测试之前首先比对标准件,主要目的是检验光纤是否存在损耗,测试设备的误差,避免测试数据不准确。

(3) 发现功率小及插拔重复性差的情况,应先清洗光纤及器件,若仍然存在,做不良品处理。

(4) 测试过程中出现眼图异常、电流大、电流小等现象,首先排除贴片板上阻容是否有虚焊、漏焊、连焊、损伤,以及器件焊接不良、焊点大等人为原因造成的不良现象后,再做不良品处理。

4. 光接收部分的测试

主要测量指标为灵敏度、迟滞、上升/下降时间、电源电流。

1) 灵敏度的测试

调整光衰减器,使误码率接近 10^{-12},此时的光功率计的读数就是它的灵敏度。

2）迟滞的测试

首先，调节光衰减器使光强减小直至模块刚好不工作，这时示波器显示为无输出，记下此时的光输入功率。接着，再用光衰减器使光强增大，直至指示灯刚好亮起，这时示波器显示的是输出信号，记下此时光功率计接受的光输入功率。两光功率值之商即为迟滞。

3）上升/下降时间的测试

上升/下降时间可由光示波器直接读出。通过输出的眼图，判断是否符合表 21-3 和表 21-4 中的标准眼图模框参数。

4）电源电流的测试

电源电流由电源直接读数可得。

接收部分测试注意事项如下。

(1) 若发射部分没有调试，则测试接收时不能自发自收，需采用借光光源进行测试，切勿将校准光源当成借光光源进行接收测试。

(2) 若被测模块接收告警指示灯不亮或一直处于亮的状态，可将关断电阻适当上升或下降 2～3 挡，观察告警指示灯是否正常，然后再调试关断值范围。

(3) 做好静电防护措施，佩戴静电腕带及指套。

5. SFP 收发合一模块眼图测试

1）材料和设备

全速率误码仪一台，光示波器一台，双端直流稳压电源一台，光功率计一台，光分路计一台，光衰减器一台，测试板一块，光适配器一个，计算机一台，九针数据线一根，十四针数据线一根，LC/FC 和 FC/LC 光纤跳线若干。

2）测试平台连接

按照图 21-6 进行测试平台的连接，注意端口的连接正确。

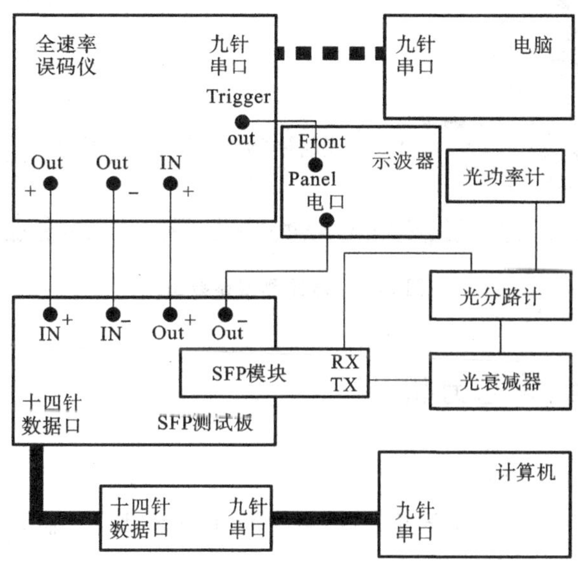

图 21-6　测试平台连接示意图

3) 测试步骤

(1) SFP 测试板外加 3.3 V 电压。进入计算机测试软件,开始校准软件。

(2) 选定光功率计的波长为发光源模块所对应的波长,光衰减器设为 0。观察误码仪,如果有告警或误码,记录故障现象,则被测对象不合格。

(3) 调节增大光衰减器的衰减值,使误码仪出现误码。继续增大光衰减器衰减值,当眼图消失时,记录光功率显示值,即为低告警阈值;反向调节减小光衰减器的衰减值,直到眼图恢复时,记录此时光功率读数,即为高告警阈值。高、低告警阈值之间的差值,应不小于 0.6 dBm。

(4) 继续反向调节减小光衰减器的衰减值,略微减小一点,使误码仪无误码且保证 30 s 内不出现误码。记录此时光功率计的读数,即为灵敏度值。

(5) 若测试中发现告警值不符合要求,作如下相应处理:

① 需更换电阻的模块,按照电阻调试规律更换电阻,并记录更换后的电阻值和接收相关参数。

② 需更换器件的模块,应作返修处理,重新进行整个相关生产工序。

(6) 调节光衰减器使光功率计读数为−16 dBm,通过示波器观察待测模块眼图,眼图应该清晰,接收电信号电压幅度应在 400～1000 mV 范围内。如眼图电压幅度不在此范围,则被测对象不合格。如图 21-7 中,被测对象接收电信号电压幅度为 738.55 mV,符合要求。

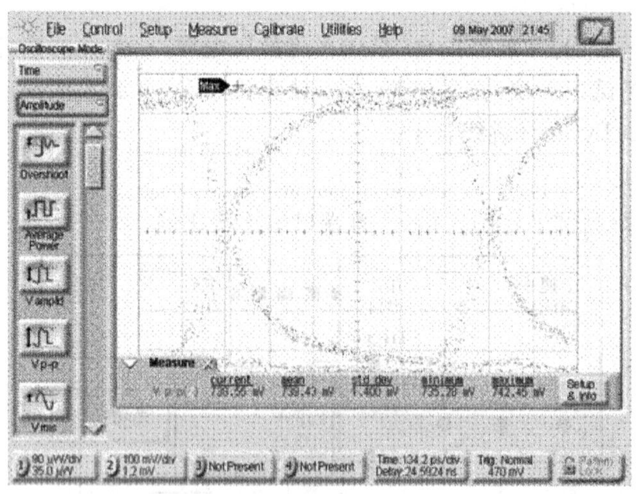

图 21-7 眼图测试参数图

21.4 任务完成结果与分析

1) 测得的眼图有很多噪声点

可能原因:激光头与光纤吻合得不好,或者激光头有脏物;输入频率过高,或者温度过高。

解决办法:调整光纤与激光头接触点,使其吻合得更好,或者用乙醇清洗光纤头,晾干后再使用;或者降低输入频率,再检查环境温度是否适宜。

2) 眼图过冲过大(过小)

可能原因:调制电流过小(过大),激光头的寄生电感作用不能很好地被抵消。

解决办法:升高调制电流,适当增加匹配电容。

3) 消光比太小(太大)

可能原因:偏置电流过大(小),调制电流过小(大)。

解决办法:通过改变对应电阻调节偏置电流和调制电流大小。

4) 迟滞过小

可能原因:电容失效。

解决办法:检查电容是否虚焊。

21.5 任务拓展

在整个测试操作中,注意事项如下。

(1) 接触模块前,做好防静电措施。

(2) 测试模块之前整理标准件。整理标准件要确保标准件和光纤端面干净,确保台子正常后再做模块。

(3) 测试过程中注意对模块轻拿轻放,摆放整齐。

(4) 不得按压模块 PBCA 板。

(5) 保证光纤松弛,弯折半径大于 6 mm。

(6) 模块插拔过程中,模块要水平对好测试板母口轻轻插拔。不得摇晃插在母口中的模块。

(7) 测试过程中不得用手碰模块,或者用手抵压光纤。

(8) 勤擦光纤。

(9) 在做不同型号的模块时要注意使用正确的误码仪、光源、光纤和测试板。

(10) 测试时要时刻注意误码仪、测试板,以及模块的电压、电流等。

(11) 当调节电压时,应断开电路再进行调节。

(12) 当测试模块不通过时,先检查模块端面和台子是否正常。频繁出现不良品时,应及时通报。

(13) 台子出现问题时不要轻易自己解决问题,应及时通报。

(14) 当操作人员要离开台位时,记得盖上纤帽,将模块放回周转盒。

(15) 水平拔出尾塞。

(16) 插拔模块时,用手捏底座两端(靠近器件端),不得捏光纤。

(17) 在测试过程中不得提前拔掉模块。

思 考 题

1. 如何通过眼图判断模块的参数指标?

2. 模块测试中需要注意什么?

附录 A　单模光纤耦合器例行实验报告

一、单模光纤耦合器高低温实验报告

1. 试验样品

（1）SM2×2 4#（带适配器样品）；

（2）SM2×2 附 1#（带尾纤样品）。

2. 测试仪表

（1）1.31 μm LED 光源(安立 MG0917A)；

（2）1.31 μm LD 光源(安立 MG0937C)；

（3）光功率计(安立 ML9001A)；

（4）高低温恒温箱(Y7050A)。

3. 测试系统框图

测试系统框图如图 A-1 所示。

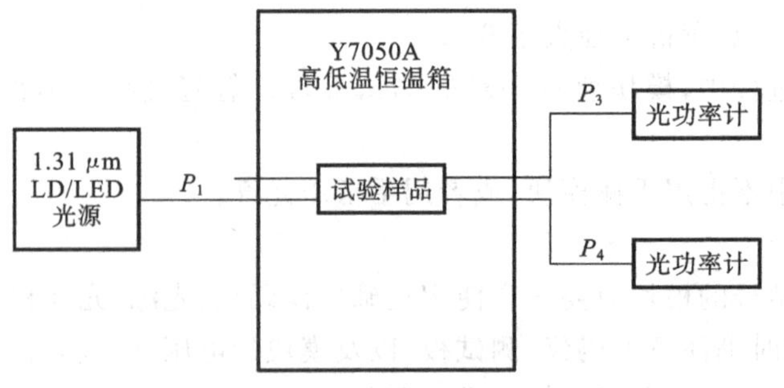

图 A-1　测试系统框图

4. 实验条件

（1）根据 GB2423.1—2008、GB2423.2—2008 测试。

（2）－30 ℃，30 min，观察高温和低温条件下与室温时，光纤耦合器的输出功率和分光比。

（3）与 70 ℃，30 min 相比，有无变化。

5. 实验结果及结论

实验结果如下。

生产单位：××××××固体器件研究所

测试样品：SM2×2 附 1#(带尾纤)

测试内容：高低温试验，30 ℃～170 ℃

测试仪表:1.31 μm LED稳定光源(日本安立MG0917A)、光功率计(安立ML9001A)、高低温恒温箱(Y7050A)

时间	温度/(℃)	光输出功率/nW		时间	温度/(℃)	光输出功率/nW	
		P_3	P_4			P_3	P_4
9:05	22(室温)	46.2	46.5	11:10	20	46.5	48.9
9:10	30	46.2	46.8	11:15	10	46.5	48.9
9:25	40	46.2	47.4	11:20	0	46.5	48.8
9:33	50	46.3	48	11:28	−10	46.1	48.2
9:45	60	46.3	48.1	11:40	−20	46.1	48.5
9:52	70	46	48.3	11:50	−30(保)	46.1	47.8
10:22	保温结束	45.8	48.9	12:20	−30(结束)	46.1	47.9
10:30	60	40	48.7				
10:38	50	46.3	49				
10:46	40	46.3	48.9				
10:55	30	46.6	48.9				

温度/(℃)	输出口	光输出功率/nW	分光比	分光比变化	附加损耗变化/dB
22(室温)	3	46.2	49.8/50.2	—	—
	4	46.5			
+70	3	45.8	48.4/51.6	1.4%	0.09
	4	48.9			
−30	3	46.1	49/51	0.8%	0.06
	4	47.9			

生产单位:×××××固体器件研究所

测试样品:SM2×2 4#(带尾纤)

测试内容:高低温试验,−30 ℃~+70 ℃

测试仪表:1.31 μm LD稳定光源(安立MG0937C)、光功率计(安立ML9001A)、高低温恒温箱(Y7050A)

时间	温度/(℃)	光输出功率/nW		时间	温度/(℃)	光输出功率/nW	
		P_3	P_4			P_3	P_4
9:30	22	111.3	122	12:08	45	108.6	121
9:36	15	111.6	121	12:16	55	108	121
9:45	10	111.8	120	12:26	65	107.5	122

续表

时　间	温度/(℃)	光输出功率/nW		时　间	温度/(℃)	光输出功率/nW	
		P_3	P_4			P_3	P_4
9:50	0	112	118.3	12:36	70	107.1	123
10:00	－10	112.5	117.4	13:08	保温结束	108	124
10:17	－20	111.3	117.2				
10:23	－30	111.2	117.1				
10:53	保温结束	110.8	116.9				
11:20	25	110.8	118.9				
11:50	保温结束	109.5	120				
12:01	35	109.2	120				

注　分光比变化:0.01%。

附加损耗变化:－0.071 dB。

温度/℃	输出口	光输出功率/nW	分光比	分光比变化	附加损耗变化/dB
25(室温)	3	111.3	47.71/52.29	—	—
	4	122			
＋70	3	108	46.55/53.45	1.16%	－0.024
	4	124			
－30	3	110.8	48.66/51.34	0.95%	－0.106
	4	116.9			

从实验中可以看出:在低温(－30 ℃)条件下,损耗变化最大为－0.106 dB,分光比偏差最大为0.95%;在高温(＋70 ℃)条件下,损耗变化最大为0.09 dB,分光比偏差最大为1.4%。也就是说,在－30 ℃～＋70 ℃范围内,光纤耦合器都能正常工作,不影响使用。

二、单模光纤耦合器振动、冲击实验报告

1. 试验样品

SM2×2 4#(带适配器)。

2. 试验条件

(1) 振动试验的条件:根据GB2423.10—2008试验Fc;频率为60 Hz,振幅为0.75 mm,每方向时间为10 min,波长为1.31 μm。

(2) 冲击试验条件:根据GB2423.5—2008标准试验Ea;冲击加速度为50g,脉冲持续时间为6 ms,每方向5次,波长为1.31 μm。

3. 测试仪器和使用的设备

(1) 1.31 μm LED光源(MG0917A);

(2) 光功率计(安立 ML9001A);

(3) D-350 电动式振动台;

(4) 冲击试验台(Y52150 型);

(5) 冲击测量仪(D3610Ⅱ-3/ZF)。

4. 测试系统框图

测试系统框图如图 A-2 所示。

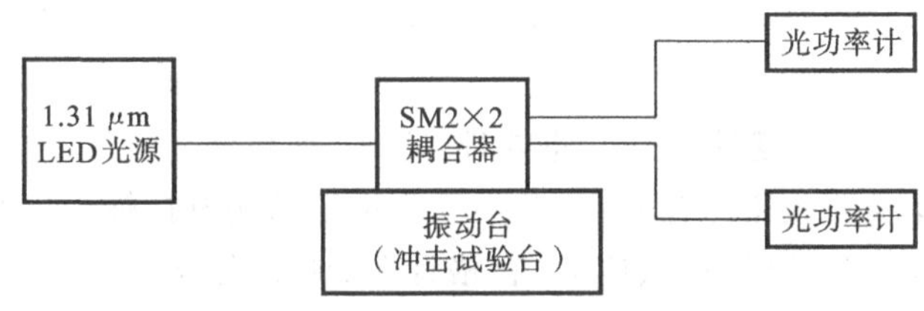

图 A-2 测试系统框图

5. 试验结果及结论

项目名称:单模光纤耦合器振动/冲击试验

型号规格:SM2×2 4#

1) 振动试验

项目 / 轴向	振前	振后	损耗变化	分光比变化
Z方向	63.7 nW 66.0 nW	63.9 nW 66.0 nW	+0.007 dB	0.1%
X方向	63.8 nW 67.7 nW	65.0 nW 67.8 nW	+0.043 dB	0.4%
Y方向	65.5 nW 68.0 nW	65.0 nW 68.0 nW	−0.016 dB	0.2%

注 频率为 60 Hz,振幅为 0.75 mm,时间为 10 min,波长为 1.31 μm。

2) 冲击试验

项目 / 轴向	冲击前	冲击后	损耗变化
X方向	65.3 nW	65.4 nW	+0.007 dB
Y方向	65.2 nW	65.2 nW	0.000 dB
Z方向	65.2 nW	66.7 nW	+0.099 dB

注 冲击加速度为 50g,脉冲持续时间为 6 ms,每方向 5 次,波长为 1.31 μm。

从测试结果可以看出,该样品的损耗和分光比在振动前和振动后变化极小,三轴向中损耗变化最大值为 0.043 dB,分光比变化最大值为 0.4%;冲击前和冲击后样品的损耗几乎无变化。

附录 B　OSW 原材料检验清单

说明：

（1）检验抽样方案遵循 GB2828—2003 中的规定，其中 IL＝Ⅱ，AQL＝1.0（进口件），2.5（国产件）。

（2）材料类别：A——关键件，B——重要件，C——一般件。

（3）验收类别：Ⅰ类验收指工艺验证；Ⅱ类验收指通过测量指标予以判定；Ⅲ类验收指对证明文件的检查，例如，型号规格、供应商、合格证明、测试报告、生产日期、有效期等是否符合公司提出的要求。

表 B-1　直接原材料

序号	品　名	图号/型号	材料类别	单量	验收类别	检验和实验项目	判定标准或控制指标	抽样方案	主理单位	检验方法或使用仪表工具
1	活动夹块配件									
2	反射片									
3	继电器 A									
4	继电器 B									
5	盒基座									
6	盒盖									
7	压片 A									
8	压片 B									
9	垫片 A									
10	垫片 B									
11	卡块组件									
12	盘头螺钉									
13	透镜									
14	尾纤座									
15	尾套									
16	光纤插针									
17	包装尾套									

表 B-2 其他原材料

序号	品 名	图号/型号	材料类别	单量	验收类别	检验和实验项目	判定标准或控制指标	抽样方案	主理单位	检验方法或使用仪表工具
1	活动夹块									
2	小轴									
3	长轴									
4	反射基片									

参 考 文 献

[1] 黄章勇. 光纤通信用光电子器件制作工艺基础 [M]. 北京:北京邮电大学出版社,2005.

[2] 祝宁华. 光电子器件微波封装和测试 [M]. 武汉:科学出版社,2007.

[3] 宋丰华. 现代光电器件技术及应用[M]. 北京:国防工业出版社,2004.

[4] N. Grote. 光纤通信器件 [M]. 王景山,译. 北京:国防工业出版社,2003.

[5] 黄章勇. 光纤通信用光电子器件和组件 [M]. 北京:北京邮电大学出版社,2003.

[6] 黄章勇. 光纤通信用新型光无源器件 [M]. 北京:北京邮电大学出版社,2003.

[7] 林学煌. 光无源器件 [M]. 北京:人民邮电出版社,1998.

[8] 金正旺. 光纤活动连接器插针体端面形状结构和研磨工艺探讨[J]. 光通信研究,1994(3).

[9] 张祁莉,李新和,王龙. 光纤连接器端面超声研磨工艺[J]. 制造技术与机床,2006(12).

[10] 刘磊,何兴道,邹文栋,等. 光纤连接器端面研磨的技术关键[J]. 南昌航空工业学院学报(自然科学版),2004,18(1).

[11] 刘德福,段吉安,钟掘. 光纤连接器端面研磨装置运动分析[J]. 光学精密工程,2006,14(2).

[12] 帅词俊,段吉安,苗建宇,等. 熔锥型光纤耦合器的工艺与显微形貌研究[J]. 半导体光电,2005,26(2).

[13] 张瑞君. 用于光电子器件封装的耦合对准技术[J]. 光子技术,2003 (2).